AF537497

EUL
VERLAG

WIRTSCHAFTSINFORMATIK

Herausgegeben von Prof. Dr. Dietrich Seibt, Köln, Prof. Dr. Hans-Georg Kemper, Stuttgart, Prof. Dr. Georg Herzwurm, Stuttgart, Prof. Dr. Dirk Stelzer, Ilmenau, und Prof. Dr. Detlef Schoder, Köln

Band 82
Katharina Ute Peine
Situative Gestaltung des IT-Produktmanagements – Eine empirische Untersuchung
Lohmar – Köln 2014 • 448 S. • € 68,- (D) • ISBN 978-3-8441-0373-1

Band 83
Michael Zimmer
Agile Business Intelligence – Komponenten integrierter Gesamtarchitekturen
Lohmar – Köln 2015 • 304 S. • € 59,- (D) • ISBN 978-3-8441-0386-1

Band 84
Lars Oliver Mautsch
Softwareplattformen für Unternehmenssoftwareökosysteme
Lohmar – Köln 2015 • 424 S. • € 67,- (D) • ISBN 978-3-8441-0402-8

Band 85
Jennifer Gursch
V-Modell® XT und Wissensmanagement – Konzept eines ganzheitlich integrierten Systems
Lohmar – Köln 2015 • 340 S. • € 63,- (D) • ISBN 978-3-8441-0409-7

Band 86
Christian Broser
Vertrauen für föderiertes Identitätsmanagement
Lohmar – Köln 2016 • 276 S. • € 58,- (D) • ISBN 978-3-8441-0457-8

Band 87
Raphaela Saitz
Entwicklung eines Rahmenkonzepts zur IT-basierten Unterstützung des Chancen- und Risikomanagements in Konzernen
Lohmar – Köln 2016 • 360 S. • € 64,- (D) • ISBN 978-3-8441-0465-3

JOSEF EUL VERLAG

Reihe: Wirtschaftsinformatik · Band 87

Herausgegeben von Prof. Dr. Dietrich Seibt, Köln, Prof. Dr. Hans-Georg Kemper, Stuttgart, Prof. Dr. Georg Herzwurm, Stuttgart, Prof. Dr. Dirk Stelzer, Ilmenau, und Prof. Dr. Detlef Schoder, Köln

Dr. Raphaela Saitz

Entwicklung eines Rahmenkonzepts zur IT-basierten Unterstützung des Chancen- und Risikomanagements in Konzernen

Mit einem Geleitwort von Prof. Dr. Hans-Georg Kemper,
Universität Stuttgart

Bibliografische Information der Deutschen Nationalbibliothek

Die Deutsche Nationalbibliothek verzeichnet diese Publikation in der Deutschen Nationalbibliografie; detaillierte bibliografische Daten sind im Internet über <http://dnb.d-nb.de> abrufbar.

Dissertation, Universität Stuttgart, 2016

D 93

ISBN 978-3-8441-0465-3
1. Auflage Juni 2016

JOSEF EUL VERLAG GmbH
Brandsberg 6
53797 Lohmar
Tel.: 0 22 05 / 90 10 6-6
Fax: 0 22 05 / 90 10 6-88
E-Mail: info@eul-verlag.de
http://www.eul-verlag.de

Bei der Herstellung unserer Bücher möchten wir die Umwelt schonen. Dieses Buch ist daher auf säurefreiem, 100% chlorfrei gebleichtem, alterungsbeständigem Papier nach DIN 6738 gedruckt.

Geleitwort

Unternehmen sind aufgrund ihrer eigenen Interessenslagen – aber auch durch neuere gesetzliche Vorgaben und Rahmenbedingungen – angehalten, bedarfsangemessene Chancen- und Risikomanagement-Ansätze zu implementieren. Hierbei geht es zum einen darum, existenzgefährdende Risiken zu identifizieren, zu bewerten und Vorkehrungen in Bezug auf mögliche Entwicklungen zu treffen. Zum anderen sind Chancen zu erkennen, zu fördern sowie Maßnahmen zur Chancennutzung anzustoßen.

Gerade für Großunternehmen und Konzernverbünde stellt die Implementierung eines leistungsfähigen, IT-gestützten Chancen- und Risikomanagements (ChaRM) eine große Herausforderung dar, für die aufgrund der Komplexität und der Neuartigkeit bislang noch keine gefestigten Lösungsstrukturen existieren. Dieser Thematik widmet sich die Dissertation von Frau Raphaela Saitz. Die konkrete Forschungsfrage lautet: „Wie muss eine IT-basierte Lösung gestaltet sein, um ein Konzernchancen- und -risikomanagement zielgerecht zu unterstützen?"

Zur Beantwortung dieser Fragestellung führt Frau Saitz zunächst eine fundierte theoriegeleitete Analyse des Themengebietes durch. Anschließend setzt sie eine zweistufige empirische Studienreihe um, die aus einer detaillierten Fallstudie in einem global agierenden Konzern und einer breit angelegten Interviewreihe bei weiteren Großunternehmen besteht. Auf dieser Basis leitet sie die erforderlichen Requirements ab und entwickelt ein imposantes unternehmensunabhängiges ChaRM-Rahmenkonzept. Die anschließende prototypische Umsetzung und die Evaluation des Ansatzes auf der Basis umfangreicher Szenarien runden die gelungene Arbeit ab und dokumentieren eindrucksvoll die Anwendbarkeit des Rahmenkonzepts.

Stuttgart, im Mai 2016 Prof. Dr. Hans-Georg Kemper

Vorwort

Im Vorwort meiner Doktorarbeit danke ich den Personen, die dieses Vorhaben begleitet haben.

Mein Dank gilt dabei in erster Linie Herrn Prof. Dr. Hans-Georg Kemper für die Übernahme der Betreuung meiner Arbeit. Bedanken möchte ich mich zudem bei Herrn Prof. Dr. Georg Herzwurm für die Verfassung des Zweitgutachtens und bei Herrn Prof. Dr. Henry Schäfer für die Übernahme des Vorsitzes des Prüfungsausschusses. Weiterhin gilt mein Dank Herrn Prof. Dr. Heiner Lasi für sein offenes Ohr bei Fragen zu Organisation und Vorgehensweisen.

Ebenfalls bedanken möchte ich mich bei den Ansprechpartnern der empirischen Untersuchung, die sich Zeit genommen haben über die Inhalte der Arbeit zu sprechen.

Ein besonderer Dank gilt darüber hinaus meiner Familie.

Stuttgart, im Mai 2016

Raphaela Saitz

Gliederungsübersicht

Abbildungsverzeichnis ... XIII
Tabellenverzeichnis ... XVII
Abkürzungsverzeichnis ... XIX
Zusammenfassung ... XXI
Abstract ... XXV
1. Einführung in die Problemstellung und Motivation ... 1
2. Aufbereitung relevanter theoretischer Grundlagen ... 11
3. Case-Study – Methodik und Ergebnisse ... 57
4. Expertenbefragung – Methodik und Ergebnisse ... 107
5. Entwicklung eines generischen fachlichen Rahmenkonzepts ... 149
6. Prototypbasierte Evaluation der Konzeptionsschwerpunkte ... 219
7. Schlussbetrachtung und Fazit ... 273
Anhang ... 277
Literaturverzeichnis ... 303

Inhaltsverzeichnis

Abbildungsverzeichnis XIII
Tabellenverzeichnis XVII
Abkürzungsverzeichnis XIX
Zusammenfassung XXI
Abstract XXV
1. Einführung in die Problemstellung und Motivation 1
1.1 Zielsetzung und Forschungsfrage der Dissertation 4
1.2 Wissenschaftliche Einordnung und Gang der Arbeit 7
2. Aufbereitung relevanter theoretischer Grundlagen 11
2.1 Terminologie und begriffliche Abgrenzung im Rahmen der Arbeit 12
2.2 Umfeld und Rahmen des Chancen- und Risikomanagements 16
2.3 Gestaltung des Chancen- und Risikomanagements 29
2.4 IT-Unterstützung des Chancen- und Risikomanagements 46
3. Case-Study – Methodik und Ergebnisse 57
3.1 Methoden und Auswahl der Ansprechpartner für die Exploration 59
3.2 Ausgestaltung der Leitfäden und Vorgehen zur Datenanalyse 64
3.3 Chancen- und Risikomanagement im Konzern der Case-Study 67
3.3.1 Rahmen des Chancen- und Risikomanagements im Case 68
3.3.2 Gestaltung des Chancen- und Risikomanagements im Case 71
3.3.3 Darstellung des KCRM-Prozesses und der IT-Lösung im Case 79
3.4 Prozessuale und technische Anforderungen und Potentiale 84
3.5 Potentiale bei Verknüpfungen mit angrenzenden Themenfeldern 96
3.5.1 Themenfelder mit direkter Verbindung zum Risikomanagement 96
3.5.2 Themenfelder mit indirekter Verbindung zum Risikomanagement 98
3.6 Abgrenzung und Konkretisierung des Gestaltungsbereichs 102
4. Expertenbefragung – Methodik und Ergebnisse 107
4.1 Methoden und Auswahl der Stichprobe für die Exploration 108
4.2 Ausgestaltung des Leitfadens und Vorgehen zur Datenanalyse 110
4.3 Aufbereitung der Ergebnisse aus den Experteninterviews 114
4.3.1 Umfeld und Rahmen des Chancen- und Risikomanagements 116
4.3.2 Gestaltung des Chancen- und Risikomanagements 125
4.3.3 IT-Unterstützung des Chancen- und Risikomanagements 132

4.4 Abgrenzung und Konkretisierung des Gestaltungsbereichs 143
5. Entwicklung eines generischen fachlichen Rahmenkonzepts 149
5.1 Statisches Modell – Klassendiagramm der IT-Lösung 160
5.2 Dynamisches Modell – Anwendungsfälle und Anforderungen 169
5.3 Konzeption der Schwerpunktbereiche 191
5.3.1 Unterstützung der Kollaboration im KCRM-Prozess 191
5.3.2 Unterstützung der Steuerung des KCRM-Prozesses 204
5.3.3 Unterstützung der Auswertung und Aufbereitung durch das KCRM ... 212
6. Prototypbasierte Evaluation der Konzeptionsschwerpunkte 219
6.1 Prototypisierung der Kollaborationsfunktionalitäten 223
6.2 Prototypisierung der Prozesssteuerungsfunktionalitäten 235
6.3 Prototypisierung der Auswertungs-/Aufbereitungsfunktionalitäten 246
6.4 Evaluation des Prototyps 261
6.5 Diskussion der Ergebnisse und weiterer Forschungsbedarf 268
7. Schlussbetrachtung und Fazit 273
Anhang 277
Anhang A: Vergleich unterschiedlicher Systematiken für das ChM 277
Anhang B: Aufbereitung von Reputationssystematiken und -maßen 279
Anhang C: Anwendungsmöglichkeiten von BI-Lösungen im ChaRM-Kontext..... 280
Anhang D: Interviewleitfäden im Rahmen der Case-Study 282
Anhang E: Inhaltsanalyse von Dokumentationen im Rahmen der Case-Study ... 291
Anhang F: Attribute des Klassendiagramms 292
Anhang G: Abdeckungsgrad erhobener Anforderungen 299
Literaturverzeichnis 303

Abbildungsverzeichnis

Abbildung 1: Bausteine des Chancen- und Risikomanagements in Konzernen..... 3

Abbildung 2: Ausgangsbezugsrahmen der Arbeit 6

Abbildung 3: Gang der Arbeit und zugehörige Artefakte 8

Abbildung 4: Überblick Gang der Arbeit 9

Abbildung 5: Einordnung von Kapitel 2 in den Gang der Arbeit 12

Abbildung 6: Orientierung der Inhalte von Kapitel 2 am Bezugsrahmen 12

Abbildung 7: COSO ERM – Darstellung der Dimensionen 22

Abbildung 8: Erarbeitete Vorgaben und deren Verbindlichkeitsgrad 24

Abbildung 9: Integrierte Chancen- und Risikosicht 33

Abbildung 10: Konkretisierter Bezugsrahmen auf Basis der Literaturrecherche 36

Abbildung 11: Spektrum bestehender IT-Unterstützungsmöglichkeiten 52

Abbildung 12: Einordnung von Kapitel 3 in den Gang der Arbeit 57

Abbildung 13: Orientierung der Inhalte von Kapitel 3 am Bezugsrahmen 58

Abbildung 14: Anspruchsgruppen für die empirische Erhebung im Case 62

Abbildung 15: Konkretisierung der Voraussetzungen im Bezugsrahmen 71

Abbildung 16: Schritte des dezentralen RM-Prozesses aus Zuliefer-Sicht 78

Abbildung 17: Tätigkeiten des Konzernchancen- und -risikomanagements 78

Abbildung 18: Konkretisierter Bezugsrahmen – Aufgaben und Tätigkeiten 78

Abbildung 19: Ist-Zustand IT-gestützter KCRM-Prozess zu Berichtszeitpunkt....... 79

Abbildung 20: Vorarbeiten und Wesentlichkeitsgrenzen für die Risikoerfassung... 80

Abbildung 21: Risikoerfassung einer Einheit 81

Abbildung 22: Risikoerfassung und -berichterstattung auf Konzernebene 83

Abbildung 23: Ableitbare Themenbereiche für die Experteninterviews 104

Abbildung 24: Konkretisierter Bezugsrahmen – Basis: Case-Study 106

Abbildung 25: Einordnung von Kapitel 4 in den Gang der Arbeit 107

Abbildung 26: Orientierung der Inhalte von Kapitel 4 am Bezugsrahmen 108

Abbildung 27: Anlehnung des ChaRMSs an einen Standard 116

Abbildung 28: Anspruchsgruppen des ChaRMs und etablierte Gremien 117

Abbildung 29: Vorhandensein einer formalisierten Risikostrategie 118

Abbildung 30: Planungs- oder Ereignisbezug mit unterschiedlichem Zeithorizont 120

Abbildung 31: Abfragetiefe für das Regelberichtswesen 121

Abbildung 32: Zusammenhang Ausgestaltung ChM und RM 125

Abbildung 33: Beurteilung des Beitrags zur Entscheidungsunterstützung 126

Abbildung 34: Weiterentwicklungspotentiale aus Prozess-Sicht 130

Abbildung 35: Anteil von Standard- und Individuallösungen 132

Abbildung 36: Gegenüberstellung IT-Lösungen und organisatorische Verbreitung 133

Abbildung 37: Aufbau IT-Unterstützung ChM und RM 137

Abbildung 38: Prozessuale und technische Verbindung von ChM und RM 137

Abbildung 39: Vergleich von Bedarfen in Case-Study und Experteninterviews ... 142

Abbildung 40: IT-Lösung zur Unterstützung von KCRM-Einheit und -Prozess 146

Abbildung 41: Einordnung von Kapitel 5 in den Gang der Arbeit 149

Abbildung 42: Konkretisierung des Gestaltungsbereichs der Dissertation 154

Abbildung 43: Bestandteile der IT-Lösung innerhalb des Gestaltungsbereichs ... 156

Abbildung 44: Konkretisierung Bezugsrahmen – Gestaltungsbereich................. 159

Abbildung 45: Klassendiagramm – Teil 1 161

Abbildung 46: Klassendiagramm – Teil 2 164

Abbildung 47: Klassendiagramm – Teil 3 167

Abbildung 48: UC-Diagramm – Teil 1 172

Abbildung 49: UC-Diagramm – Teil 2 177

Abbildung 50: UC-Diagramm – Teil 3 184

Abbildung 51: Ursache erfassen und (top-down) zuweisen 193

Abbildung 52: Ursache prüfen/bewerten 194

Abbildung 53: C/R/Maßnahme erfassen/bewerten/beurteilen 197

Abbildung 54: Kategorisierung von einzubeziehenden Informationen 201

Abbildung 55: Kategorisierung von an das ChaRM angrenzenden Themenfeldern 202

Abbildung 56: Freigabeprozess über mehrere Hierarchieebenen 208

Abbildung 57: Steuerungsunterstützende Berichts- und Analysewege 215

Abbildung 58: Einordnung von Kapitel 6 und 7 in den Gang der Arbeit 219

Abbildung 59: Evaluationsszenarien für den horizontalen Prototyp 221

Abbildung 60: Prototyp – Einstieg und Navigation 221

Abbildung 61: Szenario 1 – Austauschpool aus Sicht des KCRMs 225

Abbildung 62: Szenario 1 – Zugewiesene Top-Down-Ursache prüfen/ bewerten 225

Abbildung 63: Szenario 1 – Bewertungspartnerschaften nutzen 226
Abbildung 64: Szenario 1 – Bewertungen zuweisen 226
Abbildung 65: Rep-Kompass zur Betrachtung der Unternehmensreputation 228
Abbildung 66: Differenzierung reputationswirksamer Ursachen 228
Abbildung 67: Informationsbedarf/Dimensionen pro Reputationschance/-risiko .. 229
Abbildung 68: Darstellung Bewertungspartnerschaften im ChaRM 231
Abbildung 69: Szenario 1 – Einstieg Bewertung Reputationswirkung 232
Abbildung 70: Szenario 1 – Auswahl Unternehmenswert und Anspruchsgruppe 233
Abbildung 71: Szenario 1 – Detaillierte Bewertung eines Reputationsrisikos 233
Abbildung 72: Szenario 1 – Übersicht Bewertung eines Reputationsrisikos 234
Abbildung 73: Szenario 1 – Bewertungsbeispiele für Reputationschancen/ -risiken 234
Abbildung 74: Szenario 1 – Zusammenfassung der Bewertung 235
Abbildung 75: Szenario 2 – Hierarchiestrukturierung zur Aggregation 236
Abbildung 76: Szenario 2 – Sicht auf Aggregationen anhand Hierarchie 237
Abbildung 77: Aggregation ab Ebene n-1 237
Abbildung 78: Szenario 2 – Startansicht Bottom-Up-Aggregation 241
Abbildung 79: Szenario 2 – Einblenden weiterer Bewertungen 241
Abbildung 80: Szenario 2 – Aggregation bilden/Aggregationsbeurteilung ändern 242
Abbildung 81: Szenario 2 – Ergebnis Bottom-Up-Aggregation 243
Abbildung 82: Szenario 2 – Ansicht Top-Down-Aggregation 243
Abbildung 83: Szenario 2 – Verwendung von Korrekturposten 245
Abbildung 84: Szenario 3 – Einstieg Modul Reputation – Rep-Kompass 247
Abbildung 85: Szenario 3 – Rep-Kompass mit Bewertung 247
Abbildung 86: Szenario 3 – Rep-Kompass mit Bewertung inkl. Dimensionen 248
Abbildung 87: Szenario 3 – Aufgliederung der Bezugspunkte 248
Abbildung 88: Szenario 3 – Bewertung eines Bezugspunkts 249
Abbildung 89: Szenario 3 – Detailbewertung eines Einzelrisikos im Rep-Kompass 249
Abbildung 90: Szenario 3 – Ansicht Reputationsrisiken nach Regionen 250
Abbildung 91: Szenario 3 – Detaillierte Bewertung Reputationsrisiko in Region.. 250
Abbildung 92: Szenario 3 – Einstieg Modul Management Cockpit 252

Abbildung 93: Szenario 3 – Priorisierung Chancen/Risiken pro Region/ Kategorie ... 252
Abbildung 94: Szenario 3 – Cockpit: Auswahlfunktionalität ... 253
Abbildung 95: Szenario 3 – Cockpit: Chancen nach Kategorien und Region ... 253
Abbildung 96: Szenario 3 – Cockpit: Chancen und Risiken nach Region ... 255
Abbildung 97: Szenario 3 – Darstellungsformen für eine/mehrere Wirkungen ... 255
Abbildung 98: Szenario 3 – Risikoappetit bezogen auf mehrere Bezugsgrößen . 256
Abbildung 99: Szenario 3 – Chancen- und Risikopotential in Relation zum Ziel .. 256
Abbildung 100: Szenario 3 – ChaRM-Tacho: Chancen- und Risikopotential ... 258
Abbildung 101: Szenario 3 – ChaRM-Tacho: Betrachtung der Beeinflussbarkeit .. 258
Abbildung 102: Szenario 3 – Statusboard: Produktübergreifende Ansicht ... 259
Abbildung 103: Verknüpfung Bestandteile konzipierte Lösung mit Lösungsformen ... 270
Abbildung 104: Analysedimensionen und zugehörige Fragestellungen ... 290

Tabellenverzeichnis

Tabelle 1: Ableitung von Hinweisen für die IT-Unterstützung aus IDW PS 340 18
Tabelle 2: Ableitung von Hinweisen für die IT-Unterstützung aus DIIR Revisionsstandard Nr. 2 20
Tabelle 3: Ableitung von Hinweisen für die IT-Unterstützung aus DRS 20 21
Tabelle 4: Ableitung von Hinweisen für die IT-Unterstützung aus COSO ERM 22
Tabelle 5: Ableitung von Hinweisen für die IT-Unterstützung aus RMA Standard.. 23
Tabelle 6: Ableitung von Hinweisen für die IT-Unterstützung aus ISO 31000 24
Tabelle 7: Ableitung von IT-Anforderungen im Kontext ChaRM gemäß Literatur... 49
Tabelle 8: Verbindung von Forschungsteilfragen und Analysedimension 66
Tabelle 9: Voraussetzungen und Rahmenbedingungen 68
Tabelle 10: Liste an Verbesserungspotentialen und Herausforderungen 104
Tabelle 11: Zielsetzungen des ChaRMs 126
Tabelle 12: Aufgaben des KCRMs 127
Tabelle 13: Abgleich der Aufgaben des KCRMs 129
Tabelle 14: Stand und Verbesserungspotentiale DAX-Konzerne 136
Tabelle 15: Stand und Verbesserungspotentiale Nicht-DAX-Konzerne 136
Tabelle 16: Lösungsformen zur IT-Unterstützung des ChaRMs 144
Tabelle 17: Prozessuales Lösungsspektrum 152
Tabelle 18: Technisches Lösungsspektrum 153
Tabelle 19: Herleitung und Inhalte der konzeptionierten Schwerpunktbereiche 158
Tabelle 20: Mögliche Fälle bei Identifikations- und Bewertungspartnerschaften 199
Tabelle 21: Bereitstellung Aggregationsfunktionen auf verschiedenen Ebenen 211
Tabelle 22: Thematisierung der Anforderungen in Konzeption und Prototyp 262
Tabelle 23: Abgleich Bedarfe Case-Study mit erarbeiteter Lösung 267
Tabelle 24: Abgleich Bedarfe empirische Untersuchung mit erarbeiteter Lösung .. 269
Tabelle 25: Abgleich Gesetze/Standards/Literatur mit erarbeiteter Lösung 271
Tabelle 26: Vergleich unterschiedlicher Systematiken für das ChM 277
Tabelle 27: Attributliste des Klassendiagramms 298
Tabelle 28: Einbeziehung Verbesserungspotentiale in die erarbeitete Lösung 300
Tabelle 29: Bewertung Lösungsspektrum für die erarbeitete Lösung 301

Abkürzungsverzeichnis

AG	**A**ktien**G**esellschaft
AG & Co. KG	**A**ktien**G**esellschaft & **Co**mpagnie **K**ommandit**G**esellschaft
AktG	**Akt**ien**G**esetz
AR	**A**ufsichts**R**at
ARIS	**AR**chitektur integrierter **I**nformations**S**ysteme
BI	**B**usiness **I**ntelligence
BilMoG	**Bil**anzrechts**Mo**dernisierungs**G**esetz
BilReG	**Bil**anzrechts**Re**form**G**esetz
BR	**B**ezugs**R**ahmen
C	Ergebnis bezogen auf die **C**ase-Study
C&R	**C**hance(n) und (**&**) **R**isiko bzw. Risiken
C/R	**C**hance(n) oder (**/**) **R**isiko bzw. Risiken
ChaRM	**Cha**ncen- und **R**isiko**M**anagement
ChaRMS	**Cha**ncen- und **R**isiko**M**anagement**S**ystem
ChM	**Ch**ancen**M**anagement
COM	**COM**munications (Kommunikationsbereich)
COSO	**C**ommittee **o**f **S**ponsoring **O**rganizations of the Treadway Commission
DAX	**D**eutscher **A**ktien Inde**X**
DCGK	**D**eutscher **C**orporate **G**overnance **K**odex
DIIR	**D**eutsches **I**nstitut für **I**nterne **R**evision e.V.
DRS	**D**eutscher **R**echnungslegungs **S**tandard
DRS 20	**D**eutscher **R**echnungslegungs **S**tandard Nr. **20**
DRSC	**D**eutsches **R**echnungslegungs **S**tandards **C**ommittee e.V.
DV	**D**aten**V**erarbeitung
DWH	**D**ata **W**are**H**ouse
E	Ergebnis bezogen auf die **E**xpertenbefragung
EBIT	**E**arnings **B**efore **I**nterest and **T**axes
ERM	**E**nterprise **R**isk **M**anagement
ERP	**E**nterprise **R**esource **P**lanning
EW	**E**intritts**W**ahrscheinlichkeit
GoB	**G**rundsatz **o**rdnungsgemäßer **B**uchführung
GORM	**G**roup **O**pportunity and **R**isk **M**anagement

GRC	**G**overnance, **R**isk und **C**ompliance
HGB	**H**andels**G**esetz**B**uch
ID	**ID**entifikationsnummer
IDW	**I**nstitut **D**er **W**irtschaftsprüfer
IDW PS	**I**nstitut **D**er **W**irtschaftsprüfer **P**rüfungs**S**tandard
i.e.S.	**i**m **e**ngeren **S**inn
IKS	**I**nternes **K**ontroll**S**ystem
ISO	**I**nternational **O**rganization for **S**tandardization
IT	**I**nformations**T**echnologie
i.w.S.	**i**m **w**eiteren **S**inn
K	**K**ennziffer (im Kontext des DRS 20)
KCRM	**K**onzern**C**hancen- und -**R**isiko**M**anagement
KonTraG	**G**esetz zur **Kon**trolle und **Tra**nsparenz im Unternehmensbereich
LitVZ	**Lit**eratur**V**er**Z**eichnis
OE	**O**rganisations**E**inheit
OLAP	**O**n**L**ine **A**nalytical **P**rocessing
OOA	**O**bjekt**O**rientierte **A**nalyse
PA	**P**rüfungs**A**usschuss
PDF	**P**ortable **D**ocument **F**ormat
Pol. RB	**Pol**itische **R**ahmen**B**edingungen
Q	**Q**uartal
Rep-Kompass	**Rep**utations**-Kompass**
RM	**R**isiko**M**anagement
RMA	**R**isk **M**anagement **A**ssociation
RMIS	**R**isiko**M**anagement**I**nformations**S**ystem
RMS	**R**isiko**M**anagement**S**ystem
RoW	**R**est **o**f **W**orld
SE	**S**ocietas **E**uropeen
SF	**S**chluss**F**olgerung bezogen auf die Literaturrecherche
SGE	**S**trategische **G**eschäfts**E**inheit
UC	**U**se **C**ase
UML	**U**nified **M**odeling **L**anguage
Vwl. RB	**V**olks**w**irtschaft**l**iche **R**ahmen**B**edingungen
WK-Grenze	**W**esentlich**K**eits**-Grenze**

Zusammenfassung

Das Umfeld des Chancen- und Risikomanagements ist geprägt von einer Vielzahl gesetzlicher und standardisierender Vorgaben und den Bedarfen unterschiedlicher Anspruchsgruppen. Aufgrund der stetig steigenden Anzahl an Vorgaben erhöht sich auch die Komplexität prozessualer Abläufe. Eine aktuelle Neuerung ist z.B. die Anforderung eine ausgewogene Chancen- und Risikobetrachtung im Konzernlagebericht darzustellen, wodurch der Fokus des Risikomanagements, mit einer bis dahin im Kontext gesetzlicher Vorgaben eher auf negative Aspekte gerichteten Betrachtung, um eine positive Sichtweise ergänzt wird. Aus der kontinuierlich steigenden Komplexität des Umfelds und der schnellen Entwicklung der Rahmenbedingungen des Chancen- und Risikomanagements ergibt sich für Konzerne die Herausforderung eine zugehörige flexible und zielgerichtete IT-Lösung zu implementieren, deren Ausgestaltung durch entsprechende Entwicklungen beeinflusst wird.

Basierend auf einer Literaturrecherche ist erkennbar, dass es bisher wenige Veröffentlichungen über Besonderheiten des Chancen- und Risikomanagements in Konzernen gibt. Die Literatur und bestehende Werkzeuge zur IT-Unterstützung sind großteils auf dezentrales Chancen- und Risikomanagement ausgerichtet. Erhebliche Lücken sind in Bezug auf die Anforderungen zur Unterstützung konzernweiter Prozesse im Chancen- und Risikomanagement und die Perspektive einer zentralen Einheit für Konzernchancen- und -risikomanagement (KCRM), die konzernweite Aktivitäten im Chancen- und Risikomanagement koordiniert und steuert, zu konstatieren. Das zugehörige Bedarfsprofil für das bisher keine gefestigten Lösungsstrukturen bestehen, stellt damit eine Forschungslücke dar, zu deren Lösung die vorliegende Dissertation einen Beitrag leistet. Hierfür wird ein generisches Rahmenkonzept zur IT-basierten Unterstützung der benötigten, durch bestehende Lösungen nicht abgedeckten, Funktionalitäten entwickelt. Der dabei erarbeitete Ordnungsrahmen ermöglicht die Instanziierung bestehender und benötigter Lösungsansätze ggü. der generischen Lösungskonzeption.

Im Rahmen einer Case-Study und konzernübergreifender Experteninterviews wird geprüft, inwieweit das KCRM bisher durch IT-Lösungen unterstützt ist, um dann zu untersuchen in welchen Bereichen weitere Bedarfe zur IT-basierten Unterstützung bestehen und zugehörige Lösungsansätze zu entwickeln. Die Case-Study bezieht sich auf einen Konzern, in dem Ansprechpartner unterschiedlicher hierarchischer Stufen und fachlicher Sichten bezogen auf den Forschungsgegenstand befragt werden. Die Erhebung in vergleichbaren Konzernen weitet diese Sichtweise konzern- und branchenübergreifend aus, um relevante Aspekte und Bedarfe zur Gestaltung des Chancen- und Risikomanagements und zugehöriger IT-Lösungen zu ermitteln.

Die Ergebnisse der zweistufigen empirischen Untersuchung zeigen, dass es für bestehende IT-Lösungen der Konzerne umfassende Verbesserungspotentiale gibt. Daher arbeiten diese Konzerne stetig an der Weiterentwicklung ihrer kontextbezogenen IT-Lösungen. Die Bedarfe begründen sich in der jeweiligen Zielsetzung, die die Konzerne mit Chancen- und Risikomanagement verfolgen und dem daran anknüpfenden Anspruch und Tätigkeitsprofil der KCRM-Einheit. Die Kenntnis dieser Ziele und Aufgaben bildet die Basis einer adäquaten IT-Unterstützung. Als Ergebnis der Erhebungen wird deutlich, dass das Aufgabenspektrum der KCRM-Einheit sowohl die Aufbereitung steuerungsrelevanter Informationen über die Gesamtsituation als auch koordinative und prozesssteuernde sowie konsolidierende Aufgaben bezogen auf die Erhebung relevanter Chancen und Risiken in der gesamten Organisation umfasst. Aus den erkennbaren Potentialbereichen und Herausforderungen abgeleitet, adressiert die Konzeption drei Schwerpunktbereiche. Der erste Schwerpunktbereich unterstützt die Kollaboration zwischen Ansprechpartnern im Konzern, um ein vollständiges Gesamtbild zu erstellen und dieses adäquat zu beurteilen. Der zweite Schwerpunktbereich betrifft Funktionalitäten zur Prozesssteuerung relevanter Abläufe sowie für Aggregations- und Konsolidierungsschritte im Konzern. Der dritte Bereich adressiert Funktionalitäten zur Informationsaufbereitung auf Ebene der KCRM-Einheit.

Die ausgearbeitete generische Konzeption als Ordnungsrahmen umfasst Anforderungen, die an ein zugehöriges IT-System gestellt werden, aufbereitet über Methoden der objektorientierten Analyse. Darüber hinaus enthält der Ordnungsrahmen den benötigten Informationsbedarf sowie für die aus den Erhebungen abgeleiteten, schwerpunktmäßig zu unterstützenden Bereiche eine detaillierte Konzeption mit Umsetzung in einem DV-nahen horizontalen Prototyp als Basis einer Evaluation.

Das im Rahmen dieser Arbeit erstellte Gesamtkonzept adressiert damit die aktuell wesentlichen Bedarfe zur IT-Unterstützung des Chancen- und Risikomanagements in Konzernen und löst die Problemstellungen unter Berücksichtigung der flexiblen Anwendbarkeit im Kontext komplex strukturierter Organisationen. Das Konzept leistet damit einen Beitrag zur effektiven Unterstützung des KCRMs bei der Ausübung seiner Tätigkeiten und zur Lösung der erkannten Forschungslücke dieser Dissertation.

Abstract

The surrounding area of opportunity and risk management is characterized by a multitude of statutory regulations and standardizing guidelines as well as by the needs of different stakeholder groups. Caused by the constantly rising amount of regulations the complexity of processes increases, too. A current development is e.g. the requirement of a balanced consideration of opportunities and risks within the group management report. Until then the legal guidelines were focused mainly on the negative interpretation of risk, while this change in regulation indicates a positive view or counterpart as well. Due to the constantly increasing complexity of the environment and of the rapid development of framework conditions concerning opportunity and risk management, corporate groups have to face the challenge to implement a related flexible and target-oriented IT-solution. The content design of this solution is affected by appropriate developments.

Based on a literature research it is recognizable, that only few publications have made characteristics of opportunity and risk management in corporate groups a subject of discussion. The literature and existing tools are mainly focused on decentralized, more precisely locally distributed, opportunity and risk management. Significant gaps have to be stated regarding requirements to support group-wide processes in the context of opportunity and risk management and the perspective of a central unit for Group Opportunity and Risk Management (GORM), which coordinates and manages opportunity and risk management activities across the group. The appropriate demand profile, for which there are no stable solution structures, represents a research gap. The present dissertation contributes to solve this gap by developing a generic frame concept of an IT-based support for the required functionalities, which are not covered by existing solutions. The evolved framework allows the instantiation of existing and required solution structures towards the generic solution concept.

Within a case-study and beyond-group expert interviews current IT-solutions for GORM are reviewed, to examine in which areas additional demands for IT-based support exist and to develop corresponding solution approaches. The case-study refers to a selected corporate group, of which several persons out of different hierarchical levels with various perspectives on the object of research have been interviewed. The survey within comparable groups enlarges the view in a beyond-group and cross-sectoral context to examine relevant aspects and demands for designing opportunity and risk management as well as associated IT-solutions.

As demonstrated by the results of the two-tier empirical examination there are extensive potentials for improvement recognizable in the existing IT-solutions of corporate groups. Hence these corporate groups operate constantly on enhancements of their context-related IT-systems. The demands are founded on targets, which the respective corporate group pursues with its opportunity and risk management and the corresponding claim and assignment profile of the GORM unit. The knowledge of these targets and tasks is fundamental to establish an adequate IT-solution. As a result of the surveys it becomes clear that the range of tasks of the GORM unit includes the preparation of management-related information about the general situation, coordinative and process management tasks, as well as the consolidation with regard to the collection of relevant opportunities and risks within the whole organization. Based on the recognizable potential areas and challenges the concept addresses especially three focus areas. The first focus area supports the collaboration among various contact persons within the group, to achieve at most a complete and adequate assessed summary of the overall situation. The second focus area involves functionalities to manage relevant processes as well as steps of aggregation and consolidation within the group. The third area addresses the support of required information preparation functionalities on the level of the GORM unit.

The elaborated generic concept as a framework includes requirements placed on such an IT-solution, prepared by using the methods of the object-oriented analysis. Furthermore the framework contains the definition of the information requirements as well as a detailed specification for the focus areas derived from the empirical results, which are also implemented in a closely to the data processing area designed, horizontal prototype, that serves as a reference point in the course of the evaluation.

The overall concept within this paper addresses consequently the current main requirements to support opportunity and risk management. Thereby it resolves the detected problems considering the need of flexible adaptability in the context of complex-structured corporate groups. In consequence the specification contributes to support the GORM unit by managing their daily business effectively and to solve the recognized research gap of this dissertation.

1. Einführung in die Problemstellung und Motivation

„Es kommt nicht [nur] darauf an, die Zukunft vorauszusehen, sondern [auch darauf] auf die Zukunft vorbereitet zu sein.“[1] (Perikles)

Der griechische Staatsmann Perikles erläutert in seinem Zitat, dass es nicht ausreicht sich nur mit der Bestimmung potentieller, zukünftiger Entwicklungen zu beschäftigen. Es ist auch notwendig proaktiv Handlungsstrategien zu erarbeiten, um erfolgreich mit diesen zukünftigen Entwicklungen umgehen zu können.

Der erste Teil des Zitats beschäftigt sich mit dem Ziel Erkenntnisse über die Zukunft zu erlangen und kann in Bezug zu einer, seit 1998 gültigen Verpflichtung für Vorstände börsennotierter Unternehmen gesetzt werden. Gemäß Aktiengesetz (AktG) wird seither gefordert, dass Vorstände Maßnahmen treffen und ein Überwachungssystem einrichten müssen, um Entwicklungen, die zu einer Gefährdung des Unternehmensfortbestands führen können, frühzeitig zu erkennen.[2] Über diese Pflicht wird der Fokus auf Identifikation und Bewertung möglicher Entwicklungen gerichtet. Mit deren Betrachtung ist stets eine gewisse Unsicherheit verbunden, wobei der Grad der Unsicherheit z.B. aufgrund der Anzahl an Einflussfaktoren steigt, je weiter die Entwicklung in der Zukunft liegt. Neben der Unsicherheit erschwert das komplexe Abhängigkeitsgefüge zwischen Ursachen und Wirkungen deren Identifikation.[3]

Der zweite Teil des Zitats betrifft die Aufgabe Vorkehrungen in Bezug auf mögliche Entwicklungen zu treffen. Dieser Aspekt kann auch implizit aus einer 2009 erfolgten Änderung im AktG abgeleitet werden, gemäß der ein wirksames Risikomanagementsystem gefordert wird.[4] Mit Risikomanagement wird dabei i.d.R. auch die Sicherstellung zukünftigen Erfolgs und der Zielerreichung bezweckt.[5] Es dient folglich neben der frühzeitigen Erkennung und Beurteilung von Entwicklungen auch der Ableitung und Ausführung von Maßnahmen sowie deren Überwachung.[6] Ein Unternehmen muss hierfür auf mehr als eine mögliche Entwicklung vorbereitet sein und Strategien besitzen, die sich für den Umgang mit potentiellen Entwicklungen eignen.

---

[1] Perikles, griechischer Staatsmann.
[2] Vgl. §91 II AktG gemäß KonTraG (1998).
[3] Vgl. bspw. Burger und Buchhart (2002), S. 67, Erben (2008), S. 221, Freidank u.a. (2007), S. 1181, Kaninke (2004), S. 14, Risk Management Association (RMA) e.V. (2006), S. 13, Romeike und Hager (2013), S. 95, Weber u.a. (1999), S. 13 und Weber und Liekweg (2005), S. 498.
[4] Vgl. §107 III AktG gemäß BilMoG (2009), S. 1122.
[5] Vgl. bspw. Diederichs (2010), S. 12f., Kajüter (2012), S. 108f. und Romeike (2003a), S. 151.
[6] Vgl. bspw. Diederichs (2010), S. 15 und Freidank u.a. (2007), S. 1181.

Zusätzlich zur Betrachtung risikoreicher, im Sinne negativer, Entwicklungen, können positive Entwicklungen einbezogen werden. Die Betrachtung von Chancen wird mit dem 2012 veröffentlichten neuen Rechnungslegungsstandard[7] in den Fokus gerückt. Hierin wird die ausgewogene Darstellung von Chancen und Risiken im Lagebericht von Konzernen gefordert.[8] Das Chancenmanagement kann daher als eigenständige Disziplin betrachtet werden, innerhalb derer, zur Förderung und Nutzung von Chancen, auch Maßnahmen zu etablieren sind.[9] Der aufgezeigte Wandel von einem Risikofrüherkennungssystem zu einem Risikomanagementsystem (RMS), das inzwischen als Chancen- und Risikomanagementsystem zu betrachten ist, stellt Konzerne vor die Herausforderung Prozesse zu etablieren und diese mit einer effektiven und effizienten Lösung aus dem Bereich der Informationstechnologie (IT) zu unterstützen, die die Komplexität der Zusammenhänge abbilden und eine Vielzahl an Informationen verarbeiten kann. Prozess und IT-Lösung müssen gesetzlichen Ansprüchen genügen und als ganzheitliches Konstrukt die Unternehmenssteuerung unterstützen.

Die vorliegende Forschungsarbeit fokussiert sich auf Konzerne, die aufgrund ihrer Organisationsform u.a. ein hohes internes Abhängigkeitsgefüge und eine strikte Trennung der Verantwortungs- und Aufgabenbereiche aufweisen. Neben der schnellen Entwicklung der Rahmenbedingungen des Chancen- und Risikomanagements ergeben sich aus der Komplexität des Aufbaus und Umfelds von Konzernen damit weitere Herausforderungen, die eine flexible, zielgerichtete IT-Lösung zur Unterstützung eines konzernweiten Chancen- und Risikomanagements notwendig machen.

Über den erläuterten Auftrag Chancen und Risiken frühzeitig zu erkennen und zu managen ergibt sich der Bedarf der umfassenden Einbeziehung von Informationen aus dem Gesamtkonzern, um daraus einen entsprechenden Überblick zu generieren.

Wichtig für das Verständnis ist, dass **Chancen- und Risikomanagement (ChaRM) in Konzernen** für diese Arbeit in drei interdependente Bausteine unterteilt wird:[10]

1. **Dezentrales Chancen- und Risikomanagement** umfasst pro Organisationseinheit und Unternehmensebene durchzuführende Tätigkeiten zum Management

---

[7] Deutscher Rechnungslegungs Standard Nr. 20 (DRS 20)

[8] Vgl. Deutsches Rechnungslegungs Standards Committee e.V. (DRSC) (2012), DRS 20.K165-167 (Kennziffer (K)).

[9] Vgl. Kaiser (2005), S. 350ff. und Lück (2001), S. 2312.

[10] Zur Begriffsdefinition und Herleitung der Inhalte des Abschnitts vgl. Kapitel 2 mit Unterkapiteln.

einzelner Chancen und Risiken. Der Ablauf erfolgt gemäß in der Literatur genannten Prozessen für Chancenmanagement (ChM) und Risikomanagement (RM).

2. **Konzernchancen- und -risikomanagement als Einheit (kurz: KCRM)** koordiniert und steuert konzernweite ChaRM-Aktivitäten prozessual und bezogen auf eine IT-Unterstützung zielgerichtet im Sinne der Unternehmensführung.
3. **Konzernchancen- und -risikomanagement-Prozess** dient der mehrstufigen Zusammenführung und Aufbereitung aller im Rahmen dezentraler ChaRM-Prozesse erhobenen Informationen zur Nutzung durch die zentrale KCRM-Einheit.

Das Gesamtbild aus den drei genannten Bausteinen visualisiert Abbildung 1.

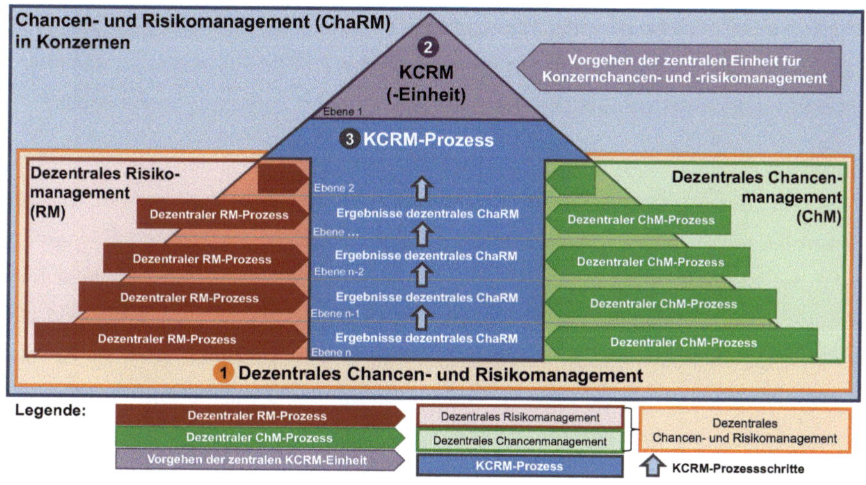

Abbildung 1: Bausteine des Chancen- und Risikomanagements in Konzernen[11]

Bezogen auf die Erforschung von Besonderheiten des ChaRMs in Konzernen gibt es, trotz der praktischen Bedeutung von Konzernstrukturen, in Relation zu der Vielzahl an generellen Publikationen zu Chancen- und insbesondere zu Risikomanagement, bisher wenige Veröffentlichungen.[12] Die Literaturrecherche bzgl. ChaRM und zugehöriger IT-Unterstützung zeigt, dass größtenteils dezentrale ChaRM-Aufgaben und deren IT-basierte Unterstützung im Vordergrund stehen.[13] Somit sind theoretische Ansätze und bestehende IT-Lösungen für das ChaRM meist nicht explizit auf

[11] Eigene Darstellung. Zahlen referenzieren auf die erläuterten Bausteine des ChaRMs in Konzernen.
[12] Vgl. Kajüter (2012), S. 12ff., 47f., 63 und 75 und Kajüter (2015), S. 610 und 625.
[13] Vgl. hierfür die Ausführungen in Kapitel 2, insbesondere Kapitel 2.4.

konzernspezifische Bedarfe ausgerichtet und berücksichtigen diese unzureichend.[14] Es sind folglich erhebliche Lücken im Bereich der Perspektive des zentralen KCRMs und bezogen auf Bedarfe zur Unterstützung des KCRM-Prozesses (zweiter und dritter Baustein) zu konstatieren. Diese Arbeit widmet sich der Untersuchung zugehöriger Anforderungen und Lösungsansätze, um hieraus ein generisches Rahmenkonzept zu entwickeln, gegen das sich IT-Lösungen des ChaRMs von Konzernen spiegeln lassen, um folglich Abdeckungsgrad und Handlungsempfehlungen abzuleiten.

1.1 Zielsetzung und Forschungsfrage der Dissertation

Die einleitend beschriebenen Herausforderungen im Rahmen eines konzernweiten ChaRMs machen es notwendig Informationen über künftige Entwicklungen aus allen relevanten Unternehmensbereichen im Rahmen des KCRM-Prozesses zu sammeln, um diese aufbereitet zur Entscheidungsvorbereitung und Steuerung zu verwenden.

Die dieser Arbeit zu Grunde liegende Forschungslücke ist die Untersuchung des Bedarfs und der Lösungsansätze zur Unterstützung der KCRM-Einheit und des KCRM-Prozesses mittels eines konzernweit eingesetzten IT-basierten Systems. Es werden dafür der Ist-Zustand sowie prozessuale und technische Gestaltungsparameter und Bedarfe einer IT-Unterstützung in Theorie und Praxis untersucht, um aufbauend ein generisches Rahmenkonzept, im weiteren auch Ordnungsrahmen genannt, für ein IT-basiertes System zu entwickeln, dessen Schwerpunkt auf konzernspezifischen Bedarfen, die nicht über bestehende Lösungen abgedeckt sind, liegt. Zielsetzung der Arbeit ist daher **die Entwicklung eines Rahmenkonzepts zur IT-basierten Unterstützung eines Konzernchancen- und -risikomanagements**. Die Erreichung der Zielsetzung erfordert die Beantwortung der zentralen Forschungsfrage der Arbeit, die den Forschungsgegenstand darstellt: **Wie muss ein IT-basiertes System gestaltet sein, um ein Konzernchancen- und -risikomanagement zielgerichtet zu unterstützen?** Da die Unterstützung des KCRM-Prozesses die Voraussetzung zur Erfüllung der Aufgaben der KCRM-Einheit ist, wird in Zielsetzung und Forschungsgegenstand übergreifend von der Unterstützung des KCRMs gesprochen.

Zur Erschließung des Forschungsgegenstands werden verschiedene Methoden und Werkzeuge eingesetzt. Hierzu gehört auch ein Bezugsrahmen (BR) zur Strukturierung der Arbeit und des Forschungsgegenstands, der relevante Inhalte abbildet und

[14] Das zeigen auch die Ergebnisse der zweistufigen empirischen Untersuchung im Rahmen der Arbeit.

dessen Aufbau sich am Prinzip des heuristischen[15] BRs orientiert, eine der empirischen Forschung [16] zugehörige Methode mit Annahmendefinition und iterativer -überarbeitung.[17] Der BR wird im Lauf der Arbeit über eine Literaturrecherche sowie eine zweistufige empirische Untersuchung ergänzt, präzisiert und plausibilisiert. Die BR-Inhalte werden dafür im Rahmen der zugehörigen Experteninterviews über annahmenprüfende oder -generierende Fragen adressiert oder erweitert. Der BR wird als Diagramm, bestehend aus Kästchen für zu analysierende Aspekte der Problemstellung und gerichtete oder ungerichtete Verbindungen, dargestellt. Ein BR kann je nach Forschungsstrategie unterschiedliche Aufgaben erfüllen. Im hier relevanten Ansatz dient er zur Abbildung der Vorarbeit der empirischen Untersuchung über Bündelung theoretischer Hintergründe sowie Strukturierung zu erhebender Sachverhalte.[18] Für die Arbeit wird eine pragmatische Abwandlung des BRs[19] im Kontext der gestaltungsorientierten Wirtschaftsinformatik genutzt. Er enthält relevante Inhalte und Zusammenhänge für die Gestaltung des ChaRMs und zugehörige IT-Unterstützung.

Basierend auf den bisherigen Erläuterungen wird im Ausgangsbezugsrahmen in Abbildung 2 zwischen den „Schichten“ Umfeld des ChaRMs und den sich daraus ergebenden Rahmenbedingungen, mit konkreten unternehmensspezifisch auszugestaltenden Voraussetzungen, unterschieden. Es werden zudem zentrale und dezentrale Tätigkeiten abgegrenzt und als Teil der Gestaltungsparameter des ChaRMs (dritte Schicht) betrachtet. In Bezug dazu muss die IT-Lösung als Bindeglied analysiert werden. Der markierte Gestaltungsbereich adressiert insbesondere die KCRM-Einheit[20] und den KCRM-Prozess, ggf. mit Einfluss auf dezentrales ChaRM.

---

[15] Heuristik (griechisch „finden“) ist die Wissenschaft und Anleitung zur Gewinnung von Erkenntnissen über Modelle oder Experimente, um Probleme zu lösen, vgl. Duden (2015a), Thommen und Siepermann (2015), jeweilige URL siehe Literaturverzeichnis (LitVZ), Zeitverlag Gerd Bucerius GmbH & Co. KG (2005a), S. 391.

[16] Empirische Forschung kann als Erfassung und Analyse erfahrungsbasierten Wissens z.B. über betriebliche Realität betrachtet werden. Dabei bezieht sich empirisch darauf, dass auf Erfahrungen basierende Tatsachen erfasst werden, vgl. Duden (2015b), URL siehe LitVZ, Kromrey (2009), S. 27f. und Kubicek (1977), S. 5.

[17] Vgl. Kubicek (1977), S. 5ff. und 12ff. und Wollnik (1977), S. 38ff., 42f. und 45f.

[18] Vgl. theoretische Hintergründe Kubicek (1977), S. 17ff., Wollnik (1977), S. 38ff. und bspw. Atteslander (2010), S. 317. Eine Definition und Prüfung von Hypothesen und Theorien auf deren Gültigkeit erfolgt im Rahmen dieser Arbeit nicht. Zur Erläuterung vgl. Atteslander (2010), S. 21f., Kromrey (2009), S. 79 und Schnell u.a. (2011), S. 201.

[19] Eine Differenzierung von BR-Typen wird nicht vorgenommen, da das Prinzip des BRs hier für die Ansprüche der gestaltungsorientierten Wirtschaftsinformatik modifiziert wird. Für weitere Informationen siehe auch Kubicek (1977), S. 17ff.

[20] Die Begriffe Einheit und Organisationseinheit werden in der Arbeit synonym verwendet.

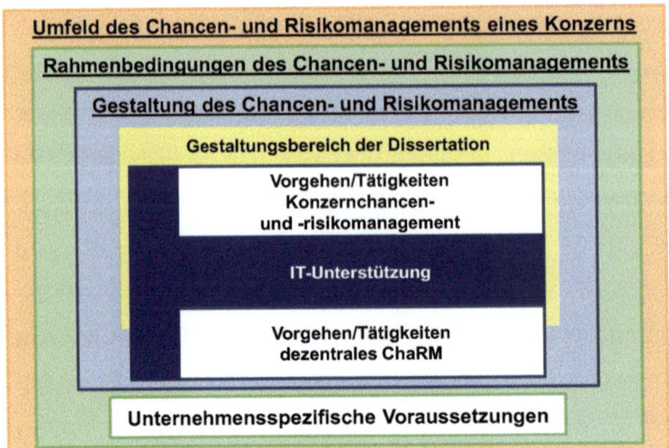

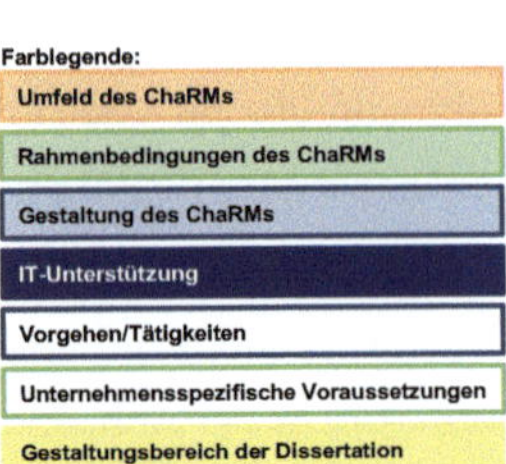

Abbildung 2: Ausgangsbezugsrahmen der Arbeit[21]

Konkretisierend kann der Forschungsgegenstand auf Basis der bisherigen Erläuterungen und dem BR in sechs Teilfragen untergliedert:

1. Welche Rahmenbedingungen beeinflussen die Gestaltung eines ChaRMs?
2. Welche Aufgaben muss das KCRM erfüllen?
3. Wie sind in den Konzernen bestehende dezentrale ChaRM-Prozesse und der KCRM-Prozess sowie die zugehörigen IT-Lösungen ausgestaltet?
4. Welche Anforderungen stellt das KCRM an eine unterstützende IT-Lösung und welche Verbesserungspotentiale prozessualer oder technischer Art sind bei der Ausgestaltung bestehender Lösungen erkennbar?
5. Welcher Informationsbedarf besteht zur Erfüllung der KCRM-Aufgaben?
6. Wie muss ein IT-basiertes System zur Erfüllung der Anforderungen und Aufgaben des KCRMs aussehen?

Über die Forschungsteilfragen werden Gestaltungsaspekte einer IT-Lösung untersucht, um deren zielgerichtete Konzeption zu ermöglichen. Dabei werden die Begriffe Herausforderungen und Verbesserungspotentiale für im Vergleich zu Anforderungen weniger konkrete Aspekte verwendet. Fragen eins und zwei werden über eine Literaturrecherche spezifiziert und über eine empirische Untersuchung mit der Praxis abgeglichen. Bei Fragen drei bis sechs liegt der Fokus auf den empirischen Ergebnissen sowie der darauf aufbauenden Konzeption und Prototypenbildung. In der Arbeit herausgearbeitete Schlussfolgerungen (SF) und Ergebnisse werden hervorgehoben.

[21] Eigene Darstellung. Der Konzernfokus wird im äußersten Rahmen erwähnt, gilt aber übergreifend.

1.2 Wissenschaftliche Einordnung und Gang der Arbeit

Diese Arbeit wird der wissenschaftlichen Disziplin Wirtschaftsinformatik zugeordnet, deren Erkenntnisgegenstand Informationssysteme sind.[22] Die Wirtschaftsinformatik befasst sich generell mit der Erklärung und Gestaltung, dem Betrieb und der Nutzung dieser Systeme, die z.B. betriebliche Prozesse unterstützen, und verbindet dabei u.a. Teile der Wirtschaftswissenschaften, Informatik sowie Technik.[23]

Das Forschungsdesign[24] zur Beantwortung der Forschungsfrage und Lösungsentwicklung beruht auf den Phasen des Erkenntnisprozesses – Analyse, Entwurf, Evaluation und Diffusion – und den Prinzipien – Abstraktion, Originalität, Begründung und Nutzen – gemäß Memorandum der gestaltungsorientierten Wirtschaftsinformatik.[25] Die Erkenntnisprozessphasen werden nun mit den Inhalten der Arbeit verbunden.

Die **Analyse**, zur Erarbeitung der Problemstellung und bestehender Lösungsansätze in Wissenschaft und Praxis,[26] beinhaltet hier eine Literaturrecherche sowie eine zweistufige empirische Untersuchung bestehend aus einer Case-Study in einem spezifischen Konzern und einer branchenübergreifenden Expertenbefragung in Konzernen. Hierbei werden Methoden der empirischen Sozialforschung[27] angewendet.

In der Phase **Entwurf** erfolgt basierend auf Ergebnissen der Analyse die generische Erstellung eines Rahmenkonzepts mit Lösungsmöglichkeiten. Die Ergebnisse und deren prototypische Umsetzung werden zur **Evaluation** mit Ansprechpartnern der Case-Study diskutiert, Auszüge in einer wissenschaftlichen Publikation begutachtet und im Rahmen einer internationalen Tagung für Wirtschaftsinformatik vorgestellt.

Die Phase der **Diffusion** wird über diese Arbeit komplettiert, die als Ergebnistypen u.a. den Anforderungskatalog und das erarbeitete Konzept, unter Anwendung von Methoden der objektorientierten Analyse (OOA) mit prototypischer Umsetzung, ent-

---

[22] Vgl. Ferstl und Sinz (2008), S. 1, Österle u.a. (2010), S. 3 und Wissenschaftliche Kommission Wirtschaftsinformatik u.a. (2011), URL siehe LitVZ. Informationssysteme können Managementsysteme und operative Informationssysteme umfassen, vgl. bspw. Schwaninger (1994), S. 108.

[23] Vgl. Kenneth u.a. (2010), S. 17ff. und 62 und Mertens u.a. (2010), S. 1ff. und 7.

[24] Bei einem Forschungsdesign handelt es sich um einen Plan, nach dem ein Forschungsgegenstand untersucht wird. Dieser Plan enthält relevante Entscheidungen zum Vorgehen im Rahmen der Forschung, vgl. Friedrichs (1990), S. 158ff. und Kromrey (2009), S. 65 und 79.

[25] Das Memorandum der gestaltungsorientierten Wirtschaftsinformatik ist eine von Österle u.a. beschriebene Vereinbarung, in der sich die Unterzeichner darüber verständigen rigorose und praxisrelevante Forschung im Kontext der Wirtschaftsinformatik zu unterstützen, vgl. Österle u.a. (2010), S. 2ff.

[26] Vgl. Österle u.a. (2010), S. 4.

[27] Vgl. Österle u.a. (2010), S. 5 für die Verbindung zur Forschungsmethodik.

hält. Den Gang der Arbeit zeigt Abbildung 3 mittels Nennung der den Erkenntnisprozessphasen zugeordneten Kapiteln und zugehörigen Ergebnistypen bzw. Artefakten.

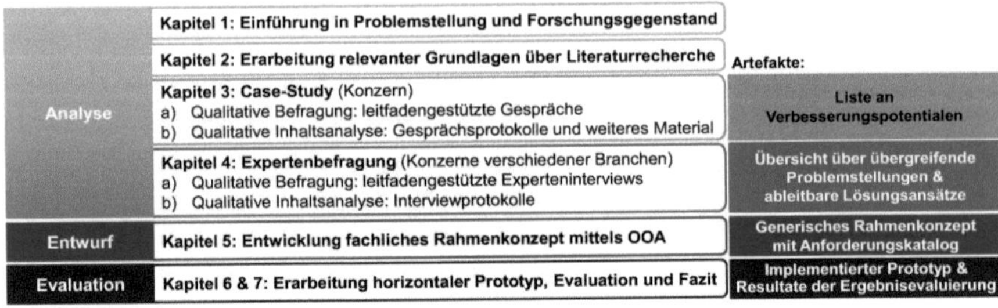

Abbildung 3: Gang der Arbeit und zugehörige Artefakte[28]

Im genannten Memorandum wird gefordert, dass sich Forschung durch Rigorosität, mittels wissenschaftlicher Ergebnisherleitung und Praxisrelevanz über nutzenstiftende Erkenntnisse auszeichnet.[29] Die **Rigorosität der Begründung** wird durch Literaturrecherche, Analyse der Informationen aus Case-Study und Expertenbefragung, nachvollziehbare Überführung in Ergebnisse in Form von Konzept und Prototyp sowie deren Evaluation ggü. der ursprünglichen Zielsetzung sichergestellt. Praxisrelevanz und **Nutzen** der Artefakte werden durch die Überprüfung in, von der Autorin moderierten, Workshops und Einzelgesprächen, u.a. anhand des Prototyps, sichergestellt. Aktuelle gesetzliche Neuerungen unterstreichen die **Originalität** der Arbeit.

Die **Abstraktion** wird über eine branchenübergreifende Anspruchsgruppe sichergestellt. Anspruchsgruppen bzw. Adressaten der Forschungsarbeit sind Konzerne, die sich mit dem Forschungsgegenstand ähnlichen Problemstellungen beschäftigen, und Vertreter der Wirtschaftsinformatik und angrenzender wissenschaftlicher Disziplinen.

Die folgende Abbildung enthält einen Überblick über den Gang der Arbeit mit Referenz auf das jeweilige Kapitel sowie relevante Phasen aus dem Erkenntnisprozess.

Die Arbeit beginnt mit definitorischen Grundlagen zur Problemstellung sowie deren Analyse zur Ableitung von ersten Anforderungen an eine IT-Lösung. Hierfür wesentliche Inhalte werden über eine Literaturrecherche[30] herausgearbeitet, wobei relevante Literatur im Kontext aufgegriffen wird (Kapitel 2). Der mittels Literaturrecherche

[28] Eigene Darstellung. Die Größe der Schritte ist unabhängig von ihrer Gewichtung für die Arbeit. Die Farbgebung verdeutlicht zusammengehörige Schritte und wird in weiteren Ablaufgrafiken aufgegriffen.
[29] Vgl. Österle u.a. (2010), S. 2.
[30] Sie dient der Aufbereitung relevanter Grundlagen und besitzt daher keine spezifische Methodik.

konkretisierte BR ist Ausgangsbasis für die Case-Study (Kapitel 3) und die zeitlich darauf folgende Expertenbefragung in mehreren Konzernen (Kapitel 4), als die zwei kaskadierenden Stufen der empirischen Untersuchung.[31] Die Inhalte des BRs dienen als zu prüfende und spezifizierende Annahmen. Basis der Case-Study und Interviews sind zudem Vorgaben, die z.B. im Rahmen der deutschen Gesetzgebung bzgl. des ChaRMs bestehen und die Gestaltung der IT-Lösung beeinflussen können.[32]

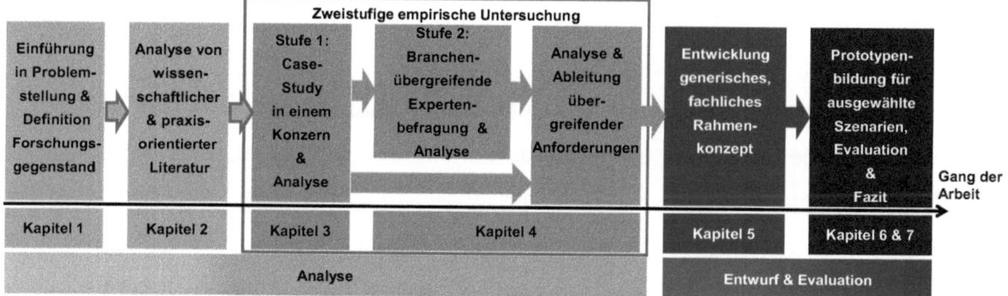

Abbildung 4: Überblick Gang der Arbeit[33]

In der ersten Stufe der empirischen Untersuchung wird der Forschungsgegenstand im Rahmen einer Case-Study, an einem im Deutschen Aktien Index (DAX) gelisteten Konzern, untersucht. Die Case-Study besitzt als Gegenstand die Erhebung der Ausgangssituation sowie von Anforderungen, prozessualen und technischen Problemen und Verbesserungspotentialen. Ergebnis ist die Strukturierung der Bedarfe nach Potentialfeldern, präzisiert als Verbesserungspotentialliste. Die Ergebnisse konkretisieren den BR und beeinflussen die Leitfadeninhalte für die Experteninterviews.

In der darauf aufbauenden konzernübergreifenden Expertenbefragung, als zweite Stufe der empirischen Untersuchung, werden Experten weiterer Konzerne einbezogen, um den Fokus der Case-Study auf die Klasse der Konzerne zu erweitern und Ergebnisse zu relativieren. Gegenstand ist die branchenübergreifende Untersuchung der Implementierung von Prozess und IT-Lösungen des ChaRMs in, mit dem Konzern der Case-Study vergleichbaren, Konzernen. Die Untersuchung dient der Spezifikation der Problemstellung, deren Einflussfaktoren und der vergleichenden Erhebung von Potentialen, um den bestehenden Lösungsraum zu erfassen sowie Schnittmengen und Unterschiede bei Anforderungen und Potentialen herauszuarbei-

[31] Das Vorgehen der Case-Study und der Expertenbefragung wird in Kapitel 3 und 4 bzgl. Ansprechpartner- bzw. Expertenauswahl, Interviewleitfäden und Analysedimensionen detailliert beschrieben.
[32] Vgl. Kapitel 2.2 für die Implikationen der gesetzlichen und standardisierenden Rahmenbedingungen.
[33] Eigene Darstellung. Die unterste Zeile referenziert auf die Phasen des Erkenntnisprozesses.

ten. Die Anforderungen werden gesammelt, verglichen und übergreifende Potentialbereiche erarbeitet, für die keine gefestigten Lösungsstrukturen erkennbar sind.

Das daraus ableitbare Lösungsspektrum dient der Anforderungsbeschreibung und -priorisierung und als Basis konzeptioneller Überlegungen. Zu Beginn des Konzeptionskapitels werden daher die erhobenen Ist-Zustände und deren Ausbaumöglichkeiten zusammengeführt und in Relation zu relevanten Aspekten aus Umfeld, Rahmenbedingungen und Voraussetzungen gesetzt, um als Ausgangspunkt der Konzeption das Lösungsspektrum für bestehende Ansätze sowie analysierte Potentialfelder, Bedarfe und Herausforderungen zu konkretisieren. Unter Anwendung der Methoden aus der objektorientierten Analyse werden dann ein statisches und dynamisches Modell des IT-basierten Systems als generisches Rahmenkonzept erarbeitet, das als Ordnungsrahmen dem aufgezeigten, benötigten Lösungsspektrum gerecht wird und für ausgewählte Schwerpunktbereiche detailliert ausspezifiziert wird (Kapitel 5).

Für einen bei der Konzeption festgelegten Umfang wird anschließend ein horizontaler Prototyp erstellt (Kapitel 6). Die Anforderungsspezifikation und Evaluation zur Sicherstellung der zielgerichteten Unterstützung eines KCRMs erfolgt mittels Workshops und Einzelgesprächen im Konzern der Case-Study sowie über den Abgleich mit erarbeiteten Zielen des ChaRMs, Aufgaben des KCRMs und zugehörigen Bedarfen, Potentialen und Anforderungen im Rahmen der Arbeit. Dabei werden auch durch eine IT-Lösung unterstützbare Verbesserungspotentiale im ChaRM untersucht.

2. Aufbereitung relevanter theoretischer Grundlagen

Definitorische Grundlagen und Ausgestaltungsmöglichkeiten eines RMs werden in wissenschaftlichen Veröffentlichungen und der Literatur umfassend behandelt.[34] Zum Teil werden dabei einzelne Facetten und Ansätze hervorgehoben[35] oder die Entwicklung des RMs[36] fokussiert. Die Betrachtung des ChMs in wissenschaftlicher Literatur ist in Relation zum RM geringer.[37] Konzernspezifika des RMs stehen nur vereinzelt im Vordergrund.[38] Im Folgenden werden aus relevanter Literatur Inhalte selektiert, erläutert und in Schlussfolgerungen gebündelt, die für das Verständnis der Arbeit wesentlich sind und Einfluss auf die Gestaltung von ChaRM und IT-Lösung in Konzernen nehmen können. Bei den herausgearbeiteten Inhalten wird der in der Literatur vorherrschende Risikofokus sofern möglich um Chancen erweitert und folglich von ChaRM und KCRM gesprochen, auch wenn die Beschreibung in der Literatur nur die Risiko- oder Chancenseite enthält. Auf Ausnahmen davon wird jeweils hingewiesen.

Im Rahmen der Literaturrecherche sind theoretisch fundierte Arbeiten sowie Veröffentlichungen mit praktischem Hintergrund oder ggf. Nähe zur Beratungspraxis erkennbar. Praxisorientiert sind z.B. Veröffentlichungen von Autoren des Wissensportals RiskNET®, das den Informationsaustausch zwischen Wissenschaft und Praxis unterstützt.[39] Diese Quellen werden als aktuelles, kontextspezifisches Erfahrungswissen einbezogen, unter kritischer Reflektion der Inhalte. Das Kapitel dient damit der Erarbeitung relevanter Grundlagen und der Ableitung von Implikationen für die Arbeit. Abbildung 5 ordnet das Kapitel in den Gesamtzusammenhang der Arbeit ein.

Der inhaltliche Aufbau des Kapitels folgt der Unterteilung des BRs. Zunächst wird ein generelles Begriffsverständnis für die Themenstellung herausgearbeitet (Kapitel 2.1). Das folgende Kapitel enthält erarbeitete Inhalte in Bezug auf Umfeld und Rahmenbedingungen des ChaRMs in Konzernen (Kapitel 2.2), zu denen auch die gesetzlichen Grundlagen und bestehende Standards zugerechnet werden können, die hier aufgearbeitet und auf technische Unterstützungsbedarfe hin untersucht werden.

---

34 Dies zeigt die Vielzahl an Quellen in Kapitel 2.1 bis 2.3.

35 Vgl. bspw. Braun (1984), S. 14f. und Kajüter (2012), S. 54ff. Teilweise liegt der Fokus auch generell auf Risiken, losgelöst von der Unternehmenssicht, vgl. bspw. Renn u.a. (2007).

36 Vgl. bspw. Bernstein (1997), Cottin und Döhler (2009), S. 4ff. und Romeike und Hager (2013), S. 2ff.

37 Vgl. Junge (2009), S. 4, White (2006), S. 1 und Kapitel 2.1.

38 Vgl. Kajüter (2012), S. 58ff. und Kajüter (2015), S. 610.

39 Für weitere Informationen vgl. RiskNET® (2015), URL siehe LitVZ. Die entsprechenden Autoren werden in der Quelle als RiskNET®-Redaktionsteam spezifiziert.

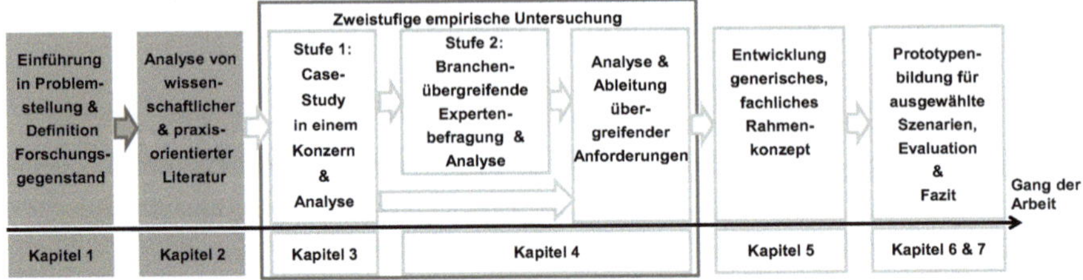

Abbildung 5: Einordnung von Kapitel 2 in den Gang der Arbeit[40]

Um die Gestaltung des ChaRMs näher zu untersuchen wird anschließend das Vorgehen zum Management von primär finanziell wirkenden und/oder reputationsbezogenen[41] Chancen und Risiken untersucht (Kapitel 2.3). Anschließend werden bestehende Ansätze und Systematiken bzgl. IT-Anforderungen betrachtet und eine entsprechende Ausgangsbasis für die Analysen in Kapitel 3 und 4 abgeleitet (Kapitel 2.4). Die Begriffe Lösung bzw. IT-Lösung und System bzw. IT-System werden hierbei synonym verwendet, ebenso wie Funktion und Funktionalität. Abbildung 6 verdeutlicht den Zusammenhang zwischen Kapitelunterteilung und Bezugsrahmen.

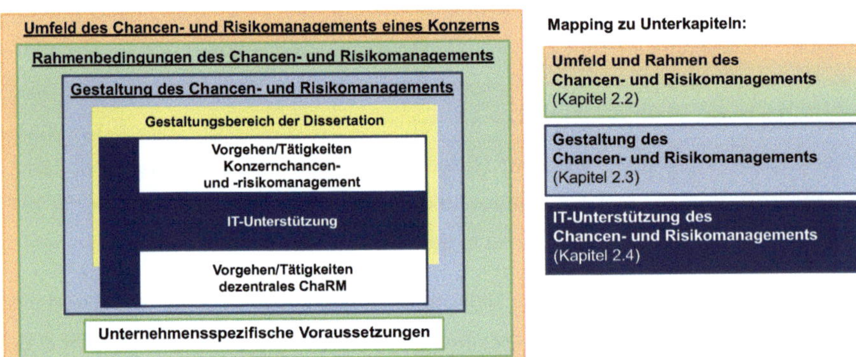

Abbildung 6: Orientierung der Inhalte von Kapitel 2 am Bezugsrahmen[42]

2.1 Terminologie und begriffliche Abgrenzung im Rahmen der Arbeit

Im Folgenden werden die Begrifflichkeiten, die zum Verständnis des Forschungsgegenstands notwendig sind, aus der Literatur hergeleitet, ggü. weiteren Disziplinen abgegrenzt sowie für den Fokus der Arbeit eingegrenzt.

[40] Eigene Darstellung. Die Markierung erfolgt immer einschließlich des aktuellen Kapitels.
[41] Zur Bedeutung vgl. bspw. Seibt (2015), S. 171 und Strategic Risk Global (2015), URL siehe LitVZ.
[42] Eigene Darstellung.

Ein **Konzern** ist gemäß AktG ein Zusammenschluss von Unternehmen, bei dem entweder ein Unternehmen eine übergeordnete, herrschende Rolle einnimmt, oder mehrere rechtlich selbstständige Einheiten ohne Abhängigkeiten unter einheitlicher Leitung zusammengeschlossen sind.[43] Es gibt rechtliche und betriebswirtschaftliche Möglichkeiten zwischen Konzernarten zu unterscheiden und mehrere Strukturierungsmöglichkeiten.[44] In dieser Arbeit werden Konzerne mit mehrstufiger Hierarchie unterhalb einer übergeordneten Organisationseinheit (OE) betrachtet, für die die deutsche Gesetzgebung gemäß AktG und Handelsgesetzbuch (HGB) Gültigkeit hat.

Für die Begriffe **Risiko** und **Chance** gibt es in relevanter Literatur und wissenschaftlichen Arbeiten im Kontext mehrere Definitionen, die sich u.a. in Betrachtungsweise, Eigenschaften oder zugrundeliegender Wissenschaftsrichtung unterscheiden.[45]

Unterscheidungskriterium zur Interpretation des Begriffs Risiko ist, ob er negative oder negative und positive Aspekte umfasst. Die rein negative Betrachtung wird als Risiko im engeren Sinn (i.e.S.) bezeichnet und symbolisiert einen Schaden oder Verlust. Diese ausfallorientierte Definition, auch „Downside Risk", wird z.B. in der IT-Branche genutzt, wenn der Schwerpunkt von Tätigkeiten auf dem Vermeiden negativer Entwicklungen liegt. Eine Definition die beide Aspekte umfasst, wird als Risiko im weiteren Sinn (i.w.S.) oder entscheidungsorientiert bezeichnet. Neben dem „Downside Risk" sind darin Chancen als „Upside Risk" enthalten. Da Risiken und Chancen i.d.R. in Bezug zu einem Ziel oder Plan gesetzt werden, umfasst die Betrachtung der Risiken i.w.S. die Abweichung bzw. beidseitige Streuung um einen Erwartungswert. Weiteres Unterscheidungskriterium ist die Betrachtung der Ursache oder Wirkung einer Abweichung. Zudem kann in Anlehnung an die Entscheidungstheorie Risiko als eine messbare Unsicherheit, unter Angabe objektiver Wahrscheinlichkeiten, verstanden werden.[46] Unsicherheit und Risiko werden hier nicht unterschieden, da z.B. im

[43] Vgl. §18 I und II AktG.

[44] Vgl. Frost u.a. (2010), S. 34ff., Kajüter (2012), S. 8ff., Kajüter (2015), S. 611ff., Scheffler (2005), S. 5ff.

[45] Vgl. bspw. Ahrendts und Marton (2008), S. 8, Burger und Buchhart (2002), S. 1ff., Diederichs (2010), S. 8ff., Kajüter (2012), S. 16ff., Meyer (2008a), S. 24ff. und Rogler (2002), S. 5ff.

[46] Vgl. bspw. Braun (1984), S. 22ff., Brüheim und Schmiemann (2013), S. 9, Burger und Buchhart (2002), S. 1f., Diederichs (2010), S. 9, Gleißner und Romeike (2005a), S. 27, Hillson (2004), S. 6, 116 und 295f., Hoffmann (1985), S. 11, Kajüter (2012), S. 17ff., Knight (1967), S. 233, Lachnit und Müller (2006), S. 203, Lück (2001), S. 2312, Meyer (2008a), S. 24ff., Paetzmann (2008), S. 53ff., Perridon und Steiner (2004), S. 98ff., Prokein (2008), S. 7ff., Rapoport (1998), S. 50f., Rogler (2002), S. 5ff., Romeike und Hager (2013), S. 87f., Sauerwein (1994), S. 24, Schmitz und Wehrheim (2006), S. 15, Seidel (2011a), S. 26ff., Tversky und Fox (2000) S. 93ff., Weber und Liekweg (2005), S. 496, White (2006), S. 2 und Wolke (2007), S. 1. Der Chancenaspekt ist in englischer und chinesischer Kultur in der Risikosicht enthalten, vgl. Brühwiler und Romeike (2010), S. 89, Romeike und Hager (2013), S. 78.

komplexen Umfeld von Konzernen häufig subjektive statt objektive Beurteilungen genutzt werden müssen.[47] Aufgrund der Entwicklungen im Kontext des neuen Rechnungslegungsstandards wird hier die Definition von Risiko i.e.S. und eine gleichgestellte Chancendefinition gewählt. Eine Chance kann dafür als günstige Möglichkeit bzw. Aussicht auf Erfolg aus dem Französischen übersetzt werden.[48] Trotz begrifflicher Gleichstellung oder Nutzung des Risikobegriffs als Überbegriff, werden Chancen in Teilen der RM-Literatur nicht oder nur als Randthematik erwähnt.[49] Das kann z.B. an der Integration von Chancen in ambitionierten Zielen oder an einer Gleichsetzung von ChaRM mit Management oder Unternehmensführung liegen.[50] Um Entscheidungen zu treffen sind Chancen und Risiken relevant, aber nicht zwingend gleich zu behandeln. Teil der Arbeit ist die Untersuchung, ob bzw. inwieweit organisatorische, prozessuale und technische RM-Strukturen für Chancen nutzbar sind.

Schlussfolgerung SF-1: Risiken werden hier als Ursachen mit negativer Wirkung auf Ziele und Chancen als Ursachen mit positiver Wirkung auf Ziele betrachtet. Ursachen sind Platzhalter für bestimmte Einflüsse und Wirkungen für deren Resonanzen.

Chancen- und Risikomanagement betreffen im Sinne der Übersetzung von „Management" aus dem Englischen, die Handhabung oder das Treffen von Entscheidungen[51] in Bezug auf Chancen und Risiken. Ein zugehöriges Managementsystem kann als Führungssystem verstanden werden, als Gesamtheit formaler Strukturen und deren Umsetzung.[52] Management bedeutet dabei die zielgerichtete Gestaltung, Lenkung und Entwicklung des Unternehmens.[53] Ein Chancen- und Risikomanagementsystem (ChaRMS) umfasst hierbei die Gesamtheit organisatorischer Regeln und Maßnahmen im Konzern zur Sicherstellung des strukturierten Umgangs mit Chancen und Risiken.[54] Die Organisation beinhaltet aufbau- und ablauforganisatori-

[47] Vgl. bspw. Keitsch (2007), S. 3ff., Meyer (2008a), S. 26, Oehler und Unser (2002), S. 10ff., Rapoport (1998), S. 82f., Rogler (2002), S. 8, Weber u.a. (1999), S. 13 und Weber und Liekweg (2005), S. 498. Details zu subjektiver Risikowahrnehmung vgl. bspw. Renn (2002), S. 79 und Herczeg (2014), S. 13ff.

[48] Vgl. Zeitverlag Gerd Bucerius GmbH & Co. KG (2005b), S. 601.

[49] Vgl. Junge (2009), S. 1 und 4 und White (2006), S. 1.

[50] Vgl. Brüheim und Schmiemann (2013), S. 104, Brühwiler (2003), S. 154, Gleißner und Romeike (2005a), S. 115f., Hölscher (2006), S. 345 und weiteres Beispiel siehe Junge (2009), S. 18.

[51] Vgl. Duden (2015c), URL siehe LitVZ, Zeitverlag Gerd Bucerius GmbH & Co. KG (2005c), S. 298.

[52] Vgl. Lachnit und Müller (2003), S. 567, Schwaninger (1994), S. 15 und Wolke (2007), S. 2.

[53] Vgl. Ulrich (1984), S. 113f.

[54] Vgl. bspw. Kajüter (2012), S. 20f. Ein System ist dabei die geordnete Gesamtheit von Elementen, zwischen denen Beziehungen bestehen oder aufgebaut werden können, vgl. Ulrich (2001), S. 133.

sche Strukturen.[55] Der verwandte Begriff Enterprise Risk Management (ERM) kann als unternehmensweites und themenintegrierendes Konzept verstanden werden, charakterisiert als risikokategorienübergreifende Disziplin ohne Finanzfokus.[56]

Eine sich aus der Konzernorganisation ergebende Besonderheit ist die Zusammenführung der Chancen- und Risikosituation für den Gesamtkonzern zur Darstellung im Lagebericht.[57] Chancen und Risiken müssen dafür zentral aufbereitet werden. Im Lagebericht ist zudem anzugeben, ob das RMS auch Chancen umfasst.[58]

Aus den auf das ChaRM übertragbaren Modellen der Organisationslehre bzgl. Einflussnahme zentraler Einheiten[59] wird, aufgrund häufiger Nennung in der risikomanagementspezifischen Literatur und der Übertragbarkeit auf die hier durchgeführte zweistufige empirische Untersuchung, für diese Arbeit das Stabsmodell herausgegriffen. Es umfasst eine zentrale Abteilung, die z.B. für die Entscheidungsunterstützung mit zugehöriger Informationssammlung und -analyse, für die Unterstützung bei der Formulierung einer Risikostrategie und für die methodische Unterstützung dezentraler Bereiche zuständig ist.[60] Abzugrenzen sind dezentrale ChaRM-Tätigkeiten,[61] deren Ergebnisse zu einem zentralen Bild zusammengefasst werden.

Für koordinative Aufgaben ist gemäß Stabsmodell eine zentrale Stelle für RM und ggf. ChM,[62] hier **Konzernchancen- und -risikomanagement** genannt, notwendig. In der Literatur wird die übergeordnete Instanz auch als Konzernrisikomanagement,

---

[55] Vgl. bspw. Diederichs (2010), S. 203, Keitsch (2007), S. 236f., Romeike und Hager (2013), S. 96.

[56] Vgl. Albrecht (1998), S. 1, Banham (2004), URL siehe LitVZ, COSO (2006), S. 1, Denk und Exner-Merkelt (2005), S. 34, Laux (2005), S. 437, Romeike und Hager (2013), S. 86f., 154f. und 503 und Wu und Olsen (2008), S. 25, eine z.T. genannte Verbindung z.B. zur Kapitalsteuerung wird nicht verfolgt.
Weitere Charakteristika sind gemäß den aufgeführten Quellen die Betrachtung von Risikointerdependenzen, die Nutzung bestehender Managementsysteme und aggregierter Informationen, z.B. zur Entscheidungsunterstützung, sowie die Einbeziehung einer strategischen Perspektive.

[57] Vgl. DRSC (2012), DRS 20.K160 und DRS 20.K165. Die Konzernperspektive wird auch im Lagebericht gefordert, vgl. DRSC (2012), DRS 20.K116 und Pauli und Albrecht (2014), S. 1196.

[58] Vgl. Denk und Exner-Merkelt (2005), S. 56f., DRSC (2012), DRS 20.K137, Scheffler (2005), S. 237f.

[59] Vgl. Frese (2005), S. 490ff.

[60] Vgl. Denk und Exner-Merkelt (2005), S. 57 und S. 216ff. (für Details zu Vor- und Nachteilen siehe ebenda), Fiege (2006), S. 239ff. und Hölscher (2006), S. 352. Für weitere Details und mögliche Organisationsformen vgl. bspw. Braun (1984), S. 278ff., Gleißner u.a. (2015), S. 575ff., Pepels (2005), S. 239 und Preißner (2003), S. 360.

[61] Vgl. bspw. Denk und Exner-Merkelt (2005), S. 23ff., Diederichs (2010), S. 205ff., Fiege (2006), S. 237f., Hölscher (2006), S. 352, Kajüter (2012), S. 120ff., Kajüter (2015), S. 623ff., Köhne (2007), S. 319, Meyer (2008b), S. 338, Mikus (2001), S. 24ff., Seidel (2011b), S. 268 und Wolf (2003), S. 53f.

[62] Vgl. bspw. Braun (1984), S. 278ff., Denk und Exner-Merkelt (2005), S. 57 und 214ff., Diederichs (2010), S. 207, Hölscher (2006), S. 352, Seidel (2011b), S. 268 und Wolf (2003), S. 53.

Corporate Risk Management oder (Risiko-)Controlling bezeichnet.[63] Dem Controlling können dabei neben Planung, Kontrolle und Informationsversorgung,[64] systembildende und -koppelnde Koordinationstätigkeiten zugewiesen[65] und mit dem ChaRM verbunden werden. Systembildend sind z.B. der Aufbau eines Planungs- und Informationsversorgungssystems und die Ausgestaltung zugehöriger Instrumente und Methoden. Die Kopplung betrifft die Abstimmung innerhalb des ChaRMs z.B. zwischen hierarchischen Ebenen. Das Risikocontrolling unterstützt die Unternehmensführung über Bereitstellung von Informationen und Berichterstattung über Chancen, Risiken und Interdependenzen.[66] Es umfasst dabei nicht zwingend Steuerungsaspekte.[67] Da ChM prozessual als weniger formal organisiert und ausgeprägt gilt, ist ggf. auch die geringe Verbreitung des Begriffs (Konzern-)Chancenmanagement verständlich.[68]

Schlussfolgerung SF-2: Als übergreifende Bezeichnung wird hier, zur Abgrenzung von dezentralem ChaRM, der Begriff Konzernchancen- und -risikomanagement verwendet und damit die Sicht der Konzeption adressiert; die Arbeit fokussiert die zielgerichtete Unterstützung des KCRMs mit einer IT-Lösung, ggf. mit Wirkung auf dezentrale Tätigkeiten.

2.2 Umfeld und Rahmen des Chancen- und Risikomanagements

Dieses Kapitel beschäftigt sich insbesondere mit den im BR als Umfeld und Rahmenbedingungen des ChaRMs bezeichneten Schichten. Hierfür werden zunächst gesetzliche und standardisierende Vorgaben im Kontext des ChaRMs erläutert.

Für das ChaRM sind drei in Deutschland gültige und für diese Arbeit relevante Artikelgesetze[69] erkennbar. Hierzu zählen das Gesetz zur Kontrolle und Transparenz im

[63] Vgl. bspw. Burger und Buchhart (2002), S. 9ff., 193 und 262, Denk u.a. (2008), S. 134, Denk und Exner-Merkelt (2005), S. 56f., Paetzmann (2008), S. 121, Scheffler (2005), S. 237f., Seidel (2011b), S. 268 und Wolke (2007), S. 2. Zur Abgrenzung der Aufgaben von RM und Risikocontrolling vgl. auch Troßmann und Baumeister (2004), S. 77. RM-Tätigkeiten können der Controlling-Organisation zugewiesen werden, vgl. Gleißner und Romeike (2005a), S. 114, Gleißner und Romeike (2015a), S. 36, Keitsch (2007), S. 2 und Reichmann (2001), S. 287f. Z.T. werden Aufgaben dem Beteiligungscontrolling zugeordnet, das Risiken zugeordneter Konzerngesellschaften erfasst, vgl. Kajüter (2015), S. 618.

[64] Vgl. Burger und Buchhart (2002), S. 12ff., Horváth (2011), S. 96, Küpper (2005), S. 30ff. und Schmitz und Wehrheim (2006), S. 143.

[65] Vgl. Horváth (2011), S. 104ff.

[66] Vgl. Braun (1984), S. 61ff., Burger und Buchhart (2002), S. 56ff., Fiege (2006), S. 76ff., Keitsch (2007), S. 2, Paetzmann (2008), S. 121f., Pedell (2004), S. 4ff. und Wolke (2007), S. 235ff.

[67] Vgl. bspw. Burger und Buchhart (2002), S. 57f. und Diederichs (2010), S. 18ff.

[68] Vgl. Denk und Exner-Merkelt (2005), S. 57f., Institut der Niedersächsischen Wirtschaft e.V. und PwC Deutsche Revision (2000) zitiert nach: Wolf (2003), S. 5, Meyer (2008b), S. 338, Nöcker (2005), S. 20.

[69] Für den Begriff Artikelgesetz vgl. Kalwait (2008), S. 96. Ein Artikelgesetz kann Änderungen in

Unternehmensbereich (KonTraG) von 1998, das Bilanzrechtsreformgesetz (BilReG) von 2004 und das Bilanzrechtsmodernisierungsgesetz (BilMoG) von 2009, die u.a. das Aktiengesetz und Handelsgesetzbuch erweitern.[70] Aufgrund der Relevanz dieser Gesetze wird bei der Literaturauswahl das Zeitfenster von 1998 bis heute fokussiert.

Das AktG enthält gemäß KonTraG die Forderung, „Maßnahmen zu treffen, insbesondere ein Überwachungssystem einzurichten“[71], mit dem bestandsgefährdende Entwicklungen frühzeitig erkannt werden können.[72] Zudem gibt es nach KonTraG die Pflicht im (Konzern-)Lagebericht Risiken künftiger Entwicklungen zu erläutern.[73]

Nach BilReG müssen auch Chancen künftiger Entwicklungen erläutert sowie weitere Beschreibungen zum RMS angegeben werden.[74] Die Inhalte gemäß KonTraG verpflichten den Vorstand nicht zur Einrichtung eines ganzheitlichen RMSs inkl. Risikobewältigungssystem sondern nur zur Etablierung eines Früherkennungs- und Überwachungssystems. Zur Erfüllung der Verantwortung und Sorgfaltspflicht des Vorstands sind jedoch weitere RMS-Bestandteile hilfreich.[75]

Wesentliche Neuerung gemäß BilMoG ist die Möglichkeit des Aufsichtsrats einen Prüfungsausschuss (PA) zu bestellen, der sich u.a. mit der Überwachung der Wirksamkeit des RMSs beschäftigt.[76] Die Begriffswahl RMS kann hier als Hinweis auf die Erweiterung von einem Früherkennungs- zu einem Managementsystem mit zugehörigem Prozess betrachtet werden. Der Deutsche Corporate Governance Kodex (DCGK)[77] konkretisiert in diesem Zusammenhang die Beziehung zwischen Vorstand und Aufsichtsrat (AR). Neben der Vorgabe zur PA-Bildung wird festgelegt, dass der Vorstand den AR regelmäßig, zeitnah und vollständig über Risikolage und RM informieren muss und für ein angemessenes RM zu sorgen hat.[78]

---

bestehenden Gesetzen erzeugen, vgl. Deutscher Bundestag (2014), URL siehe LitVZ.

[70] Vgl. KonTraG (1998), S. 786-794, BilReG (2004), S. 3166-3182 und BilMoG (2009), S. 1102-1137; Für RM-relevante Regelungen ohne direkte Implikation auf die Arbeit, vgl. z.B. Kalwait (2008), S. 93ff.

[71] §91II AktG.

[72] Vgl. §91 II AktG.

[73] Vgl. KonTraG (1998), S. 787 und 789, §§289 I, 315 I HGB; Nach §317 II, §322 II HGB ist die Darstellung der Risiken im Lagebericht Gegenstand der Prüfung des Jahresabschlusses.

[74] Vgl. BilReG (2004), S. 3167 und 3169ff. bezogen auf §§289, 315 HGB, Kaiser (2005), S. 345 und Kalwait (2008), S. 107ff. Chancen sind seither Teil der Jahresabschlussprüfung, vgl. §§317, 322 HGB.

[75] Vgl. Kajüter (2012), S. 21 und 28ff., Kajüter (2015), S. 616 und Lachnit und Müller (2006), S. 204f. (Risikobewältigung als dritter RMS-Bestandteil) und §§76 und 93 AktG.

[76] Vgl. §107 AktG. Angabepflichten vgl. §§289 V, 315 II HGB, BilMoG (2009), S. 1108, 1112 und 1122.

[77] Der DCGK ist in §161 AktG verankert.

[78] Vgl. Regierungskommission DCGK (2014), Abschnitt 3.4, 4.1.4, 5.3.2. Für weitere im Kontext RM

Die bisher genannten Gesetze und Vorgaben enthalten keine Begriffsdefinitionen und nur grobe Anhaltspunkte für die Ausgestaltung eines RMSs.[79] In dieser Arbeit werden daher kontextspezifische Standards auf Anforderungen an eine IT-Lösung für das ChaRM überprüft und hier in drei Typen von Standards unterteilt:

1. Standards, die als Basis der internen oder externen Prüfung des RMSs dienen.
2. Standards, die als Basis der Chancen- und Risikoberichterstattung dienen.
3. Standards, auf die als Rahmenwerke in relevanter Literatur[80] referenziert wird.

Die Erfüllung geforderter Aspekte in den Standards kann ggf. über eine IT-Lösung unterstützt werden. Daher werden die Standards zunächst kurz vorgestellt und dann im Rahmen der Arbeit relevante Aspekte für eine IT-Unterstützung abgeleitet.

Gesetzlich ist definiert, dass das RMS und der Lagebericht durch einen Abschlussprüfer zu prüfen sind. Die Inhalte der RM-Systemprüfung börsennotierter Aktiengesellschaften konkretisiert der vom Institut der Wirtschaftsprüfer (IDW) 2000 herausgegebene **IDW Prüfungsstandard 340** (IDW PS 340).[81] Dieser gehört zum ersten Typ von Standards. Die Tabelle enthält hier relevante, abgeleitete IT-Aspekte:[82]

Nr.	Ableitbare Hinweise für die IT-Unterstützung aus IDW PS 340
1	Analyse und Überwachung von Risiken unterschiedlicher Risikokategorien und Maßnahmen.
2	Rechtzeitige Erfassung und Weitergabe von Informationen zur Früherkennung bestandsgefährdender Entwicklungen oder aller Risiken[83].
3	Berücksichtigung von Bewertungsgrößen isoliert oder im Zusammenspiel. Berichterstattung und Kommunikation können in aggregierter Form[84] und abhängig von Schwellwerten erfolgen.
4	Einbeziehung aller Prozesse, Funktionen und Hierarchieebenen mit zugehörigen Einheiten. Für Konzerne gilt dabei die Überwachungspflicht des Mutterunternehmens für Töchter, deren Entwicklungen den Bestand des Mutterunternehmens gefährden können.[85]

Tabelle 1: Ableitung von Hinweisen für die IT-Unterstützung aus IDW PS 340

betrachtbare, aber hier nicht relevante Inhalte der Gesetzgebung vgl. bspw. Kajüter (2012), S. 24ff.

[79] Vgl. Burger und Buchhart (2002), S. 7f., Hempel und Offerhaus (2008), S. 3f., Kajüter (2012), S. 28, Paetzmann (2008), S. 85ff., Preißner (2003), S. 350, Seidel (2011a), S. 26 und Wall (2001), S. 207.

[80] Vgl. bspw. Brühwiler und Romeike (2010), S. 81ff., Gleißner und Romeike (2008), S. 211ff. und Kajüter (2012), S. 37ff.

[81] Vgl. bzgl. Prüfungspflicht §317 HGB; bzgl. IDW: IDW in Deutschland e.V. (2000), S. 1-6 (Der IDW PS 340 verdeutlicht, dass die vom Vorstand aufzubauenden Maßnahmen, Instrumente zur Gestaltung und Etablierung eines RM-Vorgehens und Risikobewusstseins umfassen) und Kajüter (2012), S. 25.

[82] Bezug zum IDW PS 340 vgl. IDW in Deutschland e.V. (2000), S. 1-11. Eigene Nummerierung.

[83] Vgl. Kajüter (2012), S. 28f. und Wall (2001), S. 218f.

[84] Unter Aggregation wird die Zusammenführung von Einzelrisiken zur Gesamtsicht verstanden, unter Berücksichtigung möglicher Wechselwirkungen, vgl. bspw. Brüheim und Schmiemann (2013), S. 81 und Burger und Buchhart (2002), S. 4ff.

[85] Diese Forderung konkretisiert §290 IV HGB, vgl. Kajüter (2012), S. 34f. und Kajüter (2015), S. 610ff. In der Arbeit wird von einer vollumfänglichen Einbeziehung zugeordneter Unternehmen ausgegangen.

Neben der Prüfung durch den Abschlussprüfer kann die Interne Revision den Vorstand bei der Überwachung des Risikomanagementsystems unterstützen.[86] Als Rahmenwerk gibt es dafür den vom Deutschen Institut für Interne Revision e.V. (DIIR) 2003 herausgegebenen, 2014 aktualisierten **DIIR Revisionsstandard Nr. 2**.[87]

Der Standard enthält in beiden Fassungen ausgehend von einer Strategie generelle Prozessschritte, wie z.B. Identifizieren, Erfassen, Analysieren, Bewerten, Steuern und Überwachen sowie phasenübergreifend Dokumentation, Berichterstattung und Kommunikation. In diesen Prozess müssen alle Konzerneinheiten sowie Kern- und Unterstützungsprozesse und ggf. Schnittstellen zu zentralen Bereichen einbezogen werden, mit Möglichkeit der Interaktion auf und zwischen Ebenen.[88] Damit werden fachliche und technische Verbindungen im Konzern adressiert. In der Neuauflage erfolgen neben der Eingrenzung auf den negativen Charakter von Risiken, Empfehlungen bzgl. weiterer einzubeziehender Standards aus den aufgeführten Typen.[89]

Keiner der beiden vorgestellten Standards zur Spezifikation der externen oder internen Prüfungsleistungen fordert explizit das Vorhandensein einer IT-Lösung.

Aus den Anforderungen im DIIR Revisionsstandard Nr. 2 werden hier jedoch folgende, relevante Implikationen auf eine IT-Lösung abgeleitet:[90]

Nr.	Ableitbare Hinweise für die IT-Unterstützung aus DIIR Revisionsstandard Nr. 2
1	Hinterlegung der Risikostrategie mit Risikoappetit und passendem Limitsystem für Toleranzen und haftenden Ressourcen zur Risikotragfähigkeitsermittlung bzgl. eingegangener Risiken.
2	Strukturierte Informationserfassung im Rahmen des RM-Prozesses, um Zusammenhänge zwischen Ursache und Wirkung sichtbar zu machen.
3	Erfassung wesentlicher Risiken, z.B. in Relation zu Schwellwerten, inkl. der mit künftigen strategischen Entscheidungen verbundenen Risiken.
4	Berechtigungen und Freigabeprozesse für dezentrale RM-Verantwortung sowie für die Risikoidentifikation durch das Top-Management.
5	Hinterlegung divergierender Zyklen und Umfänge bei der Risikoaktualisierung von jährlicher Inventarisierung bis hin zur Echtzeit-Überwachung.
6	Medium zur strukturierten Darstellung des Risikoinventars.
7	Qualitative und quantitative Bewertungen, Brutto- und Nettosicht[91] vor und nach Maßnahmen und Darstellung z.B. in einer Risikomatrix bzw. Risk Map.
8	Funktionalitäten zur Aggregation, Abbildung gleicher Ursachen, Interdependenzen und Kumulationen zur Zusammenführung in ein Gesamtbild.

86 Eine gesetzliche Pflicht besteht nicht, vgl. Deutsches Institut für Interne Revision e.V. (DIIR) (2003), Absatz 4 und 9 und DIIR (2014), Absatz 18-21, IDW in Deutschland e.V. (2000), S. 5 Absatz 16 und Kajüter (2012), S. 25. Es wird aber auf das „Three Lines of Defense"-Modell referenziert, das die Interne Revision als „Third Line" zur Überwachung des RMs, als Teil der „Second Line", verpflichtet, vgl. DIIR (2014), Absatz 2. Zur Erläuterung vgl. bspw. Welge und Eulerich (2014), S. 60ff.

87 Vgl. DIIR (2003), DIIR (2014) und Kajüter (2012), S. 25.

88 Vgl. DIIR (2003), Absatz 1-3 und 18, DIIR (2014), Absatz 15, 22, 26, 27 und 31ff.

89 Vgl. DIIR (2014), Absatz 4, 12, 14, 31ff. und 49; Referenzen auf DRS 20, COSO ERM, ISO 31000.

90 Bezug zum DIIR vgl. DIIR (2003), Absatz 1, 3, 11, 16, 17, 23, 24-29 und DIIR (2014), Absatz 31ff.

91 Für die Unterscheidung zwischen Brutto und Netto vgl. bspw. Seidel (2011a), S. 40ff.

Nr.	Ableitbare Hinweise für die IT-Unterstützung aus DIIR Revisionsstandard Nr. 2
9	Meldeprozesse und Frühwarnindikatoren für kontinuierliches RM und Adhoc-Veränderungen mit einzuhaltenden Grenzwerten.
10	Erfassung von historischen Schadensfällen, Rückstellungen und der Risikovorsorge.

Tabelle 2: Ableitung von Hinweisen für die IT-Unterstützung aus DIIR Revisionsstandard Nr. 2

Der in 2012 veröffentlichte Standard **Deutscher Rechnungslegungs Standard Nr. 20** (DRS 20) gehört zum zweiten Typ von Standards und konkretisiert die Konzernlageberichterstattung.[92] Der Konzernlagebericht soll es dem verständigen Adressaten ermöglichen „sich ein zutreffendes Bild vom Geschäftsverlauf, von der Lage und von der voraussichtlichen Entwicklung des Konzerns sowie von den mit dieser Entwicklung einhergehenden Chancen und Risiken zu machen“[93].[94]

Seit KonTraG kann das Bundesministerium der Justiz gemäß §342 HGB privatrechtlich organisierte Einrichtungen, wie z.B. hier das Deutsche Rechnungslegungs Standards Committee e.V.,[95] berechtigen, als privates Rechnungslegungsgremium zu fungieren und Empfehlungen zu veröffentlichen, z.B. einen Deutschen Rechnungslegungs Standard (DRS), den das Bundesministerium der Justiz bekannt macht und der dann gemäß einem Grundsatz ordnungsgemäßer Buchführung (GoB) gilt.[96]

Nach dem branchenübergreifend[97] gültigen DRS 20 müssen Konzerne in ihrer externen Berichterstattung Chancen und Risiken ausgewogen betrachten.[98] Der DRS 20 konkretisiert Chancen als „[m]ögliche künftige Entwicklungen oder Ereignisse, die zu einer für das Unternehmen positiven Prognose- bzw. Zielabweichung führen können“[99] und Risiken als negative Abweichungen[100]. Die Angabepflichten zu ChM und RM im Lagebericht sind identisch.[101] Das ChaRM und eine zugehörige IT-Lösung

---

92 Vgl. DRSC (2012), S. 1 und 3, DRS 20.K1; für Konzernlageberichterstattung vgl. §315 HGB; Der DRS 20 löst „DRS 5 Risikoberichterstattung“ und „DRS 15 Lageberichterstattung“ sowie DRS 5-10 und DRS 5-20 jeweils mit Branchenfokus ab, vgl. DRSC (2012), DRS 20.K238-241. In den abgelösten Standards DRS 5 und 15 sind bereits Anforderungen bzgl. der Chancenseite enthalten, vgl. DRSC (2010a), DRSC (2010b), DRSC (2013), S. 1ff. und Kalwait (2008), S. 142ff.

93 DRSC (2012), DRS 20.K3.

94 Vgl. DRSC (2012), DRS 20.K116. Konzerne, die den Lagebericht gemäß §315 HGB erstellen, müssen den DRS 20 für Geschäftsjahre, die nach dem 31.12.2012 beginnen, erstmals beachten, mit möglicher vorzeitiger Anwendung, vgl. DRSC (2012), S. 5 und 7 und DRS 20.K5; Bekanntmachung durch das Bundesministerium der Justiz erfolgt 2012, vgl. Bundesministerium der Justiz (2012), S. 1.

95 Vgl. Bundesministerium der Justiz (2011), S. 2 und Pauli und Albrecht (2014), S. 1195.

96 Vgl. KonTraG (1998), S. 791 und Kalwait (2008), S. 142f.

97 Vgl. Pauli und Albrecht (2014), S. 1197.

98 Vgl. DRS 20.K166 und 117, Ruhwedel und Kellermann (2014), S. 147, DRS 20: gültig gemäß §342 II HGB Bekanntmachung Bundesministerium der Justiz, vgl. Bundesministerium der Justiz (2012), S. 1 und Pauli und Albrecht (2014), S. 1195.

99 DRSC (2012), DRS 20.K11, Definition für Chance.

100 Vgl. DRSC (2012), DRS 20.K11, Definition für Risiko.

101 Vgl. DRSC (2012), DRS 20.K165 und DRSC (2013), S. 28. Es müssen Ziel, Strategie, Prozess und

müssen dafür Informationen zur Erfüllung der Ansprüche bereitstellen. Daher werden nun Implikationen des DRS 20 auf diese Arbeit aufgezeigt:

Nr.	Ableitbare Hinweise für die IT-Unterstützung aus DRS 20
1	Abdeckung von ChaRM: Aufgrund Gleichgewichtung des ChMs und gleicher Vorgaben für ChM und RM, sind prozessuale und technische Lösungen auf Übertragbarkeit zu prüfen.[102]
2	Eingabe von Plangrößen und Rückstellungen[103] zur Bestimmung einer Berichtsrelevanz.
3	Hinterlegung der Sicht und Einschätzung der Konzernleitung.[104]
4	Informationsbedarf und -strukturierung bzgl. Hinterlegung von Quantifizierungen,[105] Beurteilung von Eintrittswahrscheinlichkeit (EW) und Wirkung, Hervorhebung wesentlicher und bestandsgefährdender Themen mit Bezug zur strategischen Geschäftseinheit (SGE), Sichten nach Kategorie und Rangfolge, Gesamtbeurteilung Konzernlage für Chancen und Risiken.[106]

Tabelle 3: Ableitung von Hinweisen für die IT-Unterstützung aus DRS 20

Aus dem dritten Typ von Standards werden drei in relevanter, deutschsprachiger Literatur genannte Rahmenwerke, bei denen folglich Konformität mit deutscher Legislation vorausgesetzt wird, erläutert: der Standard „Enterprise Risk Management" des Committee of Sponsoring Organizations of the Treadway Commission (COSO) COSO ERM, die Norm der International Organization for Standardization (ISO) „Risk Management – Principles and guidelines" ISO 31000 und der „RMA Standard Risiko- und Chancenmanagement" der Risk Management Association (RMA) e.V..[107]

Der **COSO ERM** von 2004 ist branchenübergreifend anwendbar und betrachtet Chancen[108] und Risiken als positive oder negative Auswirkungen von Ereignissen, die Werte oder die Wertschöpfung beeinflussen. Den Kern bildet ein Modell in Form eines Kubus (Abbildung 7) mit drei Dimensionen: sicherzustellende Ziele (Oberseite), Komponenten des RMs (Vorderseite) und Organisationseinheiten (rechte Seite).[109]

Struktur des RMs und ChMs erläutert und verwendete Rahmenwerke bzw. -konzepte genannt werden, vgl. DRSC (2012), DRS 20.137 und 139ff. Ob das RMS nur Risiken oder auch Chancen umfasst, muss gemäß DRS 20.K137 im Konzernlagebericht angegeben werden.

[102] Vgl. DRSC (2012), DRS 20.K165f. und KPMG (Klynveld, Peat, Marwick and Goerdeler) International Cooperative (2013), S. 3. Die Überlegungen bzgl. eines ChM-Systems sind Teil der Erhebungen.

[103] Im Chancen- und Risikobericht sind Chancen und Risiken zu erläutern, die künftig eintreten können, aber nicht hinreichend konkret sind, um sie in Plangrößen oder Posten, wie z.B. Rückstellungen, zu berücksichtigen, vgl. Kirsch und Dettenrieder (2014), S. 89f. und 103f.

[104] Gemäß vgl. DRSC (2012), DRS 20.K31 und KPMG International Cooperative (2013), S. 2.

[105] Pflicht zur Quantifizierung von Chancen und Risiken im Lagebericht, wenn dies zur internen Steuerung erfolgt und die Informationen für den verständigen Adressaten wesentlich sind, vgl. DRSC (2012), DRS 20.K152 und DRS 20.K165 zur Übertragung für Chancen.

[106] Vgl. DRSC (2012), DRS 20.K146ff. und 162ff. und KPMG International Cooperative (2012), S. 24ff.

[107] Vgl. bspw. Brühwiler und Romeike (2010), S. 81ff., Gleißner und Romeike (2008), S. 211ff. und Kajüter (2012), S. 37ff. Die Relevanz der Standards wird bei der empirischen Untersuchung überprüft.

[108] Diese gehen in den Strategiebildungs- oder Zielsetzungsprozess ein, vgl. COSO (2006), S. 4.

[109] Vgl. COSO (2006), S. 2ff. und Brünger (2010), S. 19ff. Der COSO ERM setzt auf dem Standard „COSO Internal Control Framework" auf. Mit einem Internen Kontrollsystem (IKS) soll u.a. eine wirtschaftliche und wirksame Geschäftstätigkeit, ordnungsgemäße Finanzberichterstattung und

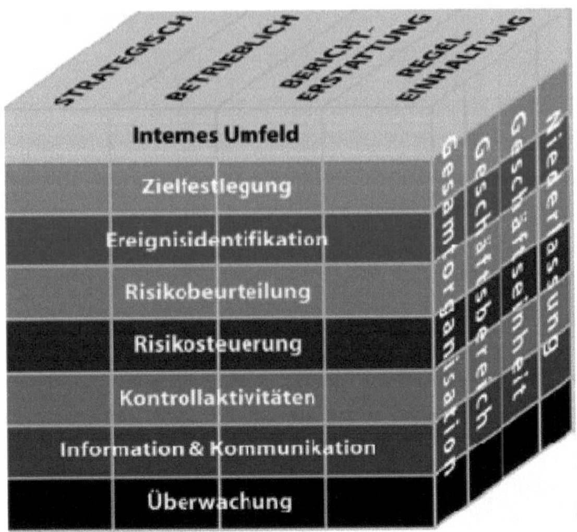

Abbildung 7: COSO ERM – Darstellung der Dimensionen[110]

Es werden aus Sicht der Zielsetzung dieser Arbeit folgende IT-Aspekte abgeleitet:[111]

Nr.	Ableitbare Hinweise für die IT-Unterstützung aus COSO ERM
1	Abdeckung Ziele: Interne und externe Berichterstattung sowie Entscheidungsunterstützung zur Erreichung strategischer und betrieblicher Ziele können über standardisierte Datensammlung und flexible Auswertung ermöglicht werden. Das Ziel zur Einhaltung von Gesetzen und Vorschriften betrifft auch die Integration einer Compliance[112]-Sichtweise.
2	Abdeckung Komponenten: Für die ersten zwei Komponenten können die Risikoneigung als Limit für Berichtswesen und Steuerung hinterlegt sowie Ziele als Analysedimensionen und Bezugsgrößen zur Quantifizierung genutzt werden. Die nächsten vier Komponenten sind über Erfassung, Bewertung, Hinterlegen und Überwachen von Risiken und Maßnahmen abbildbar. Zur Unterstützung von Kontrollaktivitäten sind eine Schnittstelle zum Internen Kontrollsystem (IKS) denkbar[113] und die Abdeckung der Überprüfung der Wirksamkeit durch eine IT-Lösung. Funktionen für Aggregation und Berichtswesen können die nächsten zwei Komponenten unterstützen. Über multidirektionale Informations- und Kommunikationswege können Verantwortlichen relevante Informationen bereitgestellt werden. Die Überwachung ist z.B. über einen Einblick in dezentrale Abläufe oder Prüfung auf dezentrale Nutzung der IT-Lösung möglich.
3	Abdeckung Organisation: Die organisationsweite Nutzung der IT-Lösung kann die gleichartige Umsetzung der Komponenten und die Kommunikation ermöglichen. Die Sicherstellung der Funktionsfähigkeit bzw. Wirksamkeit aller genannten Komponenten über alle notwendigen, organisatorischen Ebenen und Zielsetzungen hinweg kann damit unterstützt werden.

Tabelle 4: Ableitung von Hinweisen für die IT-Unterstützung aus COSO ERM

Die Nummerierung der Anforderungen erfolgt jeweils im Rahmen der Arbeit.

Einhaltung von Gesetzen und Vorschriften sichergestellt werden, vgl. bspw. Arbeitskreis Externe und Interne Überwachung der Unternehmung der Schmalenbach-Gesellschaft für Betriebswirtschaft e.V. (2011), S. 2102, COSO (2006), S. 6, COSO (2011), S. 1 und Paetzmann (2008), S. 113f.

[110] In Anlehnung an COSO (2006), S. 5. Erläuterung vgl. COSO (2006), S. 3-5, Brünger (2010), S. 44ff.

[111] Bezug zum COSO ERM vgl. COSO (2006), S. 3-5 und Brünger (2010), S. 44ff.

[112] Vgl. Europäische Union (2006), S. 98 Abschnitt 24, Nennung zu überwachender Risikokategorien.

[113] Details hierzu vgl. z.B. Brünger (2010), S. 183ff. und Köhne (2007), S. 314f. (COSO-unabhängig). Der Aspekt der Kontrollen wird aufgrund seiner Nähe zum IKS hier nicht weiter betrachtet.

Der **RMA Standard** von 2006 steht in Einklang mit IDW PS 340, COSO ERM und DCGK und ist an Unternehmen unabhängig von Größe, Branche und Rechtsform gerichtet. Chancen und Risiken werden darin als positive oder negative Abweichungen von einem erwarteten Ziel oder Plan betrachtet. Das zugehörige Modell ist an den Würfel im COSO ERM angelehnt, umgeformt zu einer Pyramide, mit den hier relevanten Dimensionen „Ziele", „Risiko- und Chancenmanagement-Prozess", als Bestandteil aller Kernprozesse, und „Unternehmensebene".[114] Abgeleitete, bisher nicht genannte Implikationen auf IT-Lösungen enthält folgende Tabelle:[115]

Nr.	Ableitbare Hinweise für die IT-Unterstützung aus RMA Standard
1	Angabe von Bewertungsbandbreiten und Zeiträumen, in denen Ereignisse eintreten können.
2	Angabe der Abhängigkeiten und Konzentrationen im Kontext von Korrelation und Aggregation.
3	Ermöglichen von Adhoc-Reporting und regulärem Berichtswesen über Meldegrenzen.
4	Abbildbarkeit von Planungen mit Risiko- und Chancenpotential, Szenarien, Prämissen sowie deren Vernetzung mit Indikatoren. Wichtig ist der Bezug zwischen Szenarien, Prämissen und Planung mit jeweiligem Ambitionsniveau. Mit Unsicherheiten belegte Prämissen, auf denen ein Ziel basiert, können Ausgangspunkt für die Risiko- und Chancenbetrachtung sein und als Indikatoren zur Frühwarnung dienen. Als Spektrum sind Szenarien[116] z.B. „worst-", „normal-" und „best-case" definierbar. Beim „normal-case" sind Risiko- und Chancenpotential gleich. Eine höhere Zielsetzung besitzt ein höheres Risikopotential und Ambitionsniveau der Planung.

Tabelle 5: Ableitung von Hinweisen für die IT-Unterstützung aus RMA Standard

Gemäß der chronologischen Folge wird nun die branchenübergreifende[117] Norm **ISO 31000** von 2009 erläutert, deren Modell Prinzipien, ein Rahmenwerk und den RM-Prozess umfasst. Im Gegensatz zum COSO ERM, in dem Chancen dem Zielsetzungs- oder Strategiebildungsprozess zuordnet werden[118] und dem RMA Standard, der Chancen und Risiken betrachtet,[119] stellt die ISO 31000 den Risikobegriff als Oberbegriff über positive und negative Zielabweichungen.[120] Die ISO 31000 legt den Fokus auf eine interne und externe Sicht, wobei auf Informationssysteme und -lösungen als Basis zur Unterstützung der Zielerreichung im internen Umfeld hingewiesen wird. Aus IT-Sicht ist dabei bezogen auf das Rahmenwerk relevant, dass z.B.

[114] Vgl. RMA e.V. (2006), S. 1ff., 6ff. und 16. Die Pyramide verdeutlicht, dass sich die Hierarchie von der Konzernebene bis zur untersten Ebene ausweitet. Hinzu kommen eine „Innendimension", z.B. für den Zusammenhang zu Kultur und Führung; sie umfasst u.a. Dokumentation, Schulung und die Integration des ChaRMs in die Unternehmenskultur, sowie für das Umfeld die „Außendimension", die die Pflicht zur verantwortungsvollen Unternehmensführung (Corporate Governance) und Abdeckung wirtschaftlicher sowie gesetzlicher Anforderungen (Compliance) adressiert.

[115] Fachliche Hintergründe vgl. RMA e.V. (2006), S. 12ff. und 16-20 und Gleißner und Romeike (2008), S. 211ff. Bzgl. möglicher Intention von Planungsvorgehen vgl. bspw. Junge (2009), S. 18.

[116] Szenarien beschreiben künftige Entwicklungen. Bei einer Szenarioanalyse werden alternative Szenarien als Bandbreite für künftige Entwicklungen untersucht, vgl. bspw. Bea und Haas (2013), S. 295ff. und Schmitz und Wehrheim (2006), S. 74f.

[117] Vgl. ISO (2009), S. 1, auf branchen- oder länderspezifische Standards, z.B. ONR49000 wird hier nicht näher eingegangen. Weitere Beispiele vgl. Brühwiler und Romeike (2010), S. 82 und 87ff.

[118] Vgl. COSO (2006), S. 4.

[119] Vgl. RMA e.V. (2006), S. 15ff.

[120] Vgl. ISO (2009), S. vii, 1 Abschnitt 2.1, Meier (2011), S. 29, Brühwiler und Romeike (2010), S. 88.

RM-Performanceindikatoren und benötigte Ressourcen vorhanden sein müssen, u.a. Informations- und Wissensmanagementsysteme.[121]

Es werden nun aus den Prinzipien effektiven RMs und weiteren Erläuterungen der ISO 31000 für diese Arbeit relevante Implikationen im IT-Kontext abgeleitet. Bezogen auf die Prinzipien, werden notwendige IT-Aspekte als Zielzustand beschrieben:[122]

Nr.	Ableitbare Hinweise für die IT-Unterstützung aus ISO 31000
1	Informationsaufbereitung zur Entscheidungsunterstützung ist übersichtlich, umfassend und anlassbezogen.
2	Systematisches, strukturiertes und zeitgerechtes Erfassen und Überwachen von Risiken.
3	IT-Lösung unterstützt Wissensträger unter Bereitstellung der besten verfügbaren Informationen. Hierfür relevante Informationsquellen sind angebunden.
4	IT-Lösung ist auf die Bedürfnisse und das Umfeld des Unternehmens maßgeschneidert.
5	Aktuelle Informationen werden über die Verbreitung der IT-Lösung dezentral erhoben, sodass alle Organisationsprozesse einbezogen sind.
6	Veränderungen von Umfeld und Rahmenbedingungen führen zur Anpassung der IT-Lösung.
7	Unterstützung der Identifikation über historische Daten, theoretische Analysen und Expertenmeinungen[123] und Integration von Techniken zur Ableitung eines Risikoinventars mit zielbedrohenden Inhalten[124].
8	Hinterlegung von Informationen über Maßnahmen u.a. der Grund der Maßnahmenwahl, zugehörige Schritte, Ressourcenbedarf, Erfolgsmessgrößen und Einschränkungen, Anforderungen an Berichterstattung und Überwachung sowie Zeitpläne.[125]
9	Nachvollziehbarkeit aller Aktivitäten und Dokumentation der Prozesse, sodass Informationen wiederverwendbar sind, rechtlichen und Vertraulichkeitsansprüchen genügen sowie Kosten und Aufwand der Aufbewahrung adäquat sind.[126]

Tabelle 6: Ableitung von Hinweisen für die IT-Unterstützung aus ISO 31000

Abbildung 8 fasst die hier erläuterten Regelungen nach Datum und Verbindlichkeit zusammen und zeigt damit die Relevanz erarbeiteter IT-Implikationen.

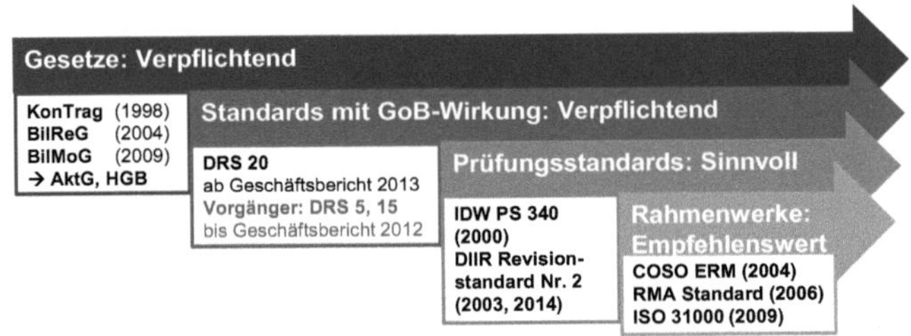

Abbildung 8: Erarbeitete Vorgaben und deren Verbindlichkeitsgrad[127]

---

[121] Vgl. ISO (2009), S. 8ff. Abschnitt 4 und Unterabschnitte und S. 3. Wissensmanagementsysteme dienen der Integration von verstreutem Wissen, vgl. Mertens u.a. (2010), S. 59.

[122] Bezug Prinzipien und Tabelle: vgl. ISO (2009), S. 7f. Abschnitt 3 (Prinzipien c, e, f, g, i mit b, j), Austrian Standards Institute (2010), ONR 49000 Ziffer 5.2. und Brühwiler und Romeike (2010), S. 93. Für die Hinweise sieben bis neun werden die Quellen separat angegeben.

[123] Vgl. ISO (2009), S. 4 Abschnitt 2.15.

[124] Vgl. ISO (2009), S. 17 Abschnitt 5.4.2 und Meier (2011), S. 55.

[125] Vgl. z.B. ISO (2009), S. 5f. und 18 ff. Abschnitte 2.21-25, 5.4.3, 5.4.4 und 5.5 mit Unterabschnitten.

[126] Vgl. ISO (2009), S. 21 Abschnitt 5.7 (Auswahl).

[127] Eigene Darstellung. Die Anwendung der Prüfungsstandards ist sinnvoll, da das RMS daran ge-

Der in Deutschland für Konzerne relevante Umfang[128] an Regelungen gibt nur Indizien für ableitbare Bedarfe bzgl. einer IT-Lösung, da die Regelungen nicht auf die IT-Lösungen fokussiert sind und deren Formulierungen Interpretationsspielräume zulassen. Eine Einteilung der herausgearbeiteten Anforderungen in Muss- oder Kann-Anforderungen ist nicht möglich, da sie nicht belegbar abgeleitet werden kann.

Schlussfolgerung SF-3: Die mangelnde IT-Nähe der Gesetze und Standards ermöglicht nur eine grobe Einteilung von Anforderungen. Folgende sechs gebündelte Implikationen werden in die Arbeit einbezogen und an passender Stelle mit der Konzeption verglichen:

1. Hinterlegen von Basisinformationen u.a. Strategie, Ziele, Planungen, Prämissen.
2. Ermöglichen der Erstellung eines Inventars mit Informationsbedarf bezogen auf Ursache und Wirkung für turnusmäßiges ChaRM und Adhoc-Meldungen.
3. Umfassende Einbeziehung der Organisation für Aggregation, Erstellung eines Gesamtbilds, Berichtswesen und revisionssichere Dokumentation.
4. Nutzung der IT-Lösung als Frühwarninstrument.
5. Abdeckung des Chancenmanagements mit der IT-Unterstützung.
6. Spezielle Funktionalitäten für Schnittstellen, Rückschau, Wirksamkeitsprüfung etc..

Die Betrachtung in den Gesetzen und Standards ist zwar z.T. auf die Konzernperspektive, aber nur in sehr geringem Umfang auf die zugehörigen KCRM-Bedarfe gerichtet.

Als Informationsabnehmer des ChaRMs sind mehrere Anspruchsgruppen identifizierbar. Externe Anspruchsgruppen erhalten Informationen insbesondere im Rahmen des Chancen- und Risikoberichts im Lagebericht. Zu dem externen Adressatenkreis zählen z.B. Aktionäre, Fremdkapitalgeber und ggf. weitere Institutionen, die das Unternehmen aufgrund aufsichtsrechtlicher Pflichten informieren muss.[129]

Interne Anspruchsgruppen können weitestgehend mit Empfängern der internen Chancen- und Risikoberichterstattung gleichgesetzt werden. Hierzu zählen z.B. Mitarbeiter, die als Entscheidungsträger fungieren, beginnend beim Vorstand, dem gemäß DCGK die Hauptaufgabe im RM-Kontext zukommt[130] und der folglich zu den Hauptadressaten zählt, bis hin zu dezentralen Managern sowie Mitarbeitern mit Aufsichtsfunktion, z.B. der Internen Revision, und falls vorhanden einem Gremium.[131]

messen wird. Die Umsetzung darüber hinausgehender Standards ist den Unternehmen freigestellt.

128 Spezifika der Banken- und Versicherungsbranche und anderer Länder werden nicht betrachtet. Für Standards mit Gültigkeit für bestimmte Länder vgl. bspw. Winter (2009), S. 76ff.

129 Vgl. Meyer (2008b), S. 352, Aufsichtsrecht als Spezialfall der Bankenbranche wird nicht betrachtet. In Kapitel 2.3 werden weitere Anspruchsgruppen im Kontext der Reputationsthematik betrachtet.

130 Vgl. Wengert und Schittenhelm (2013), S. 9.

131 Vgl. Meyer (2008b), S. 340ff. und 352. Ein Risikogremium kann z.B. als Diskussions- und

Schlussfolgerung SF-4: Gemäß bisherigen Erläuterungen werden in den BR „Gesetzgeber und Standardisierungsgremien", „Externe Anspruchsgruppen" und „Interne Anspruchsgruppen" als Bestandteile des Umfelds und „Externe Vorgaben" sowie der „Informationsbedarf der Anspruchsgruppen" als Rahmenbedingungen aufgenommen.

Das Umfeld von Konzernen ist von unsicheren Ereignissen und Entwicklungen geprägt, deren Umfang und Dynamik steigen und deren Ausprägungen als Chancen und Risiken des Konzerns betrachtet werden können.[132] Die Schwierigkeit der Betrachtung entsprechender Entwicklungen wird durch Dynamik und Geschwindigkeit des Wandels,[133] die Komplexität der Abhängigkeiten zwischen Ursachen und Wirkungen und damit auch die Möglichkeit durch eine Ursache mehrere Risiken, hier als Verbundrisiko bezeichnet, oder Ereignisketten auszulösen, erhöht.[134] Der Anspruch an ein ChaRM kann sich dabei aufgrund von Entwicklungen, wie z.B. Globalisierung, weltweite Vernetzung oder neue Technologien, ändern.[135] Konzerne besitzen zudem eine gewisse interne Komplexität und unterliegen Veränderungen.[136]

Hier relevante interne Vorgaben eines Konzerns umfassen die durch die genannten Entwicklungen im Umfeld und durch die unternehmerische Tätigkeit beeinflussten, relevanten Chancen- und Risikokategorien.[137] In der Literatur genannte Unterteilungen für Risikokategorien sind z.B. Risiken aufgrund höherer Gewalt, politische und ökonomische Risiken aus Umfeldveränderungen und Unternehmensrisiken, bestehend aus Geschäfts-, Finanz- und Betriebsrisiken, auch operationale Risiken genannt, die z.B. als Personal- Technologie- oder Prozessrisiko auf die Leistungserstellung wirken können[138].[139] Es ist weiterhin die Orientierung an Unternehmensbereichen, Strategietypen oder die Einteilung in interne und externe Risiken möglich.[140]

Genehmigungsplattform für Konzepte und Lösungen dienen, vgl. Wengert und Schittenhelm (2013), S. 14f.

[132] Vgl. bspw. Bea und Haas (2013), S. 114, Burger und Buchhart (2002), S. 36ff. und 261, Erben und Pauli (2015), S. 821f., Lück (2001), S. 2312, Romeike und Hager (2013), S. 56ff., 66f., 81 und 95 und Schmitz und Wehrheim (2006), S. 15.

[133] Vgl. Bea und Haas (2013), S. 6f., Gleißner und Romeike (2005a), S. 39, Hüttl (2005), S. 13 und 17.

[134] Vgl. bspw. Erben und Pauli (2015), S. 825, Hölscher (2006), S. 343f., Kajüter (2012), S. 106f., Romeike (2006), S. 439 und Romeike und Hager (2013), S. 69 und 103.

[135] Vgl. bspw. Beinert (2003), S. 25, Diederichs (2010), S. 104 und Wolke (2007), S. 2.

[136] Vgl. Denk und Exner-Merkelt (2005), S. 214f., Luhmann (1980), S. 235, Picot u.a. (2008), S. 3ff. und bzgl. Komplexität vgl. Romeike und Hager (2013), S. 64f. und 122f.

[137] Vgl. Burger und Buchhart (2002), S. 36ff., Keitsch (2007), S. 6 und Wengert und Schittenhelm (2013), S. 26.

[138] Vgl. Wengert und Schittenhelm (2013), S. 26.

[139] Vgl. bspw. Keitsch (2007), S. 6ff. und 105f. und Schierenbeck und Lister (2002), S. 183.

[140] Vgl. bspw. Ahrendts und Marton (2008), S. 10, Bea und Haas (2013), S. 115, Diederichs (2010), S. 94ff., Keitsch (2007), S. 27ff., Lachnit und Müller (2003), S. 571, Lister (2006), S. 310ff., Preißner (2003), S. 351ff. und Rogler (2002), S. 15ff.

Hinzu kommen ggf. spezifische Risiken bzgl. der Realisierung von Synergien, Haftungsverpflichtungen, Akquisitionen oder Währungsrisiken, die nur im Zusammenschluss eines Konzerns bestehen oder die sich aus Gesamtsicht gegenseitig kompensieren.[141] Einzelne Kategorien werden hier nicht fokussiert, da eine übergreifende Lösung angestrebt wird. Um in einer KCRM-Einheit ein Gesamtbild über die Lage erstellen zu können, müssen alle Chancen- und Risikokategorien, die z.B. vom Wirtschaftszweig des Konzerns abhängen, einbezogen werden.[142] Methodische Sonderfälle, z.B. Risiken aus Finanzinstituten oder Versicherungen, Projekten oder der IT,[143] werden daher insofern betrachtet,[144] dass sie in das Gesamtbild integrierbar sind.

Weiterhin spielt die organisatorische Struktur des Konzerns und Verankerung des ChaRMs als interne Vorgabe, die unternehmensspezifisch auszugestalten ist, eine wesentliche Rolle. Dabei kann RM als Gemeinschaftsaufgabe des Unternehmens betrachtet werden. Gleiches gilt für das ChM, wenn an alle OEen der Auftrag für ein ChM gerichtet wird.[145] Die Verantwortung für Chancen und Risiken liegt i.d.R. in der OE, in der sie/es entsteht bzw. wirkt.[146] Je nach Unterteilung, z.B. nach Geschäftsfeld, Region oder der Organisation als Matrix, müssen Verantwortlichkeiten definiert und relevante Personen einbezogen werden.[147] Zentral und dezentral auszuführende Aufgaben werden in Kapitel 2.3 thematisiert.

Gemäß KonTraG sind die Begriffe „bestandsgefährdend" und „wesentlich" Abgrenzungskriterien bzgl. eines Schweregrades und bestimmen damit den zugehörigen Informationsbedarf der an das dezentrale ChaRM oder an das KCRM gerichtet wird, wobei die Begriffe weder im Gesetz noch in der Literatur einheitlich präzisiert werden. Erforderlich für die Abgrenzung ist ein Schwellwert bzw. eine Wesentlichkeitsgrenze (WK-Grenze) in Relation zu einer Bezugsgröße, z.B. der Zielgröße. In Bezug zu Zielgrößen subsummieren Risiken Gefahren der Nichterreichung und Chancen Möglichkeiten der Übererfüllung. Als Bezugsgrößen können wirtschaftliche und nichtwirtschaftliche sowie monetäre und nicht-monetäre Größen dienen. Relevant sind hier z.B. Earnings Before Interest and Taxes (EBIT) und Cashflow sowie Reputation.

141 Vgl. Kajüter (2015), S. 614ff.
142 Vgl. bspw. Rogler (2002), S. 15ff., Scheffler (2005), S. 237f., Details zu Aggregation in Kapitel 2.3.
143 Spezialliteratur hierfür ist bspw. Harrant und Hemmrich (2004), Königs (2006) und Prokein (2008).
144 Abgrenzung erfolgt aufgrund branchenspezifischer Spezialvorgaben.
145 Vgl. RM: Wengert und Schittenhelm (2013), S. 14 und ChM: Halek (2004), S. 192.
146 Vgl. Kajüter (2015), S. 623f. (Entscheidungsdezentralisation), Keitsch (2007), S. 2, Köhne (2007), S. 319f., Olsen und Wu (2010), S. 16, Weber und Liekweg (2005), S. 500 und Wolke (2007), S. 238.
147 Vgl. Frost u.a. (2010), S. 34 und 43ff. und Sauerwein (1994), S. 30.

Die WK-Grenze trennt Risiken, die in dezentraler Verantwortung liegen von Risiken, die an höhere Ebenen berichtet werden müssen und ggf. auf übergeordneter Ebene in Entscheidungsprozesse einfließen.[148] Entsprechende Bezugsgrößen und Wesentlichkeitsgrenzen sind auch unternehmensspezifische interne Vorgaben des ChaRMs. Mit dem Bezug zur Zielsetzung ist aufgrund der Interdependenzen zwischen der Nutzung von Chancen und Verringerung von Risiken ein Konflikt verbunden, dessen optimale Lösung die Erreichung eines gewünschten Sicherheitsniveaus ist.[149] ChM und RM können dafür z.B. in operative, taktische und strategische Planungen integriert werden,[150] wobei in Verbindung mit der Planung zu definieren ist, ob diese konservativ, optimistisch oder erwartungsgetreu ist. Eine Planung kann zentral oder dezentral erstellt werden, wobei top-down und bottom-up geplante Aspekte vereinbar sein müssen. Auch eine Planung in Szenarien sowie die Betrachtung von Planungsprämissen mit deren Risiko- und Chancengehalt und Trends sind möglich.[151]

Über die Pflicht zur Etablierung des RMs hat das Management die Verantwortung für das RM. Es muss, ggf. in Zusammenarbeit mit einem Risikogremium, eine auf Unternehmensstrategie und -zielen basierende Risikostrategie definieren. Die Strategie kann über eine Risikopolitik auf Einheiten heruntergebrochen werden und definiert u.a. den Umgang mit Risiken und Chancen, das angestrebte Risiko- und Chancenprofil und den zugehörigen -umfang sowie ggf. die zugehörigen Prozesse.[152]

Angrenzende Themenfelder beeinflussen zudem die Gestaltung des ChaRMs, z.B. indem Schnittstellen aufzubauen sind. Es wurden bereits die Bereiche Compliance und IKS erwähnt. IKS und RMS können dabei dem als Corporate Governance bezeichneten Ordnungsrahmen mit Mechanismen zur wertorientierten Unternehmens-

---

148 Vgl. Burger und Buchhart (2002), S. 47ff., Kajüter (2015), S. 622f., Weber und Liekweg (2005), S. 500f., Wengert und Schittenhelm (2013), S. 2f., Bezugsgrößen: vgl. Keitsch (2007), S. 56f., Lachnit und Müller (2003), S. 565 und Rogler (2002), S. 10. Bzgl. Reputation vgl. Erläuterungen in Kapitel 2.3.

149 Vgl. bspw. Braun (1984), S. 44 und Romeike und Hager (2013), S. 74ff. und 95.

150 Vgl. bspw. Braun (1984), S. 77ff., Denk und Exner-Merkelt (2005), S. 206ff., Perridon und Steiner (2004), S. 625, Preißner (2003), S. 10 und Weber und Liekweg (2005), S. 499.

151 Vgl. Ahrendts und Marton (2008), S. 24f., Gleißner und Romeike (2005a), S. 94f., 114ff. und 136ff., Gleißner (2015), S. 594ff., weitere Informationen vgl. z.B. Brüheim und Schmiemann (2013), S. 103ff.

152 Vgl. bspw. Brauweiler (2015), S. 2f., Fiege (2006), S. 97, Keitsch (2007), S. 66, Meyer (2008b), S. 338ff., Smiechewicz (2001), S. 21ff. zitiert nach: Olsen und Wu (2010), S. 15, Scheffler (2005), S. 237f., Seidel (2011a), S. 28ff., Weber und Liekweg (2005), S. 500, Wu und Olsen (2008), S. 34. Zum Teil wird in diesem Kontext auch von strategischen RM-Aufgaben im Sinne von Aufgaben des KCRMs gesprochen, vgl. Hölscher (2006), S. 349f. und Romeike und Hager (2013), S. 94 und 146ff. Diese Begrifflichkeit wird aufgrund der Verwendung des Begriffs in Kapitel 2.3 hier nicht aufgegriffen.

führung und -überwachung zugeordnet werden.[153] Schnittpunkt zwischen Compliance und RM ist, dass aus dem Verstoß gegen rechtliche Rahmenbedingungen Risiken entstehen.[154]

Die Gültigkeit der geschilderten Inhalte des Kapitels wird trotz RM-Fokus auf Chancen übertragen und im Rahmen der zweistufigen empirischen Untersuchung überprüft. Der überarbeitete BR wird in Kapitel 2.3 dargestellt.

Schlussfolgerung SF-5: Basierend auf den Erläuterungen werden in den BR „Wirtschaftliche Entwicklungen“ als Teil des Umfelds und „Interne Vorgaben“, „Ziele und Planung“ sowie „Angrenzende Themenfelder“ als Rahmenbedingungen aufgenommen. Voraussetzungen des ChaRMs sind die jeweilige unternehmensspezifische Ausgestaltung.

2.3 Gestaltung des Chancen- und Risikomanagements

Die **Zielsetzung des ChaRMs** wird als Ausgangspunkt für die Gestaltung des zugehörigen Prozesses und der Aufgaben betrachtet und kann unterstützende IT-Lösungen beeinflussen.[155] Als mit Unternehmenszielen verbundene RM-Ziele werden in der Literatur u.a. die Sicherung der Existenz über die Gewährleistung der Risikotragfähigkeit und die Stärkung der Widerstandsfähigkeit sowie die Verbesserung von Möglichkeiten zur Zielerreichung im Sinne des Konzernerfolgs, zur Entscheidungsunterstützung und zum proaktiven[156] Management aufgeführt. Angestrebt werden zudem eine Verbesserung relevanter Planungs- und Steuerungsinformationen, der Aufbau eines unternehmensweiten Risikobewusstseins sowie die Kapitalkostensenkung durch eine bessere Kreditwürdigkeit. Hinzu kommen Wirtschaftlichkeit, Prüfbarkeit und Akzeptanz des RMSs, die Schaffung von Unternehmenswert sowie soziale und ökologische Aspekte. Als Basisziel kann die Einhaltung gesetzlicher Vorgaben betrachtet werden.[157] Da Risiken und Chancen in Entscheidungen verwoben sind und RM der Betrachtung zugehöriger Konsequenzen dient, impliziert RM auch

[153] Vgl. bspw. Brühwiler (2003), S. 22, Brünger (2010), S. 19, Cottin und Döhler (2009), S. 15, Form (2005), S. 116f., Paetzmann (2008), S. 21f. und von Werder (2014), URL siehe LitVZ.
[154] Vgl. Wengert und Schittenholm (2013), S. 8.
[155] Die Kapitelinhalte zu ChM sind z.T. Inhalt einer Veröffentlichung, vgl. Saitz u.a. (2015), S. 767ff.
[156] Proaktiv: Betrachtung von Risiken und Chancen vor Entscheidungen vgl. RMA e.V. (2006), S. 11.
[157] Vgl. bspw. Brauweiler (2015), S. 2, Diederichs (2010), S. 12f., Hoffmann (1985), S. 15f. und 20f., ISO (2009), S. Vf., Kajüter (2012), S. 109ff. und 240, RMA e.V. (2006), S. 10ff., Romeike (2003a), S. 151, Romeike und Hager (2013), S. 94ff., Wengert und Schittenhelm (2013), S. 4, Wolke (2007), S. 2.

ChM.[158] Eine Bezugnahme auf die Nutzung von Chancen und die Schaffung des gewünschten Risiko-Chancen-Verhältnisses sind als RM-Ziele daher auch möglich.[159]

Mit ChM sollen Anforderungen von Stakeholdern und gesetzliche Ansprüche erfüllt, die Transparenz für das Management gesteigert sowie die Generierung bzw. Identifikation, Auswahl und gewinnbringende Nutzung von Chancen ermöglicht werden.[160] ChM kann als Gegenstück des RMs zur Identifikation und Nutzung strategischer Erfolgspotentiale und Wertschöpfung dienen.[161] Dabei kann es z.B. strategischen Tätigkeiten zugeordnet werden.[162] Als Teil strategischen Managements wird mit ChaRM der bewusste Umgang mit Entscheidungen unter Unsicherheit bezweckt sowie das frühzeitige Erkennen chancen- oder risikoreicher Entwicklungen, um zugehörige Maßnahmen einzuleiten.[163] Hier ist eine Verbindung zur internen Vorgabe „Ziele und Planung“ aus Kapitel 2.2 erkennbar. Eine strategische Planung dient generell der Abstimmung von Unternehmensumwelt und Potentialen des Unternehmens zur Definition langfristiger Ziele und Strategien.[164] Bedrohungen der Strategie, langfristiger Ziele oder zugehöriger Erfolgspotentiale werden als strategische Risiken bezeichnet.[165] Zur Abgrenzung von operativen Risiken dienen z.B. die größere Tragweite und der längere Zeithorizont strategischer Risiken.[166] Mit strategischen Tätigkeiten können Erfolgspotentiale aufgebaut und die Basis für Chancen geschaffen werden. Dabei korrelieren die Höhe von mit Strategien verbundenen Chancen und Risiken. Die Chancennutzung obliegt dem operativen Management.[167] Dafür wird die Strategie mittels operativer Planung auf OEen und einen kürzeren Zeitraum bezogen.[168]

[158] Vgl. bspw. Fiege (2006), S. 1f., Gleißner (2005), S. 479, Plaschke u.a. (2013), S. 12, Weber u.a. (2001), S. 49f. und 54 und Weber und Liekweg (2005), S. 495.

[159] Vgl. Burger und Buchhart (2002), S. 10f. und RMA e.V. (2006), S. 11.

[160] Vgl. bspw. Ahrendts und Marton (2008), S. 12, Form (2005), S. 104 und Junge (2009), S. 5.

[161] Vgl. Form (2005), S. 87 und 104, Halek (2004), S. 190f., Junge (2009), S. 9 und Saitz (1999), S. 72f.

[162] Vgl. bspw. Form (2005), S. 84f., Dies entspricht dem COSO ERM, der Chancen in Prozesse für Strategiebildung und Zielsetzung einbezieht, vgl. COSO (2006), S. 4.

[163] Vgl. Braun (1984), S. 97f. und Pfohl (2002), S. 4.

[164] Vgl. Bea und Haas (2013), S. 54f., Kaninke (2004), S. 16f. und Perridon und Steiner (2004), S. 625.

[165] Vgl. Gleissner (2007), S. 65 und 74, Haas (2007), S. 11, Kaninke (2004), S. 17f., Ocker (2010), S. 17, Romeike und Hager (2013), S. 87 und Saitz (1999), S. 77.

[166] Vgl. bspw. Bea und Haas (2013), S. 114f., Kaninke (2004), S. 14f., Pepels (2005), S. 216 und Schierenbeck und Lister (2002), S. 184.

[167] Vgl. bspw. Bea und Haas (2013), S. 115, Kaninke (2004), S. 17 und Wolf (2003), S. 41f. Für Details zum strategischen Risikomanagement vgl. bspw. Denk und Exner-Merkelt (2005), S. 143ff.

[168] Vgl. bspw. Müller-Stewens (2014), URL siehe LitVZ, Perridon und Steiner (2004), S. 625 zur Konkretisierung des Begriffs operativ und Scheffler (2005), S. 144ff.

Neben der Zielsetzung sind wesentliche Entscheidungen zur Ausgestaltung und **Organisation des ChaRMs** in Konzernen der Aufbau einer zentralen Einheit und der Verteilungsgrad der Aufgaben und Verantwortlichkeiten über Hierarchieebenen. RM ist Pflicht der Unternehmensleitung. Grundsätzlich ist aber jeder Bereich davon betroffen. Daraus resultiert ein Koordinationsaufwand zur Zusammenführung von Informationen in Abhängigkeit von der organisatorischen Ausgestaltung mit ggf. mehrfachen Aggregationsschritten innerhalb der Organisation. Eine Aggregation kann horizontal über Einheiten gleicher Ebene und/oder vertikal bspw. über Inhalte einer Kategorie erfolgen. Vor der Zusammenfassung ist die Aggregierbarkeit zu prüfen.[169] Bei der Aggregation wird eine Gesamtposition unter Einbeziehung der Bedeutung und Wechselwirkungen von Einzelrisiken ermittelt, z.B. um die Gesamtgröße mit der Risikotragfähigkeit, also dem maximal tragbaren Risikoumfang, abzugleichen.[170]

Um die Zusammenarbeit zwischen dezentral und zentral Verantwortlichen zu ermöglichen, müssen Zuständigkeiten und Kompetenzen geregelt werden.[171] Hierfür werden Aufgabenspektren von dezentralen Verantwortlichen und KCRM erarbeitet, die Aufgaben im ChM und RM verglichen und die Positionierung eines ChMs untersucht.

In Bezug auf den dezentralen bzw. operativen[172] ChaRM-Prozess werden in der Literatur unterschiedliche Bezeichnungen für Prozessschritte verwendet. Ein Vergleich zeigt, dass sich die Abläufe ähneln, aber deren Aufteilungen abweichen.[173] Die Unterteilung des dezentralen ChaRM-Prozesses erfolgt hier ausgehend vom RMA Standard, da dessen Inhalte die Integration bestehender Unterteilungen aus der Literatur erlauben[174] und im RMA Standard ein paralleles Vorgehen für Chancen und

---

[169] Vgl. bspw. Banham (2004), URL siehe LitVZ, Denk und Exner-Merkelt (2005), S. 89, Diederichs (2010), S. 265f., Fiege (2006), S. 234f., Paetzmann (2008), S. 85f. und Wolke (2007), S. 242ff.

[170] Vgl. Romeike und Hager (2013), S. 128f. Für die Aggregation wird auf die Nutzung von Simulationsmethoden verzichtet (vgl. hierzu bspw. Cottin und Döhler (2009)), da diese in bestehenden IT-Lösungen vorhanden sind, vgl. bspw. Denk und Exner-Merkelt (2005), S. 139 und Gleißner und Romeike (2005a), S. 259ff. Die Forderung Wechselwirkungen im Rahmen der Aggregation zusammenzufassen und dafür zu simulieren (vgl. Gleißner und Romeike (2005a), S. 137), liegt außerhalb des Lösungsspektrums der Arbeit, da dies in der Verantwortung dezentraler OEen liegt.

[171] Vgl. Fiege (2006), S. 239ff.

[172] Die Begriffe „operativ und „dezentral“ werden nun, wenn nicht anders erklärt, synonym verwendet.

[173] Vergleichsobjekte bspw. Bea und Haas (2013), S. 116, Beinert (2003), S. 26f., Fiege (2006), S. 95f., Horváth (2011), S. 711ff., Kajüter (2012), S. 21, Lister (2006), S. 303f., Paetzmann (2008), S. 61 und 86, Rogler (2002), S. 29ff., Schmitz und Wehrheim (2006), S. 19 und Wall (2001), S. 213.

[174] Vergleichsobjekte bspw. Ahrendts und Marton (2008), S. 14ff., Burger und Buchhart (2002), S. 31, Diederichs (2010), S. 15 und 93, Lachnit und Müller (2006), S. 206ff. und Wolke (2007), S. 4f.

Risiken skizziert wird, womit der Ansatz als Alternative oder Ergänzung zur Integration des ChMs in das strategische Management verstanden werden kann.[175]

Der kontinuierlich zu durchlaufende[176] ChaRM-Prozess beginnt mit der **Identifikation** von Chancen und Risiken und deren **Bewertung** sowie Klassifikation in Relation zu definierten Zielen. Durch Korrelation und Aggregation können kompensatorische oder verstärkende[177] Wechselwirkungen und Abhängigkeiten berücksichtigt sowie Chancen oder Risiken inhaltlich gebündelt werden. Zusammen mit Identifikation und Bewertung bilden diese Schritte die Analyse. Korrelation und Aggregation werden in dieser konzernorientierten Arbeit jedoch eher übergeordneten Instanzen zugeordnet und zählen im dezentralen ChaRM zur Bewertung. Der nächste Schritt bezieht sich auf die Festlegung von Maßnahmen zur **Steuerung** und Handhabung. Relevante Themen müssen über das **Berichtswesen** adressiert und bei der **Überwachung** die Entwicklung der Chancen und Risiken fortlaufend kontrolliert werden.[178] Die markierten Begriffe werden hier als dezentrale ChaRM-Prozessschritte genutzt.[179] In der Literatur genannte Risikosteuerungsmaßnahmen sind z.B. Vermeidung, Verminderung, Diversifikation, Transfer bzw. Überwälzung, Vorsorge und (Rest-)Risikoakzeptanz. Ursachenbezogene Maßnahmen betreffen die EW und wirkungsbezogene das Ausmaß. Aktive Maßnahmen können Risiken positiv beeinflussen, passive Maßnahmen adressieren nicht durch aktive Maßnahmen eliminierbare Risiken.[180]

Aufgrund des geringen Umfangs an chancenspezifischen Veröffentlichungen wird die fachliche Übertragbarkeit der RM-Schritte auf das ChM anhand des RMA Standards und zwei identifizierter Systematiken mit Chancenfokus[181] aus der Literatur geprüft.

---

[175] Vgl. Form (2005), S. 84f. Die anderen von FORM genannten Ansätze betreffen das Personalmanagement oder die Verbindung zur Balance Scorecard. Beide Bereiche sind nicht Teil dieser Arbeit.

[176] Vgl. Beinert (2003), S. 26, Burger und Buchhart (2002), S. 31, Gräf (2011), S. 51, Keitsch (2007), S. 3, Lachnit und Müller (2003), S. 567, Schmitz und Wehrheim (2006), S. 53 und Wall (2001), S. 213.

[177] Vgl. Romeike (2003a), S. 159 und Seidel (2011a), S. 25.

[178] Vgl. Brauweiler (2015), S. 8, Denk und Exner-Merkelt (2005), S. 73, Hoffmann (1985), S. 22, Hölscher (2002), S. 12ff., Reichling u.a. (2007), S. 214f., RMA e.V. (2006), S. 15f., Rommelfanger (2008), S. 16 und Seidel (2011a), S. 32ff.

[179] Begriffliche Abweichungen zum Standard erfolgen, da „Überwachung“ für einen stetigen Prozess und nicht für eine einmalige „Kontrolle“ steht und „Steuerung“ ein aktives Vorgehen adressiert. Zudem werden die Schritte begrifflich von den nachfolgenden KCRM-Tätigkeiten getrennt.

[180] Vgl. bspw. Ahrendts und Marton (2008), S. 16, Brauweiler (2015), S. 11f., Burger und Buchhart (2002), S. 49ff., Fiege (2006), S. 200ff., Gleißner und Romeike (2005a), S. 36f., Hoffmann (1985), S. 23ff., Hölscher (2002), S. 14f. und S. 366ff., Romeike und Hager (2013), S. 140, Schmitz und Wehrheim (2006), S. 95, Wolf (2003), S. 60ff. und Wolke (2007), S. 75ff.

[181] Vgl. Lück (2001), S. 2312ff. Regelkreislauf des ChMs, Kaiser (2005), S. 348ff. Regelkreis des

Anhang A enthält den Abgleich auf dem die weiteren Ausführungen beruhen. Alle Systematiken umfassen die Schritte Identifikation, Bewertung und Steuerung, z.T. mit abweichenden Namen. Berichterstattung und Überwachung sind separat oder integriert möglich. Neben der Anlehnung an die Schrittfolge des dezentralen RMs wird die Orientierung an Zielen oder Strategien deutlich. Zur Steuerung werden die Maßnahmen „Ergreifen", „Erhöhen", „Teilen" oder „Ignorieren" aufgegriffen.

Schlussfolgerung SF-6: Für die dezentralen ChaRM-Prozessschritte werden hier „Identifikation", „Bewertung", „Steuerung", „Berichtswesen" und „Überwachung" verwendet.

Kategorien als interne Vorgabe aus Kapitel 2.2 können bei der Identifikation zur Strukturierung eines Risikoinventars genutzt werden,[182] das für die Berichterstattung als Portfoliodarstellung mit EW und Ausmaß in einer Risk Map abgebildet werden kann.[183] Um die Risiko- und Chancensicht integriert zu ermöglichen, wird in der Literatur eine „Risk-and-Opportunity Map" genannt. Es wird dafür eine Risk Map mit einer gespiegelten zweiten Map als Opportunity Map, die z.B. auf einem Chanceninventar basieren kann, kombiniert und die Ansicht eines „Arrow of Attention" (Abbildung 9) mit relevanten Risiken und Chancen erzeugt.[184]

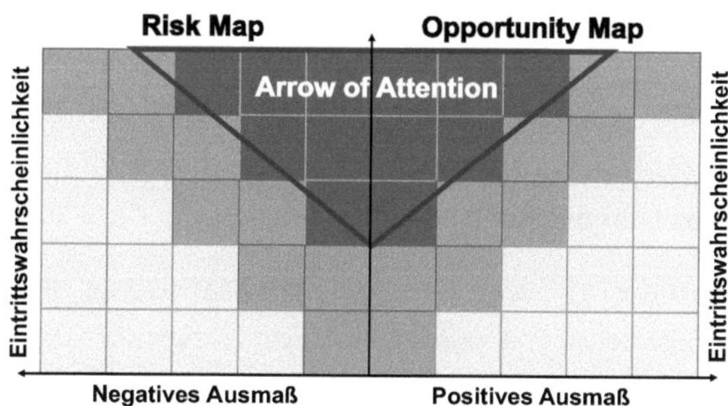

Abbildung 9: Integrierte Chancen- und Risikosicht[185]

Zudem deckt die Strengths, Weaknesses, Opportunities, Threats Analyse[186] oder die Gegenüberstellung von Risiken und Chancen z.B. bezogen auf eine Entscheidung

---

ChaRM-Prozesses und RMA e.V. (2006), S. 15ff. Risiko- und Chancenmanagement Prozess.

[182] Vgl. Beinert (2003), S. 27, Reichling u.a. (2007), S. 218f. Für Details bezogen auf ein Risikoinventar vgl. Hoffmann (1985), S. 77f.

[183] Vgl. bspw. Ahrendts und Marton (2008), S. 25f., Brauweiler (2015), S. 8f., Brühwiler (2003), S. 126ff., Horváth (2011), S. 713, Olsen und Wu (2010), S. 17, Preißner (2003), S. 358, Reichling u.a. (2007), S. 218f. und 232f., Romeike und Hager (2013), S. 124 und Seidel (2011a), S. 43.

[184] Vgl. Hillson (2004), S. 125f. und für Chanceninventur: vgl. Halek (2004), S. 194.

[185] In Anlehnung an Hillson (2004), S. 126.

[186] Vgl. bspw. Form (2005), S 178ff., Junge (2009), S. 44ff. und Romeike und Hager (2013), S. 106f.

Risiken und Chancen ab.[187] Werden Risiken und Chancen unter dem Blickwinkel des Unternehmens-Aktionspotentials betrachtet, entsteht ein Steuerungsinstrument.[188]

Neben Tätigkeiten des dezentralen ChaRMs, ergibt sich ausgehend von *SF-2* und der Literaturrecherche für diese Arbeit folgendes Spektrum an KCRM-Tätigkeiten, mit davon abweichenden Bezeichnungen. Es reicht von **Prozesssteuerung und -koordination** sowie -weiterentwicklung mittels Methodik-, Standard- und Verfahrensvorgaben, z.B. zur dezentralen Messung von Chancen und Risiken und Unterstützung bei der Definition von Zielen und Maßnahmen, über **Konsolidierung** zur Ermittlung des Gesamtchancen- und -risikoumfangs, die **Analyse** der Gesamtsituation, das **Monitoring** bzw. die Überwachung der Situation und Wirksam- bzw. Funktionsfähigkeit etablierter Prozesse, bis zur Erstellung eines aggregierten Berichtswesens für den Konzern (**Reporting**). Dezentrale Tätigkeiten obliegen primär dezentralen Einheiten und werden vom KCRM nur begrenzt adressiert.[189] Weiterhin können die Unterstützung bei Risikostrategieerstellung und Schwellwertdefinition sowie die Etablierung des organisatorischen Rahmens zu KCRM-Tätigkeiten zählen.[190]

Das Monitoring kann in Monitoring i.e.S. zur Maßnahmenüberwachung im Steuerungsprozess und Monitoring i.w.S. zur Sicherstellung eines funktionsfähigen Gesamtprozesses, unterteilt werden.[191] Konsolidierung und Aggregation werden in der Arbeit unterschiedlich verwendet. Aggregation bezeichnet die Zusammenfassung von Chancen oder Risiken. Konsolidierung ist der Überbegriff für die Bildung der Gesamtsicht pro Einheit oder des Konzerns.[192]

Schlussfolgerung SF-7: Für zentrale KCRM-Tätigkeiten werden „Prozesssteuerung/ -koordination", „Konsolidierung", „Analyse", „Monitoring", „Reporting" verwendet.

Als koordinative Aufgabe lässt sich z.B. die Vorgabe des Vorgehens zur Chancen- und Risikoerhebung bottom-up oder top-town aus der Literatur ableiten. Bei einem

[187] Vgl. Burger und Buchhart (2002), S. 169.
[188] Vgl. Weber u.a. (2001), S. 53f.
[189] Vgl. bspw. Burger und Buchhart (2002), S. 193f., Denk und Exner-Merkelt (2005), S. 57, Fiege (2006), S. 247, Gleißner und Romeike (2008), S. 210, Köhne (2007), S. 319f., Lachnit und Müller (2006), S. 204, Meyer (2008a), S. 48, Meyer (2008b), S. 338 und 343, Mikus (2001), S. 24ff., Reichmann (2001), S. 287f., Schmitz und Wehrheim (2006), S. 143f., Seidel (2005), S. 30ff. zitiert nach: Weißensteiner (2014), S. 22, Seidel (2011b), S. 268f., Wolf (2003), S. 53f., Wolke (2007), S. 2 und 235ff.
[190] Vgl. bspw. Fiege (2006), S. 224f., Gleißner u.a. (2015), S. 575ff., Martin und Bär (2002), S. 123ff., Paetzmann (2008), S. 121f. und Wengert und Schittenhelm (2013), S. 3f. und 11ff.
[191] Vgl. Seidel (2005), S. 30ff. zitiert nach: Weißensteiner (2014), S. 22, Seidel (2011a), S. 45f. und Seidel (2011b), S. 270ff.
[192] Vgl. Duden (2015d) und Duden (2015e), jeweilige URL siehe LitVZ.

Bottom-Up-Ansatz werden Chancen und Risiken ausgehend von der untersten Ebene der Konzernhierarchie aufwärts identifiziert. Ein Top-Down-Ansatz umfasst die zentrale Erhebung ggf. mit Abfrage in untergeordneten Einheiten ohne Details. Er fokussiert Wesentlichkeit statt Vollständigkeit.[193] Beide Vorgehensweisen lassen sich kombinieren.[194] Als Parallele gibt es die Unterscheidung in Top-Down- und Bottom-Up-Bewertung, wobei entweder top-down Chancen und Risiken bemessen oder bottom-up Folgen von Einzelchancen und -risiken z.B. ausgehend von dezentralen OEen bewertet werden.[195] Hier werden jeweils beide Vorgehensweisen betrachtet.[196]

Schlussfolgerung SF-8: Im Rahmen des KCRM-Prozesses sind Vorgehensweisen top-down und bottom-up möglich. Dies sind koordinative Aspekte aus KCRM-Sicht.

Die KCRM-Tätigkeiten gelten hier zunächst auch für Chancen, da das ChM in Teilen der Literatur einer Chancen-Controlling-Einheit zugeordnet wird, die z.B. bereichsübergreifende Führungs- und Entscheidungshilfe leistet, die Informationsbeschaffung und -bereitstellung sowie die Überwachung der Wirksamkeit des ChM-Systems durchführt. Zur Informationsversorgung wird hierbei ein geeignetes Managementinformationssystem gefordert.[197]

Bestehende und benötigte, prozessuale sowie technische Gestaltungsmöglichkeiten von ChM und RM werden in den folgenden Kapiteln untersucht. Relevanter Aspekt ist zudem der Verbreitungsgrad, bzw. die Anzahl der Stufen, die in das konzernweite ChaRM eingebunden und deren Aktivitäten im IT-System zu koordinieren sind.[198]

Schlussfolgerung SF-9: In der Arbeit werden Lösungsvarianten zur prozessualen und technischen Gestaltung, zur organisatorischen Zuordnung und Verbreitung untersucht:

- Prozessuale/Technische Gestaltung: Unterscheidung zwischen fachlich gleicher, ähnlicher oder unabhängiger Gestaltung von ChM und RM mit passender IT-Lösung.
- Organisatorische Zuordnung/Verbreitung: Unterscheidung zwischen auf das dezentrale ChaRM ausgerichteter Unterstützung, Unterstützung der KCRM-Einheit oder einer IT-Lösung die zusätzlich zur KCRM-Einheit den KCRM-Prozess unterstützt.

---

193 Vgl. Brühwiler (2003), S. 110f., Brühwiler und Romeike (2010), S. 83f., Horváth (2011), S. 712 und Seidel (2011a), S. 34.

194 Vgl. Denk und Exner-Merkelt (2005), S. 76ff.

195 Vgl. Romeike und Hager (2013), S. 114ff. Methoden vgl. Schmitz und Wehrheim (2006), S. 82ff.

196 Mathematische Methoden und Simulationen (vgl. bspw. Romeike und Hager (2013), S. 115ff.) werden nur insofern mitbetrachtet, als dass eine IT-Lösung entsprechende Methoden unterstützen soll. Da diese Berechnungen aufgrund ihrer Komplexität ohne IT-Unterstützung schwer oder nicht durchführbar sind, wird IT-Unterstützung in diesem Kontext nicht als Teil der Forschungslücke betrachtet.

197 Vgl. bspw. Denk und Exner-Merkelt (2005), S. 57, Form (2005), S. 106ff., Junge (2009), S. 21f., Kaiser (2005), S. 347ff., Lück (2001), S. 2315 und Meyer (2008b), S. 340ff.

198 Bezugnehmend auf erarbeitete KCRM-Aufgaben und vgl. Gleißner u.a. (2015), S. 570 und 576.

Abbildung 10 konkretisiert basierend auf den *Schlussfolgerungen SF-4* und *SF-5* aus Kapitel 2.2 und den genannten Tätigkeiten im dezentralen ChaRM und KCRM in *SF-6* und *SF-7* in diesem Kapitel den BR aus Kapitel 1.1.

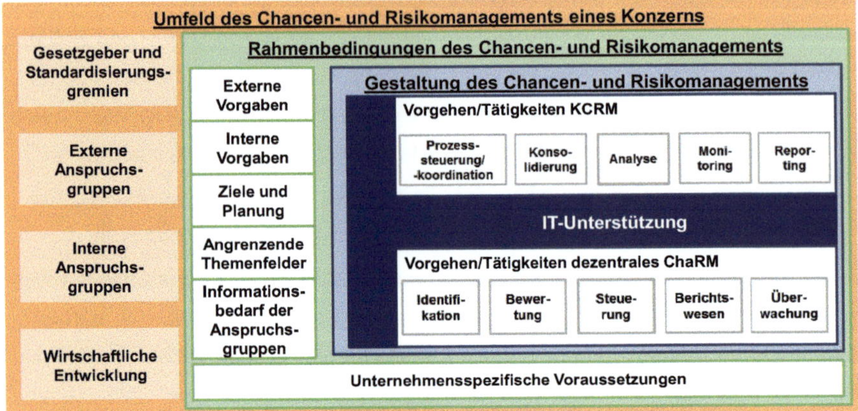

Abbildung 10: Konkretisierter Bezugsrahmen auf Basis der Literaturrecherche[199]

Das hier relevante Umfeld für das ChaRM eines Konzerns umfasst Gesetzgeber und Standardisierungsgremien, Anspruchsgruppen sowie die wirtschaftliche Entwicklung. Resultierende Rahmenbedingungen sind gültige Vorgaben, Ziele und Planung, angrenzende Themenfelder sowie der Informationsbedarf[200]. Die unternehmensspezifische Umsetzung der Vorgaben ist Voraussetzung für die Gestaltung des ChaRMs.

Um die im Folgenden thematisierten Chancen und Risiken greifbar zu machen, werden in bestehenden Forschungsarbeiten genannte Unterscheidungsmerkmale zur Klassifizierung von Chancen und Risiken diskutiert, die die Abbildung in einer IT-Lösung beeinflussen. Neben der in Kapitel 2.2 genannten Unterscheidung bzgl. monetärer und nicht-monetärer Bezugsgrößen sind insbesondere Messbarkeit, Höhe, Häufigkeit und Beeinflussbarkeit hier relevante Merkmale. Die Messbarkeit zielt darauf ab, ob eine Bewertung angegeben werden kann, z.B. unter Nutzung von Informationen darüber, wie häufig ein Schaden bereits eingetreten ist.[201] Chancen und Risiken können über EW und Ausmaß bzw. Schadenshöhe greifbar gemacht werden. Zudem ist die Quantifizierung des Erwartungswerts, als Produkt der Größen und

[199] Eigene Darstellung. Inhalte werden in Kapitel 3 und 4 evaluiert, plausibilisiert oder überarbeitet.

[200] Zusammenfassung zu einem Informationsbedarf, da gemäß DRS 20 externe Adressaten Informationen in ähnlichem Detailgrad erhalten sollen, wie sie intern zur Steuerung verwendet werden.

[201] Vgl. bspw. Rogler (2002), S. 9f., Schierenbeck und Lister (2002), S. 183. Hieraus kann der Bedarf nach einer Datenhistorie über eingetretene Schäden abgeleitet werden, vgl. Meyer (2008b), S. 350.

die Einstufung in Klassen bezogen auf die Bedeutung für das Gesamtunternehmen möglich.[202] Im Kontext der Messbarkeit wird zudem zwischen quantitativer und qualitativer Bewertung unterschieden.[203] Um die Höhe des Ausmaßes abschätzen zu können, bedarf es der Festlegung von Bezugsgrößen. Die Unterteilung in regelmäßige und unregelmäßige Chancen und Risiken dient der Betrachtung der Häufigkeit. Die Beeinflussbarkeit adressiert die Veränderbarkeit von EW und/oder Ausmaß.[204]

Die Merkmale von Chancen und Risiken weichen aber auch in Teilen voneinander ab. Chancen und Risiken unterscheiden sich dabei in Bezug auf Erkennen und Einflussnahme. Das Eintreten von Risiken kann ohne vorheriges Erkennen oder zugehöriges Handeln erfolgen. Dabei können Risiken mit unterschiedlichem Wirkungsgrad eintreten, bis hin zur Bestandsgefährdung. Entsprechende Schäden können ggf. auch durch das Nicht-Erkennen oder -Ergreifen von Chancen ausgelöst werden.[205] Um Chancen aktiv nutzen zu können, müssen diese jedoch i.d.R. zunächst erkannt werden.[206] Zur Realisierung von Chancen sowie zur Vermeidung von Risiken sind daher Frühwarn-, Früherkennungs- oder Frühaufklärungssysteme relevant.[207] Mittels eines Frühwarnsystems werden Risikobereiche systematisiert und beobachtet, relevante Entwicklungen analysiert und berichtet.[208] Frühwarnindikatoren dienen dem rechtzeitigen Erkennen von Risiken aufgrund von internen oder externen Gefahren. Früherkennung bezieht positive Entwicklungen mit ein. Frühaufklärung zielt zudem auf Sicherstellung adäquater Reaktionen mittels Maßnahmen ab.[209]

Die Relation zwischen Maßnahmen und Ausmaß unterscheidet sich ebenfalls. Maßnahmen verringern i.d.R. das Chancenausmaß, deren Wirtschaftlichkeit bemisst sich

---

[202] Vgl. bspw. Brühwiler (2003), S. 31, Hölscher (2006), S. 347f., Horváth (2011), S. 713, Lück (2001), S. 2313f., Meyer (2008b), S. 350 und Romeike und Hager (2013), S. 113f.

[203] Vgl. bspw. Burger und Buchhart (2002), S. 4, Diederichs (2010), S. 142, Meyer (2008b), S. 349 und Schmitz und Wehrheim (2006), S. 82f. Über die in der Literatur betrachtete Verbindung von Chancen und WK-Grenzen wird auch deren Messbarkeit adressiert, vgl. Weber u.a. (1999), S. 21ff. und Weber u.a. (2001), S. 53 und 57f.

[204] Vgl. bspw. Bea und Haas (2013), S. 115, Keitsch (2007), S. 7f., Rogler (2002), S. 10ff., Romeike und Hager (2013), S. 77. Hier sind auch Versicherbarkeit und Übertragbarkeit der Wirkung relevant.

[205] Vgl. Gräf (2011), S. 68, Lück (2001), S. 2314, Junge (2009), S. 70 und White (2006), S. 14.

[206] Vgl. Junge (2009), S. 23, Lück (2001), S. 2312 Junge (2009), S. 56 und Meyer (2008a), S. 27.

[207] Vgl. bspw. Burger und Buchhart (2002), S. 73, Form (2005), S. 86 und 167, Krystek und Müller-Stewens (1993), S. 21, Lück (2001), S. 2313 und Reichling u.a. (2007), S. 254.

[208] Vgl. Elfgen (2002), S. 211.

[209] Vgl. bspw. Bea und Haas (2013), S. 300f., Brühwiler und Romeike (2010), S. 51f., Burger und Buchhart (2002), S. 73, Form (2005), S. 166f., Keitsch (2007), S. 217, Krystek und Müller-Stewens (1993), S. 21, Paetzmann (2008), S. 122f., Preis (1995), S. 30f., Romeike (2003b), S. 166, Romeike und Hager (2013), S. 104f. und Wall (2001), S. 220ff. Indikatoren sind Merkmale an denen Veränderungen und Entwicklungen beobachtet werden können, vgl. und Brühwiler (2003), S. 188, Duden (2015f), URL siehe LitVZ und Krystek und Müller-Stewens (1993), S. 17f. und 76ff.

als Differenz. Risiken können trotz Maßnahmen in voller Höhe eintreten. Ihr Ausmaß erhöht sich ggf. über Maßnahmenaufwände, weshalb Aufwand und erwartetes Ausmaß nach der Maßnahme einbezogen werden.[210]

Weiteres Merkmal ist der Zyklus in dem Chancen und Risiken auftreten. Wesentliche Chancen sind i.d.R. einmalig, wohingegen Risiken revolvierend auftreten können, z.B. bestehen in produzierenden Konzernen pro Zeitraum Absatzrisiken. Chancen zur Konstruktion eines innovativen Produkts sind jedoch jeweils einmalig.[211] Dies erschwert die systematische Chancenidentifikation. Chancen und Risiken können zudem in Beziehung stehen und müssen ggf. abgewogen werden.[212] Hinter Chancen können folglich Risiken liegen und umgekehrt.[213] Die Spiegelbarkeit ist nicht immer gegeben, z.B. haben Desasterrisiken keine (gleichgewichtete) Chancenseite.[214]

Schlussfolgerung SF-10: Die Merkmale von Chancen und Risiken charakterisieren benötigte Erfassungsstrukturen für eine IT-Lösung. Wie die Erläuterungen zeigen, sind auch Abweichungen bei Eigenschaften und damit bei der Betrachtung von Chancen und Risiken erkennbar. Diese Unterschiede wirken ebenfalls auf die Konzeption der IT-Lösung.

Genannte Merkmale beziehen sich primär auf die monetäre Wirkung von Chancen und Risiken. Der Fokus auf reputationsbezogene Chancen und Risiken steigt gemäß aktuellen Publikationen.[215]

Das folgende Zitat verdeutlicht: „Sieh zu, da[ss] du einen guten Namen behältst; der bleibt dir gewisser als tausend große Schätze Gold.“[216]

Reputation kann für den guten Ruf, das Ansehen oder auch das Vertrauen stehen, das einer Person oder Organisation zugeordnet wird.[217] Sie wird aus der Meinung der Öffentlichkeit gebildet, z.B. als Summe aller positiven und negativen Wahrnehmungen der Stakeholder.[218] Als Parallele zum „guten Namen“ muss dieses Gut geschützt werden, da es im Einflussgebiet von Risiken liegt. Ein Reputationsrisiko kann

210 Vgl. Junge (2009), S. 56 und 59.
211 Vgl. Secricon GmbH (2011), S. 1, URL siehe LitVZ.
212 Vgl. bspw. Brühwiler (2003), S. 23, Burger und Buchhart (2002), S. 211, Hillson (2004), S. 14ff., Lück (2001), S. 2312, Pedell (2004), S. 5, Schmidt und Friedag (2008) S. 66, Weber u.a. (1999), S. 21.
213 Vgl. Brühwiler (2003), S. 23 und 154, Lachnit und Müller (2006), S. 206, Lück (2001), S. 2312, Meyer (2008a), S. 27, Reichling u.a. (2007), S. 216 und Weber und Liekweg (2005), S. 498.
214 Vgl. bspw. Ocker (2010), S. 19, Pfohl (2002), S. 11, Saitz u.a. (2015), S. 769f., Seidel (2011a), S. 26, Weber u.a. (2001), S. 52ff. und Weißensteiner (2014), S. 12f.
215 Vgl. bspw. Seibt (2015), S. 171 und Strategic Risk Global (2015), URL siehe LitVZ.
216 Deutsche Bibelgesellschaft (1996), Bibel, Sirach, 41, Vers 15.
217 Vgl. Duden (2015g) und Suchanek und Lin-Hi (2014), jeweilige URL siehe LitVZ.
218 Vgl. Romeike u.a. (2012), S. 17 und The American Heritage (2014), URL siehe LitVZ.

als Möglichkeit der Schädigung der Unternehmensreputation verstanden werden oder negative und positive Abweichung vom erwarteten Reputationsniveau umfassen.[219] Hier steht die Risikoseite im Fokus, die auch Schwerpunkt in der Literatur ist.

In der erläuterten Gesetzgebung besteht keine Aufforderung zur Betrachtung von Reputationsrisiken. Es fehlt auch an einer standardisierten Integration in das RM.[220] Die Betrachtung erfolgt nur im Kontext des Bank- und Versicherungswesens,[221] weshalb die Literatur z.T. branchenspezifisch geprägt[222] ist. In branchenübergreifender Literatur werden Reputationsrisiken als eine mögliche Risikokategorie erwähnt.[223]

Die Relevanz von Reputationsrisiken spiegelt bereits das „Corporate Risk Barometer" von 2005 wider, in dem Reputationsrisiken auf Platz eins der Unternehmensrisiken stehen.[224] Neuere Studien zeigen, dass Reputationsrisiken aktuell fokussiert werden, z.B. werden in einer Studie der „Economist Intelligence Unit" Reputationsrisiken nach finanziellen Risiken an zweiter Stelle der, in Gremien diskutierten Risiken genannt. Die Gefahr von Reputations- oder Markenschäden wird aus Sicht der Beteiligten mit größerer Besorgnis gesehen als finanzielle Schäden oder Auswirkungen auf den Aktienkurs. Da Reputationsrisiken ggf. durch andere Risiken mitverursacht werden, sind aktuelle Themen wie Cyberangriffe, Umwelt oder Menschenrechte aus Reputationsperspektive zu untersuchen.[225] Ähnliche Trends zeigt eine weitere Studie, in der über zwei Drittel der Befragten Reputationsrisiken als relevanter als andere Risiken einstufen.[226] Probleme bzgl. der Betrachtung von Reputationsrisiken bestehen gemäß Literatur z.B. bei deren Identifikation, Bewertung und Steuerung.[227]

Mit Reputations-ChaRM sollen Unternehmenswerte geschützt und Entscheidungen unterstützt werden, indem Chancen zur Steigerung der Reputation genutzt und nega-

219 Vgl. Atkins u.a. (2006), S. 74, Schierenbeck u.a. (2004), S. 2 und Economist Intelligence Unit (2005a), S. 18 zitiert nach: Sieler (2009), S. 64.

220 Vgl. Pontzen und Romeike (2015), S. 407.

221 Vgl. Bundesanstalt für Finanzdienstleistungsaufsicht (BaFin) (2009), S. 9, BaFin (2012), S. 32, Cottin und Döhler (2009), S. 19, Sprengel (2012), S. 1 und Weißensteiner (2014), S. 41ff.

222 Vgl. z.B. Schierenbeck u.a. (2004) und Strauß (2008), S. 44, übertragbare Inhalte werden genutzt.

223 Vgl. z.B. Böing u.a. (2007), S. 232, Paetzmann (2008), S. 91 und Romeike und Hager (2013), S. 93.

224 Vgl. Economist Intelligence Unit (2005a), S. 18 zitiert nach: Sieler (2009), S. 63f. und zitiert nach: Brühwiler und Romeike (2010), S. 156 und Economist Intelligence Unit (2005b), URL siehe LitVZ.

225 Vgl. Clifford Chance (2014), S. 2, 6f., 14ff. und 40f. Befragung von 320 Führungskräften auf Vorstandsebene von großen Unternehmen, durch die „Economist Intelligence Unit".

226 Vgl. Deloitte Touche Tohmatsu Limited (2014), S. 4 sowie 7, 12, 14 und 18. Für die Studie wurden über 300 Risikomanager und Vorstandsmitglieder großer Unternehmen, mehrerer Regionen befragt.

227 Vgl. Weißensteiner (2014), S. 131f., 143ff., 183 und 195. In die Untersuchung im Rahmen einer Dissertation wurde ein RM-affiner Personenkreis aus 452 Befragten einbezogen.

tive Wirkungen auf die Reputation begrenzt werden.[228] Es adressiert die verantwortungsvolle Kommunikation mit Anspruchsgruppen.[229] Zunächst werden hier Eigenschaften des Gutes Reputation sowie von Reputationsrisiken und -chancen beleuchtet und anschließend reputationsbezogenes ChaRM ggü. Reputationsmanagement und -forschung[230] abgegrenzt unter Erläuterung von Implikationen auf diese Arbeit.

In der Literatur gibt es unterschiedliche Ansatzpunkte für den Begriff Reputation.[231] Im Fokus stehen dabei der emotionale Eindruck und gefühlsbezogene Erwartungen, die Anspruchsgruppen vermittelt werden, oder es wird auf mit dem Unternehmen verbundene oder kommunizierte Informationen, die bspw. erfahrungsbasiert assoziiert werden, Bezug genommen.[232] Mögliche in der Literatur unterscheidbare Definitionsaspekte von Reputation sind der Wahrnehmungs-, Bewertungs- und Vermögenscharakter.[233] Die ersten beiden werden in diesem Absatz angesprochen.

Reputation als immaterieller Vermögensgegenstand kann als Erfolgsfaktor, Wettbewerbsvorteil und schwer imitierbares Unterscheidungsmerkmal von Konkurrenten dienen. Damit kann Reputation zur Abschätzung der relativen Position eines Unternehmens zu dessen Umfeld genutzt werden.[234] Sie soll die Loyalität interner und externer Anspruchsgruppen gewinnen oder ausbauen,[235] das Ansehen stärken, der Kapitalkostensenkung dienen, Investitionen fördern, Mitarbeiterakquirierungen unterstützen[236] und vertrauensbildend auf Kooperationen und Partnerschaften wirken.[237]

Reputation wird in der Literatur teilweise synonym zu den Begriffen „Image“ und „Marke“ verwendet. Eine einheitliche definitorische Grundlage existiert nicht.[238] Es wird daher eine für diese Arbeit gültige Abgrenzung vorgenommen. Reputation kann mit Marken in Beziehung stehen,[239] wobei deren Fokus auf Kunden oder Produkte[240]

---

228 Vgl. Schierenbeck u.a. (2004), S. 10 und 27ff., Sprengel (2012), S. 1 und Wüst (2012), S. 20.
229 Vgl. Pontzen und Romeike (2015), S. 414.
230 Vgl. Weißensteiner (2014), S. 47.
231 Vgl. bspw. Rauber (2014), S. 18, Schwaiger (2004), S. 48 und Beispiele für die Definition von Reputation im Kontext der Reputationsforschung vgl. Helm (2011), S. 6.
232 Vgl. Schütz (2005), S. 8 zitiert nach: Weißensteiner (2014), S. 30 und Schwaiger (2004), S. 49.
233 Vgl. Weißensteiner (2014), S. 28ff.
234 Vgl. Böing u.a. (2007), S. 229, Fombrun und Rindova (1996) zitiert nach: Fombrun und Van Riel (1997), S. 10, Ponzi u.a. (2011), S. 15ff., Romeike u.a. (2012), S. 4 und Schwaiger (2004), S. 51.
235 Vgl. Böing u.a. (2007), S. 229, Eisenegger (2005), S. 13, Fombrun und Rindova (1996) zitiert nach: Fombrun und Van Riel (1997), S. 10 und Romeike u.a. (2012), S. 4.
236 Vgl. Füser u.a. (2008a), S. 1, Ponzi u.a. (2011), S. 17 und Schwaiger (2004), S. 50f.
237 Vgl. bspw. Balboni (2008), S. 2, Pontzen und Romeike (2015), S. 404ff. und Seibt (2015), S. 172f.
238 Vgl. Schwaiger (2004), S. 47ff. und Weißensteiner (2014), S. 31ff.
239 Vgl. Brühwiler und Romeike (2010), S. 32f.
240 Vgl. Sieler (2009), S. 64.

gerichtet ist. Reputation rückt übergreifend das Unternehmen in den Mittelpunkt und betrifft mehrere Stakeholder-Gruppen.[241] Image kann als momentaner Eindruck verstanden werden, wohingegen Reputation im Lauf der Zeit durch Handlungen und Verhalten des Unternehmens geprägt wird.[242] Der Aufbau des Images ist mit Kosten verbunden, wohingegen Reputation durch (Über-)Erfüllung von Erwartungen erarbeitet werden kann.[243] Reputation wird dabei durch die Gesamtheit vergangener Handlungen und Resultate beeinflusst, die für die Fähigkeit stehen, Anspruchsgruppen wertvolle Ergebnisse zu liefern. Sie ist externes Spiegelbild einer intern kennzeichnenden Mentalität und reflektiert die Attraktivität für Mitarbeiter, Kunden, Investoren oder die Gesellschaft.[244] Deren Erwartungen können durch das Vorgehen zur Reputationsbildung und die Unternehmenskommunikation beeinflusst werden. Wahrnehmung und Realität können kurzfristig voneinander abweichen, konvergieren aber i.d.R. langfristig.[245] Der Reputationsaufbau dauert länger als die -beschädigung. Die weltweite Vernetzung über Kommunikationskanäle kann diesen Effekt verstärken.[246]

Zu konkretisierender Bestandteil aus der Literatur sind Anspruchsgruppen und Facetten von Reputation, aus deren Wahrnehmung sich der Unternehmensruf herausbildet.[247] Es müssen relevante Gruppen und die von ihnen, stellvertretend für den Reputationsbegriff, beurteilten Facetten erarbeitet werden, wobei die Ansprüche bzw. Erwartungen von Stakeholdern unterschiedlich sein können.[248] Das Spektrum der Anspruchsgruppen, das neben bereits genannten Gruppen z.B. Analysten, Lieferanten, Rating-Agenturen, Aufsichtsbehörden, Politik und Medien umfassen kann, sowie Auswirkungen, die Risiken und Chancen auf die Reputation haben können, hängen auch von der Exponiertheit des Unternehmens ab. Kapitalmarktorientierte Unternehmen sind über Offenlegungspflichten, z.B. im Geschäftsbericht, stärker im Blickfeld der Öffentlichkeit und besitzen ein breites Anspruchsgruppenspektrum.[249]

---

[241] Vgl. Ettenson und Knowles (2008), S. 19ff.

[242] Vgl. Balmer und Greyser (2003), S. 177 zitiert nach: Helm (2011), S. 9, Böing u.a. (2007), S. 229, Romeike u.a. (2012), S. 20 und Wüst (2012), S. 15.

[243] Vgl. Bauhofer und Neubert (2012), S. 13f. und Weißensteiner (2014), S. 31.

[244] Vgl. Fombrun und Rindova (1996) zitiert nach: Fombrun und Van Riel (1997), S. 10.

[245] Vgl. Schierenbeck u.a. (2004), S. 7 und 11.

[246] Vgl. z.B. Böing u.a. (2007), S. 229, Bonini u.a. (2009), URL siehe LitVZ, Brühwiler und Romeike (2010), S. 32f., Clifford Chance (2014), S. 23, Haas (2007), S. 18f., Hölll (2005), S. 17, Pontzen und Romeike (2015), S. 405, Schierenbeck u.a. (2004), S. 5, Seibt (2015), S. 175, Sieler (2009), S. 63, Weißensteiner (2014), S. 35, Wüst (2012), S. 4.

[247] Beispiele vgl. Helm (2011), S. 6ff. und Sieler (2009), S. 64.

[248] Vgl. Fombrun und Van Riel (1997), S. 5ff. und Liehr u.a. (2009), S. 5f., Füser u.a. (2008a), S. 2, Seibt (2015), S. 171, Weißensteiner (2014), S. 38f. und Wüst (2012), S. 8.

[249] Vgl. Eccles u.a. (2007), URL siehe LitVZ, Sieler (2009), S. 65f. und Weißensteiner (2014), S. 37.

Als immaterieller Vermögensgegenstand ist Reputation nicht direkt beobachtbar.[250] Daher wird sie über Facetten, z.B. Werte für die ein Unternehmen steht, konkretisiert.

Schlussfolgerung SF-11: Die Übertragung des erläuterten ChaRM-Vorgehens auf die Reputationsthematik kann zur Operationalisierung von Reputation an Anspruchsgruppen und Facetten ansetzen, um diese als Zielgrößen für eine Chancen- und Risikoerhebung sowie als Potentialflächen von Reputationschancen oder Angriffsflächen von -risiken zu betrachten. Diese Überlegung wird in der Konzeption der IT-Lösung berücksichtigt.

Abbildung und Messbarmachung von Reputation bzw. deren Facetten sind Inhalte der Reputationsforschung.[251] Reputationsmaße dienen z.B. der Darstellung einer Favoritenliste von Unternehmen.[252] Die Systematiken und Messmodelle[253] in Anhang B stellen keinen Anspruch auf Vollständigkeit, sondern enthalten Beispiele von in relevanter Literatur diskutierten, zu beurteilenden Facetten, um Reputation greifbar zu machen. Ein Detailvergleich erfolgt nicht, da die Inhalte in einer konzernübergreifend anwendbaren IT-Lösung unternehmensspezifischer Ausgestaltung bedürfen.

Für eine Messung von Reputationsrisiken können z.B. Facetten gewichtet nach Relevanz und bewertet mit aktueller Ausprägung summiert werden.[254] Unabhängig vom Messmodell ist eine Messung des aktuellen Niveaus notwendig, um eine Veränderung beurteilen zu können.[255] Zur Darstellung können die Gesamtreputation und der Risiko- oder Chancenumfang aggregiert, oder z.B. pro Land, Anspruchsgruppe, verursachendem Bereich und Facette aufgeteilt werden.[256] In Zusammenhang mit der Messung greifbarer Reputationsfacetten und Beurteilung des aktuellen und gewünschten Reputationsniveaus, kann über die Einbeziehung eines Risikoappetits zudem eine akzeptable Reputationsveränderung definiert werden.[257]

Reputationsrisiken besitzen von anderen Kategorien abweichende Eigenschaften. Sie können z.B. durch nicht regelkonformes Verhalten, unethische Entscheidungen und Handlungen oder Ereignisrisiken hervorgerufen werden.[258] Das Spektrum der

[250] Vgl. Ponzi u.a. (2011), S. 20.
[251] Für weiterführende Details vgl. bspw. Seemann (2008), S. 52ff. und Weißensteiner (2014), S. 47ff.
[252] Vgl. Ponzi u.a. (2011), S. 19 und Schwaiger (2004), S. 51ff.
[253] Vgl. Liehr u.a. (2009), S. 8ff., Ponzi u.a. (2011), S. 17ff., Ressel (2008), S. 3ff. und Schwaiger (2004), S. 51ff., Die Auswahl umfasst in der hier aufgeführten Literatur mehrfach genannte Modelle.
[254] Vgl. Weißensteiner (2014), S. 72ff.
[255] Vgl. Böing u.a. (2007), S. 230, Liehr u.a. (2009), S. 7 und Schierenbeck u.a. (2004), S. 13.
[256] Vgl. Liehr u.a. (2009), S. 6 und Schierenbeck u.a. (2004), S. 22f.
[257] Vgl. Böing u.a. (2007), S. 230; Näheres zur Risikostrategie siehe auch Kapitel 2 mit Unterkapiteln.
[258] Vgl. Atkins u.a. (2006), S. 12ff. zitiert nach: Sieler (2009), S. 65 und Wüst (2012), S. 18.

Ursachen von Reputationsrisiken umfasst damit eine Vielzahl anderer Risikokategorien. Zudem können sie als eigene Risikokategorie auftreten.[259] Adressiert der Auslöser zunächst die Reputation kann als Folge z.B. auch der Marktwert börsennotierter Unternehmen sinken oder ein Rückgang der Kundennachfrage folgen.[260] Die Reputationswirksamkeit von Risiken hängt z.B. vom Grad der Beeinflussbarkeit ab. Risiken, die sich dem Einfluss des Unternehmens entziehen, bergen i.d.R. eine geringere reputationsschädliche Wirkung.[261] Weitere Eigenschaft von Reputationsrisiken ist, dass sie nicht oder schwer monetär quantifizierbar sind, da der Bezug zwischen Reputationswirkung und wirtschaftlicher Wirkung häufig unklar ist. Es besteht die Gefahr, dass sie wegen mangelnder Greifbarkeit unterschätzt werden.[262] Zudem sind Eintrittszeitpunkt und Betrachtungszeitraum weitgehend offen und durch die Reaktion der Außenwelt geprägt.[263] Unterschieden werden kann zwischen der EW der Ursache des Reputationsrisikos und der EW, dass die Ursache bekannt bzw. aufgedeckt wird, sowie zwischen einer Reputationswirkung und, je nach Handlung des Unternehmens und Reaktion der Stakeholder,[264] einer wirtschaftlichen Wirkung.[265]

Die Eigenschaften verdeutlichen, dass Reputationsrisiken schwer identifizier- und bewertbar sind und z.T. nur als Folge anderer Risikokategorien, unter Bemessung einer potentiellen Reputationswirkung, betrachtet werden.[266] Die aus den Eigenschaften resultierenden Herausforderungen werden in der Konzeption berücksichtigt.

Zu den Aufgaben eines Reputationsmanagements zählen Planung und Aufbau der Reputation sowie Pflege, Steuerung und Kontrolle, um das gewünschte Niveau ggü. relevanten Anspruchsgruppen zu erreichen.[267] Reputationsmanagement kann bspw. die Auswahl von Reputationsfacetten, Erhebung und Abgleich der aktuellen und gewünschten Reputation, Ableitung von Zielen, deren Operationalisierung mit Festlegung von Verantwortlichkeiten und zyklische Überprüfung umfassen.[268] Darauf auf-

[259] Vgl. Economist Intelligence Unit (2005a), S. 18 zitiert nach: Sieler (2009), S. 64f. und Böing u.a. (2007), S. 229.
[260] Vgl. Böing u.a. (2007), S. 229 und Weißensteiner (2014), S. 35.
[261] Vgl. Schierenbeck u.a. (2004), S. 8f.
[262] Vgl. Brühwiler und Romeike (2010), S. 174, Ponzi u.a. (2011), S. 17 und Sieler (2009), S. 67f.
[263] Vgl. Sieler (2009), S. 67f.
[264] Vgl. Schierenbeck u.a. (2004), S. 8ff.
[265] Vgl. Füser u.a. (2008a), S. 2f., Füser u.a. (2008b), S. 2 und Weißensteiner (2014), S. 72. Die EW des Bekanntwerdens von Chancen ist höher als bei Risiken, da das Bekanntwerden gewollt ist.
[266] Vgl. Atkins u.a. (2006), S. 76f., Böing u.a. (2007), S. 232f. und Economist Intelligence Unit (2005a), S. 18 zitiert nach: Sieler (2009), S. 64. (Dies zeigt auch die Studie in der 400 RM-Experten nach dem Umgang mit Reputationsrisiken befragt wurden, vgl. Romeike u.a. (2012), S. 3 und 5).
[267] Vgl. Lies (2014), URL siehe LitVZ.
[268] Vgl. Doorley und Garcia (2015), S. 20ff. Facetten werden hier als Kriterien bezeichnet.

bauend ist es möglich die Steuerung der Reputation im ChaRM zu betrachten. Hierbei werden nach Abgleich von Ist- und Soll-Reputation Handlungsfelder identifiziert und priorisiert, um das gewünschte Reputationsniveau zu erreichen, zu sichern oder zu übertreffen.[269] Dabei kann Reputations-ChaRM eine Auseinandersetzung, wie und an welcher Position das Management von Reputationschancen und -risiken durchgeführt werden soll, adressieren sowie Prozessschritte von Früherkennung bis Überwachung der Chancen und Risiken umfassen und an zentrale und dezentrale Tätigkeiten anknüpfen.[270] Es werden hier die Prozessschritte Identifikation, Bewertung, Steuerung, Berichtswesen und Überwachung auch für das dezentrale Reputations-ChaRM genutzt.[271]

Zur Erhebung von Reputationsrisiken können die Reputationswirkung bestehender Risiken beurteilt[272] und die Dimensionen EW und Ausmaß um Reputationswirkungen erweitert werden, z.B. über den Wirkungsgrad einer Berichterstattung mit regionaler, nationaler und globaler Relevanz.[273] Um Reputationsrisiken zu erheben, ist dezentral ein Self-Assessment einsetzbar.[274] Über ein im Kommunikationsbereich verankertes Issues Management kann als Frühwarninstrument die Außensicht der Anspruchsgruppen mit Erwartungen abgeglichen werden.[275] Issues sind konflikthaltige Themen, die zum Gegenstand öffentlicher Betrachtung werden können. Sie werden auf ihr Reputationsbeeinflussungspotential hin untersucht.[276] Hierdurch werden Reputationsgefährdungen überwacht, die ggf. nachgelagert finanziell wirken.[277]

Eine Maßnahmenergreifung erfolgt häufig reaktiv, z.B. über das Krisenmanagement. Proaktive Maßnahme ist z.B. die Erarbeitung einer Kommunikationsstrategie.[278]

---

269 Vgl. Schierenbeck u.a. (2004), S. 5 und 24ff.

270 Vgl. bspw. Atkins u.a. (2006), S. 75ff. und Böing u.a. (2007), S. 229f. Für die Begrifflichkeiten zentral und dezentral vgl. bspw. Frese (2005), S. 233f.

271 Ähnliche Systematik vgl. Schierenbeck u.a. (2004), S. 10 und 24ff. – Schierenbeck definiert Reputationsmanagement gemäß dem hier verwendeten Begriff Reputations-RM.

272 Vgl. Sieler (2009), S. 69f.

273 Vgl. Ekkenga und Kramer (2011), S. 126, Seidel (2011a), S. 38ff. und Wüst (2012), S. 18.

274 Vgl. Schierenbeck u.a. (2004), S. 21ff.

275 Vgl. Eccles u.a. (2007), URL siehe LitVZ, Pontzen und Romeike (2015), S. 411f., Sieler (2009), S. 70f.

276 Vgl. Eisenegger und Künstle (2003), S. 58ff. zitiert nach: Schierenbeck u.a. (2004), S. 11 und Krystek und Müller-Stewens (1993), S. 31f.

277 Vgl. bspw. Sieler (2009), S. 70. Methoden ohne ChaRM-Bezug sind hier nicht relevant. Für weitere Informationen vgl. bspw. Böing u.a. (2007), S. 236f., Liehr u.a. (2009), S. 6f., Romeike u.a. (2012), S. 42ff. und Schierenbeck u.a. (2004), S. 11ff.

278 Vgl. bspw. Böing u.a. (2007), S. 239f., Eccles u.a. (2007), URL siehe LitVZ, Krystek und Müller-Stewens (1993), S. 28 und Weber und Liekweg (2005), S. 507.

Gemäß einer aktuellen Untersuchung bestehen z.B. folgende, auch für diese Arbeit relevante, Potentiale zur Ausweitung des Reputations-RMs: Entwicklung einer standardisierten Bewertungssystematik, Meldemöglichkeit für Mitarbeiter, Szenarioanalysen zur Ereignisantizipation und Verbesserung der Überwachung.[279] Technische Unterstützungsmöglichkeiten der Bedarfe werden bei der Konzeption erarbeitet.

Zudem erfolgt in dieser Arbeit die Betrachtung von Kooperationsmöglichkeiten, mit anderen Bereichen. Hierfür eignen sich z.B. der Rechts- und Kommunikationsbereich[280], Investor Relations sowie Bereiche für Corporate Social Responsibility,[281] Environment, Health and Safety, Compliance[282] oder Business Continuity Management.[283] Die Aufzählung zeigt, dass sich am ChaRM mehrere Bereiche beteiligen können, ggf. verbunden über ein Gremium.[284] Im Rahmen der Analyse und Konzeption wird an Beispielen die Ausgestaltung von Kooperationsmodellen sowie die Betrachtung von Reputationschancen und -risiken aus Sicht des KCRMs erarbeitet, um diesen gemäß ihrer Eigenschaften gerecht zu werden. Die IT-Unterstützung des Reputations-ChaRMs wird in den Kapiteln 5.3.1, 6.1 und 6.3 ausgearbeitet.

Schlussfolgerung SF-12: Die Eigenschaften und damit die Kriterien zur Messung von Reputationschancen und -risiken unterscheiden sich von anderen Chancen und Risiken, woraus ein spezifischer Informationsbedarf, der in der IT-Lösung abzubilden ist, entsteht. In der Arbeit sind zudem Abhängigkeiten zwischen reputationsbezogener und monetärer Wirkung von Chancen und Risiken sowie die Kooperation zwischen für das ChaRM verantwortlichen Personen und Bereichen mit Nähe zur Reputationsthematik zu betrachten.

Basierend auf dem in diesem Kapitel konkretisierten BR und ersten Antworten auf Forschungsteilfragen eins und zwei erfolgt in Kapitel 3 und 4 die Untersuchung von IT-Lösungen zur Unterstützung eines KCRMs im Rahmen der Case-Study und aufbauend in ausgewählten Vergleichskonzernen, um Voraussetzungen, den aktuellen Stand von Prozessen und IT-Lösungen, alternative Ansätze, Anforderungen an die IT-Lösung und Verbesserungspotentiale zu ermitteln und abzuleiten.

---

279 Vgl. Weißensteiner (2014), S. 151ff. Aspekte, die den Kommunikationsbereich adressieren, sind aufgrund der KCRM-Sicht nicht Teil der Arbeit, vgl. hierzu weiterführend Seemann (2008).

280 Vgl. Böing u.a. (2007), S. 231f. und Romeike u.a. (2012), S. 18.

281 Für Beispiele vgl. Enste (2010), S. 226.

282 Vgl. Plamper (2010), S. 130, Vetter (2009), S. 33f. z.B. Reputationsschädigung durch Rechtsverstoß.

283 Vgl. Eccles u.a. (2007), URL siehe LitVZ, Seibt (2015), S. 174 und Sieler (2009), S. 70f. Mittels Business Continuity Management wird als reaktive Disziplin über Notfallpläne die Fortführung oder Wiederaufnahme der Geschäftstätigkeit in einer Risikosituation angestrebt, vgl. Brühwiler und Romeike (2010), S. 98 und Spörrer (2014), S. 47f.

284 Vgl. bspw. Böing u.a. (2007), S. 231 und Sieler (2009), S. 71f.

2.4 IT-Unterstützung des Chancen- und Risikomanagements

Dieses Kapitel ist bestehenden Ansätzen zur technischen Unterstützung des ChaRMs in Theorie und Praxis gewidmet. Wie bereits erläutert, gibt es ein breites Spektrum an wissenschaftlicher Literatur zu RM. Der Umfang für das ChM ist geringer. Für die IT-Unterstützung des ChaRMs ergibt die Literaturrecherche ebenfalls einen begrenzten Umfang an relevanter Literatur, da sich zwar viele Veröffentlichungen mit dem RMS, jedoch nicht mit einem System im Sinne einer IT-Lösung beschäftigen.[285] Produktspezifische Literatur wird im Rahmen der lösungsneutralen Aufarbeitung bestehender Untersuchungen von Anforderungen an eine IT-Unterstützung für das ChaRM ausgeschlossen. Für die Recherche abzugrenzen sind zudem z.B. auf IT-RM spezialisierte IT-Lösungen[286] sowie bank- und versicherungsspezifische IT-Lösungen, die spezielle Anforderungen abdecken.[287] Im Folgenden werden verfügbare Systematiken für IT-Anforderungen aufgegriffen, um als Basis der Erhebungen ein Set an Anforderungen zu definieren. Im Anschluss werden Arten bisher bestehender IT-Unterstützung charakterisiert und ein Marktüberblick über den Lösungsumfang von zum Erstellungszeitpunkt der Arbeit verfügbaren IT-Systemen gegeben. Dabei werden Individual- und Standardsoftware bzw. -lösungen unterschieden.[288] Das Kapitel adressiert damit den Kern des BRs aus der Einleitung zu Kapitel 2.

Zur Untersuchung von IT-basiertem ChaRM existieren mehrere, praxisnahe Veröffentlichungen und Studien. Um einen Überblick über die in der Literatur genannten Anforderungen an eine solche IT-Lösung zu geben, werden hier vier Systematiken vorgestellt und in einer gesammelten Anforderungsliste zusammengeführt.[289]

Die erste Systematik umfasst betriebswirtschaftliche und methodische Anforderungen, erweitert um technische Anforderungen, Zusatzfunktionen und Spezialthemen, z.B. Service und Kosten.[290] Eine alternative Unterteilung von Anforderungen gehört

[285] System steht in der RM-bezogenen Literatur i.d.R. für das Managementsystem, vgl. Kapitel 2.1.
[286] Vgl. Meletiadou u.a. (2009), S. 7f.; Tätigkeiten des IT-RMs können jedoch Teil der Lösung sein.
[287] Vgl. Meletiadou u.a. (2009), S. 7f.
[288] Für Erläuterungen vgl. bspw. Herzwurm und Pietsch (2009), S. 166, 352 und 359.
[289] Vgl. Erben und Romeike (2002), S. 563f., Gleißner und Romeike (2005a), S. 244ff. und Gleißner und Romeike (2005b), S. 161 – Systematik eins, Pauli u.a. (2012), S. 21ff. und 36ff. – Systematik zwei, Meletiadou u.a. (2009), S. 4ff. – Systematik drei und Servatius (2007), S. 6ff. – Systematik vier. Eine Einteilung in Muss- und Kann-Anforderungen wird in den Quellen nicht eindeutig angegeben.
Mit den vier Systematiken werden z.T. auch weitere Quellen, z.B. Köhne (2007), S. 324, abgedeckt.
[290] Vgl. Erben und Romeike (2002), S. 564, Gleißner und Romeike (2005a), S. 244ff. und Gleißner und Romeike (2005b), S. 161f.

zur zweiten einbezogenen Systematik und beinhaltet allgemeine Kriterien, Anforderungen an Risikoanalyse- und Risikogestaltungsfunktionalitäten und an die Systemarchitektur.[291] Da sich die Systematik auch auf die Unterstützung bei Softwareauswahlprozessen bezieht, sind in allgemeinen Anforderungen Aspekte bzgl. Hersteller oder Supportaktivitäten enthalten. Hinzu kommen Unterstützungsfunktionalitäten für den RM-Prozess und die Systemarchitektur, die u.a. die Schnittstellen des Systems betrifft.[292] In einem aktuellen Beitrag der Autoren im Kontext des DRS 20 wird die Wichtigkeit einer zugehörigen IT-Lösung zur Unterstützung des geforderten, geschlossenen und methodisch reifen fachlichen Systems betont, das eine einheitliche Datenbasis besitzen und Chancen- und Risikoberichterstattung unterstützen sollte.[293]

In der dritten betrachteten Systematik werden die Anforderung in systematische, organisatorische, technische, ökonomische und sonstige Anforderungen unterteilt. Unter systematischen Anforderungen werden Hilfestellungen zur Unterstützung des RM-Prozesses subsummiert. Organisatorisch ist die Abbildung der Konzernstruktur und der Abteilungen mit den dort ablauforganisatorisch implementierten Strukturen[294] relevant, unter Sicherstellung der Multi-User-Fähigkeit und Rollenverwaltung. Zu technischen Aspekten zählen z.B. die Gestaltung als Web-Anwendung, benötigte Datenbanken, die Sicherstellung von Revisions- und IT-Sicherheit sowie Import- und Exportschnittstellen. Ökonomische und sonstige Anforderungen betreffen Preise, Customizing- und Integrationsmöglichkeiten, Hersteller, Support und Änderbarkeit.[295]

Die vierte Systematik beschreibt nur grobe Anforderungen an eine IT-Lösung und nennt den modularen Aufbau, die Verknüpfung von strategischen und operativen Prozessen, breite Methodenunterstützung, leichte Anpassbar- und Anwendbarkeit sowie gute Integrationsfähigkeit in die Organisation als relevante Anforderungen.[296]

Eine IT-Lösung, die ChM einbezieht, erfordert dabei Funktionen zur Unterstützung von Identifikation und Erfassung, quantitativer oder qualitativer Bewertung und Hinterlegung von Maßnahmen. Die Informationen müssen für Berichts- und Überwa-

---

[291] Vgl. Pauli u.a. (2012), S. 36ff. und Forschungszentrum Risikomanagement (2014), URL siehe LitVZ. Betrachtung z.B. im Rahmen des „Risk Intelligence Lab" und „Research and Consulting Project for Integrated RM and RMIS" am RM-Forschungszentrum der Universität Würzburg. (RMIS steht hier für Risikomanagementinformationssystem.)

[292] Vgl. Pauli u.a. (2012), S. 36ff.

[293] Vgl. Pauli und Albrecht (2014), S. 1199.

[294] Vgl. Erben und Pauli (2015), S. 828f.

[295] Vgl. Meletiadou u.a. (2009), S. 4ff.

[296] Vgl. Servatius (2007), S. 6ff.

chungszwecke zusammengefasst werden können, hierbei sind z.B. integrierte Berichtsmedien[297] oder Gegenüberstellungen bei Entscheidungen[298] zu unterstützen.

Tabelle 7 führt die im Rahmen dieser Arbeit aus den vier erläuterten Anforderungssystematiken abgeleiteten Anforderungen mit Beispielen zusammen. Die erarbeiteten Gruppierungen in Tabelle 7 stehen für zusammengehörige Inhalte und betreffen zentrale KCRM- und dezentrale ChaRM-Tätigkeiten, Gegebenheiten im Unternehmen und technische Aspekte. Ökonomische Betrachtungen, hersteller-, lösungsspezifische oder supportbetreffende Informationen bleiben außen vor, da generelle Anforderungen an eine kontextspezifische IT-Lösung erarbeitet werden und keine Checkliste zur Softwareauswahl. Da die Einteilung in Muss- und Kann-Anforderungen in den Quellen nicht einheitlich erfolgt, wird auch hier keine Unterteilung vorgenommen. Die Beschreibung erfolgt aus Risikosicht, da diese auch in den Systematiken fokussiert wird. Die Zusammenführung fließt in die Fragestellungen im Rahmen der Case-Study und Expertenbefragung ein. Die Anforderungen aus *SF-3* in Kapitel 2.2 sind hierin zum Großteil, aber nicht vollumfänglich enthalten.

Nr.	Anforderung und Präzisierung
Unterstützung zentraler und dezentraler Tätigkeiten	
1	**Hinterlegen von Informationen/Vorgaben:** z.B. Risikostrategie, -ziele und -richtlinien, organisatorische Regelungen und Risikokatalog mit Kategorien.
2	**Unterstützung Risikoidentifikation:** z.B. über Risiko-Self-Assessment und Nutzung von Checklisten sowie Such- und Kollektionsmethoden mit Übernahme in das Risikoinventar.
3	**Unterstützung Risikoerfassung:** z.B. über umfassende Informationserfassung inkl. Dokumentanlagen und Ermöglichung schrittweiser Erfassung von Risiken.
4	**Unterstützung Risikobewertung:** z.B. qualitative und quantitative Bewertung mehrerer Jahre, Szenarien, Verteilungen, Priorisierung; Ermöglichen Methodenunterstützung/-datenbank.
5	**Unterstützung Aggregation/Konsolidierung:** z.B. bei Interdependenzen und Korrelationen.
6	**Unterstützung Analyse:** z.B. Analyse von Situationen, Ermöglichen verschiedener Daten-Sichten über Hierarchie- und Verdichtungsebenen, Durchführbarkeit von Simulationen (z.B. Monte Carlo) und Abbildung von Ursache- und Wirkungsbeziehungen.
7	**Unterstützung Risikosteuerung über Maßnahmencontrolling:** z.B. über Erfassung und Bewertung von Steuerungsmaßnahmen sowie Maßnahmencontrolling.
8	**Ermittlung von Steuerungsgrößen:** z.B. Gesamtrisikoumfang, Wirkung auf Zielgröße, Kapitalbedarf, Risikokennzahlen und -toleranzen.
9	**Unterstützung Risikoberichterstattung:** z.B. Standard- und Adhoc-Berichte, individuelle und flexible Berichtsdesigns, grafische Visualisierungen und Präsentationstechniken.
10	**Unterstützung Risikoüberwachung:** z.B. Aktualisierungsfristen und Risikocockpit.
11	**Nutzung als Frühwarn-/-erkennungssystem:** z.B. Erfassung, Bewertung und Zuweisung von Frühwarnindikatoren, Warnfunktion in Relation zu Schwellwerten, z.B. per Mail.

[297] Siehe Kapitel 2.3, Abbildung 9 bzgl. einer integrierten Chancen- und Risikosicht.
[298] Z.B. über ein Chancen-Risiko-Portfolio vgl. bspw. Burger und Buchhart (2002), S. 169.

Nr.	Anforderung und Präzisierung
Abbildung der Unternehmensorganisation und fachlichen Beziehungen	
12	**Abbildung Organisation:** z.B. Abbildung von Organisationsstrukturen, Mandanten- und Multi-User-Fähigkeit, Abdeckung mehrerer Sprachen und Währungen.
13	**Integration zu einem Chancen- und Risikomanagementansatz.**
14	**Fachliche Schnittstellen:** z.B. zur Unternehmens- und strategischen Planung, Budgetierung, Unternehmensbewertung; Verbindung operativer und strategischer Prozesse.
15	**Erweiterbarkeit der Lösung:** z.B. Flexibilität, Anpassbarkeit und Pflegbarkeit aufgrund von Änderungen bei Vorschriften oder internen Gegebenheiten mit Wirkung z.B. auf den Katalog oder die Organisation.
Technische Anforderungen	
16	**Integrationsfähigkeit in Ist-Situation:** z.B. Organisation und Systemumfeld.
17	**Architekturkonzept mit modularem Aufbau:** z.B. Datenbankmanagementsystem, Client-Server-Architektur und ggf. Web-Client, Echt-Zeit-Infrastruktur und Single-Sign-On.[299]
18	**Basis für integrierten, konsistenten Datenbestand:** z.B. Risikodaten und Schadensfälle.
19	**Datenbereitstellung:** z.B. Verfügbarkeit und Aktualität (real-time), Daten- und Revisionssicherheit, Autorisierungs-/Datenschutzkonzepte, Historisierung von Logins und Vorgängen.
20	**Unterstützung Rollen- und Berechtigungskonzept:** z.B. Abbildung und Verwaltung von Verantwortlichkeiten, Rollen und Berechtigungen im Unternehmen sowie Vier-Augen-Prinzip.
21	**Technische Schnittstellen:** z.B. Import, Export, Anbindung Datenbanken und Analysetools.
22	**Benutzerfreundliche Gestaltung und individuelle Nutzeroberfläche:** z.B. komfortable und anspruchsgruppengerechte Bedienung inkl. Information über Kompetenzen und Pflichten.
23	**Abbildung von Workflows und Nutzung von Kommunikationsmedien.**
24	**Stabilität und Zuverlässigkeit der IT-Unterstützung.**
25	**Administrationsmöglichkeiten zur Verwaltung des Systems.**

Tabelle 7: Ableitung von IT-Anforderungen im Kontext ChaRM gemäß Literatur[300]

Schlussfolgerung SF-13: Anforderungen an eine IT-Lösung liegen in der Literatur unkonkret als Schlagworte vor und sind nicht primär auf die Bedarfe des KCRMs ausgerichtet. Im Gegensatz dazu liegt der Schwerpunkt dieser Arbeit auf dem KCRM und einer wesentlich stärkeren Konkretisierung bei der Entwicklung des Rahmenkonzepts.

Bezogen auf die IT-Unterstützung des ChaRMs werden nun aus der Literatur ableitbare Bezeichnungen für bestehende IT-Lösungen vorgestellt. Es stehen keine einzelnen Lösungen im Fokus, sondern die Abgrenzung des Lösungsportfolios.

Unter einem **Risikomanagementinformationssystem**[301] wird, in den bisher genutzten Quellen, ein „IT-gestütztes, daten-, methoden- und modellorientiertes Entschei-

---

[299] Es sind dabei mehrere architekturbezogene Varianten denkbar, z.B. Einzelplatzanwendungen und Client-Server-Systeme, mit optionalem Web-Client. Hinzu kommen Unterscheidungen bzgl. modularer Aufteilungen und Datenbankkonstellationen. Für Hintergründe vgl. Paull u.a. (2012), S. 22f.

[300] Die Inhalte pro Zeile sind aus den Quellen abgeleitet, vgl. Erben und Romeike (2002), S. 563f., Gleißner und Romeike (2005a), S. 244ff., Gleißner und Romeike (2005b), S. 161, Meletiadou u.a. (2009), S. 4ff., Pauli u.a. (2012), S. 21ff. und 36ff. und Servatius (2007), S. 6ff.

[301] Es existieren mehrere Definitionen des Teilbegriffs Informationssystem, wobei die automatisierte und nicht-automatisierte Verarbeitung und Bereitstellung von Führungsinformationen hier im Vordergrund stehen. Mit Informationssystemen soll der Informationsbedarf zur Entscheidungsfindung

dungsunterstützungssystem für das [RM]“[302] verstanden, das der Bereitstellung korrekter, relevanter und formal adäquater Informationen dient und den RM-Prozess unterstützt.[303] Es ermöglicht zudem systematische Informationsweitergabe und -versorgung sowie Kommunikation zwischen OEen und Verantwortlichen.[304]

Die Definition impliziert, dass der Bedarf eher über ein Entscheidungsunterstützungssystem, zur Entscheidungsvorbereitung auf höheren Hierarchieebenen, als über ein Administrations- und Dispositionssystem gedeckt werden kann, das der Geschäftsprozessunterstützung dient.[305] Ziel ist es dabei das organisationsweit verstreute Wissen, ggf. unter möglicher Mehrfacheinschätzung, Entscheidungsträgern zur risikobewussten Entscheidung zur Verfügung zu stellen.[306]

Zur technischen Unterstützung des ChMs gibt es Hersteller für IT-Lösungen des RMs, die die Chancenseite, insbesondere die -berichterstattung, mitabdecken.[307] Zudem beziehen sogenannte **Opportunity Management Systems** z.T. Vertriebschancen im Rahmen eines Customer Relationship Management mit ein.[308] Diese IT-Lösungen werden aufgrund ihrer Spezialisierung hier nicht betrachtet.

Da **Business Intelligence**[309] (BI) Lösungen der Entscheidungsunterstützung dienen, ist auch eine Anwendung im ChaRM-Kontext denkbar.[310] Zugehörige Entscheidungssituationen umfassen z.B. Abwägungen zwischen Chancen und Risiken. Anhang C enthält Anwendungsmöglichkeiten BI-basierter IT-Lösungen aus fachlicher Sicht sowie die technische Sicht auf die Anwendung von BI-Lösungen im ChaRM-Kontext.

Besonderheit im ChaRM-Kontext ist hier, dass die Informationserfassung, -analyse und -aufbereitung bis hin zur Entscheidungsunterstützung technisch in einer Lösung abzubilden sind (vgl. *SF-9* in Kapitel 2.3). Dies entspricht nicht der in Anhang C er-

---

über Angleichung von Informationsangebot und -nachfrage möglichst gut gedeckt werden, vgl. Erben und Pauli (2015), S. 822ff., Ferstl und Sinz (2008), S. 1ff. und 9ff., Gleißner und Romeike (2005b), S. 160f.

302 Gleißner und Romeike (2005a), S. 241.

303 Vgl. Erben und Romeike (2002), S. 561, Gleißner und Romeike (2005a), S. 241, Gleißner und Romeike (2005b), S. 154, Meletiadou u.a. (2009), S. 3 und Pauli u.a. (2012), S. 19.

304 Vgl. Gleißner und Romeike (2005a), S. 237f. und 242f., Pauli u.a. (2012), S. 19 und Universität Würzburg (2014), URL siehe LitVZ.

305 Vgl. bspw. Erben und Romeike (2002), S. 560f.

306 Vgl. Erben und Pauli (2015), S. 830 und 837.

307 Vgl. Pauli u.a. (2012), S. 38 und Pauli und Albrecht (2014), S. 1199.

308 Vgl. Gartner, Inc. (2014a), SAP (2014) und Technopedia (2014), jeweilige URL siehe LitVZ.

309 Unter BI wird hier ein „integrierte[r], unternehmensspezifische[r], IT-basierte[r] Gesamtansatz zur betrieblichen Entscheidungsunterstützung“ (Kemper u.a. (2010), S. 9) verstanden.

310 Vgl. Freidank u.a. (2007), S. 1191 und zur Unabhängigkeit vom fachlichen Schwerpunkt vgl. Kemper u.a. (2010), S. 9. Management Informationssystem für ChM, vgl. Lück (2002), S. 23.

läuterten Schichtenaufteilung einer BI-Lösung. Durch eine tiefe dezentrale Verankerung der IT-Lösung können dabei umfangreiche Informationen erhoben werden.[311]

Themenübergreifende Lösungen der Anbieter von Systemen für Enterprise Resource Planning (ERP) oder Enterprise Content Management[312] werden z.T. als Governance, Risk und Compliance[313] (GRC) Lösungen betitelt.[314]

Das bestehende Lösungsportfolio ist bzgl. **Art der IT-Unterstützung** unterteilbar:[315]

1. Standardsoftware, die für das RM eingesetzt werden kann, hierzu gehören z.B. Office-Programme oder IT-Lösungen für einzelne RM-Prozessschritte.
2. Standardisierte Produkte, die für das RM entwickelt werden.
3. Integrierte BI-Lösungen, ggf. mit Schnittstellen zu bestehenden IT-Lösungen.

Bestehende IT-Unterstützungsmöglichkeiten können auch nach deren Funktionalität und Zielsetzung, bestimmte **Analysefunktionen** und **dezentrale ChaRM-Prozessschritte** zu unterstützen, eingeteilt werden, wobei z.B. zwischen Lösungen zur Messung und zum Management von Risiken sowie zwischen reaktiven und proaktiven Lösungen unterschieden wird.[316] Es werden nachfolgend die Einteilungen aufgegriffen und wertungsfrei in eine übergreifende Systematik (Abbildung 11) integriert.

Dabei werden IT-Lösungen gemäß Umfang der primär dezentralen ChaRM-Prozessunterstützung, Analysefunktionalitäten und Art der IT-Lösung unterschieden. Das Spektrum reicht von einer Sammlung identifizierter Risiken bis zur Unterstützung analytischer Funktionen und aller dezentralen ChaRM-Prozessschritte. Die Farbgebung visualisiert eine einseitige oder umfassende Fokussierung einer Lösung.

---

[311] Vgl. Gleißner und Romeike (2015b), S. 804 und 810. Bzgl. Schichtenaufteilung vgl. Kemper u.a. (2010), S. 10ff. und Anhang C. Architekturvarianten stehen im Rahmen der Arbeit nicht im Fokus.

[312] Vgl. Standke (2010), S. 269 und 279ff.

[313] Governance: Rahmen aus Richtlinien zur Unternehmensführung, Risk: Umgang mit Risiken, Compliance: Einhaltung juristisch verbindlicher Vorgaben und Sicherstellung eines ordnungsgemäßen, gesetzeskonformen Verhaltens, vgl. bspw. Becker und Ulrich (2010), S. 7, DIIR (2008), S. 346f., Pauli u.a. (2012), S. 27ff., Vetter (2009), S. 33, Weißensteiner (2014), S. 23ff. (Auch Business Performance Management Lösungen sind nutzbar, vgl. Servatius (2007), S. 6).

[314] Vgl. Denk und Exner-Merkelt (2005), S. 27 und Pauli u.a. (2012), S. 28f.

[315] Vgl. Gleißner und Romeike (2005b), S. 159f. und Gleißner und Romeike (2015b), S. 811ff. Während der Fokus bei Standardsoftware auf Anforderungen eines anonymen Markts gerichtet ist, wird Individualsoftware nach Vorgabe eines bekannten Kunden entwickelt, vgl. Herzwurm und Pietsch (2009), S. 166, 352 und 359 und Mertens u.a. (2010), S. 22ff. Standardbürosoftware-Produkte werden in dieser Arbeit auch als Office-Produkte bezeichnet. Die letzten beiden Nennungen der Aufzählung werden auch als Risikomanagementinformationssystem im engeren Sinn bezeichnet.

[316] Vgl. Denk und Exner-Merkelt (2005), S. 139 und Gleißner und Romeike (2005b), S. 159f. Eine in der Literatur genannte Unterteilung grenzt „rein analytische Tools“ sowie „Management- und Prozessphasen Tools“ ab, vgl. Meletiadou u.a. (2009), S. 7f.

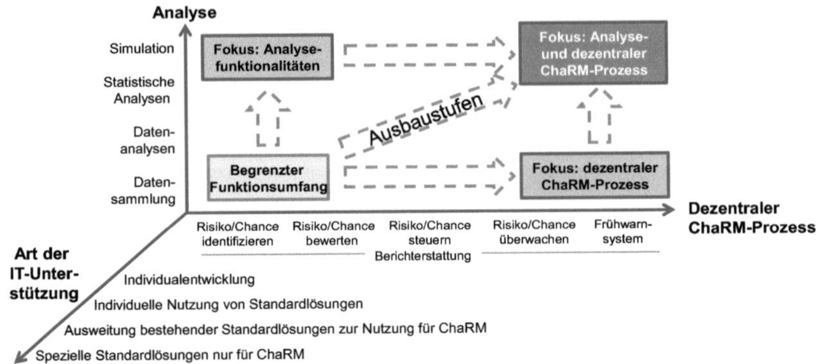

Abbildung 11: Spektrum bestehender IT-Unterstützungsmöglichkeiten[317]

Für die am Markt verfügbaren IT-Lösungen gibt es unterschiedliche **Anbieter**:[318]

1. Wirtschaftsprüfungs- und Beratungsgesellschaften,[319]
2. Softwareanbieter, die z.B. Standardlösungen für Dokumentenmanagement, ERP oder BI als Risikomanagementinformationssystem anbieten, und
3. Softwareanbieter, die eigenständige Standardlösungen für Risikomanagementinformationssysteme entwickeln.

Marktforschungsunternehmen und wissenschaftlichen Einrichtungen untersuchen entsprechende Lösungen, die ggf. auch als Lösungen für ERM oder GRC bezeichnet werden.[320] Um einen Überblick über den Markt zu gewinnen wird auf zum Zeitpunkt der Erstellung der Arbeit aktuell verfügbare Analysen der Unternehmen Forrester Research, Inc. („The Forrester Wave™: Governance, Risk, and Compliance Platforms“, Q1 2014)[321] und Gartner, Inc. („Magic Quadrant for Enterprise Governance, Risk and Compliance Platforms")[322] zurückgegriffen.[323] Weiterhin werden eine Studie

---

[317] Eigene Darstellung unter Einbeziehung und Modifikation von Gleißner und Romeike (2005b), S. 159. Alle Prozessphasen sind mit einer möglichen Berichterstattung verbunden.

[318] Vgl. Pauli u.a. (2012), S. 27f.

[319] Vgl. Kajüter (2012), S. 152.

[320] Vgl. Forrester Research, Inc. (2014a), Gartner, Inc. (2013) und Universität Würzburg (2014), jeweilige URL siehe LitVZ. Bei den Begriffen bestehen inhaltliche Überschneidungen, sodass je nach Anbieter dessen Lösung als umfassende IT-Lösung bezeichnet wird.

[321] Für die Platzierung in der Forrester Wave™ werden GRC-Lösungsanbieter bezogen auf 43 Kriterien untersucht. Eine GRC-Lösung muss eine relationale Datenbasis, Funktionalitäten für Workflow- und Content-Management sowie eine Unterstützung des Berichtswesens beinhalten. Zur Lösungskategorisierung werden Funktionsumfang, Strategie und Marktpräsenz der Lösungen genutzt, wobei für diese Arbeit nur der Funktionsumfang bezogen auf „Risk and control management“ sowie auf „Workflow management“ relevant sind, vgl. Forrester Research, Inc. (2014a), S. 2ff. URL siehe LitVZ.

[322] In der Analyse der Gartner, Inc. werden unternehmensweite GRC-Lösungen betrachtet, die sich in

in der kontextbezogene Standardapplikationen verglichen werden und der „Risk Software Report 2014“ des Continuity Insurance & Risk Magazine einbezogen.[324]

Ziel der folgenden Evaluation ist keine abschließende Bewertung der Lösungen, sondern die Erstellung eines Überblicks über das bestehende Lösungsangebot, um auch ggü. diesem eine Abgrenzung vorzunehmen. Alle gewählten Beiträge, nachfolgend Basisanalysen genannt, enthalten eine Beurteilung von Anbietern und/oder Lösungen als Momentaufnahme zum jeweiligen Zeitpunkt. Die Auswahl- und Beurteilungskriterien für Lösungen oder Anbieter in den Basisanalysen sind unterschiedlich und bieten keine durchgängige Transparenz. Der Fokus liegt jeweils auf dem Standardlösungsumfang, ohne Erweiterungsmöglichkeiten oder Customizing. Sind Anbieter oder Lösungen mehrfach enthalten, wird der Gesamtinformationsumfang betrachtet und mit den nachfolgend erläuterten Evaluierungsaspekten abgeglichen.[325]

Alle im Folgenden genannten Kriterien zur Evaluation sind additiv zu verstehen:

Aus den bisherigen Erläuterungen kann gefolgert werden, dass die **Komplexität der Organisationsstrukturierung** in Konzernen einen hohen Anspruch an eine im Konzern verbreitete IT-Lösung zur Unterstützung des KCRM-Prozesses stellt. Ein Lösungsansatz muss die flexible Unterstützung der Zusammenhänge ermöglichen.

Der Anspruch an die IT-Lösung umfasst zudem **Funktionalitäten** für das dezentrale ChaRM und KCRM. Erste Anhaltspunkte dafür sind Anforderungen aus Gesetzen und Literatur. Die Spezialisierung auf einzelne Prozessschritte oder Einschränkungen bzgl. der Konzernimplementierung im Zusammenhang mit Zugriffsmöglichkeiten sind daher Ausschlusskriterien. Der in dieser Arbeit gleichberechtigte **Schwerpunkt ChM**, impliziert den Anspruch der Abdeckung des ChMs durch die IT-Lösung.

Lösungen für das GRC-Management und Produkte zur Automatisierung und Überwachung von Kontrollen unterteilen lassen. Auswertungskriterien sind die Fähigkeiten Kundenbedürfnisse z.B. über Funktionalitäten abzudecken und die Unternehmensvision. Anbieter und Lösungen werden mit Stärken und Einschränkungen vorgestellt, vgl. Gartner, Inc. (2013), S. 1ff., URL siehe LitVZ. Die Inhalte des Magic Quadrant finden sich größtenteils auch in der Forrester Wave™ wieder.

323 Vgl. Forrester Research, Inc. (2014a), S. 1, Forrester Research, Inc. (2014b), Gartner, Inc. (2013), S. 1f. und Gartner, Inc. (2014b), jeweilige URL siehe LitVZ. Das Magic Quadrant „Operational Risk Management“ aus 2014 erweitert den Umfang an IT-Lösungen im Vergleich zum ausgewerteten Lösungsumfang nur in geringem Maß bei „Niche Players“ und „Visionaries“, vgl. Gartner, Inc. (2014c). Die Erweiterung der Anbieter verändert die folgenden Analyseergebnisse nicht. Die Objektivität der Analysen kann hinterfragt werden, da die Methodik des Vorgehens nicht vollständig offen gelegt ist.

324 Vgl. Pauli u.a. (2012), S. 40ff., Universität Würzburg (2014) und Perspective Publishing Limited (2014), S. 40-43, jeweilige URL siehe LitVZ. Die Auswahl der Lösungen wird hierin nicht spezifiziert.

325 Bei Bedarf werden Informationen auf der Internetpräsenz des Lösungsanbieters einbezogen.

Es wird auf **Branchenneutralität** geachtet, da Lösungen, die einen Branchenfokus oder eine bestimmte -herkunft (z.B. aus dem Finanzbereich) und/oder funktionalen Einsatzschwerpunkt außerhalb des ChaRMs besitzen (z.B. Revision oder Compliance), nicht originär für die Erfüllung der Ansprüche geeignet sind. Der Funktionsumfang von GRC-Lösungen ist nicht allein auf ChaRM-Bedarfe gerichtet. Es besteht daher die Gefahr, dass die KCRM-Bedarfe bezogen auf das ChaRM nicht Fokus der Lösung sind, da zugehörige Funktionalitäten von Anbietern ggf. zugekauft und integriert werden. Um sicherzustellen, dass diese Lösungen hier dennoch für die Betrachtung relevant sind, müssen sie daher ihre **Kernkompetenz im ChaRM oder ERM** besitzen, oder aus diesem Kontext heraus entstanden sein.

Da die Arbeit deutsche Gesetzgebung fokussiert, muss ein **landesspezifischer Schwerpunkt** des Herstellers, z.B. über einen Sitz in Deutschland, erkennbar sein, um sicherzustellen, dass Änderungen in deutschsprachiger Legislation oder Standardisierung, wie z.B. der DRS 20, die Gestaltung der Lösungen beeinflussen können.

Zudem muss der **Hersteller aufgrund seiner Größe** in der Lage sein, einen Großkonzern, z.B. einen DAX-Konzern, dauerhaft mit einer Lösung zu bedienen, was z.B. aus den Referenzlisten der jeweiligen Internetauftritte abgeleitet werden kann.

Schlussfolgerung SF-14: Folgende Auswahlkriterien dienen hier zur Evaluation über die Eignung einer IT-Lösung für das KCRM: Abdeckbarkeit der Komplexität der Organisationsstrukturierung, Verfügbarkeit von Funktionalitäten für dezentrales ChaRM und insbesondere KCRM, gleichwertige Abdeckung des ChMs, Neutralität der Lösung bezogen auf die Branche, Kernkompetenz im ChaRM oder ERM, landesspezifischer Schwerpunkt in Deutschland und angemessene Größe des Herstellers in Relation zur Bedienung eines Großkonzerns.

Die Evaluation der Anbieter und Lösungen der vier Basisanalysen anhand der hierin enthaltenen Informationen zeigt, dass ein sehr heterogenes Feld in Bezug auf die Lösungen und deren Bezeichnungen besteht. Die Heterogenität spiegelt sich bspw. in Schwerpunkten oder Stärken bezogen auf Teile der betrachteten Kriterien wider. Die Beschreibungen der Lösungen zielen schwerpunktmäßig auf dezentrale Funktionalitäten oder, wie bereits erläutert, auf die Abdeckung des gesamten Themenspektrums eines Unternehmens als GRC-Ansatz ab. Hieraus folgt, dass die IT-Lösungen nicht speziell auf den Bedarf und Blickwinkel einer KCRM-Einheit und deren Einflussnahmen auf das ChaRM im Gesamtkonzern ausgerichtet sind. Aufgrund der Komplexität der organisatorischen Ausgestaltung und der Chancen- und Risikolandschaft in den Konzernen sowie der spezifischen KCRM-Perspektive ergibt sich, dass basierend auf den gegebenen Informationen keine der Lösungen alle Ansprüche des charakterisierten Bedarfs im Standardlösungsumfang abdeckt und damit eine ganzheitliche bzw. alle Bedarfe umfassende, konzernweite Unterstützung ermöglicht. Der Lösungsumfang in Bezug auf das ChM ist ebenfalls beschränkt.[326]

Wie Studien aus dem wissenschaftlichen Umfeld und Beratungskontext zeigen, sind fremdbezogene IT-Lösungen für das ChaRM in Konzernen mehrheitlich nicht verbreitet.[327] Die IT-Unterstützung ist häufig von Eigenentwicklungen basierend auf Standardrechenroutinen oder intranetbasierten Lösungen geprägt.[328] Neben Eigenentwicklungen werden Office-Programme oder Speziallösungen genutzt.[329]

Schlussfolgerung SF-15: Das Spektrum an IT-Lösungen auf dem Softwaremarkt ist vielfältig. Die mangelnde Verbreitung fremdbezogener Lösungen wird jedoch als Indiz dafür verstanden, dass standardisierte IT-Lösungen aus Sicht der Konzerne nicht ergebnisorientiert einsetzbar sind oder eingesetzt werden. Die Gründe dafür und weitergehende Bedarfe werden im Folgenden analysiert. Die Literaturrecherche zeigt zudem, dass die Bedarfe in einem Konzern und insbesondere diejenigen einer KCRM-Einheit, bezogen auf die zielgerichtete IT-Unterstützung des ChaRMs, noch nicht ausreichend exploriert sind und die aufgezeigte Forschungslücke aus Kapitel 1.1 damit Relevanz besitzt.

Das Ziel, das mit konzernweitem ChaRM und der zugehörigen IT-Lösung verfolgt wird, die Anforderungen aus KCRM-Sicht zur Abdeckung des KCRM-Prozesses, im Sinne eines konzernweiten ChaRMs, die zu unterstützenden Tätigkeiten und folglich die Gestaltung einer zugehörigen IT-Lösung, sind Kernfragestellungen der Erhebungen und Analysen in Kapitel 3 und 4. Dabei steht insbesondere der Umgang mit der Komplexität in Konzernen aus Perspektive der jeweiligen KCRM-Einheit im Fokus.

---

326 Als Informationsbasis der Evaluation vgl. Forrester Research, Inc. (2014a), S. 2ff., Gartner, Inc. (2013), S. 1ff., jeweilige URL siehe LitVZ, Pauli u.a. (2012), S. 40 und Perspective Publishing Limited (2014), S. 40-43, URL siehe LitVZ.
327 Vgl. Kajüter (2012), S. 283ff. und PricewaterhouseCoopers (2012), S. 32.
328 Vgl. Kajüter (2012), S. 152f. und S. 283ff.
329 Vgl. Denk und Exner-Merkelt (2005), S. 27 und Pauli u.a. (2012), S. 28f.

3. Case-Study – Methodik und Ergebnisse

Die Case-Study konzentriert den geschaffenen, thematischen Rahmen auf einen international tätigen DAX-Konzern. Das ChaRM des Konzerns ist innovativ und umfasst die gesamte Konzernorganisation. Es muss jedoch konstatiert werden, dass der Fokus bisher auf RM-Aktivitäten liegt und der Bereich Chancen wenig exploriert ist. Da das ChM aber dem RM zugeordnet werden soll und folglich die zentrale Konzernrisikomanagementeinheit künftig methodisch auch für das Chancenmanagement verantwortlich ist, wird weiterhin von KCRM gesprochen. Die Inhalte werden jedoch je nach Implementierungsstand der Chancenseite z.T. nur mit Risikofokus beschrieben. Die Auswahl des Konzerns ist vor dem Hintergrund bisheriger Erläuterungen aufgrund der dort bestehenden Strukturen, dem Vorhandensein einer konzernweiten IT-Lösung, genannten Bedarfen und nicht erfüllten Ansprüchen aus KCRM-Sicht und der Bereitschaft zur Kooperation im Rahmen dieser Arbeit erfolgt. Abbildung 12 ordnet das Kapitel in den Gang der Arbeit ein.

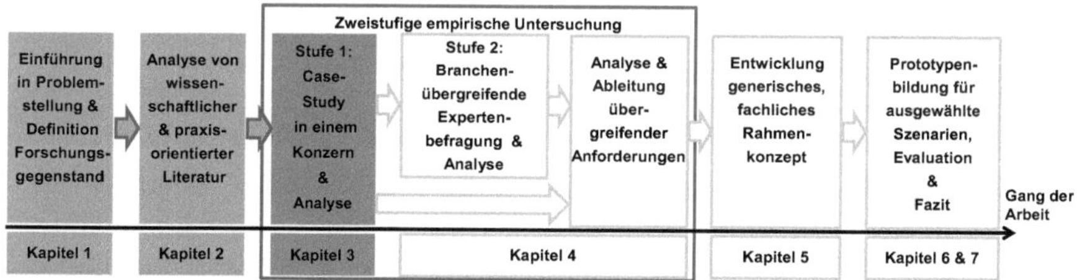

Abbildung 12: Einordnung von Kapitel 3 in den Gang der Arbeit[330]

Die Organisation des Konzerns umfasst sechs strategische Geschäftseinheiten (SGE) sowie Querschnittsbereiche bzw. Funktionen für Einkauf, IT und Personal. Zusammen mit zentralen Stellen, die Aufgaben für den Konzern in einer OE bündeln, z.B. Revision oder KCRM, bilden SGEen und Funktionen den Gesamtkonzern. Komplexitätssteigernde Sonderfälle in der Organisationsstrukturierung sind z.B. Spezialgesellschaften, die SGE- und/oder prozessübergreifende Verantwortung besitzen und folglich einen Bruch in der nach SGE aufgeteilten Berichtslogik erzeugen.

Die für diese Arbeit relevanten hierarchischen Stufen im Konzern umfassen ausgehend von der untersten Managementebene Teams, Abteilungen und Bereiche. Für die Auswahl von Ansprechpartnern werden die Begrifflichkeiten Teamleiter, Abtei-

[330] Eigene Darstellung.

lungsleiter und Bereichsleiter verwendet. Folgende Ausführungen sind Ergebnisse der Einarbeitung in die Case-Study und Basis für das Verständnis dieser Auswahl.

Im Kontext des bestehenden RMs, als kontinuierliche Aufgabe, gibt es definierte Zyklen zu denen das KCRM an Vorstand, Aufsichtsrat, Prüfungsausschuss und weitere Gremien, z.B. das zentrale Risikogremium, berichtet. Der KCRM-Prozess kann bzgl. der Berichterstattung in einen Top-Down- und einen Bottom-Up-Prozess unterschieden werden (vgl. *SF-8*, Kapitel 2.3). Bei dem Top-Down-Prozess werden nur bis zu einer bestimmten Tiefe in der Hierarchie Verantwortliche über die aktuelle Lage befragt. Im Rahmen des Bottom-Up-Prozesses wird für den Berichtszyklus dezentral jede OE einbezogen. Anschließend werden die Informationen kaskadenförmig von der untersten OE an die jeweils übergeordnete OE weitergemeldet, die diese aufgreift, zusammenführt, anpasst und/oder das gebildete Inventar ergänzt. Der Prozess wird stufenweise fortgeführt bis die Informationen auf Ebene des pro SGE verantwortlichen Risikomanagers vorliegen. Dieser aggregiert die Informationen der SGE, bevor das KCRM die Aggregation auf Konzernebene vornimmt und daraus die Vorstandsberichterstattung aufbaut. Jede operativ tätige OE im Konzern ist zur Durchführung des RMs verpflichtet. Der Konzern besitzt für das RM ein eigenentwickeltes IT-System, in dem mehrere hundert OEen hinterlegt sind. Die OEen sind über unterschiedlich viele hierarchische Zwischenstufen mit der Konzernebene verbunden.

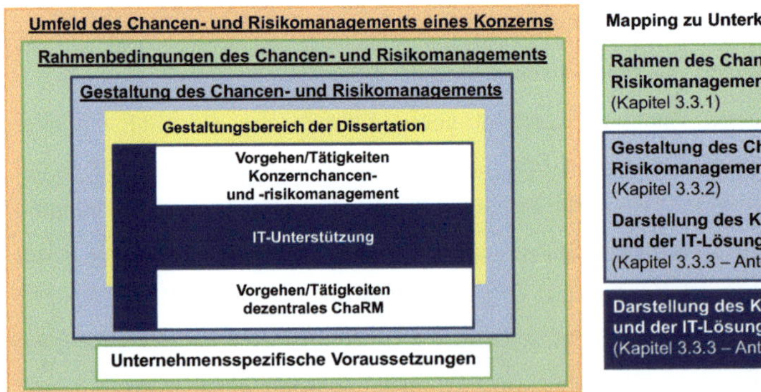

Abbildung 13: Orientierung der Inhalte von Kapitel 3 am Bezugsrahmen[331]

Nach den methodischen Erläuterungen (Kapitel 3.1 und 3.2) ist die Beschreibung des Ist-Zustands im Case am BR orientiert, siehe Abbildung 13. Die Bedarfe werden in den Kapiteln 3.4 und 3.5 gesondert erläutert. Kapitel 3.6 dient der Aufbereitung

[331] Eigene Darstellung. Über den BR-Bezug wird die Verbindung zu Erläuterungen in Kapitel 2 deutlich.

von für den weiteren Verlauf der Arbeit relevanten Aspekten. Herausgearbeitete Ergebnisse im Rahmen der Case-Study werden jeweils hervorgehoben.

3.1 Methoden und Auswahl der Ansprechpartner für die Exploration

Eine Einzelfallstudie bzw. Case-Study als Forschungsansatz steht für eine vielschichtige Vorgehensweise unter Nutzung von Methoden der empirischen Sozialforschung zur Untersuchung eines Objekts. Hier wird die Case-Study im qualitativen Kontext verwendet, um eine tiefe Analyse und ganzheitliche Sicht auf einen Konzern als Anwendungsfall in einem komplexen und praxisnahen Umfeld zu ermöglichen. Es werden Informationen unter realen Bedingungen erhoben, um bestehende und künftig erforderliche Ausgestaltungsfacetten und zugehörige Begründungen zu erheben.[332] Die Begriffe Case und Anwendungsfall werden in dieser Arbeit synonym verwendet. Um den Forschungsgegenstand im Case zu explorieren, werden Daten erhoben. Hierfür werden die Befragung von Ansprechpartnern über leitfadengestützte Interviews und die Inhaltsanalyse, die gemäß Lehrbuchliteratur zu den Datenerhebungsverfahren bzw. Methoden empirischer Sozialforschung gehören, verwendet.[333]

Unter empirischer Sozialforschung werden die systematische bzw. regelbasierte Erfassung von Zusammenhängen und Deutung sozialer Erscheinungen verstanden. Sie dient dazu Erkenntnisse über die Wirklichkeit zu gewinnen, z.B. unter Anwendung der genannten Methoden.[334] Das Forschungsdesign ist durch qualitatives Vorgehen geprägt, mit leitfadengestützten Interviews, Aufbereitung in zusammenfassenden Protokollen und Auswertung über qualitative Inhaltsanalyse.[335] Über qualitatives Vorgehen können Ausgestaltungsformen und Einflussfaktoren erhoben werden.[336] Eine quantitative Analyse erfolgt nicht, da größtenteils keine Antwortkategorien vordefiniert werden und das Antwortspektrum daher vielfältig sein kann.[337]

---

[332] Bzgl. Charakteristika einer Case-Study vgl. Lamnek (1993), S. 4-8, Orum u.a. (1991), S. 2ff. und Yin (2009), S. 3ff.

[333] Vgl. Atteslander (2010), S. 54, Friedrichs (1990), S. 189ff., Kromrey (2009), S. 65f. und 299ff. und Schnell u.a. (2011), S. 313ff. Das Forschungsdesign und die zugehörigen Erhebungsinstrumente müssen adäquat zum Forschungsgegenstand gewählt werden, vgl. Kromrey (2009), S. 79.

[334] Vgl. Atteslander (2010), S. 4f. und Kromrey (2009), S. 15, 27f. und 41.

[335] Für die Auswahl vgl. Mayring (1990), S. 99 und Scholl (2009), S. 79.

[336] Vgl. bspw. Kelle (2008), S. 23ff. und 50ff.

[337] Für quantitatives vs. qualitatives Vorgehen vgl. bspw. Atteslander (2010), S. 9ff. und 214f. und Kromrey (2009), S. 24ff.

Die Methode Befragung, die die Kommunikation zwischen Personen adressiert,[338] wird gewählt, da Ausgestaltungsfacetten einer praktischen Problemstellung erhoben werden. Es wird jeweils ein Personenkreis als Grundgesamtheit der Befragungen definiert. Für die Anspruchsgruppen in der Case-Study wird soweit möglich eine Vollerhebung durchgeführt oder über die Betrachtung der Merkmale der Grundgesamtheit Ansprechpartner für die Befragung ausgewählt.[339] In die Erhebung werden gemäß Schneeballprinzip[340] ggf. weitere, in Interviews empfohlene Personen einbezogen. Die durchgeführte Befragung erfolgt über mündliche, teilstrukturierte Leitfadeninterviews.[341] Die Interviews orientieren sich an im Rahmen der Arbeit entwickelten Gesprächsleitfäden. Die Fragen sind i.d.R. offen, sodass die Antwort frei formuliert werden kann. Detailtiefe, Reihenfolge und Schwerpunkte der Fragen variieren je nach Kenntnissen der Befragten. In Antworten fokussierte Themen werden bei Bedarf vertieft. In der Regel handelt es sich um Einzelinterviews, es sei denn der Interviewte fordert eine zweite Person an. Dabei werden mehrheitlich persönliche und in Einzelfällen telefonische Gespräche geführt.[342] Da es sich im ChaRM-Kontext i.d.R. um Informationen mit hoher Vertraulichkeitsstufe handelt, sind persönliche oder telefonische Gespräche sinnvoll, da sie den Informationszugang und die Erläuterung der Hintergründe der Forschungstätigkeit erleichtern.

Zum Test der Erhebungsmethoden werden Pretests pro Fragebogen durchgeführt, um sicherzustellen, dass z.B. Fragen klar und neutral formuliert sind und aus Sicht des Interviewten beantwortet werden können. Im Anschluss werden bei Bedarf Reihenfolge oder Formulierungen verändert. Zudem wird geprüft, ob Erläuterungen zum Gesprächsziel verständlich sind und welcher Zeitraum zur Beantwortung nötig ist.[343]

Die Gespräche im Rahmen der Case-Study und die Experteninterviews in der zweiten empirischen Untersuchungsstufe werden in 2013 und 2014 geführt, wobei dies der Zeitraum der Implementierung und erstmaligen Anwendungspflicht des DRS 20 ist. Aus den Gesprächsinhalten im Case wird während und im Nachgang der Gespräche ein inhaltliches Protokoll[344] erstellt. Neben den Einzelgesprächen werden

[338] Vgl. Atteslander (2010), S. 109.
[339] Details siehe Kromrey (2009), S. 255ff., Schnell u.a. (2011), S. 257ff. und Scholl (2009), S. 30ff.
[340] Vgl. bspw. Kubicek (1977), S. 26 und Schnell u.a. (2011), S. 294.
[341] Vgl. Bogner u.a. (2009), S. 7ff., Meuser und Nagel (1991), S. 442ff. und Scholl (2009), S. 68f.
[342] Methodik vgl. Atteslander (2010), S. 131ff., Kromrey (2009), S. 352ff. und Scholl (2009), S. 68ff.
[343] Vgl. Atteslander (2010), S. 295f., Friedrichs (1990), S. 153f., Schnell u.a. (2011), S. 340ff. bzgl. Pretest und Atteslander (2010), S. 159 für Kriterien zu Leitfäden telefonischer Interviews.
[344] Vgl. Kuckartz (2010), S. 39. Aufnahme und Transkription der Inhalte (vgl. bspw. Scholl (2009),

von der Autorin moderierte Workshops[345] durchgeführt, die zur konstruktiven Diskussion der Lösungsansätze, z.B. bei der Anforderungsspezifikation, dienen.

Zur Analyse, im Sinne eines interpretierenden Ordnens erhobener Daten,[346] in Form von während oder im Nachgang der Interviews protokollierten Inhalten und Informationsmaterialien, z.B. weiterführenden Konzepten, wird ein Vorgehen gemäß qualitativer Inhaltsanalyse in angemessener Detaillierung genutzt.[347] Mit der qualitativen Inhaltsanalyse wird dabei ein induktiver Ansatz verfolgt, z.B. zur Interpretation qualitativer Interviews und Gewinnung von Erkenntnissen aus erhobenen Einzelfällen.[348] Für den Interpretationsvorgang wird in der Literatur zwischen der Bündelung des Materials zu einem relevanten Kern, der Explikation von Inhalten, z.B. über Nutzung von Zusatzinformationen zur Konkretisierung, sowie der Strukturierung, z.B. über inhaltliche oder typisierende Betrachtung von Ausprägungen, unterschieden.[349]

In der Arbeit werden implizit ähnliche Schritte bei der Verarbeitung der Gesprächsprotokolle[350] durchlaufen. Die Inhalte werden pro Frage auf relevante Aspekte reduziert, um Vergleiche und Interpretationen von Zusammenhängen zwischen Antworten zu ermöglichen. Hierbei werden die Inhalte aufbereitet und verdichtet, z.B. über begriffliche Vereinheitlichung synonymer bzw. gleichbedeutender Antworten und die Eliminierung von Doppelnennungen innerhalb der Antworten eines Interviewpartners. Darüber hinaus werden Gesprächsinhalte auf ein einheitliches für die Arbeit passendes Abstraktionsniveau gebracht.[351] Die Kategorienbildung gemäß der die Datenanalyse erfolgt und die Ergebnisse beschrieben werden, ist durch die erarbeiteten Leitfäden z.T. deduktiv bereits im Vorhinein definiert worden. Bei Fragen mit offenem Antwortspektrum werden induktiv aus den Protokollen thematisch zusammengehörige Antworten gebündelt[352] und mit einem Überbegriff bzw. einer Kategorie zur Struk-

S. 71f.) sind aufgrund von Vorgaben im Anwendungsfall nicht möglich.

345 Vgl. Kubicek (1977), S. 26f. Diskussionsgruppe unter Moderation des Forschers.

346 Vgl. Schirmer (2009), S. 217.

347 Diese Verbindung wird auch in der Literatur empfohlen, vgl. bspw. Scholl (2009), S. 72ff. und 79.

348 Vgl. insbesondere Mayring (2008), S. 10ff. und bspw. Atteslander (2010), S. 211ff., Flick (2009), S. 149ff. und Kromrey (2009), S. 392.

349 Erläuterungen vgl. Mayring (1990), S. 86, Mayring (2008), S. 58ff. und Atteslander (2010), S. 212f.

350 Für deren Aufbereitung vgl. bspw. Mayring (1990), S. 68ff.

351 Ähnliche Verarbeitungsschritte für das zu analysierende Material beschreiben bspw. auch Mayring (2008), S. 59ff. und Schirmer (2009), S. 139.

352 Vgl. auch Mayring (2008), S. 74f., Kuckartz (2010), S. 60 und 198ff. und Kromrey (2009), S. 312.

turierung versehen.[353] Das Vorwissen zur zielgerichteten Anwendung der Methoden wird z.B. über die Teilnahme an Arbeitskreisen[354] aufgebaut.

Die Ansprechpartnerwahl für die Exploration erfolgt basierend auf der Implementierung des KCRM-Prozesses. Es werden Repräsentanten derjenigen Anspruchsgruppen einbezogen, die bisher in den KCRM-Prozess eingebunden sind und aktiv mit der IT-Lösung oder passiv mit daraus bereitgestellten Informationen arbeiten.

Als wesentliche Anspruchsgruppe wird die zentrale KCRM-Einheit betrachtet, deren Tätigkeiten über die Lösung zielgerichtet unterstützt werden sollen. Zusätzlich werden Gesprächspartner aus drei weiteren Anspruchsgruppen bzw. Sichten ausgewählt, die aus KCRM-Sicht für den Forschungsgegenstand relevant sind: Abnehmer der Ergebnisse des ChaRMs auf mehreren Managementebenen, dezentrale Risikomanager als Informationszulieferer sowie Spezialisten aus angrenzenden Themenfeldern, die von den Änderungen betroffen sind. Abbildung 14 zeigt angelehnt an die Konzernhierarchie die Auswahl zur Abdeckung der Anspruchsgruppen. Für diese vier Sichten (Blöcke in Abbildung 14) der Erhebung werden spezifische, zueinander kompatible Leitfäden entwickelt (Kapitel 3.2), die unterschiedlich detailliert sind und verschiedene Freiheitsgrade zur Beantwortung bieten.

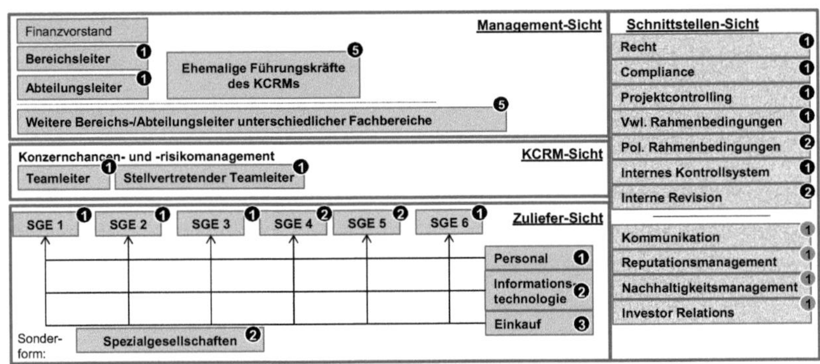

Abbildung 14: Anspruchsgruppen für die empirische Erhebung im Case[355]

[353] Für diese Aufteilung in deduktiv und induktiv vgl. Kuckartz (2010), S. 198ff. BURNARD beschreibt zur Kodierung und Analyse von Interviewergebnissen ein Vorgehen aus 14 Stufen. Das Vorgehen in der Arbeit lehnt sich an die Stufen an. Die geforderte Kategorienbildung durch weitere Personen und Rückspiegelung der Inhalte an befragte Personen werden z.T. in den Workshops im Case zur Konkretisierung der erhobenen Inhalte durchgeführt. Der Abgleich mit der Literatur erfolgt über die Prüfung ggü. dem konkretisierten BR. Bzgl. Ausführungen vgl. Burnard (1991), S. 462ff.

[354] Für bestimmte Themenfelder, wie z.B. die Anwendung des DRS 20, bestehen im Konzern temporäre, übergreifende Arbeitskreise zur Erarbeitung gemeinsamer Lösungsansätze.

[355] Eigene Darstellung. Drei der Gespräche erfolgen telefonisch, alle anderen persönlich.

Aus jeder der vier Anspruchsgruppen an die IT-Lösung werden mehrere Ansprechpartner ausgewählt und nach deren Vorgehen im RM oder ihren Schnittstellen zum RM befragt. In die Auswahl werden ausschließlich Führungskräfte und im Rahmen des RM-Prozesses als dezentrale Risikomanager benannte Spezialisten[356] einbezogen, die für eine vollständige und korrekte Beschreibung der einheitenspezifischen Risiko- und ggf. künftig Chancenlage verantwortlich sind. Es werden 43 Repräsentanten der vier Gruppen befragt. Die Zahlen in der Abbildung stehen für die Anzahl befragter Personen. 39 Ansprechpartner werden anhand erarbeiteter Interviewleitfäden befragt (schwarz). Vier Gespräche werden von der Autorin in Form von moderierten Workshops durchgeführt (grau). Die Auswahl ist nicht von Anfang an fixiert, sondern wird im Lauf des Erhebungsprozesses, gemäß dem Schneeballprinzip, durch Empfehlungen erweitert. Im Zentrum der Befragung stehen die Nutzung der bestehenden IT-Lösung für das RM, mögliche prozessuale und technische Herausforderungen sowie Verbesserungspotentiale für und Anforderungen an eine künftige IT-Lösung. Die Gesprächsdauer liegt je zwischen einer und anderthalb Stunden.

Die Auswahl begründet sich durch den in Kapitel 2.3 erläuterten stufenweisen bzw. kaskadenförmigen Ablauf des KCRM-Prozesses. Basis für die Konzeption einer IT-Unterstützung für das ChaRM sind die Anforderungen der **KCRM-Sicht**, da das KCRM im Anwendungsfall methodisch die Steuerung und Verwaltung des Konzernvorgehens im ChaRM definiert. Eng mit diesem Bereich verbunden ist die **Management-Sicht**, deren Repräsentanten hauptsächlich mit den Berichtsprodukten und selten mit der IT-Lösung arbeiten. Im Bereich des Managements ist in Bezug auf die Berichtslinie eine Vollerhebung von der KCRM-Einheit bis einschließlich der Ebene direkt unter dem Vorstand erfolgt. Zudem wird die Kette der ehemaligen Führungskräfte des KCRMs seit Gültigkeit des KonTraG in die Befragung einbezogen. Die Vollerhebung gilt damit auch im Hinblick auf die zeitliche Perspektive. Als Informationsabnehmer werden weitere Abteilungs- und Bereichsleiter aus Fachbereichen befragt, die auf Basis der RM-Informationen im Rahmen des operativen Managements Entscheidungen z.B. für SGEen treffen müssen. Der Personenkreis deckt damit die für das KCRM wichtigen Abnehmer und weitere relevante Personen ab.

Die **Schnittstellen-Sicht** setzt sich aus Ansprechpartnern von bestehenden und ausgewählten, potentiell technisch anzubindenden Themenfeldern bzw. zentralen

[356] Die Personen werden vereinfachend in männlicher Form genannt, es werden zehn Frauen befragt.

Stellen zusammen. Hierfür werden Personen aus den genannten, potentiell technisch zu verknüpfenden Einheiten über Workshops einbezogen. Die Schnittstellen-Sicht ist zum Zeitpunkt der Erhebung aus KCRM-Sicht vollständig.

Die **Zuliefer-Sicht** umfasst die meldenden OEen und Personen im aktuellen KCRM-Prozess. Eine Vollerhebung aller beteiligten Personen ist nicht möglich, da dies einer Vollerhebung aller Mitarbeiter des Konzerns entsprechen würde. Die Grundgesamtheit wird daher auf Mitarbeiter beschränkt, die eine Rolle im zugehörigen IT-System besitzen. Die Repräsentativität wird gewährleistet, indem aus jeder direkten Zuliefereinheit des KCRMs mindestens ein Ansprechpartner befragt wird, der für die Systemeingabe und das damit verbundene dezentrale RM zuständig ist. Hierfür werden die direkten Ansprechpartner des KCRMs aus SGEen und Funktionen befragt und Gespräche mit weiteren empfohlenen Personen, die sich aus historischen oder organisatorischen Gründen in einer Sondersituation in Bezug auf das RM befinden, geführt. Zudem werden zwei Ansprechpartner für Spezialgesellschaften einbezogen. Für die direkten Ansprechpartner des KCRMs aus Zuliefer-Sicht erfolgt eine Erhebung mit Wahl von Ansprechpartnern pro SGE und Funktion. Die Erläuterungen zeigen, dass die Erhebung im RM und künftig ChaRM alle aus KCRM-Sicht relevanten Ansprechpartner umfasst und damit insgesamt als vollständig betrachtet wird.

3.2 Ausgestaltung der Leitfäden und Vorgehen zur Datenanalyse

Die Entwicklung der Interviewleitfäden ist an den Forschungsteilfragen und dem Bezugsrahmen orientiert und bezieht die bisherigen Inhalte ein. Da die Anspruchsgruppen unterschiedlich häufig mit RM und der IT-Lösung in Kontakt treten, werden die Leitfäden adressatenspezifisch strukturiert und detailliert. Die vier Fragebögen sind in Anhang D enthalten. Der Fragebogen für die KCRM-Sicht wird zur Prüfung der Verständlichkeit an zwei unabhängigen Personen getestet. Zur Sicherstellung der Passgenauigkeit der weiteren Fragebögen werden diese in Pretests an der KCRM-Sicht verprobt und ggf. im Anschluss die Fragenreihenfolge modifiziert.

Bei der KCRM-Sicht liegt der Fokus auf deren Aufgaben und Ansprüchen. Die Management-Sicht und daraus vor allem Führungskräfte, die aktuell für das KCRM verantwortlich sind, erweitern den Anspruch aus Perspektive der Informationsabnehmer. Allerdings wird hier die generelle Erwartungshaltung an die Lösung und kein detaillierter Prozess- und IT-Bezug fokussiert. Ähnlich offen sind die Fragen an thematisch angrenzende Einheiten, um den Standardisierungsgrad der Schnittstellen zu erheben. Die Fragen an die Zuliefer-Sicht sind an die KCRM-Sicht angelehnt, da über die Zusammenführung von Daten untergeordneter OEen im KCRM-Prozess z.T. ähnliche Aufgaben bestehen. Die Datenanalyse der Ergebnisse der viergeteilten Fragenbasis und Inhaltsanalyse bestehender Dokumentation erfordern eine Verknüpfung zu einem Gesamtbild. Die Fragebögen der Erhebung sind so gestaltet, dass ihre Ergebnisse in sieben, im Rahmen der Gestaltung der Leitfäden erarbeiteten, Analysedimensionen bzgl. der Erwartungshaltung an die Interviewergebnisse gebündelt werden können. Anhang D stellt die Analysedimensionen und Leitfäden gegenüber.

Die Analysedimensionen adressieren unterschiedliche Bereiche des BRs. Fragen zu Vorgaben und Zielsetzung heben auf Rahmenbedingungen und Voraussetzungen ab. Die Frage zu KCRM-Aufgaben bezieht sich auf dessen Vorgehen und die Gestaltung des ChaRMs. Über die Fragen nach Prozess- und IT-Unterstützung im Ist- und Soll-Zustand werden weitere Bestandteile der Gestaltung des ChaRMs abgedeckt. Prozessuale und technische Aspekte werden bei der Ergebnisanalyse integriert betrachtet. Das Umfeld, als äußerste BR-Schicht, wird aufgrund der Einbeziehung des Case in die Expertenbefragung (Kapitel 4) hier nicht separat untersucht.

Die folgende Liste umfasst die sieben Dimensionen und zugehörige Kernfragen:

I. **Vorgaben:** Welche Rahmenbedingungen gelten für den Aufbau der Lösung?
II. **Zielsetzung:** Welche Zielsetzung wird mit dem ChaRM verfolgt?
III. **Aufgaben:** Welche Aufgaben muss das KCRM erfüllen?
IV. **Prozess (Ist):** Wie sieht der bestehende Prozess aus?
V. **IT-Lösung (Ist):** Wie wird die bestehende IT-Lösung genutzt?
Welche Funktionalitäten sind nicht abgedeckt?
VI. **Prozess (Soll):** Welche Verbesserungspotentiale bestehen aus Prozesssicht?
VII. **IT-Lösung (Soll):** Welche Verbesserungspotentiale bestehen aus IT-Sicht?

Die Analysedimensionen dienen auch der Übertragung der Forschungsteilfragen in erhebbare Inhalte.[357] Tabelle 8 enthält die Verbindung der Fragen und Dimensionen:

[357] Vgl. Kromrey (2009), S. 348.

Forschungsteilfragen aus Kapitel 1.1	Analysedimension
1. Welche Rahmenbedingungen beeinflussen die Gestaltung eines ChaRMs?	I. Vorgaben II. Zielsetzung
2. Welche Aufgaben muss das KCRM erfüllen?	II. Zielsetzung III. Aufgaben
3. Wie sind in den Konzernen bestehende dezentrale ChaRM-Prozesse und der KCRM-Prozess sowie die zugehörigen IT-Lösungen ausgestaltet?	III. Aufgaben IV. Prozess (Ist) VI. IT-Lösung (Ist)
4. Welche Anforderungen stellt das KCRM an eine unterstützende IT-Lösung und welche Verbesserungspotentiale prozessualer oder technischer Art sind bei der Ausgestaltung bestehender Lösungen erkennbar?	V. Prozess (Soll) VI. IT-Lösung (Ist) VII. IT-Lösung (Soll)
5. Welcher Informationsbedarf besteht zur Erfüllung der KCRM-Aufgaben?	IV. Prozess (Ist) V. Prozess (Soll)
6. Wie muss ein IT-basiertes System zur Erfüllung der Anforderungen und Aufgaben des KCRMs aussehen?	VII. IT-Lösung (Soll) und weitere Dimensionen

Tabelle 8: Verbindung von Forschungsteilfragen und Analysedimension[358]

Zur Erarbeitung der Ergebnisse der vier Befragungssichten werden in Interviewprotokollen pro Person und Frage alle relevanten Aussagen zusammengestellt.

Nach Abschluss der Befragungen werden die Inhalte in einem mehrstufigen Verfahren verglichen. Hierfür werden die Antworten der Personen den Analysedimensionen zugeordnet und eine Liste der „Analysedimensionen pro Person" erstellt. Diese Liste wird dann überarbeitet und von einer Liste nach Person in eine Liste der „Analysedimensionen nach Befragungssicht" überführt. Im Folgenden wird sie um Doppelnennungen und inhaltliche Überschneidungen bereinigt.[359] Die Inhalte pro Analysedimension und Sicht werden in zusammengehörige thematische Kategorien unterteilt. Zur Herstellung einer Vergleichbarkeit zwischen den Sichten werden in einer Liste „Analysedimensionen pro Befragungssicht gebündelt nach Kategorien" die erarbeiteten Kategorien mit jeweiligen Inhalten sichtenübergreifend verglichen, um bei inhaltlicher Gleichheit auch die Konformität der Begrifflichkeiten sicherzustellen.

Die nach Verbesserungspotentialkategorien gruppierte Liste aller Einzelhinweise wird im Rahmen von Workshops mit den Gesprächspartnern der KCRM-Sicht diskutiert und bei Bedarf inhaltlich konkretisiert. Im Anschluss an die Workshops werden die Verbesserungspotentiale und Schwachstellen sichtenübergreifend gebündelt und zu einer inhaltlich konsistenten „Liste von Verbesserungspotentialen mit prozessualem und technischen Hintergrund" (Kapitel 3.6) zusammengeführt. Dabei wird erarbeitet, ob die Verbesserung prozessualer Aspekte eine technische Anpassung erfordert und ob technische Aspekte prozessuale Implikationen haben.

[358] Da Abhängigkeiten zwischen den Forschungsfragen bestehen, ist keine 1:1-Zuordnung möglich.
[359] Die Schnittstellen-Sicht wird aufgrund der spezifischen Antworten separat untersucht.

In die Analyse des Case werden Dokumentationen, z.B. KCRM-Berichtsprodukte, Beschreibungen des KCRM-Prozesses, sowie in Gesprächen genannte Protokolle und Konzepte der bestehenden IT-Lösung, über eine fokussierte Inhaltsanalyse einbezogen.[360] Die Informationen sind auch in die Einleitung von Kapitel 3 eingeflossen.

Im Folgenden werden die Ergebnisse anhand der Analysedimensionen mit erarbeiteten zugehörigen thematischen Kategorien beschrieben. Es werden dabei, je nach Kapitel, bestehende Mindestanforderungen oder Verbesserungspotentiale erläutert. Angrenzende Themenfelder für die Schnittstellen-Sicht werden in Abhängigkeit vom Bindungsgrad zum bestehenden RM in Kapitel 3.5 separat beschrieben, da die Inhalte nicht ohne den thematischen Kontext erläutert werden können. Die über die Forschungsmethodik erarbeiteten Inhalte werden zur Analyse mehrheitlich qualitativ und mit deren Bedeutung in Relation zur Gesamtheit der Aussagen beschrieben.

3.3 Chancen- und Risikomanagement im Konzern der Case-Study

Das bestehende RMS im Case ist über eine zentrale KCRM-Einheit, die im Controlling-Bereich des Konzerns angesiedelt ist und dezentrale Risikomanager, die das RM für ihre jeweilige OE durchführen, organisiert. Die Dokumentation der Pflicht zur Durchführung des RMs ist aus KCRM-Sicht in einer internen Richtlinie enthalten. Ausgestaltung und Methodik des RMs sind im vom KCRM verantworteten Handbuch, das als Instrument zur Beschreibung von Aufbau bzw. Organisation und Ablauf des Prozesses genutzt werden kann,[361] beschrieben. Die Risikodefinition kann aus dem Handbuch entnommen werden und bezieht sich entsprechend *Schlussfolgerung SF-1* auf Ursachen, die Einheiten an der Erreichung von Zielen oder Umsetzung von Strategien hindern können. Das ChM wird im Zeitraum der Befragung erst erarbeitet. Es besteht bisher keine gleichartige Chancensicht. Die Erläuterungen zu Chancen sind daher als Soll-Perspektive und nicht als Ist-Zustand zu verstehen. Die Anforderungen an das ChM sind aufgrund der Aktualität und damit des Neuheitsgrads der Thematik im Case bisher nur wenig spezifiziert. Die Inhalte der Gespräche werden daher im Folgenden mit Risikofokus erläutert.

Aus den Interviews und deren Analyse können über 500 Einzelhinweise zu den Analysedimensionen bzgl. des ChaRMs und der IT-Unterstützung gewonnen werden.

---

[360] Details zu den Dokumentationen enthält Anhang E. Die Verwendung wird jeweils angegeben.
[361] Vgl. bspw. Brauweiler (2015), S. 13f., Gleißner und Romeike (2005a), S. 40, Romeike und Hager (2013), S. 97, Seidel (2011b), S. 269f. und Wengert und Schittenhelm (2013), S. 16.

3.3.1 Rahmen des Chancen- und Risikomanagements im Case

Für den Anwendungsfall existieren interne Strukturen und Vorgehensweisen, die als etablierte Rahmenbedingungen und Basis für Anforderungen an eine IT-Lösung dienen können. Tabelle 9 enthält die Kategorien zu denen die Hinweise aus KCRM- (mit hier geltendem Kürzel K), Management- (M) und Zuliefer-Sicht (Z) gebündelt werden.

Nr.	Themen & Beispiele aus Sichten KCRM (K), Management (M), Zulieferer (Z)		K	M	Z
1	**Planung/Bezugsgröße**	Planungsprozess/-zeitraum, Bezugsgröße	x	x	x
2	**Organisation**	Spezifischer Aufbau pro SGE, Ansprechpartner, Trennung Aufgabenspektrum zentral/dezentral, Verantwortungsmodell	x	x	x
3	**Prozessfokus**	Bottom-up, top-down, Adhoc-Prozess, Risikokategorien, Umfang der technischen Lösung, Verbundrisiken	x		x
4	**Wesentlichkeit**	Berichtspflichten: Vollständigkeit, WK-Grenzen, Kennzeichnung der Berichtswürdigkeit	x		x
5	**Weitere Themenfelder**	Siehe angrenzende Themenfelder in Kapitel 3.5		x	x

Tabelle 9: Voraussetzungen und Rahmenbedingungen

Da die Rahmenbedingungen sichtenübergreifend gelten, wird bei den Erläuterungen hier nur in relevanten Fällen die Zuordnung von Beispielen zu Sichten genannt.

Der KCRM-Prozess ist an der Zielsetzung und den **Planungsprozessen** des Konzerns orientiert. Risiken werden i.d.R. in Relation zum Planwert anhand der finanziellen **Bezugsgröße** quantifiziert. Die Beurteilung der Risikowirkung auf die Reputation erfolgt qualitativ. Einmal pro Jahr wird für einen mittelfristigen Planungszeitraum eine Prognose abgegeben und diese dann zu den bestehenden, unterjährigen Berichtszeitpunkten, bezogen auf einen kurzfristigen Zeitraum, aktualisiert. Die Bewertung erfolgt dabei für den Zeitraum bis zum Jahresende. Liegt der Berichtszeitpunkt parallel zur Aktualisierung der Planung im Rahmen der Planungsprozesse, werden im KCRM-Prozess bottom-up alle in das RM einbezogenen OEen befragt. Bei einem zeitlichen Versatz werden ausgehend von pro SGE und Funktion verantwortlichen Ansprechpartnern die Werte top-down aktualisiert, bzw. die Aktualisierung von untergeordneten OEen im Einzelfall angefordert. Zusätzlich erfolgt jährlich eine Planung für einen längerfristigen Zeitraum mit top-down Erhebung.

Weiterer Aspekt im Kontext der Planung ist das Zusammenspiel aus Planung und Risiko- sowie künftig auch Chancenerfassung. Risiken und Chancen ab einer bestimmten EW sind in der Planung zu berücksichtigen und entfallen aus der Risiko-

und Chancenbetrachtung. Diese Abgrenzung erfolgt jeweils zum Planungs- bzw. Berichtszeitpunkt und muss ggf. im Jahresverlauf angepasst werden.

Basis für Einschätzungen sind Planungsprämissen mit Szenarien, z.B. für Währungen. Damit diese Prämissen für das RM anwendbar sind, wird die Beibehaltung der Orientierung an den Planungsprozessen aus Zuliefer-Sicht für notwendig erachtet.

Die Berücksichtigung der Struktur der **Organisation** gehört zu den meistgenannten Vorgaben, da die SGEen und Funktionen des Konzerns unterschiedlich strukturiert sind. Ausgehend von einer SGE sind Untergliederungen nach Fachbereichen oder Regionen möglich, z.B. „SGE – Region – Fachbereich“ oder „SGE – Fachbereich – Region“. Dies muss in Prozess und System abbildbar sein. Für Funktionen sind Untergliederungen nach SGE und dann nach Region vorhanden. Dies erschwert die übergreifende Auswertbarkeit und Aggregation. Weiterer Aspekt ist, dass die Verantwortung für Risiken und zugehörige Steuerungsmaßnahmen organisatorisch in dem Bereich verbleibt, der Risiken meldet. Dieses Verantwortungsmodell beeinflusst auch, inwieweit die IT-Lösung dezentral genutzt wird. Wichtiger Hinweis in den Gesprächen ist, dass Risiken z.T. in bestehenden Systemen dezentral gesteuert werden und dann eine zusätzliche Steuerung in einer weiteren IT-Lösung nicht als praktikabel betrachtet wird, sondern in diesen Fällen nur die Berichterstattung zu unterstützen ist. Diese dezentralen IT-Systeme könnten ggf. angebunden werden.

Prozessualer Aspekt, der als Anforderung gewertet werden kann, ist der Bedarf sowohl dezentral (bottom-up) als auch zentral (top-down) die Erfassung anstoßen zu können. Es muss weiterhin eine dezentrale Unterstützung für die Erfassung bereitgestellt werden, allerdings ggf. nicht für alle Hierarchieebenen gleich detailliert. Kleinere OEen benötigen eine vereinfachte Lösung. Es besteht dabei gesetzlich der Anspruch, die Vollständigkeit der Risikoerfassung sicherzustellen. Neben der Regelerfassung muss technisch eine Adhoc-Risikomeldung möglich sein. Zudem ist zu prüfen, inwieweit Identifikation und Bewertung zwischen fachlich verantwortlichen Personen für Risiken und Ansprechpartnern im Finanzbereich aufgeteilt werden können.

Das betrachtete Risikoumfeld des Konzerns umfasst gemäß KCRM-Sicht als Kategorien, u.a. „Marktrisiken“, „Rechtliche und politische Risiken“, „Reputationsrisiken“ und „Desaster-Risiken“. Diese Risiken müssen quantitativ und/oder qualitativ erfassbar sein. Zudem gibt es die Herausforderung, dass Themen, die mehrere Bereiche treffen können, als Verbundrisiken betrachtet werden müssen, mit direkter Wirkung im meldenden Bereich und indirekter bzw. sekundärer Wirkung in weiteren Fachbereichen. Aus KCRM-Sicht ist grundsätzlich die Meldung von Risiken und ggf. Chancen unter Angabe von EW und Ausmaß erforderlich. Die Meldung von Risiken erfolgt je nach Erfassungsbereich ggf. über mehrere Hierarchiestufen. Die Berichtspflicht ist über **Wesentlichkeitsgrenzen** geregelt, die in Relation zur Größe einer Einheit festgelegt sind. Die Definition einer pro Einheit spezifischen WK-Grenze ist notwendig, um das Risikoportfolio untergeordneter Einheiten in Kritikalitätsstufen zu unterteilen. Zusätzlich zur Meldepflicht müssen Risiken als „berichtswürdig“ gekennzeichnet werden, wenn aufgrund anderer Kriterien eine Berichtsrelevanz gegeben ist.

Auch die Verzahnung des RMs mit **angrenzenden Themenfeldern** (Details siehe Kapitel 3.5) wird als Rahmenbedingung genannt.

Ergebnis C-1: Die Ergebnisse bezogen auf untersuchte Rahmenbedingungen im Case unterstützen im BR hinterlegte Annahmen und erweitern den BR um unternehmensspezifisch auszugestaltende Voraussetzungen, Vorgaben und Beziehungen. Hierfür werden „Prämissen“ in Zusammenhang mit der wirtschaftlichen Entwicklung, die „Organisation“ als Resultat interner Vorgaben, die „Bezugsgröße“ zur Orientierung des ChaRMs an Planung und Zielen sowie „Fokus“ und „Wesentlichkeit“ in Bezug auf den Informationsbedarf und angrenzende Themenfelder aufgenommen. Der „Fokus“ wird zudem durch „Vorgaben“ des KCRMs z.B. in Bezug auf den Zeitraum und den Integrationsgrad von Chancen und Risiken in die Planung beeinflusst.

Ergebnisse in Bezug zur Case-Study werden mit einem „C“-Präfix versehen.

Die Inhalte in *C-1* konkretisieren in Bezug zum Ausgangs-BR u.a. Voraussetzungen und Beziehungen und dienen der Beantwortung von Forschungsteilfrage eins.

Zusammenhänge werden im BR über Pfeile visualisiert. Es werden nur Zusammenhänge hervorgehoben, die für den Verlauf der Arbeit relevant sind. Pfeile und Rahmenfarben der neu eingefügten Inhalte symbolisieren Zusammengehörigkeit. Die Vorgaben des KCRMs sind farblich gemäß BR-Bestandteil „Fokus“ markiert, da sie aus dem Vorgehen bzw. der Prozesskoordination des KCRMs abgeleitet werden.

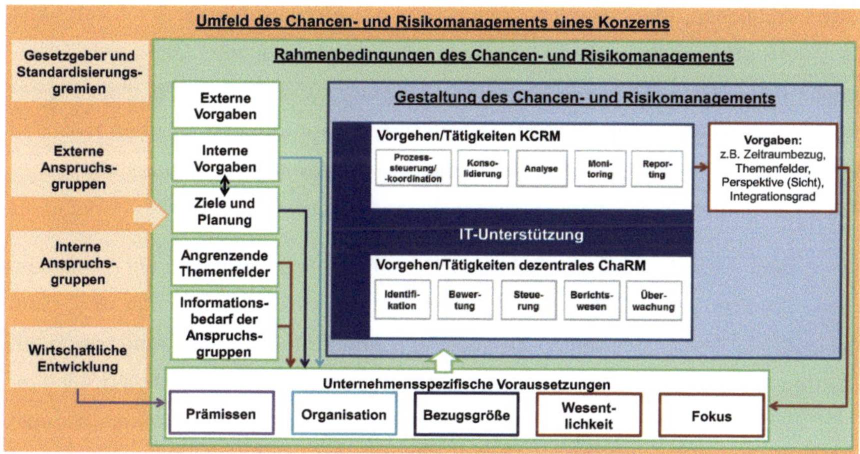

Abbildung 15: Konkretisierung der Voraussetzungen im Bezugsrahmen[362]

3.3.2 Gestaltung des Chancen- und Risikomanagements im Case

In Bezug auf die Zielsetzung des ChaRMs werden vier Kernziele herausarbeitet,[363] die die Sicherstellung der Erfüllung gesetzlicher Anforderungen, des Unternehmensfortbestands, des Erreichens der Unternehmensziele und einer ausgewogenen Planung umfassen. Die vier absichernden Ziele werden nun spezifiziert:

Die **Erfüllung gesetzlicher Anforderungen** und rechtlicher Rahmenbedingungen ist die häufigste und i.d.R. zuerst genannte Zielsetzung, die auf die Erläuterungen in Kapitel 2.2 referenziert. In den Gesprächen ist erkennbar, dass dieses Ziel als Auslöser des RMs betrachtet wird, da hierin die Verpflichtung des Aufbaus eines RMSs begründet ist. Im Kontext der Einhaltung der Vorschriften, Sicherstellung des Vorhandenseins geforderter Instrumentarien und deren Einsatz als Schutzfunktion der Geschäftsführung werden auch die Begriffe Governance und Compliance genannt.

Mit der **Sicherstellung des Unternehmensfortbestands** wird ein Aspekt als Zielsetzung angesprochen, der über den Bezug zur Bestandsgefährdung auch Inhalt der gesetzlichen Grundlage ist. Insbesondere wird hierbei die Betrachtung strategischer und existenzbedrohender Risiken hervorgehoben. Neben dieser Betrachtung von

[362] Eigene Darstellung. Die Pfeile, die auf den Bereich „Voraussetzungen" zeigen und die Rahmen der Voraussetzungen sind zur Visualisierung der Zusammenhänge farblich entsprechend gewählt. „Interne Vorgaben" und „Ziele und Planung" können sich gegenseitig beeinflussen.

[363] Auf die Trennung nach Sichten wird verzichtet, da sich die Antworten gegenseitig ergänzen.

Extremsituationen, dient die dritte Zielsetzung der **Sicherstellung des Erreichens der Unternehmensziele**. Hierunter können sämtliche im Konzern definierten Zielsetzungen fallen. Über die Verknüpfung mit Planwerten, die Betrachtung einer Risiko- und Chancensicht mit zugehörigen Maßnahmenpaketen und Implikationen zwischen der Risikosituation mehrerer Bereiche sollen Unternehmensziele trotz vorhandener Risiken und unter Realisierung möglicher Chancen erreicht werden.[364]

Neben dem Aspekt, dass das ChM im DRS 20 fokussiert wird und die Einhaltung dieses Standards mit als Auslöser eines formalisierten ChMs betrachtet wird, dient das ChM als Treiber der vierten Zielsetzung **Sicherstellung einer ausgewogenen Planung**. Prinzipiell besteht die Gefahr, dass bei einseitiger Betrachtung der Planung, also bei Fokussierung auf die mit der Planung verbundenen Risiken, ein optimistischer Planwert festgelegt wird, der in hohen Maß mit Risiken belastet sein kann. Bei einer realistischen, ausbalancierten Planung hingegen werden Risiken und ggf. zusätzlich erreichbare Chancen betrachtet. Neben der Antizipation von Risiken und Chancen zur Sicherstellung einer realistischen Plangröße adressiert diese Zielsetzung auch das Risikobewusstsein sowie die Objektivität und Güte von Planwerten.

Mit den genannten Ansprüchen sind zwei Eigenschaften des ChaRMs verbunden. Einerseits muss es eine gewisse Geschäftsnähe besitzen und folglich an der Geschäftstätigkeit ausgerichtet sein. Andererseits soll ChaRM nicht nur zur Erfüllung von Vorschriften und damit zum Selbstzweck durchgeführt werden, sondern dem Geschäftsinteresse der OEen und des Managements dienen, um konzernweit den bewussten Umgang mit Risiken und Chancen zu fördern. Das ChaRM muss daher auf die Erreichung der genannten Zielsetzungen ausgerichtet sein. In Folge dieser Überlegung wird in den Leitfaden für die Experteninterviews (Kapitel 4.2) die Frage nach den Merkmalen eines „guten ChaRMs“ aufgenommen.

Ergebnis C-2: Aus der Case-Study kann abgeleitet werden, dass sich ChaRM durch Geschäftsnähe auszeichnen sollte, ohne eine Disziplin zum Selbstzweck zu sein. Ziele sind dabei die Erfüllung gesetzlicher Anforderungen, die Sicherstellung von Unternehmensfortbestand und -zielen sowie die Gewährleistung einer ausgewogenen Planung.

[364] Die dritte Zielsetzung ist sowohl Ziel des RMs als auch des ChMs.

Die Zielsetzungen werden nun in Aufgaben als Auftrag des KCRMs und daraus resultierende Tätigkeiten übersetzt, um die zielgerichtete Unterstützung des KCRMs gewährleisten zu können. Bei der Betrachtung der Aufgabenfelder des KCRMs werden zunächst dessen Selbstverständnis, also die KCRM-Sicht und der Anspruch der Management-Ebene in den Vordergrund gestellt. Wird keine der Perspektiven genannt, gelten die Inhalte aus beiden Sichten. Die Aufgabenbereiche des KCRMs sind Ausgangsbasis der Konzeption, da eine KCRM-Einheit bei den aus den Aufgaben resultierenden Tätigkeiten unterstützt werden soll. Die Ergebnisse der Befragungen lassen sich zu einem Aufgabenspektrum mit sechs Kernaufgaben bündeln:

1. **Schaffung eines Gesamtbilds der Risikolage des Konzerns:** Aus KCRM-Sicht fällt hierunter das Zusammenfassen gemeldeter Risiken zu einer Gesamt- und Verlaufssicht, über Verwaltung eines Risikoinventars und fallspezifische Aggregation. Aus Management-Sicht muss hierdurch die Transparenz und das Verständnis über Zusammenhänge mit der Vermögens-, Finanz- und Ertragslage geschaffen werden, um Maßnahmen und Strategien zur Transformation bzw. Mitigation von Risiken abzuleiten. Für die Erstellung des Überblicks wird implizit das Verständnis der Themen vorausgesetzt, um diese fallspezifisch, übergreifend sinnvoll zu filtern oder herauszustellen, zu aggregieren und zusammenzufassen. Die Transparenz, im Sinne der Klarheit und Erklärbarkeit von Themen, hängt von der Hervorhebung der Themen mit Handlungsbedarf und von Risikohäufungen ab.
2. **Sicherstellung der Konsistenz und Verifikation von Inhalten:** Damit das Gesamtbild eine adäquate Beurteilung der Konzernlage ermöglicht, müssen aus KCRM-Sicht ggf. dezentrale Einschätzungen relativiert und die bereichsübergreifende Konsistenz von Meldungen sichergestellt werden. Hierzu gehören die Verifikation und kritische Hinterfragung von Themen und Einschätzungen, um ggf. die mehrfache Nennung oder eine subjektive Über- oder Unterschätzung zu erkennen. Aus Management-Sicht wird hierbei im Vorlauf der Erfassung die methodische Sicherstellung der Verwendung gleicher Bewertungsmaßstäbe und nach Erfassung die inhaltliche Plausibilisierung gefordert, um die Belastbarkeit der Informationen für die Entscheidungsfindung sicherzustellen. Es müssen Auffälligkeiten analysiert und bei Bedarf Nachfragen an Ansprechpartner adressiert werden.

3. **Erzeugung eines Berichtswesens zur Deckung der Informationsbedarfe:** Aus KCRM-Sicht ist das Berichtswesen zur Inhaltsaufbereitung eng mit den bisher genannten Punkten verbunden. Hierbei sind eine empfängergerechte Darstellung und die Fokussierung auf Top-Down-Vorgaben des Managements nötig. Aus Sicht des Managements ist eine vollumfängliche Berichterstattung an Informationsabnehmer Grundlage, um im Management das Maßnahmensystem zu überwachen oder auf übergreifender Ebene zu ergänzen. Zudem soll das Berichtswesen als revisionssichere, vollumfängliche Dokumentation der Risiken dienen, die in Eigenverantwortung der Einheiten liegen aber aus Konzernsicht wesentlich sind. Darstellung und Konsolidierung müssen dabei den SGEen gerecht werden.
4. **Unterstützung der Steuerung über Informationsbereitstellung:** Dieser Bereich wird aus KCRM-Sicht als Ausbau-Perspektive betrachtet und geht über ein Standardberichtswesen hinaus. Wie aus der Befragung der Management-Sicht deutlich wird, liegt der Auftrag zur Risikosteuerung nicht beim KCRM, denn eine Steuerung einzelner Risiken und zugehöriger Maßnahmen würde in die Verantwortung der dezentralen Einheiten eingreifen. Dies entspricht auch dem in der Literatur genannten Stabsmodell-Ansatz. Aus Steuerungssicht sind daher für das KCRM drei Aspekte relevant. Es ist zunächst notwendig in Zusammenarbeit mit dem Management das Maß an Risiken, das der Konzern bereit ist einzugehen (Risikoappetit), z.B. in einer Risikostrategie, zu definieren. Zudem bereitet das KCRM Sitzungen des Risikogremiums vor, das Entscheidungen über die Steuerung des RMSs bzgl. Weiterentwicklung von Prozess, Methoden und Systemen trifft. Auch die Bereitstellung steuerungsrelevanter Informationen dient zur Entscheidungsunterstützung und Risikosteuerung auf Konzernebene. Die Erfüllung dieses Anspruchs erfolgt aus KCRM-Sicht über rechtzeitige Erkennung übergreifender Themen (Frühwarnfunktion), deren Aggregation und Überwachung.
5. **Prozesskoordination, methodische Weiterentwicklung und Bereitstellung einer Plattform:** Zur Sicherstellung der Geschäftsnähe müssen prozessuale und technische Faktoren kontinuierlich auf ihre Anwendbarkeit überprüft werden. Wichtig ist die klare Abgrenzung zwischen dezentralem Prozess und Tätigkeiten des KCRMs. Die Aufgabenfelder der methodischen Unterstützung in Prozess und Infrastruktur sowie die übergreifende Koordination im Sinne einer Zentralfunktion werden aus KCRM- und Management-Sicht gleichermaßen als wesentlich bezeichnet. Dem KCRM wird die Prozesshoheit über das Gesamtsystem zugewie-

sen. Als Auftrag sind hiermit die Sicherstellung, dass der Prozess gesetzlichen Anforderungen entspricht, Prozess und Methodik der Situation des Konzerns und ggf. der OEen gerecht werden und die dezentrale Ausführung des RMs über eine technische Plattform unterstützt wird, verbunden. Zudem müssen Umfang, Zyklus und Art dezentraler Abfragen passend sein und damit eine im Kontext der Wesentlichkeit sinnvolle Vorgehensweise angestrebt werden. Das KCRM muss daher Prozess-, Methodik- und Infrastruktur-Ausgestaltung kontinuierlich überwachen, um diese im Sinne des wirksamen ChaRMSs weiterzuentwickeln.

6. **Überwachung der Ausgewogenheit der Planung:** Dieser Faktor wird aus Management-Sicht in die KCRM-Überwachungsfunktion hineingezählt. Jedoch ist dem KCRM kein Eingriff in die Planung möglich. Eine Bemessung des Anspannungsgrads oder von Verläufen kann über Vergleiche von Planwerten mit Risiken und Chancen erfolgen und ggf. eine Empfehlung des KCRMs abgegeben werden.

Neben diesen Kernaufgaben gibt es Aufgaben, die nicht allein von der Funktion des KCRMs, sondern von Entscheidungen der Unternehmensführung abhängen.

7. **Verbindung Governance, Risk und Compliance:** Hiermit wird die Verknüpfung zwischen zentralen Stellen fokussiert. Der KCRM-Einheit kommt die Stellvertretung für den Faktor „Risk“ im GRC-Kontext zu.
8. **Aufbau von Risikobewusstsein und -kultur:** Die Etablierung einer Risikokultur wird als beeinflussend für bewussten Umgang mit Risiken betrachtet. Eine konzernweite Etablierung erfordert die Weitergabe durch das jeweilige Management.
9. **Schaffung von Mehrwert:** Diese Funktion soll sicherstellen, dass das ChaRMS nicht zum Selbstzweck betrieben wird, sondern die Steuerung des Konzerns, in Bezug auf die vier Kernziele, positiv und proaktiv unterstützt.

Die erarbeiteten Aufgaben fassen Erwartungshaltung und Anspruch an das KCRM zusammen, um darauf aufbauend Bedarfe für eine IT-Unterstützung zu eruieren. Das Thema GRC wird in Kapitel 3.5 näher erläutert. Die letzten beiden Ziele stehen nicht im Fokus der Arbeit, da sie durch die IT-Gestaltung nur indirekt beeinflussbar sind.

Ergebnis C-3: Die Analyse im Case verdeutlicht, dass die Ziele des ChaRMs die Aufgaben des KCRMs begründen und damit die Tätigkeiten der KCRM-Einheit bedingen. Um den Anspruch der zielgerichteten IT-Unterstützung des KCRMs zu erfüllen, sind daher diese Abhängigkeitskette und die erarbeiteten Aufgabengebiete einzubeziehen.

Aus Zuliefer-Sicht wird vom KCRM hauptsächlich die beratende, methodische und technische Unterstützung im dezentralen RM-Prozess erwartet. Da das Ergebnis der dezentralen RM-Prozesse als Bekanntmachung von Risiken verstanden wird, können dem KCRM zudem die Kommunikation übergreifender Themen (top-down) und Rückmeldung methodischer Verbesserungspotentiale zugerechnet werden.

Um allen genannten Ansprüchen gerecht zu werden, müssen die Verbindungen zwischen den Tätigkeiten des zentralen KCRMs und dem dezentralen RM-Prozess analysiert werden. Hierzu dienen die Inhaltsanalyse der Dokumentationen aus Anhang E und Gespräche mit KCRM und zuliefernden OEen. Wie in *SF-6* in Kapitel 2.3 beschrieben wird der dezentrale RM-Prozess für diese Arbeit in die fünf Phasen eingeteilt, die der aus Zuliefer-Sicht erläuterten Schrittfolge entsprechen (Abbildung 16).

Dieser Prozess ist im Case auch maßgebend für die KCRM-Tätigkeiten. Die aus den Interviews abgeleiteten Tätigkeiten des KCRMs gehen jedoch aufgrund der geschilderten Ansprüche und Aufgaben darüber hinaus. Das erweiterte Aufgabenspektrum findet sich in den erarbeiteten Blöcken aus *SF-7* in Kapitel 2.3 wieder. Abbildung 17 visualisiert die Blöcke mit erarbeiteter Detaillierung, wobei die Farbgebung auf die Verbindung zwischen dezentralem ChaRM und Tätigkeiten des KCRMs referenziert.

Obwohl im Case bisher das RM fokussiert wird, ist die Tendenz erkennbar, dass das ChM künftig an das RM angegliedert werden soll, weshalb die Chancenseite hier mitbetrachtet wird. Die erarbeiteten KCRM-Aufgaben werden den Tätigkeiten (im Folgenden jeweils in „“ genannt) prozessschrittbezogen als Zielsetzung zugeordnet.

Aus KCRM-Sicht werden „Identifikation und Bewertung“ des dezentralen Vorgehens auf Konzernebene mit dem Block „Konsolidierung“ erweitert. Dieser steht für Tätigkeiten, um aus einer verteilen Informationsbasis ein Gesamtbild zu generieren. Top-Down-Vorgaben und Prämissendefinition sind dem dezentralen ChaRM vorgelagerte Aufgaben. Zusammenfassung von Bottom-Up-Informationen, Integration von Inhalten sowie Aggregation sind dezentralem ChaRM nachgelagert. Diese Einteilung in vorgelagerte und nachgelagerte Tätigkeiten wird später aufgegriffen.

„Analyse“ und „Monitoring i.e.S.“ können bezogen auf den Case zu einer Überwachungsfunktion gebündelt werden. Über „Analyse, Monitoring i.e.S.“ gemeldeter Inhalte soll die Erzeugung belastbarer Informationen, bspw. über Plausibilisierung, Analyse, Überwachung und Nachverfolgung gesichert werden.

Die Inhalte des „Reporting" gehen durch Herstellung eines Konzernberichtswesens mit steuerungsrelevanten Informationen über dezentrales „Berichtswesen" hinaus.

Hinter der Bezeichnung „Steuerung", dezentral z.B. zur Risikotransformation verwendet, verbirgt sich aus KCRM-Sicht eine übergeordnete Prozessphase benannt als „Prozesssteuerung und -koordination", zur Vorgabe und Koordination dezentraler Tätigkeiten. Zur Überwachung des Gesamtsystems wird „Monitoring i.w.S." ergänzt. Der Block „Prozesssteuerung und -koordination, Monitoring i.w.S." umfasst methodische Vorgaben, die Bereitstellung und Weiterentwicklung der IT-Lösung sowie die Abbildung der Organisation und Einbindung zugehöriger OEen in das ChaRM. Neben der Sicherstellung, dass der Prozess koordiniert und erfolgreich ablaufen kann, gehören die Dokumentation aller Vorgaben sowie die jährliche Überprüfung der Wirksamkeit des Gesamtsystems dazu. Über Vorgaben steht der Block mit untergeordneten Blöcken in Beziehungen. Erkenntnisse aus der Überwachung dieser Blöcke fließen in die Weiterentwicklung von Vorgaben ein.

Ergebnis C-4: Die in der Literatur erarbeiteten Tätigkeiten bestehen gemäß den Ergebnissen der Befragung auch im Case, werden hier konkretisiert sowie mit dezentralen Aufgaben verknüpft. Als Aufgaben des KCRMs gehen „Prozesskoordination, methodische Weiterentwicklung und Bereitstellung einer Plattform", „Schaffung eines transparenten Gesamtbilds der Chancen-und Risikolage des Konzerns", „Sicherstellung der Konsistenz und Verifikation von Inhalten", „Überwachung der Ausgewogenheit der Planung", „Erzeugung eines Berichtswesens zur Deckung der Informationsbedarfe" und „Unterstützung der Steuerung über Informationsbereitstellung" in den weiteren Verlauf der Arbeit ein.
Als Tätigkeiten werden die Begriffe „Prozesskoordination und -steuerung, Monitoring i.w.S.", „Konsolidierung", „Analyse, Monitoring i.e.S." und „Reporting" weiterverwendet.

Vorgaben, wie z.B. die Risikostrategie,[365] beeinflussen die Ziele des ChaRMs. Hieraus leiten sich Ziele bzw. Aufgaben, Vorgehen und Tätigkeiten des KCRMs ab. Die erarbeiteten Inhalte und das dezentrale und zentrale Vorgehen werden in Abbildung 18, bzgl. Forschungsteilfrage zwei konkretisiert, in den BR eingebaut.

[365] Die Risikostrategie kann ggf. durch das KCRM mitgestaltet werden (siehe Kapitel 2.3). Eine Rückbeziehung zwischen KCRM und internen Vorgaben wird im Rahmen des BRs der Arbeit nicht vorgenommen, da das KCRM einen eigenen Vorgabenblock besitzt.

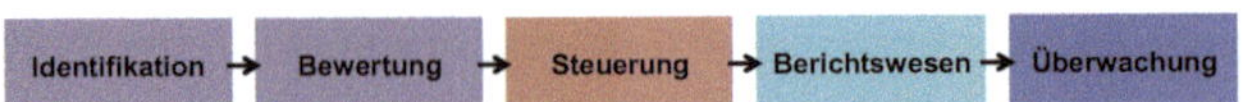

Abbildung 16: Schritte des dezentralen RM-Prozesses aus Zuliefer-Sicht[366]

Abbildung 17: Tätigkeiten des Konzernchancen- und -risikomanagements[367]

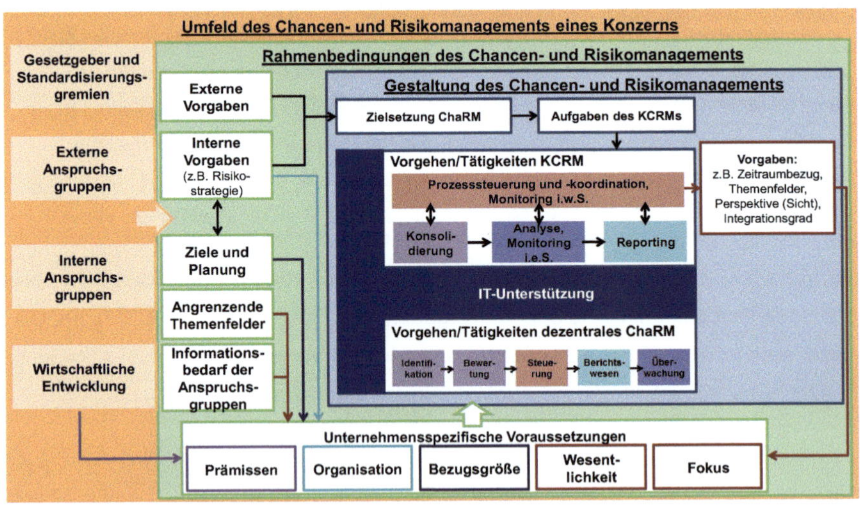

Abbildung 18: Konkretisierter Bezugsrahmen – Aufgaben und Tätigkeiten[368]

---

[366] Eigene Darstellung. Die Erläuterung der Farben folgt.
[367] Eigene Darstellung. Die Striche in den gelben Bändern trennen Zielsetzungen voneinander ab.
[368] Eigene Darstellung.

3.3.3 Darstellung des KCRM-Prozesses und der IT-Lösung im Case

In diesem Kapitel werden die im Case turnusmäßig durchgeführten Tätigkeiten im Rahmen des KCRM-Prozesses, der nur zu Berichtszeitpunkten in der IT-Lösung unterstützt wird, über die gesamte Hierarchie hinweg (bottom-up) untersucht und damit die abstrakte Prozessbeschreibung aus Kapitel 2.3 bezogen auf die Verbindung aus dezentralem ChaRM (vgl. *SF-6*) und KCRM-Prozess (vgl. *SF-8*) mit Bezug zu KCRM-Tätigkeiten (vgl. *SF-7 und C-4)* konkretisiert. Der KCRM-Prozess im Case ist bisher stark an der IT-Lösung orientiert und umfasst die Schritte von der Aufforderung des KCRMs zur dezentralen Risikoerfassung bis hin zur Erstellung des Konzernrisikoberichts, auf Basis der Erkenntnisse aus dem dezentralen ChaRM, in der KCRM-Einheit. Die bestehende IT-Lösung ist eine Eigenentwicklung, die über ein Web-Front-End im Intranet berechtigten Konzernmitarbeitern zugänglich ist.

Der KCRM-Prozess wird systemseitig über Module zur Risikoerfassung und -berichterstattung abgedeckt. Der Funktionsumfang der IT-Lösung bezieht sich in Teilen auf Tätigkeiten dezentraler Einheiten, indem die Risikoerfassung und Maßnahmenangabe ermöglicht wird, sowie auf Teile der Tätigkeiten des KCRMs im Rahmen von Prozesssteuerung und Koordination, Konsolidierung, Analyse und Reporting. Die Darstellung der Abläufe erfolgt über die Modellierungssprache „Architektur integrierter Informationssysteme" (ARIS), die auch im Case genutzt wird. Der planungsbezogene KCRM-Prozess umfasst auf abstrakter Ebene die Schritte in Abbildung 19:

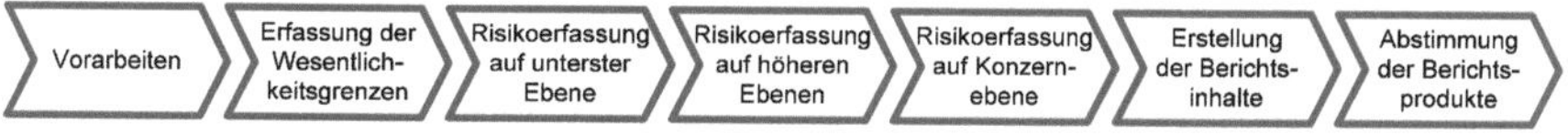

Abbildung 19: Ist-Zustand IT-gestützter KCRM-Prozess zu Berichtszeitpunkt[369]

Die IT-Lösung besitzt ein Berechtigungskonzept mit den Rollen „Risikoverantwortlicher" und „Risikoerfasser", letztere abhängig von der Art der OE. Ein „Risikoerfasser" in einer SGE kann die WK-Grenzen untergeordneter OEen pflegen, Einzelrisiken und das indirekte Ausmaß von Verbundrisiken eingeben, erfasste Risiken freigeben oder ggf. seine Freigabe für Korrekturen zurücknehmen. Ein „Risikoerfasser" in einer Funktion kann statt Einzelrisiken nur Verbundrisiken eingeben und das zugehörige direkte Ausmaß bewerten. Die einheitenartunabhängige Rolle „Risikoverantwortli-

[369] Eigene Darstellung. Die bestehende Prozessbeschreibung beschränkt sich bzgl. eines grafisch modellierten Prozessablaufs bisher auf das Abstraktionsniveau in Abbildung 19. Weitere Spezifikationen werden aus den Interviews und aus Dokumentationen (vgl. Anhang E) abgeleitet. Die Inhalte der Abbildungen 19 bis 22 sind losgelöst von einer bestimmten Farbgebung modelliert.

cher“ entscheidet über die endgültige Freigabe und damit die Weitergabe erfasster Risiken an die übergeordnete OE. Eine Rücknahme der Freigabe durch sie ist nicht möglich. Die Rolle „Supervisor“ dient der Überwachung von Berechtigungen. Die Rolle „KCRM“ hat neben Rechten eines „Risikoerfassers“ administrative Rechte.

Der Schritt „Vorarbeiten“ umfasst die Anlage eines Planungsstands[370], sodass Inhalte abgeschlossener Planungen nicht überschrieben werden. Anschließend wird geprüft, ob die aktuelle Organisationsstruktur mit der im System hinterlegten Hierarchie übereinstimmt oder ob diese anzupassen ist. Es folgt die Hinterlegung aktueller Währungskurse für den betrachteten Zeitraum. Danach kann der Planungsstand und damit das System zur Eingabe für alle Anwender geöffnet werden, woraufhin zunächst top-down die „Erfassung der WK-Grenzen“ als Berichtsschwellen erfolgt. Abbildung 20 enthält die IT-gestützten, ersten beiden Schritte aus Abbildung 19.

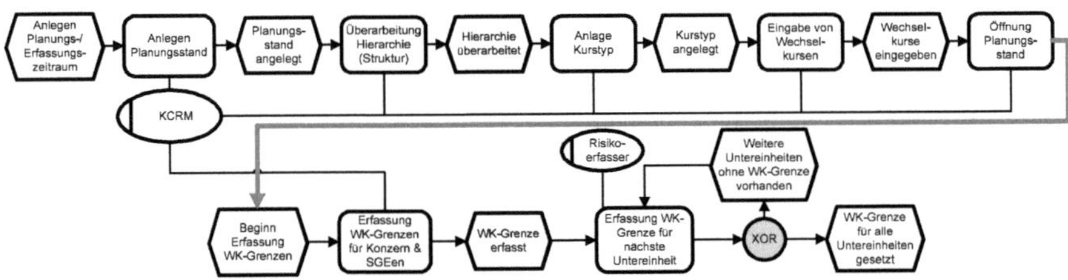

Abbildung 20: Vorarbeiten und Wesentlichkeitsgrenzen für die Risikoerfassung[371]

Die Abläufe werden im IT-System durch ein Währungskurs- und ein Erfassungsmodul unterstützt. Im „Währungskursmodul“ können Prämissen hinterlegt werden, mit denen in Landeswährung bewertete Risiken für übergeordnete OEen umgerechnet werden. Im „Erfassungsmodul“ können Planungsstände verwaltet, WK-Grenzen definiert, Risiken erfasst und freigegeben sowie der Freigabeprozess überwacht werden.

Für die Risikoerfassung ist die Person mit der Rolle „Risikoerfasser“ zuständig. Nach der Erfassung aller Risiken wird die Risikoerfassung der Einheit durch sie und den Risikoverantwortlichen der Einheit freigegeben (Vier-Augen-Prinzip). Werden Verbundrisiken erfasst, muss vor der Freigabe das direkte Ausmaß bei der erfassenden Einheit sowie das indirekte Ausmaß in der sekundär betroffenen Einheit hinterlegt

[370] Ein Planungsstand ist ein Erfassungszeitraum, der die Verbindung zur betroffenen Planung, in Relation zu der die Risiken im System erfasst werden, und zugehörigen Zielen herstellt.

[371] Eigene Darstellung. Graue Pfeile visualisieren zudem Übergänge zwischen Phasen aus Abbildung 19. Die Erfassung der WK-Grenze erfolgt kaskadierend top-down über alle Ebenen hinweg.

werden. Ergebnisse der Risikoerfassung werden kaskadierend an höhere Ebenen weitergegeben, die Risiken hinzufügen und die erfasste Situation anpassen können.

Je nach OE und Eingliederung in die Hierarchie sind mehrere Möglichkeiten denkbar:

- Risiken werden in einer Einheit zum ersten Mal erfasst.
- Gemeldete Risiken aus Untereinheiten werden in einer übergeordneten Einheit bearbeitet und ggf. aggregiert. Auf unterster Ebene gibt es keine Aggregation.
- Risiken werden von einer Funktion erfasst und haben für mindestens eine weitere Einheit eine Wirkung (1:1- oder 1:N-Beziehung bei Verbundrisiken (Kapitel 2.2)).

Aus den Interviews wird das Schema in Abbildung 21 mit Schritten für die „Risikoerfassung auf unterster Ebene" sowie „Risikoerfassung auf höheren Ebenen" abgeleitet und vereinheitlicht dargestellt. Dies sind Teilschritte des KCRM-Prozesses. Wenn es sich bei der übergeordneten Ebene nicht um die Konzernebene handelt, erfolgt das Vorgehen dort entsprechend. Ist die nächsthöhere Ebene die Konzernebene, erfolgt vor Freigabe der SGEen und Funktionen die Prüfung und ggf. Anpassung der Inhalte durch das KCRM unter Rücksprache mit den Risikoerfassern.[372]

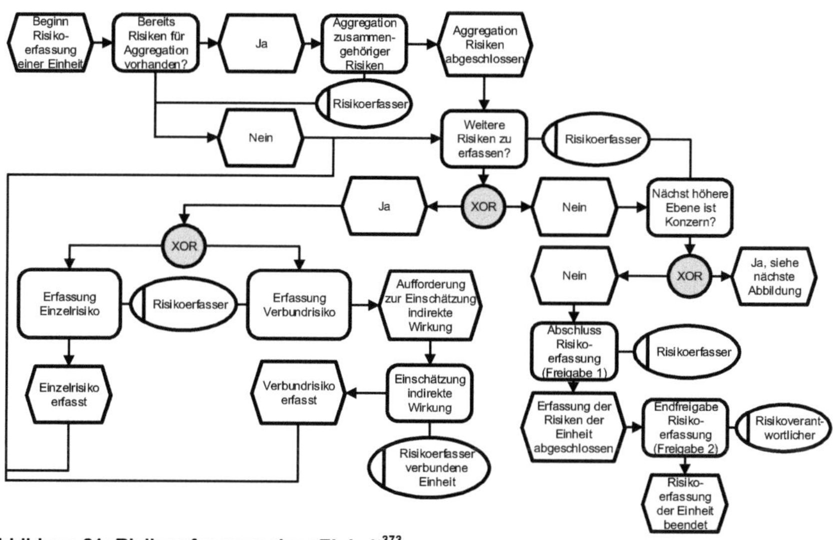

Abbildung 21: Risikoerfassung einer Einheit[373]

[372] Diese Analyse erfolgt entsprechend für zugelieferte Daten auf untergeordneten Ebenen.

[373] Eigene Darstellung. Da alle Schritte systemgestützt erfolgen, wird dies nicht extra visualisiert. Die Ablehnung der Freigaben wird aus Platzgründen ebenfalls nicht betrachtet (ebenso in Abbildung 22).

Auf Konzernebene werden die Risiken pro Kategorie aggregiert und bei Bedarf weitere Risiken ergänzt. Mit Freigabe auf Konzernebene endet die Risikoerfassung. Die darauf aufbauende Konzern-Risikoberichterstattung umfasst z.B. folgende Inhalte:

- Darstellung der Risikosituation gesamt und aufgeteilt nach Kategorie,
- Auswertung der Risiken mit Maßnahmen und Filterung auf wesentliche Risiken,
- Veränderungsanalyse der dimensionsbezogen größten Risiken pro Kategorie,
- Darstellung der Risk Maps unterschiedlicher Ebenen.

Abbildung 22 zeigt den Prozess von der Risikoerfassung auf Konzernebene bis hin zur Erstellung des Konzernrisikoberichts. Es wird zudem die Freigabe am Beispiel einer SGE dargestellt. Die Abbildung verbindet die „Risikoerfassung auf Konzernebene“ sowie die „Erstellung der Berichtsinhalte“ aus Abbildung 19. Zur Unterstützung der Risikoberichterstattung dient das „Berichterstattungsmodul“ der IT-Lösung, in dem Berichtsbestandteile erzeugt und bereitgestellt werden können, bspw. Risk Maps, Listen sowie Detailinformationsblätter pro Risiko. Dezentrale Einheiten können ihre Informationen entsprechend aufbereiten. Zur Erstellung des Konzernrisikoberichts sind die Systeminhalte exportierbar (als Portable Document Format (PDF) und für Office-Programme), sodass weitere Auswertungen und Kommentierungen durchgeführt und eine einheitliche Präsentationsform sichergestellt werden kann. Die Inhalte des Konzernrisikoberichts werden außerhalb der IT-Lösung mit Führungskräften und dem Finanzvorstand abgestimmt und mehreren Adressaten vorgelegt.

Für das KCRM bestehen weitere Module, z.B. zur Verifizierung von Berechtigungen aller Einheiten. Dezentrale IT-Lösungen bestehen nur in Spezialfällen, jedoch ohne technische Schnittstelle. Aus der konzerninternen Überlegung zur Erfüllung der Inhalte des DRS 20 besteht der Bedarf einer technischen ChM-Unterstützung.

Ergebnis C-5: Mit der IT-Lösung im Case werden hauptsächlich die Erfassung und Berichterstattung im KCRM-Prozess bezogen auf einen Berichtszeitpunkt unterstützt unter Hinterlegung der Hierarchie und Implementierung des Vier-Augen-Prinzips. Übertragen auf den BR dient sie dezentral für die Erfassung der Prozessschrittdaten ohne inhaltlich zu unterstützen. In Bezug auf die Tätigkeiten des KCRMs ist die Unterstützung unvollständig, nicht zur kontinuierlichen Arbeit geeignet und aus Sicht des KCRMs nicht zufriedenstellend.

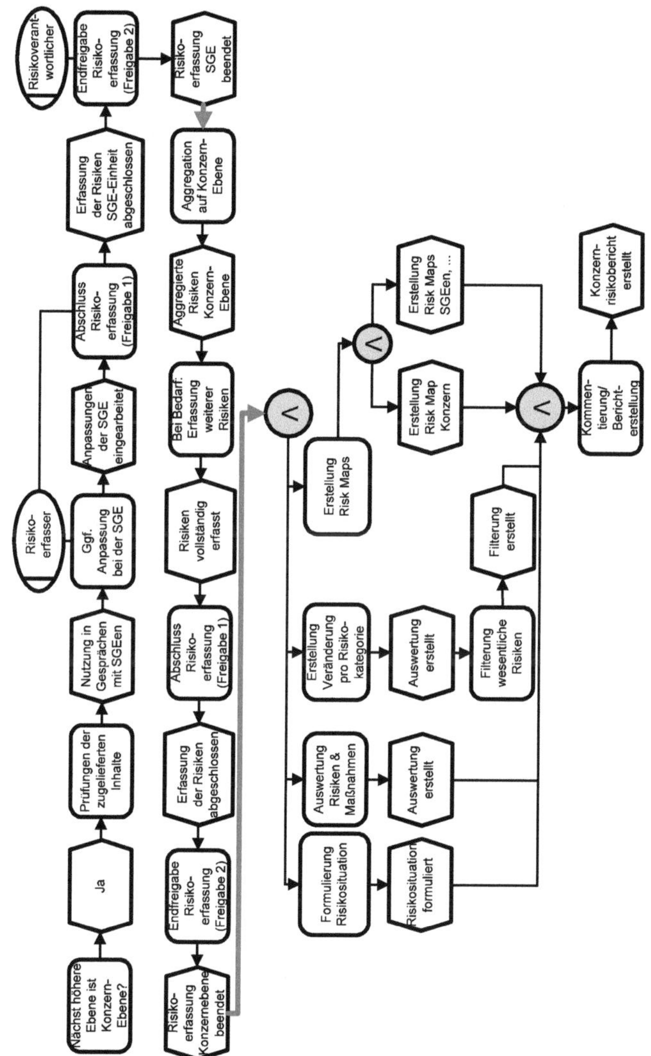

Abbildung 22: Risikoerfassung und -berichterstattung auf Konzernebene[374]

Die Beschreibungen stellen den KCRM-Prozess und die bestehende IT-Lösung dar und beantworten damit Forschungsteilfrage drei aus Sicht des Anwendungsfalls.

[374] Eigene Darstellung. Alle Tätigkeiten ohne Verantwortlichen obliegen dem KCRM. Für die Freigabe gibt es auch auf Konzernebene eine Person mit der Rolle „Risikoverantwortlicher". Aufgaben, die Abbildung 21 entsprechen, sind systemunterstützt. Abstimmungen und inhaltliche Prüfungen sind nicht unterstützt. Nach Beendigung der Risikoerfassung erfolgt nur die Erstellung der Risk Maps IT-basiert. Zugehörige Inhalte werden über Inhaltsanalyse bestehender Berichte (vgl. Anhang E) erarbeitet.

3.4 Prozessuale und technische Anforderungen und Potentiale

Die Abläufe aus Kapitel 3.3.3 sind fachlich ausspezifiziert und stellen über die erarbeitete, detaillierte Prozessbeschreibung als Mindestanforderung die Basis der technischen Ausgestaltung im Case dar. Dieses Kapitel enthält die von den Ansprechpartnern der Sichten genannten oder im Rahmen der Interviews erkannten Herausforderungen und Verbesserungspotentiale, die weitere Anforderungen begründen. Wenn keine Sicht hervorgehoben wird, ist die Thematik sichtenübergreifend relevant. Herausforderungen aus Schnittstellen-Sicht werden in Kapitel 3.5 beschrieben. Viele der erhobenen und zu den beschriebenen Kategorien gebündelten Hinweise haben ihren Ursprung in einem fachlichen Anspruch der über die Gestaltung der IT-Lösung zu unterstützen ist. Die Wechselwirkungen werden herausgearbeitet, um die Implikationen und Zusammenhänge der Verbesserungspotentiale aufzuzeigen.

Ergebnis C-6: Aus der Erhebung werden induktiv sechs Potentialkategorien abgeleitet:

I. Strategie und Steuerung
II. Methodik und Prozessgestaltung
III. Organisation und Koordination
IV. Einbindung angrenzender Themenfelder (Erläuterung siehe Kapitel 3.5)
V. Analyse und Konzernberichterstattung
VI. Gestaltung der IT-Unterstützung (hier Fokus: Technische Basis und Aufbau)

Die Verbesserungspotentiale liegen dabei in unterschiedlichem Detaillierungs- und Konkretisierungsgrad vor und stehen in Beziehung zueinander. Zur Strukturierung der Potentiale werden die Themen der Kategorie zugeordnet auf der der inhaltliche Fokus liegt bzw. zu der der engste Bezug besteht. Auf relevante Implikationen und Wechselwirkungen wird hingewiesen. Eine Priorisierung und Einteilung in Muss- und Kann-Anforderungen erfolgt im Rahmen der Konzeption in Kapitel 5.2 basierend auf den übergreifenden Bedarfen losgelöst vom Case. Die Begrifflichkeiten „muss", „kann", „soll" etc. dienen hier folglich nur der Beschreibung. Bei der Erhebung der Anforderungen und Verbesserungspotentiale sind bzgl. bestimmter Themen teilweise konträre Haltungen in den Sichten erkennbar. Da der Fokus auf der Unterstützung der KCRM-Bedarfe liegt, werden deren Anforderungen und der aus Management-Sicht an die Ergebnisse gestellte Anspruch bei widersprüchlichen Bedarfen als führend erachtet und erläutert. Kategorien und gebündelte Bedarfe, als Ergebnis der Kodierung, werden zur Strukturierung hervorgehoben und nummeriert, um sie in Kapitel 3.6 aufzugreifen. ChM wird als ein Potential der IT-Lösung berücksichtigt.

I. Strategie und Steuerung:

Hierin sind Aspekte enthalten, die mit der Ausrichtung des RMs auf strategische Themen und mit dem Management- bzw. Steuerungsgedanken des RMs verbunden sind. Wesentliche Potentiale liegen im Ausbau **der Risikostrategie sowie des strategischen RM-Prozesses (1)**. Um den Steuerungsaspekt des RMs zu stärken, bestehen gemäß Kapitel 3.3.2 in Bezug auf eine Risikostrategie (1a) aus KCRM- und Management-Sicht technische Weiterentwicklungspotentiale. Die Strategie kann als Anknüpfungspunkt für die strategische Risikoperspektive dienen, Vorgaben über den pro Bereich maximal einzugehenden Risikoumfang enthalten und aus Management-Sicht dabei unterstützen das RM als Planungsinstrument zu stärken. Eine Strategie muss dafür mit zugehörigen Informationen in der IT-Lösung abgebildet werden. Von diesem Potential ist auch die Koordinationskategorie (III) betroffen, da Gültigkeit und Passgenauigkeit der Strategie für alle OEen sichergestellt werden müssen.

Weiterer Punkt ist die unterschiedliche thematische Fokussierung. Inhalt der Gespräche auf Zuliefer-Ebene sind hauptsächlich Risiken, die das aktuelle operative Geschäft betreffen. Aus Management-Sicht liegt der gewünschte Schwerpunkt auf der frühzeitigen Erkennung von Themen, die die Existenz des Unternehmens, den Erfolg gelebter Geschäftsmodelle und angestrebter Ziele oder die Reputation gefährden könnten. Sogenannte „strategischen Risiken“ werden im Case jedoch z.T. bezogen auf strategische Relevanz oder als langfristig interpretiert. Hierbei sind mehrere IT-bezogene Handlungspotentiale erkennbar. Erstens muss der Begriff „strategisches Risiko“, z.B. als Gefährdung der strategischen Zielerreichung, abgegrenzt und die Erfassung im System ermöglicht werden. In Folge der Anforderungen aus KCRM- und Management-Sicht muss die Abbildbarkeit des strategischen RM-Prozesses (1b) im System gewährleistet sein, in dem strategische Themen zunächst losgelöst von operativen Themen betrachtet werden. Um relevante Entwicklungstendenzen frühzeitig zu erkennen, müssen entsprechende strategische Themen dann jedoch ggf. im operativen RM überwachbar sein. Aus KCRM-Sicht soll zudem der langfristige Fokus (1c) des RMs, der bisher nicht technisch unterstützt ist, in der IT-Lösung abgebildet werden. Es muss eine Verbindung zwischen den Betrachtungsweisen (1d) operativ, hier im Sinne von kurz- und mittelfristig, langfristig und strategisch hergestellt werden können. Die Kategorien II, III und V sind davon ebenfalls betroffen.

Aus Management- und KCRM-Sicht ist zudem die verstärkte technisch basierte **Ermöglichung der Entscheidungsunterstützung durch das RM (2)**, z.B. bei Projekten, notwendig. Die Analyse der Risikosicht zu Beginn eines Projekts erfolgt in projektbezogenen Steuerungsgremien und die laufende Überwachung im Projektcontrolling (vgl. Kapitel 3.5.2). Beide Vorgänge sind bisher nicht über die IT-Lösung abgedeckt. Neben der aus Steuerungssicht relevanten Unterstützung bei der Entscheidung für ein Projekt ist je nach der Risikoeinstufung in der Erstanalyse die Einbindung in den kontinuierlichen IT-gestützten KCRM-Prozess sinnvoll (vgl. auch 4c).

Um das RM in der IT-Lösung stärker auf Entscheidungsunterstützung auszurichten, müssen aus dem Berichtswesen steuerungsrelevante Informationen (2a) für Entscheidungen abgeleitet werden. Hierfür sind Auswertungs-Perspektiven (2b) (siehe auch Kategorie V) und die Überwachung von Entwicklungen bestimmter Risiken und Maßnahmen über die Abfrage in geeigneter Informationstiefe notwendig (2c). Hinzu kommt die technische Überwachbarkeit der Ausgewogenheit der Planung (2d). Die Aufbereitung zugehöriger Informationen bedingt technische Konzeptionsaufwände.

Ein weiteres Thema dieser Kategorie ist das **Chancenmanagement (3)**. Sowohl aus Management- als auch aus Zuliefer-Sicht werden ein mehrwertgenerierender Umgang mit dem ChM und eine IT-basierte Unterstützung in gleicher Detailtiefe wie für das RM gefordert. Umsetzungsalternativen werden in dieser Arbeit untersucht.

II. Methodik und Prozessgestaltung:

Bezogen auf die Methodik ist in der IT-Lösung die Erweiterung des **RM-Fokus bei finanziellen und nicht-finanziellen Wirkungskategorien (4)** relevant. Aus KCRM- und Management-Sicht sollen z.B. mehrere Bezugsgrößen sowie mehrere quantitative und qualitative Auswirkungsdimensionen mit finanziellem oder nicht-finanziellem Hintergrund, z.B. Reputation, technisch im System verwendet werden können (4a).

Die Identifikation und Bewertung sind bezogen auf die Erfassung von Risiken mit finanzieller Auswirkung momentan technisch besser unterstützt als die Erfassung von Risiken mit Wirkung auf die Reputation (4b). Eine Überarbeitung kann z.B. eine technische Einbindung von Kooperationsbereichen (vgl. auch *SF-12*) implizieren. Die zusätzliche Bewertung qualitativer Kriterien soll die Erfassung von Risiken erlauben, die nicht oder noch nicht exakt in Relation zu einer finanziellen Bezugsgröße bestimmbar sind. Dadurch wird auch die Einbindung von Prozess- und Projektrisiken (4c) in die IT-Lösung erleichtert. Dieser Aspekt beeinflusst auch Kategorie IV.

Aus KCRM-Sicht besteht zudem die Anforderung **Themenstellungen top-down in den KCRM-Prozess einzusteuern (5)**. Dies ist z.B. Voraussetzung für die dezentrale Bewertung von zentral vorgegebenen Szenarien und die kontinuierliche Nachverfolgung strategisch relevanter Themen. Mit der Einsteuerung von Top-Down-Informationen soll ausgehend von der Konzernebene aus Management-Sicht das bestehende „Einbahn-System" der IT-Lösung durchbrochen werden. Als Top-Down-Informationen werden im Rahmen der Analyse folgende Möglichkeiten identifiziert:

- Vorgaben für Bewertungen: Hierfür muss eine administrative Funktion vorhanden sein, die die Eingabe und gezielte Bereitstellung ermöglicht.
- Risiken, die durch bestimmte Einheiten zu bewerten sind: Für die Risikovorgabe top-down müssen im IT-System Informationen in ausreichender Informationstiefe Einheiten zur optionalen oder verpflichtenden Bewertung zugewiesen werden.
- Bewertungen im System: Wenn zum Berichtszeitpunkt nur Top-Down-Bewertungen möglich sind oder dezentrale Bewertungen übergeordnet zusammengefasst werden, sind Top-Down- und Bottom-Up-Bewertungen zu verbinden.

Aus Zuliefer-Sicht ist es erforderlich zusätzlich zur Gruppierung nach Risikokategorie, Themen als fachliche Überbegriffe zu definieren. Die Vorgabe soll jeweils von übergeordneten an direkt untergeordnete Einheiten erfolgen können. Zudem sollte darauf aufbauend aus KCRM- und Zuliefer-Sicht sowohl ein Reporting auf Kategorie- als auch auf Themen- oder Einzelrisikoebene möglich sein. Die IT-Lösung muss aus Zuliefer-Sicht auch die eindeutige Schlüsselung, Zurechenbarkeit und Nachvollziehbarkeit ermöglichen. Dies betrifft aus KCRM-Sicht vor allem Verbundrisiken und die vollständige **Aggregation über den Gesamtkonzern (6)**. Für die KCRM-Sicht ist hierbei Transparenz entscheidend, insbesondere die Nachvollziehbarkeit von überarbeiteten Bewertungen und Veränderungen zur korrekten Interpretation. Technische Verbesserungspotentiale sind aus Zuliefer-Sicht zudem die vereinfachte Verarbeitung und Übernahme von Kommentierungen über die Hierarchiestufen hinweg und die verbesserte Workflow[375]-Unterstützung, z.B. über Ansichten bearbeiteter Themen im Rahmen der Aggregation. Aus KCRM- und Management-Sicht sollte neben der reinen thematischen Kumulation die Anwendbarkeit mathematischer Modelle einbe-

[375] Unter einem Workflow wird in dieser Arbeit ein automatisierter Ablauf im IT-System verstanden.

zogen werden. Überlegungen einer Erweiterung von mathematischen Modellen werden aufgrund der Erläuterung in Kapitel 2.3 hier nicht betrachtet.

Neben der Verbesserung des Gesamtablaufs können in der Unterstützung dezentraler Schritte Potentiale erkannt werden. Hierbei stehen **Risikoidentifikation (7)** und **Risikobewertung (8)** im Vordergrund, um dezentrale RM-Prozesse zu standardisieren und dadurch die Objektivität und Qualität der dem KCRM zugelieferten Informationen sicherzustellen. Im Bereich **Identifikation** können aus KCRM- und Zuliefer-Sicht Guidelines ausgebaut und die Risikoerfassung mittels eines Risiko-Self-Assessments (7a) unterstützt werden, z.B. mit definiertem Rahmen an zu erfassenden Risiken, um die Vergleichbarkeit zu erhöhen und eine einheitliche Betrachtung aus Ursache- oder Wirkungssicht zu schaffen. Als Assessment müsste im IT-System ein Fragebogen definiert werden, der bestimmte Kategorien und Themen abdeckt. Aus Zuliefer-Sicht wären die Hinterlegung eines Risiko- und ggf. Chancenkatalogs (7b) im System, unterteilt in Subkategorien, hilfreich. Für darüber hinaus gemeldete Risiken ist ein Prozess zur Prüfung der Aufnahmen in den Katalog nötig.

Im Zuge der Untersuchung von Unterstützungsmöglichkeiten im Identifikationsschritt ist auch zu prüfen, inwieweit Indikatoren zur Risikofrüherkennung (7c) nutzbar und ein Indikator- und Kennzahlen-Tracking hilfreich sind. Als Alternative zur Erfassung eines Risikos wird für den Fall, dass kein Risiko vorliegt aus allen Sichten die Verwendung von systemgestützten Negativmeldungen (7d) gefordert.

Im Anwendungsfall besteht in Zusammenhang mit der Identifikation die Konstellation der verbundenen Risiken (7e), die starke prozessuale Abhängigkeiten, insbesondere bei der Freigabe, und zeitliche Engpässe nach sich zieht. Die Ausgestaltung und der zugehörige Workflow sollen vereinfacht und flexibilisiert werden, unter Berücksichtigung der Abbildung volatiler Organisationsstrukturen in der IT-Lösung.

Weitere methodische Aufgabe ist die **Ermöglichung einheitlicher Bewertungen (8)**. Hierbei muss künftig erkennbar sein, ob die Bewertung auf Basis der bestmöglichen („best-case"), realistischen („realistic-case") oder der schlechtesten Konstellation („worst-case") erfolgt ist. Außerdem muss sich die EW eindeutig entweder auf den Risiko- oder den Schadenseintritt beziehen. Aus KCRM- und Zuliefer-Sicht soll eruiert werden, ob eine szenariobasierte Bewertung (8a) gesplittet in „best-", „realistic-" und „worst-case"-Szenarien technisch umzusetzen ist. Aus Management-Sicht ist eine IT-basierte Vorgabe von Bewertungsszenarien hilfreich. In diese Betrachtung muss zudem die Überlegung einfließen, ob eine themenbezogen zeitgleiche Chancen- und Risikobetrachtung (8b) sinnvoll ist und inwieweit Chancen und „best-case"-Risikoszenarien vereinbar sind. Zur Unterstützung ist die Verwendung von Szenarien, Vorgaben und Prämissen notwendig. Die Unterstützung dezentraler Bewertung kommt der Aggregation und Konsolidierung gemeldeter Inhalte auf Konzernebene zugute.

Aus Management- und Zuliefer-Sicht wird eine Aufteilung in beeinflussbare und nicht-beeinflussbare Themen (8c) vorgeschlagen. Diese Betrachtung kann ausgebaut werden, indem für beeinflussbare Risiken proaktive Maßnahmen und für nicht-beeinflussbare reaktive Maßnahmen bzw. Maßnahmenpläne, für den Fall des Risikoeintritts, hinterlegt werden. Diese Einteilung ist technisch zu berücksichtigen. Zur Ermöglichung proaktiver Maßnahmen ist z.B. eine Überwachung des Status und der Entwicklungstendenz eines Risikos notwendig.

Um den Steuerungsaspekt des RMs zu stärken, muss aus KCRM-Sicht die **Maßnahmenerhebung standardisiert (9)** werden, damit die Inhalte in strukturiert auswertbarer Form vorliegen. Die Zuliefer-Sicht fordert ein je nach Größe der OE vertretbaren Aufwand zur Maßnahmenerfassung. Ziel des KCRMs ist es dabei Maßnahmen besser überwachen und analysieren zu können, um den Informationsbedarf aus Management-Sicht zu decken. Aus Management- und KCRM-Sicht ist es daher nötig, den Informationsbedarf zu untersuchen und die technische Unterstützung zur **Nachverfolgung von Risiken und Maßnahmen (10)** zu verbessern.

Zur Plausibilisierung von Risikomeldungen und zur Lokalisierung von Bereichen, in denen vermehrt Risiken auf- und eintreten, benötigt die KCRM-Sicht darüber hinaus Informationen, welche Risiken in welcher Höhe realisiert werden. Die **Nachvollziehbarkeit des Risikoeintritts (11)** muss durch den Verlauf der Risikomeldungen über Berichtsperioden hinweg deutlich werden und trotz komplexer Abhängigkeiten und abweichender Informationsgranularität im System rekonstruierbar sein.

Aus KCRM-Sicht muss sichergestellt werden, dass außerhalb von regulären Berichtszyklen **Adhoc-Meldewege (12)** genutzt werden. Die Funktionalitäten des IT-Systems müssen daher das kontinuierliche Vorgehen im KCRM-Prozess und den Adhoc-RM-Prozess abdecken. Entsprechende Adhoc-Meldungen müssen zudem in den KCRM-Prozess überführbar sein. Weiterhin soll die IT-Lösung dezentral **pro Einheit einen adäquaten und flexiblen Prozessumfang (13)**, unter der Prämisse generell die Pflicht der Durchführbarkeit des RMs pro Einheit sicherzustellen, anbieten. Die Systemnutzung könnte dafür nach Einheitengröße gesteuert werden. Entsprechend sind ggf. Importschnittstellen zur Überführung von außerhalb des Systems gemeldeten Themen vorzusehen. Dies ist z.B. wichtig, wenn bereits dezentrale IT-Systeme bestehen. Methodische und prozessuale Verbesserungen sollen hier den Aufwand der OEen auf die aus KCRM-Sicht zusätzlich relevanten Tätigkeiten lenken und soweit möglich auch dezentral Mehrwert schaffen.

Weitere methodische Anforderung aus KCRM-Sicht ist die Unterstützung bei der **Prüfung der Wirksamkeit (14)**, für die bisher notwendige Unterlagen und die Bewertung zugehöriger Kriterien systemunabhängig abgefragt werden.

Nicht weiter betrachtet wird der Wunsch nach einer Systemlogik zur automatischen Ableitbarkeit von Risiken, da die Erstellung eines solchen Kausalsystems für die Komplexität eines Konzerns nicht im Fokus dieser Arbeit steht.

III. Organisation und Koordination:

Diese Kategorie bezieht sich auf die Zusammenarbeit und Koordination zwischen relevanten Ansprechpartnern innerhalb des Konzerns. Hierfür müssen **Informationen mehrerer Ansprechpartner (15)** kombiniert und ausgewertet werden können.

Bei der Betrachtung des **Vier-Augen-Prinzips sollen operativ verantwortliche Personen und Mitarbeiter des Finanzbereichs (16)** Risiken kooperativ erfassen und bewerten. Durch die Erweiterung der Finanzsicht[376] soll der Informationsgehalt in der IT-Lösung erweitert werden. Hierfür muss die IT-Lösung ggf. einem differenzierten Kreis an Nutzern mit verschiedenen Ansprüchen bereitgestellt werden.

Prinzipiell wird aus allen Sichten eine Komplexitätsreduktion und Kalibrierung der Abfragetiefe und Freigabelogik angestrebt, insbesondere im Kontext von **Verbundrisiken (17)**. Aus Zuliefer-Sicht erschweren die zugehörigen Abhängigkeiten zwischen OEen im IT-System die Arbeit. Sie fordern die Möglichkeit einer Zuweisung von Risiken von SGE zu SGE und ggf. Funktion zu Funktion. Aus KCRM-Sicht sind auch Verbünde zwischen dezentralen oder zentralen Bereichen denkbar.

[376] Der Finanzrisiko-Fokus wird auch in der Literatur kritisiert, vgl. bspw. Romeike und Hager (2013), S. 81f.

Die **Organisationsstruktur (18)** im Anwendungsfall ist sehr komplex und z.T. von mehrfacher Matrixstrukturierung und Konstellationen wie Spezialgesellschaften geprägt. Eine n-stufige Zuweisung der Themen in der Hierarchie muss erfolgen können. Der Aufwand zur Anpassung der Organisationsstruktur muss dabei möglichst gering sein. Berichtswege und Meldemöglichkeiten müssen zudem flexibel gestaltet werden, sodass die nötige Agilität bei Struktur- und Organisationsänderungen unter N:M-Zuweisungskomplexität ermöglicht wird. Der Grad der Abhängigkeiten muss dabei überarbeitet werden, damit Abgabezeitpunkte bei n-stufiger Aggregation und Freigabe im Kontext der Aktualität der Informationen akzeptabel sind.

Zur Zusammenarbeit wird eine **integrierte Wissensplattform (19)** gefordert. Diese Anforderung wird aus Zuliefer-Sicht als Erfahrungsdatenbank und aus KCRM- und Management-Sicht als technische Möglichkeit zur Nutzung von Erfahrungsdaten betitelt. Es ist dafür der Aufbau einer Datenbank über Vergangenheitsdaten (19a) notwendig, um historisierte Daten adäquat auswertbar zu machen. Die technisch gestützte Möglichkeit der Erfassung eingetretener Risikofälle (19b) ist notwendig, um diese zur Plausibilisierung und für Vollständigkeitsprüfungen zu nutzen.[377]

In den Gesprächen mit Ansprechpartnern der drei hier relevanten Sichten wird zudem die Verbesserung der IT-gestützten Kommunikation angeregt. Dies kann über die Etablierung einer **Austausch- und Kollaborationsplattform (20)** ermöglicht werden, aufgeteilt in ein Kommunikationsforum (20a) und technisch gestützte Rückkopplungs- und Feedbackprozesse (20b). Aus KCRM-Sicht ist z.B. ein Forum mit einer Fragen-Antworten-Liste vorstellbar, in der sowohl zentral Informationen eingestellt oder kommentiert werden als auch Themenstellungen explizit adressiert werden können. Zudem könnten über Rückmeldungsfunktionen Stimmungsbilder eingefordert werden. Aus Identifikationsperspektive können auch dezentral zu prüfende Themen top-down durch das KCRM oder angrenzende Themenfelder hierüber kommuniziert werden. Aus Zuliefer-Sicht kann diese Plattform zudem einen methodischen Austausch ggf. unter Anbindung von Mail- oder Kommunikationssystemen zur erleichterten Kontaktaufnahme ermöglichen. Die Management-Sicht sieht das Potential dieser Plattformen im eigenverantwortlichen Informieren der Risikomanager und im OEen- und SGEen-übergreifenden, methodischen und thematischen Austausch.

[377] Vergleichbare Konzepte bestehen im Bankenbereich als Schadensfall- oder Verlustdatenbank. Diese sind daher nicht Teil der hier erarbeiteten Lösung.

IV. Einbeziehung direkt (21) und indirekt (22) angrenzender Themenfelder:

Diese Kategorie wird in Kapitel 3.5 erläutert. Betrachtet werden die Einheiten Recht, Compliance, Projektcontrolling, Volkswirtschaftliche Rahmenbedingungen, Politische Rahmenbedingungen, Internes Kontrollsystem sowie Kommunikation, Reputationsmanagement, Nachhaltigkeitsmanagement und Investor Relations. Hinzu kommt die Interne Revision als unabhängige Prüfinstanz der Funktionsfähigkeit des RMSs.

V. Analyse und Konzernberichterstattung:

Diese Kategorie bezweckt den Ausbau der Berichterstattung aus Kapitel 3.3.3. Aus Management-Sicht müssen **Regel- und Adhoc-Berichtswesen (23)** technisch unterstützt werden. Zusätzlich soll das Berichtswesen den SGEen und Funktionen gerecht werden. Aus Zuliefer-Sicht ist die Konsistenz zwischen dezentralem und zentralem Berichtswesen in Inhalt und Gestaltung relevant.

Eine wesentliche Anforderung aus KCRM-Sicht ist das zweigeteilte, standardisierte und flexible Berichtswesen. Die Ausgestaltung des flexiblen Bereichs soll die Analyse aktueller Fragestellungen ermöglichen. Aus KCRM-Sicht liegt der technische Fokus auf Flexibilität und Datenauswertbarkeit. An das KCRM werden regelmäßig Spezialanforderungen für Analysen gestellt, deren Generierung zu unterstützen ist. Solche flexiblen Auswertungen betreffen z.B. die Gegenüberstellung von Berichtsergebnissen über unterschiedliche Zeithorizonte, die Analyse von Abweichungen, die Filterung relevanter Risiken für ein bestimmtes Thema und deren Auswirkungen auf verschiedene Bezugsgrößen. Aus Management- und Zuliefer-Sicht ist die Möglichkeit der Generierung von Standardberichten, z.B. Risk Maps und Auswertungen, wichtig, da eine schnelle Aufbereitung der aktuellen Inhalte in standardisierten Formaten benötigt wird. Das dezentrale Berichtswesen ist als Gegenleistung und Mehrwert für die dezentralen OEen zu betrachten, die damit inhaltlich und gestalterisch zum KCRM passende Berichte erstellen können. Ein hoher Grad an Automatisierung im Standardberichtswesen kommt auch dem KCRM zugute.

Grundvoraussetzung der Nutzung der Datenbasis ist die **Möglichkeit der Plausibilisierung zugelieferter Daten (24)**, um die gleichartige Beurteilung und Nutzung von Maßstäben sicherzustellen. Hierfür sollen Plausibilitätsprüfungen hinterlegt und vom KCRM Konsistenzchecks durchgeführt werden können, deren Inhalt aufgrund unternehmensspezifischer Ausgestaltung hier nicht betrachtet wird.

Aus KCRM- und Management-Sicht müssen mit **flexiblen Berichten zu analysierende Themenstellungen (25)**, bspw. Risikohäufungen und -entwicklungen, SGE-en- oder regionenübergreifende Themen oder die Relativierung von Themen einer SGE in Bezug auf die Wirkung für den Gesamtkonzern, darstellbar sein. Zudem sollen Trendangaben und eine Materialisierungsquote von Risiken untersucht werden können. Im Vordergrund steht die Flexibilität der Analysen zur Schaffung von Steuerungsimpulsen. Hierbei ist die mehrdimensionale Auswertbarkeit erforderlich, für die ein Datenmodell mit zugehörigen Auswertungsdimensionen, wie z.B. SGE, Kategorie oder Region, die Unterteilbarkeit bspw. in beeinflussbare und nicht-beeinflussbare Themen sowie die Herstellung von Projekt- und Prozessperspektiven, benötigt werden. Weiteres Flexibilitätskriterium ist der Auswertungszeitraum, um Entwicklungen, Veränderungen, Trends und Verschiebungen aufzuzeigen.

Konkrete Analysen und Darstellungen können aus Management-Sicht die Herausstellung von „Top-Risiken" oder die Aufbereitung von Bezugsgrößen abzüglich wesentlicher Risiken sein. Für Maßnahmen-Tracking und Kennzahlenüberwachung sind weitere Analysen möglich. Zudem wird z.B. die Herstellung einer Ländersicht gefordert. Diese Ländersicht sollte auch nach Regionen und SGEen unterteilbar sein.

Aus Zuliefer-Sicht sind z.B. Bedarfe für thematische Sichten ohne Quantifizierungen, situationsbedingte Analysen pro aggregiertem Risiko, die Analyse neuer berichtswürdiger Risiken oder Risiken, die im Vergleich zur Vorperiode nicht mehr bestehen, relevant sowie die Untersuchung von Verläufen und Entwicklungen um Änderungsgründe, Beziehungen oder Abhängigkeiten zu erkennen.

Für die KCRM-Sicht ist die Analyse von Verbindungen sowie von Quervergleichen pro Kategorie im Gesamtrisikobestand zur Erkennung gleichartiger Risiken relevant. Prinzipiell muss aus einer Zusammenführung aller Informationen, z.B. Einzel-, Verbund- und Reputationsrisiken, ein transparentes Gesamtbild entstehen. Analysen können dabei zur Qualitäts-, Plausibilitäts- und Vollständigkeitskontrolle dienen. Grafische Aufbereitungsmöglichkeiten, z.B. Balken- und Netzgrafiken, müssen ebenso wie die Extraktionsfunktion der Ergebnisse vorhanden sein.

Aus Management-Sicht ist zu prüfen, inwieweit sich separierte Abfragen in GRC-Bereichen (siehe z.B. Kapitel 3.5) durch ein gemeinsames System abdecken lassen. Über diese **Ausweitung des thematischen Fokus (26)** bspw. in Richtung eines

GRC-Ansatzes, könnte die IT-Lösung in Ausbaustufen zu einer Plattform zur Sammlung, Integration und Zentralisierung aller Informationen und Unterlagen mit „Risikorelevanz" werden. Das Thema wird in Kapitel 3.5 vertieft.

VI. Gestaltung der IT-Unterstützung: (hier Fokus: Technische Basis und Aufbau)

Von den am System arbeitenden Personen werden **Administrations- und arbeitsunterstützende Gesamtsichten (27)** gefordert. Aus Zuliefer-Sicht ist insbesondere auf Ebene der SGEen eine Administrationssicht zur Überwachung von Berechtigungen und der Hierarchie sinnvoll. Hinzu kommen Systemansichten, z.B. die Übersicht, welche Eingaben zuliefernder Einheiten noch ausstehen oder welche Risiken noch von Verbundpartnern zu bewerten sind. Über die Verwendung von Gesamtsichten soll künftig auf allen Konzernebenen die Nutzung der IT-Lösung erleichtert werden. Sinnvoll ist z.B. eine Gesamtrisikoliste pro Einheit mit Drill-Down-Möglichkeit, um die Bestandteile eines aggregierten Risikos analysieren zu können. Zudem sind Abweichungs- oder Änderungsdarstellungen in Relation zu einem oder mehreren Berichtszeiträumen erforderlich. Auch eine thematische Übersicht über Risiken ohne quantifizierte Bewertung und ein automatisiertes Kennzahlenboard sind notwendig.

Das Thema **automatisierter Workflow (28)** ist ein generelles Verbesserungspotential. Aus Zuliefer-Sicht werden bspw. die Verbesserung der Abfragereihenfolgen von Informationen, die Möglichkeit einer Rückschau auf bestehende Bewertungen sowie eine Veränderungsansicht zwischen dem letzten und aktuellen Berichtszeitpunkt gefordert. Über systemgestützte Nachrichten sollen Personen über aktuelle Aufgaben informiert werden. Hinweise im Freigabeprozess und eine Hervorhebung von im Vergleich zum letzten Aufruf geänderten Inhalten dienen dem effizienten Arbeiten. Hierbei wird eine klare Darstellung von Abhängigkeiten in Bezug auf Verbundrisiken gefordert. Auch die KCRM-Sicht sieht Potentiale in einer stärkeren Automatisierung.

Wesentlicher Aspekt aus KCRM-Sicht ist die **kontinuierliche Verwendung der IT-Lösung (29)**, in die fortlaufend Informationen eingegeben werden können. Zu bestimmten Berichtszeitpunkten wird dann ein Stand bestätigt und für den Zeitraum des Berichtslaufs sukzessive eingefroren. Aus KCRM-Sicht ist es notwendig **zentral und dezentral eine ganzheitliche Prozessunterstützung (30)** bereitzustellen.

Eine Überlegung aus Management-Sicht ist die Nutzung der IT-Lösung als **Informationssystem für das Management (31)**, in dem das Management selbst Daten analysieren und auf Berichte zugreifen kann. Damit könnten der Aufwand für die Informationsweitergabe außerhalb des Systems zur Berichtsabstimmung und -bereitstellung verringert werden. Da alle Informationen des RMs mindestens als „vertraulich“ eingestuft werden, ist die Informationssicherheit hierbei von hoher Bedeutung. Weitere Möglichkeit ist es ein Cockpit zu schaffen, um die Überwachung von Indikatoren als Managementinstrument zur Ableitung von Steuerungsimpulsen zu nutzen.

Aus KCRM- und Zuliefer-Sicht werden **technische Schnittstellen (32)** gefordert. Hierzu gehört die Möglichkeit der Zuspielung externer Daten, z.B. Planungsprämissen, Planungsinformationen und Zielwerte. Eine weitere Input-Schnittstelle (32a) soll dem Importieren von systemextern erfassten Daten dienen. Als Output-Schnittstellen (32b) müssen Daten in Formate von Office-Produkten und ggf. in PDF-Dateien exportierbar sein. Zudem sind eine Vernetzung mit Mail- oder Kommunikationssystemen und die Etablierung der Kollaborationsplattform (siehe (20)) als Schnittstellen zur Kommunikation erforderlich (32c).

Weitere Potentiale betreffen die **Effizienzsteigerung (33)** der IT-Lösung, z.B. über

- eine verkürzte und gut strukturierte Informationsabfrage (33a) zur Reduktion des Datenpflegeaufwands über Auswahlfelder unter Sicherstellung der benötigten Datengranularität, z.B. über Felder für Länder und Sonderthemen.
- die Möglichkeit der Fortschreibung von Informationen (33b) über eine Altdatenübernahme aus früheren Berichtszyklen und Hinterlegung von Abhängigkeiten.
- die Verbesserung der Übersichtlichkeit, Benutzerfreundlichkeit und Personalisierbarkeit (33c) sowie eine intuitive Navigation und Bedienung.
- die Überarbeitung des Datenmodells (33d) für eine flexible Erweiterbarkeit.

Die hier dargestellten Ergebnisse der Erhebungen beschreiben neben Basisbedarfen insbesondere spezielle Anforderungen fokussiert auf erkannte Verbesserungspotentiale. Diese wurden durch eine Hervorhebung im Text gekennzeichnet.

Ergebnis C-7: Die bestehende IT-Lösung im Case ist bisher weder dezentral noch zentral zur ganzheitlichen Unterstützung geeignet. Die geschilderten Bedarfe sind dabei vielseitig und vorrangig auf ein Managementsystem gerichtet, das neben bestehenden Funktionalitäten Erweiterungen, insbesondere aus KCRM- und Management-Sicht, umfassen muss. Aufgrund der Aufgabe des KCRMs dezentrale Prozesse zu unterstützen, werden Bedarfe der Zuliefer-Sicht einbezogen. Die gesammelten Bedarfe werden in Kapitel 4 auf konzernübergreifende Gültigkeit geprüft.

3.5 Potentiale bei Verknüpfungen mit angrenzenden Themenfeldern

Die Befragung im Case umfasst im Rahmen der Schnittstellen-Sicht auch thematisch angrenzende Einheiten bzw. Themenfelder. Dort ablaufende Prozesse und erzeugte Produkte sind Rahmenbedingungen, an die das RM anknüpfen kann. Im Folgenden werden die Ergebnisse der Gespräche und Workshops vorgestellt sowie ableitbare Rahmenbedingungen, prozessuale und technische Anforderungen und Verbesserungspotentiale herausgearbeitet. Die jeweiligen Ansprechpartner sind in Kapitel 3.1 aufgeführt. Es werden bestehende und mögliche technische Schnittstellen betrachtet. Die Schnittstellen werden hier zusätzlich in direkte sowie indirekte Verbindungen aufgeteilt. Themenfelder mit direkter Verbindung zum RM zeichnen sich dadurch aus, dass die Integration konkreter Risiken in den KCRM-Prozess und die bestehende IT-Lösung über eine eigene Risikokategorie abgedeckt ist. Wenn Informationen angrenzender Einheiten nicht Risiken gemäß der Definition sondern z.B. Indizien möglicher Risiken sind, wird hier von einer indirekten Verbindung gesprochen.

3.5.1 Themenfelder mit direkter Verbindung zum Risikomanagement

Zu den Themenfeldern mit direkter Verbindung zum RM gehören die Bereiche Recht und Compliance. Sie unterscheiden sich jedoch im Eintrittspunkt in KCRM-Prozess und IT-System sowie in der risikoerfassenden Person: rechtliche Risiken werden durch den Rechtsbereich zentral in der IT-Lösung gepflegt und Compliance-Risiken bei Bedarf dezentral von jeder Organisationseinheit bottom-up erfasst. Auf Konzernebene findet ggf. die Eliminierung sich überschneidender Inhalte statt.

Der **Rechtsbereich** ist eine zentral organisierte Konzerneinheit. Mitarbeiter mit Verantwortung für Rechtsverfahren sind verpflichtet Verfahren und damit verbundene Risiken zu melden. Die Schnittstelle zwischen dem KCRM und dem Rechtsbereich besteht auf übergeordneter organisatorischer Ebene, d.h. der zentrale Rechtsbereich meldet auf Basis von Abfrageprozessen innerhalb des Rechtsbereichs die Informationen zentral an das KCRM. Die umfangreichen Erläuterungen in juristischer Fachsprache müssen dafür in eine für das RM auswertbare Form gebracht werden.

Ergebnis C-8: Folgende Anforderungen und Potentiale sind erkennbar:

- Eine Verbindung der Erfassung zwischen finanzieller und reputationsbezogener Auswirkung, um eine technische Doppelerfassung von Basisinformationen zu vermeiden.
- Eine Differenzierung der Verfahrensarten und regionalen Zuordnungen, um die Auswertbarkeit zu erhöhen, ggf. unter Aufbau einer spezifischen Erfassungsmaske.

Das Thema **Compliance** ist im Konzern durch einen zentralen Compliance-Bereich sowie dezentral verteilte Compliance-Beauftragte vertreten. Auf Basis eines Assessments wird für OEen ein Risikowert aus Compliance-Sicht ermittelt. Je nach Einstufung werden vom zentralen Compliance-Bereich Maßnahmenpakete eingesteuert, deren Wirksamkeit überwacht wird. Die Meldung von Compliance-Risiken in dezentralen OEen findet in Rücksprache mit dem Compliance-Beauftragten durch den Risikomanager statt, der auch für Meldungen in anderen Risikokategorien verantwortlich ist. Auf Konzernebene werden durch das KCRM dezentral gemeldete Compliance-Risiken an den zentralen Compliance-Bereich weitergegeben, um die Einstufung zu validieren. Folgende Potentialbereiche sind erkennbar:

- Technische Einbindung dezentraler Compliance-Verantwortlicher[378] in Identifikation und Beurteilung, um Abstimmbedarfe zu verringern. Schwierigkeit dabei sind abweichende Abfragehierarchien.[379]
- Anbindung des zentralen Compliance-Bereichs an die IT-Lösung, um die Validierung sowie Aggregation von Compliance-Themen im System zu ermöglichen.
- Verbesserung der Auswertbarkeit und Einbindung von Information über bestehende Bewertungen sind notwendig.
- Anpassung der Abfrageumfänge oder Aufbau eines eigenen Erfassungsmoduls für Compliance-Themen, um Inhalte umfassend beschreiben zu können.
- Hinterlegung eines Risikowerts pro Einheit in der IT-Lösung und Kopplung mit einzelnen Compliance-Risiken oder anderen Risikokategorien. Alternativ könnten diese Werte als Prämissen verwendet werden.

Ob eine Chancensicht auf Rechts- oder Compliance-Themen sinnvoll ist, muss aus Sicht der Ansprechpartner geprüft werden.

Ergebnis C-9: Das größte Weiterentwicklungspotential besteht aus Compliance-Sicht in der Schaffung von Synergien durch Integration bisher separierter Vorgehensweisen in einem System und Berichtswesen. Die Nutzbarkeit einer GRC-Lösung wird jedoch durch unterschiedliche Strukturen und Betrachtungszeiträume erschwert. Obwohl der Aufbau einer themenübergreifenden Vorstandsberichterstattung von den befragten Personen befürwortet wird, wird der Ansatz einer integrierten GRC-Lösung nicht weiter verfolgt.

[378] Dies betrifft auch Potentialbereich 15 aus Kapitel 3.4.
[379] Dies ist eine generelle Herausforderung für die Implementierung eines GRC-Tools im Case.

3.5.2 Themenfelder mit indirekter Verbindung zum Risikomanagement

Gemäß KCRM bestehen weitere in dieser Arbeit zu analysierende Schnittstellen in Form von indirekten Verbindungen mit Organisationseinheiten für Projektcontrolling, Volkswirtschaftliche Rahmenbedingungen, Politische Rahmenbedingungen und Internes Kontrollsystem. Potentiell weitere in die IT-Lösung zu integrierende OEen sind Kommunikation, Reputationsmanagement, Nachhaltigkeitsmanagement und Investor Relations. Es werden deren RM-bezogene Aufgaben beschrieben und abgeleitete Verbesserungspotentiale aufgezeigt. Zudem wird als unabhängige Sicht das Ergebnis des Interviews mit Ansprechpartnern der Internen Revision dargestellt.

Die Einheit **Projektcontrolling**, in der u.a. turnusmäßige Auswertungen der Projektstatus erstellt werden, ist indirekt in den dezentralen RM-Prozess eingebunden, dessen Ergebnisse in den KCRM-Prozess einfließen. Bei jeder Projektentscheidung erfolgt neben einer Wirtschaftlichkeits- eine Risikobetrachtung. Hierfür werden z.B. Sensitivitätsanalysen der für Projektentscheidung und -erfolg relevanten Kenngrößen durchgeführt, um das Risikopotential abzuschätzen. Dieser Ablauf ist bisher nicht über die IT-Lösung des RMs abgedeckt. Es kann daher geprüft werden, ob eine künftige IT-Lösung für die Entscheidungsunterstützung in Projekten methodisch mitgenutzt werden kann, ohne dabei die Aktivitäten des Projektmanagements über die IT-Lösung des RMs abzubilden. Die kontinuierliche Risikoanalyse laufender Projekte könnte ebenfalls über eine Schnittstelle zur IT-Lösung unterstützt werden. Projektrisiken sind aktuell über den beschriebenen Bottom-Up-Prozess (Kapitel 3.3.1 und 3.3.3) durch alle Einheiten erfassbar. Eine Überarbeitung der Zusammenarbeit könnte gemäß dem Interview ggf. an folgenden Stellen ansetzen:

- Über eine Kategorie oder ein Kriterium „Projektrisiken" können diese für eine Gesamtaussage aggregiert und für die Projektsteuerung ausgewertet werden.
- Durch die Einbeziehung der Projektmanager in die IT-Lösung und Definition von projektbezogenen Bezugsgrößen mit entsprechenden Schwellwerten für Konzernrelevanz könnte die IT-Lösung der Thematik gerecht werden.

In der Einheit **Volkswirtschaftliche Rahmenbedingungen** werden Prognosen und Szenarien über volkswirtschaftliche Entwicklungen erstellt, um Bandbreiten der Rahmenbedingungen für unternehmerisches Handeln zu prognostizieren und die daraus resultierende jeweilige Lage des Konzerns abzuleiten. Erstellte Szenarien sind Ausgangspunkt für die Planung des Konzerns und beruhen ausgehend vom aktuellen Marktniveau auf Expertenschätzungen und Simulationen über die Schwankungsbreite des Gesamtmarkts unter Einbeziehung von Vergangenheitsdaten. Ergebnisse sind die Beschreibung möglicher Veränderungen wesentlicher Kenngrößen. Ein darüber hinaus definiertes Risikoszenario mit entsprechenden Prämissen, kann technisch als Ausgangspunkt für den KCRM-Prozess hinterlegt werden. Neben den Szenarien gibt es weitere Produkte, die für das RM genutzt werden können. Hierzu gehören z.B. die Abbildung von Spezialereignissen und „worst-case"-Szenarien. Zudem werden unterjährige Marktinformationsberichte erstellt, in denen die Marktentwicklung von Regionen turnusmäßig analysiert wird. Diese Informationen könnten für eine aktualisierende Bewertung zu Berichtszeitpunkten genutzt werden.[380] Zur Nutzbarkeit der Produkte müssen die Inhalte in einer Form und einem Detaillierungsgrad vorliegen, der ihre Verwendung in der IT-Lösung ermöglicht. Die Informationsbereitstellung im IT-System stellt dann eine mögliche Unterstützung der Identifikations- und Bewertungsschritte dar. Neben dem Informationsfluss könnte die Kommunikation mit der OE Volkswirtschaftliche Rahmenbedingungen technisch ermöglicht werden.[381] Über eine Kooperation können die Fokussierung auf risikobehaftete Länder und die Erweiterung der Analysesichten (Kapitel 3.4) realisiert werden.

Die Einheit **Politische Rahmenbedingungen**[382] beschäftigt sich mit dem politischen und regulatorischen Rahmen, der weltweit auf die Tätigkeit des Konzerns Einfluss nehmen kann. Die OE erstellt in regelmäßigem Turnus eine Übersicht, in der wesentliche politische und regulatorische Themen beschrieben werden, die eine positive oder negative Wirkung auf den Konzern haben können. Diese Übersicht enthält Beschreibungen der Brennpunkte mit Handlungsempfehlungen für den Konzern. Die Verknüpfung zwischen RM und der OE soll gestärkt werden, da von Abnehmerseite des RM-Berichtswesens Anforderungen an die Schnittstelle gestellt werden. Technisch unterstützt sollen die Informationen wie folgt genutzt werden:

- Themen die bereits als Risiko gemeldet sind, müssen gekennzeichnet werden,
- Themen, die als Prämisse Teil der Planung sind, müssen auch markiert werden,

[380] Dies ist besonders dann hilfreich, wenn nicht bottom-up Informationen erfasst, sondern top-down relevante Änderungen und aktualisierte Risikobewertungen vorgenommen werden müssen.
[381] Zur Ableitung der Verbesserungspotentiale werden Berichtsprodukte (Anhang E) miteinbezogen.
[382] Neben den Ansprechpartnern der OE Politische Rahmenbedingungen werden die KCRM-, Management- und Zuliefer-Sicht zur Zusammenarbeit befragt und das Berichtsmedium analysiert.

- Themen, die kein Risiko und keine Chance erzeugen, müssen im Sinne einer Negativmeldung kommentiert werden und
- Themen, bei denen zum Zeitpunkt der Meldung keine Einschätzung vorliegt, müssen zur Beurteilung an eine oder mehrere OEen weitergegeben werden.

Damit soll eine Überführbarkeit zu den Inhalten des ChaRMs ermöglicht werden. Ziel ist es, die Einbeziehung und Verknüpfung der Inhalte transparent darzustellen, um eine detailliertere Bewertung und Auswertbarkeit möglich zu machen. Es sollen dazu die Inhalte unter Wahrung der Vertraulichkeitsansprüche[383] an relevante Einheiten systemgestützt weitergegeben und darüber Rückmeldungen eingesammelt werden.

Folgende Hinweise haben Einfluss auf die zu konzipierende IT-Lösung:

- Die Lösung muss alle Schritte von der Themenbereitstellung, über die Bewertung und Aggregation bis zur Berichterstattung unterstützen (Prozessunterstützung).
- Für die Beurteilung ist die Bereitstellung der Informationen in einer bestimmten Detailtiefe notwendig (Form der Themenbereitstellung).
- Die systemgestützte Weitergabe der Informationen von zentraler Stelle an eine oder mehrere Einheiten wird gefordert (Informationsweitergabe top-down).
- Zur Sicherstellung eines einheitlichen Verständnisses und einheitlicher Verwendung muss ein Austausch mit Verantwortlichen möglich sein (Kontaktfunktion).
- Die Erfassung von Negativmeldungen ist notwendig (Negativmeldung).
- Die Themenfelder müssen pro „Brennpunkt" aggregierbar und auswertbar sein (Thematische Aggregier- und Auswertbarkeit).

Ergebnis C-10: Um angrenzende Themenfelder in angemessenem Umfang in das ChaRM einbeziehen zu können, sind technische Schnittstellen sinnvoll. Die Einbindung kann zur Unterstützung der Zusammenarbeit und Kooperation im System sowie zur Informationsbereitstellung und -zuweisung innerhalb des Konzerns erfolgen.

Das **Interne Kontrollsystem** wird hier am Beispiel der Prozesse zur Sicherstellung einer ordnungsgemäßen Finanzberichterstattung erläutert. Hierfür wird ein systemgestütztes Assessment mit Prozesseignern an neuralgischen bzw. potentiell anfälligen Punkten in rechnungslegungsrelevanten Prozessen durchgeführt, wodurch definierte Kontrollziele, z.B. die Korrektheit und Vollständigkeit der Informationen,

[383] Da das IT-System für das RM im Case aufgrund der Berechtigungsstrukturen als „vertraulich" eingestuft ist, werden die Vertraulichkeitsansprüche gewahrt.

sichergestellt werden sollen. Es wird im Gegensatz zum RM eine Beurteilung der Ist-Situation und keine Prognose künftiger Entwicklungen vorgenommen. Wenn eine Kontrolle erfolgreich ist, funktioniert der Prozess nach Vorgabe. Bei einer nicht erfolgreichen Kontrolle fließen Informationen über daraus resultierende Risiken in das RM ein. Aufgrund von teilweisen Überschneidungen im Personenkreis, der für die Risikoerfassung und Durchführung der Assessments verantwortlich ist, kann die OE bei der technischen Überarbeitung einbezogen werden. Eine GRC-Lösung bietet sich aber gemäß *Ergebnis C-9* wegen Abweichungen bei einbezogenen OEen nicht an.

In Zusammenhang mit dem Reputationsrisikomanagementprozess sind durchgeführte Workshops mit weiteren OEen von Bedeutung. Der **Kommunikationsbereich** (COM) ist bzgl. seiner Kompetenz, zur Überwachung und Analyse relevanter Veröffentlichungen von und über den Konzern, ein potentiell technisch anzubindender Kooperationspartner. Das **Reputationsmanagement** beschäftigt sich mit der Entscheidung, ob zu tätigende Geschäfte die Reputation des Konzerns negativ beeinflussen können. Dafür werden insbesondere wirtschaftliche und politische Entwicklungen überprüft.[384] Das **Nachhaltigkeitsmanagement** thematisiert die Wirkung des Verhaltens des Konzerns, bspw. in Bezug auf Umwelt und Nachhaltigkeit. Der Bereich **Investor Relations** pflegt die Verbindung zu wesentlichen Anspruchsgruppen.

Die **Interne Revision** führt als unabhängige Überwachungsinstanz im Konzern unterschiedliche Prüfungsaktivitäten durch. Im Rahmen des RMs relevante Ergebnisse werden in Berichten zusammengeführt und an die betroffenen OEen sowie an das Risikogremium gemeldet. Die Interne Revision prüft das RM aus neutraler Perspektive und kann vor diesem Hintergrund ggf. Potentiale zur Überarbeitung des prozessualen und technischen RMs nennen. Im Interview liegt der Schwerpunkt auf generellen Vorstellungen über das RM und auf der Nennung folgender Anforderungen:

- Dem KCRM soll es möglich sein, neben der Sicherstellung der Erfüllung rechtlicher Ansprüche, alle Informationen zu einem „Big Picture“ zusammenzuführen und über Filterung und Aggregation Risikohäufungen herauszustellen.
- Das KCRM soll in Zusammenarbeit mit der Unternehmensführung den Risikoappetit definieren und in einer Risikostrategie fixieren.
- Die systemseitige Dokumentation des Vorgehens angrenzender Themenfelder muss erfolgen, um die Transparenz für dahinterliegende Prozesse zu schaffen.

[384] Die Aufgaben des Reputationsmanagements entsprechen hier nicht den Inhalten aus Kapitel 2.3.

- Der Nutzen des RMs soll für die dezentralen Einheiten herausgestellt werden, um den Fokus auf das Management zu lenken. Dies kann durch eine Überarbeitung der IT-Lösung ermöglicht werden, indem der dezentrale RM-Prozess, als Eigeninteresse der einzelnen OEen, besser unterstützt wird.

Im letzten Themenkomplex verbirgt sich eine Grundsatzfrage für die Gestaltung der IT-Unterstützung. Zu entscheiden ist, ob das System der Sammlung und Darstellung von Risiken dient oder ob jede Einheit mit Hilfe der Lösung, die jeweils erkannten Risiken managen können soll. Damit verbunden ist die Frage nach dem Selbstverständnis des KCRMs, d.h. ob die Prozesskoordination und/oder die Überwachung von Inhalten im Sinne ihrer Plausibilisierung als Aufgaben gesehen werden.

Ergebnis C-11: Zu unterscheiden ist, ob die IT-Lösung zur Datensammlung oder zur Managementunterstützung genutzt werden soll. Zweite entscheidende Einflussgröße auf die Gestaltung der IT-Lösung ist, ob das KCRM einen Auftrag zur Koordination und/oder inhaltlichen Analyse und Plausibilisierung hat. In letzterem Fall müssen die Analyse und Nachverfolgung von Entwicklungen oder thematischen Verschiebungen, die Stärkung des Informationsaustauschs und die Schaffung einer Informationsbasis für SGEen- und regionenübergreifende Entscheidungen unterstützt werden.

Die auf Basis von Interviews und Workshops erarbeiteten Hinweise fließen in die folgende Analyse der Bedarfe und die Anforderungsspezifikation für die IT-Lösung ein.

3.6 Abgrenzung und Konkretisierung des Gestaltungsbereichs

Dieses Kapitel stellt die Verbindung von Prozess und IT-Lösung her und fasst dabei die in den Interviews, Workshops und Analysen erkannten Potentiale zusammen. Hierbei wird der ableitbare, technische Unterstützungsbedarf genannt. Die Inhalte dienen der Beantwortung der Forschungsteilfrage vier aus Perspektive des Case. Damit stellt Tabelle 10 das in Kapitel 1.2 genannte Artefakt „Liste an Verbesserungspotentialen“ dar. Die Reihenfolge ist keine Priorisierung, sondern die Zusammenführung in der betrachteten Abfolge, gebündelt nach hervorgehobenen Oberbegriffen und erweitert um Chancen. Eine thematische Auswahl für diese Arbeit wird im Anschluss an die Expertenbefragung vorgenommen und in OOA und Konzeption aufgegriffen. Die Kategorien aus *Ergebnis C-6* strukturieren die folgende Liste.

Nr.	Verbesserungspotentiale und Anforderung an die IT-Lösung
I. Strategie und Steuerung	
1	**Aufbau IT-basierte Chancen-Risiko-Strategie sowie strategisches ChaRM**
1a	Hinterlegung und Verwendung einer Chancen-Risiko-Strategie
1b	Abbildung eines strategischen ChaRMs in der IT-Lösung
1c	Abbildung des langfristigen Fokus des ChaRMs in der IT-Lösung
1d	Verknüpfung operativer (kurzfristiger), langfristiger, strategischer Fokus
2	**Ermöglichen der Entscheidungsunterstützung durch das ChaRM**
2a	Ermittlung steuerungsrelevanter Informationen
2b	Aufbau Perspektiven und Analyse von Chancen- und Risikoentwicklung
2c	Ermöglichen Überwachung von Entwicklungen und Maßnahmen
2d	Überwachung der Ausgewogenheit der Planung
3	**Definition und Integration eines Chancenmanagement**
II. Methodik und Prozessgestaltung	
4	**Erweiterung des Fokus bei finanziellen und nicht-finanziellen Themen**
4a	Abbildung mehrerer Bezugsgrößen und nicht-finanzieller Wirkungskategorien
4b	Erweiterung des Reputationschancen- und -risikomanagementprozesses
4c	Abbildung einer Projekt- und Prozessperspektive
5	**Einsteuerung von Top-Down-Informationen oder -Vorgaben**
6	**Schaffung von Transparenz bei der Aggregation über den Gesamtkonzern**
7	**Unterstützung einer einheitlichen Identifikation**
7a	Aufbau eines Self-Assessments
7b	Abbildung eines vordefinierten Katalogs
7c	Hinterlegung von Indikatoren zur Früherkennung
7d	Nutzung von Negativmeldungen
7e	Abbildung verbundener/vernetzter Chancen und Risiken
8	**Unterstützung einer einheitlichen Bewertung**
8a	Vorgabe und Verwendung eines Szenariomodells: „best-“/„realistic-“/„worst-case“
8b	Betrachtung von Chancen und Risiken
8c	Trennung in beeinflussbare/nicht-beeinflussbare Chancen und Risiken
9	**Standardisierte Maßnahmenerhebung und -abbildung**
10	**Ermöglichen der Nachverfolgung von Chancen, Risiken und Maßnahmen**
11	**Ermöglichen der Nachvollziehbarkeit des Chancen- und Risikoeintritts**
12	**Überführung von Adhoc-Risikomeldungen in kontinuierlichen Prozess**
13	**Ermöglichen von flexiblen Prozessumfängen (bzgl. Abfrageumfang, Freigabe)**
14	**Unterstützung der Wirksamkeitsprüfung**
III. Organisation und Koordination	
15	**Verbinden von Informationen mehrerer Ansprechpartner**
16	**Aufbau Vier-Augen-Prinzip operativer Bereich und Finanzbereich**
17	**Abbildung Verbundchancen und -risiken, die mehrere Einheiten betreffen**
18	**Abbildung der Organisationsstruktur (Komplexität, Flexibilität)**
19	**Aufbau einer Wissensplattform über relevante Informationen**
19a	Aufbau einer auswertbaren Datensammlung über Vergangenheitsdaten
19b	Erfassung und Auswertbarkeit eingetretener Chancen- und Risikofälle
20	**Aufbau einer Austausch- und Kollaborationsplattform**
20a	Etablierung Kommunikationsforum für fachlichen/methodischen Austausch
20b	Ermöglichung von Rückkopplungs-/Feedback-Prozessen
IV. Einbindung angrenzender Themenfelder	
21	**Verbesserung der Anbindung Themenfelder mit direkter Verbindung**
22	**Verbesserung der Anbindung Themenfelder mit indirekter Verbindung**
V. Analyse und Konzernberichterstattung	
23	**Ermöglichen standardisiertes und flexibles Regel- sowie Adhoc-Berichtswesen**
24	**Aufbau von Möglichkeiten zur Plausibilisierung zugelieferter Daten**
25	**Aufbau von flexiblen Analysen und Perspektiven auf den Datenbestand**
26	**Erweiterung des thematischen Fokus des Berichtswesens**
VI. Gestaltung der IT-Unterstützung (hier Fokus: Technische Basis und Aufbau)	
27	**Aufbau einer Administrationssicht und arbeitsunterstützender Gesamtsichten**
28	**Ausbau und Unterstützung des automatisierten Workflows**
29	**Aufbau eines Systems zum kontinuierlichen Melden von Chancen und Risiken**

Nr.	Verbesserungspotentiale und Anforderung an die IT-Lösung
30	**Unterstützung dezentrales ChaRM, KCRM-Prozess und KCRM-Tätigkeiten**
31	**Nutzung der IT-Lösung als Informationssystem für das Management**
32	**Sicherstellen von technischen Schnittstellen**
32a	Aufbau von Input-Schnittstellen
32b	Aufbau von Output-Schnittstellen
32c	Aufbau Schnittstellen zu Kommunikationsmedien
33	**Umsetzung effizienzsteigernder Maßnahmen für Systemnutzer**
33a	Aufbau einer klaren und strukturierten Informationsabfrage
33b	Nutzung von Möglichkeiten zur Fortschreibung von Informationen
33c	Verbesserung Benutzerfreundlichkeit und Personalisierbarkeit
33d	Überarbeitung des Datenmodells u.a. zur Performancesteigerung

Tabelle 10: Liste an Verbesserungspotentialen und Herausforderungen

Ergebnis C-12: Abbildung 23 fasst die Potentialbereiche I-VI grafisch zusammen.

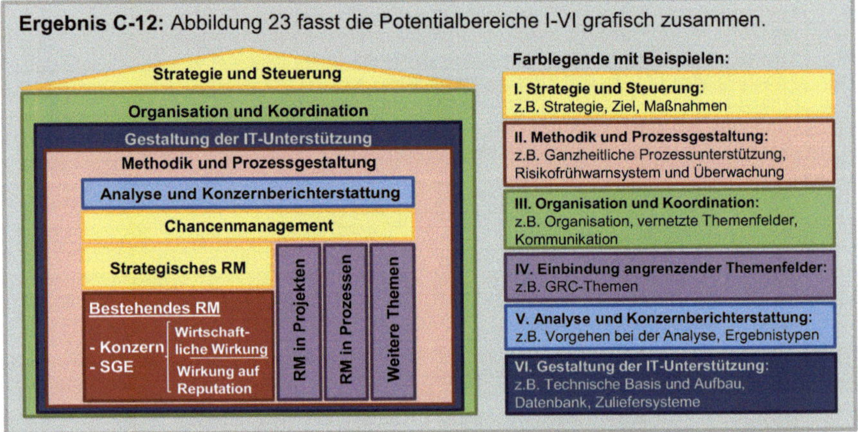

Abbildung 23: Ableitbare Themenbereiche für die Experteninterviews[385]

Eine Trennung in funktionale und nicht-funktionale Bedarfe wird erst in Kapitel 5.2 vorgenommen. Für die Visualisierung wird ein Haus gewählt, da sich das ChaRM aus Bestandteilen zusammensetzt, die unter dem Dach „Strategie und Steuerung" zusammengefasst werden und in die Organisation eingebettet sind. Die Bereiche in *Ergebnis C-12* sind gemäß den Kategorien in Tabelle 10 und *Ergebnis C-6* gebündelt. Zudem sind rechts Ausschnitte von passenden, in der zweiten empirischen Stufe zu untersuchenden, Inhalten enthalten. Die Kategorien I bis VI gehen folglich, als auf übergreifende Gültigkeit zu prüfende Annahmen bzgl. ihrer Rolle als Potentialbereiche, in das weitere Vorgehen ein. Die zweite empirische Stufe dient der konzernübergreifenden Untersuchung von Anforderungen und Potentialbereichen. Es wird dabei geprüft, ob es weitere übergreifend erkennbare Anforderungen und Verbesserungspotentiale gibt und ob bzgl. der genannten Potentialbereiche bereits Lösungen

---

385 Eigene Darstellung.

in anderen Konzernen bestehen. Um dies zu ermöglichen, müssen in die Experteninterviews Fragen einbezogen werden, die die bisher beschriebenen Verbesserungspotentiale adressieren. Der Fragebogen für die Befragung der zweiten Stufe der Empirie baut generell auf dem Schema der Befragung der KCRM-Sicht auf.

Ergebnis C-13: Um die Konzerne vergleichen zu können, müssen die Überlegungen zur ChaRM-Zielsetzung, die Unterscheidung zwischen einem konzernweiten System oder zentralen und dezentralen Lösungen, der Fokus auf Risiko„management" oder Risiko„berichterstattung" und der Integrationsgrad des ChMs betrachtet werden.

Für einen ganzheitlichen BR werden alle bisher erläuterten Inhalte in Abbildung 24 zusammengeführt. Hierzu zählen die Grundlagen aus der Literaturrecherche (Kapitel 2) und deren für die Arbeit relevanten Beziehungen. Diese als Annahmen genutzten Inhalte werden über die Ergebnisanalyse der Case-Study plausibilisiert und für den Anwendungsfall bestätigt. Teilweise wurden die Inhalte im Lauf dieses Kapitels konkretisiert oder modifiziert.

Die Einteilung aus Abbildung 23 wird in den BR eingefügt. Der Kern von Abbildung 23 „Gestaltung der IT-Unterstützung" dient zur Konkretisierung des Bestandteils „IT-Unterstützung". Der Aspekt Risikostrategie wurde in Kapitel 3.3.2 eingebaut und dient als Repräsentant für „Strategie und Steuerung" (I). Der Bereich „Organisation und Koordination" (III) umrahmt das zentrale und dezentrale Vorgehen sowie die IT-Unterstützung. Über die Transformation in Abbildung 24 ist der BR ein Bauplan eines ChaRM-Zielbilds und der Bedarfe geworden, dessen übergreifende Gültigkeit in der zweiten Stufe geprüft wird. Die Inhalte werden für den Ordnungsrahmen genutzt.

„Ergebnistypen" können durch das KCRM und dezentrale OEen erstellt werden. Hierfür wird im Case eine gemeinsame IT-Lösung genutzt. Die übergreifende IT-Lösung wird daher in Abbildung 24 grafisch beibehalten. Zudem nehmen die Prozessschritte in der KCRM-Einheit, im dezentralen ChaRM-Prozess sowie im verbindenden KCRM-Prozess Einfluss auf die IT-Lösung. Zwischen zentralem KCRM und dezentralem ChaRM können auch Verbindungen außerhalb der IT-Lösung bestehen. Die Konkretisierungsstufen aus Kapitel 3.3.1 und 3.3.2 sind im BR ebenfalls enthalten.

Die Case-Study hat eine Fokussierung des in Kapitel 2.3 aufgezeigten Lösungsraums ermöglicht. Die Ergebnisse adressieren den Bedarf für den es im Case keine zufriedenstellende IT-Unterstützung gibt. Die in den BR eingefügten Bestandteile visualisieren Annahmen, die zusammen mit den Unterstützungsbedarfen in Experteninterviews mit Ansprechpartnern aus dem KCRM vergleichbarer Konzerne diskutiert, auf übergreifende Gültigkeit geprüft und mit existierenden Lösungen konfrontiert werden. Dadurch erfolgt die Erweiterung und Relativierung der Ergebnisse aus der Case-Study. Auf dieser Basis wird ein Ordnungsrahmen entwickelt, in dem Anforderungen an eine IT-Unterstützung des ChaRMs für das KCRM spezifiziert werden.

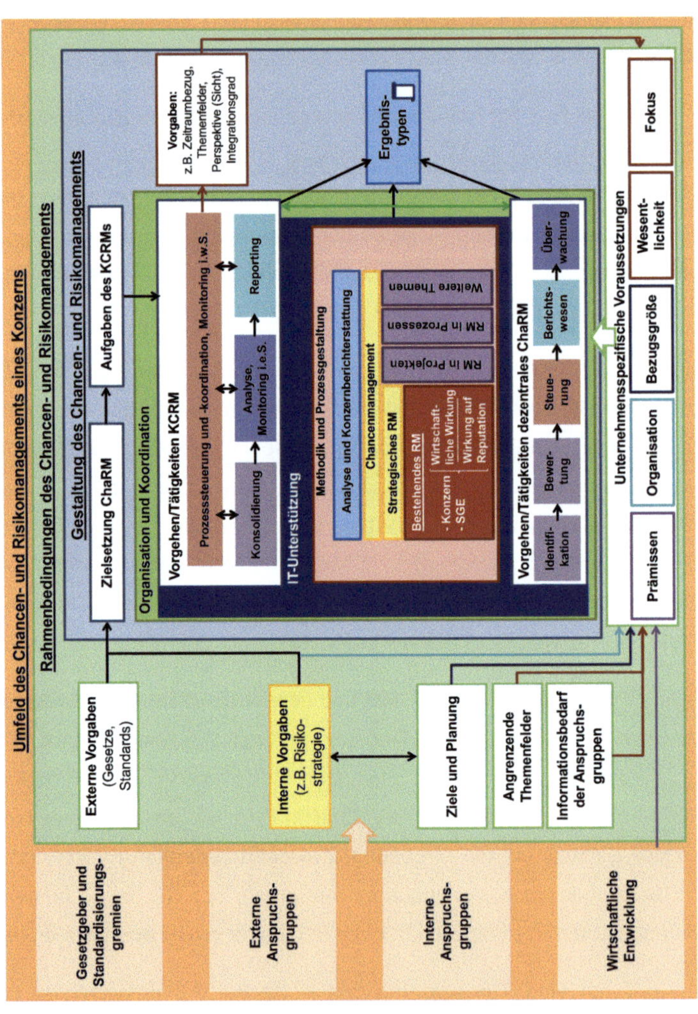

Abbildung 24: Konkretisierter Bezugsrahmen – Basis: Case-Study[386]

[386] Eigene Darstellung. Es werden nur Beziehungen dargestellt, die eine direkte Relevanz für die Erarbeitung des Forschungsgegenstands haben.

4. Expertenbefragung – Methodik und Ergebnisse

Im Rahmen der empirischen Untersuchung werden in der zweiten Stufe leitfadengestützte Experteninterviews mit ausgewählten Ansprechpartnern weiterer Konzerne geführt, um aus Sicht des KCRMs mehrerer Konzerne Einschätzungen zu:

- beeinflussenden Faktoren des jeweiligen ChaRMs,
- Ausgestaltung und Potentialen des ChaRMs sowie
- Anforderungen und Bedarfen an die unterstützende IT-Lösung zu erheben.

Die gewählte Methodik ermöglicht es, im Gespräch die notwendigen Informationen über Probleme oder Lücken in Prozess und IT-Unterstützung zu diskutieren und über Nachfragen die benötigte Ausgestaltung und aktuelle Bedarfe für die IT-Lösung zu erheben. Die Datenanalyse erfolgt über eine Untersuchung von Schnittmengen und Unterschieden zwischen Gesprächsinhalten der Ansprechpartner. Folgende Abbildung ordnet das Kapitel in den Gesamtzusammenhang der Arbeit ein.

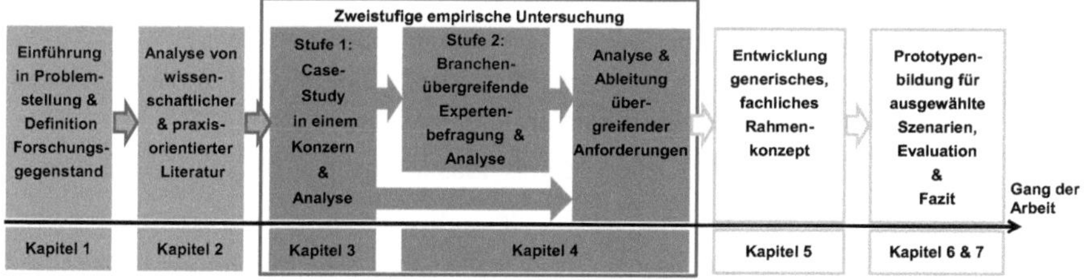

Abbildung 25: Einordnung von Kapitel 4 in den Gang der Arbeit[387]

Zunächst erfolgen methodische Erläuterungen (Kapitel 4.1 und 4.2). Die Unterteilung von Kapitel 4.3 orientiert sich an den Schichten des Bezugsrahmens (Abbildung 26).

Die Ergebnisse werden anonymisiert dargestellt und fließen in Kapitel 5 und 6 ein.

[387] Eigene Darstellung.

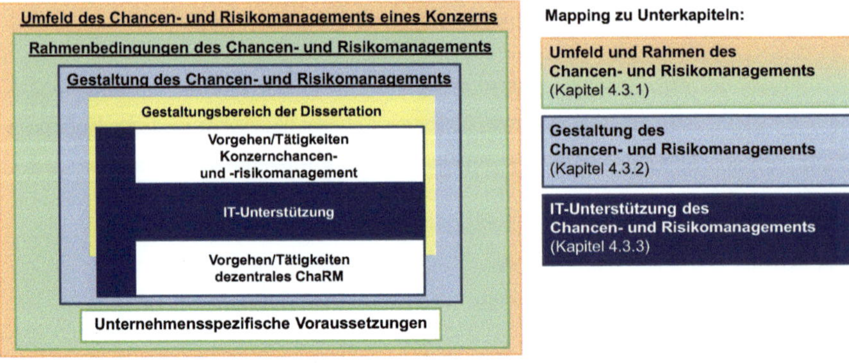

Abbildung 26: Orientierung der Inhalte von Kapitel 4 am Bezugsrahmen[388]

4.1 Methoden und Auswahl der Stichprobe für die Exploration

Im Rahmen der Befragung werden mündliche, teilstrukturierte Leitfadeninterviews mit Experten durchgeführt. Die Auswahl der Experten setzt die Kenntnis über diese Qualifikation im jeweiligen Konzern voraus.[389] Interviewpartner sind als Experten benannte oder durch ihre kontextbezogene Führungsposition als Experten klassifizierte Mitarbeiter.[390] Als Ansprechpartner dient jeweils der verantwortliche Konzernrisikomanager, dessen Qualifikation als Experte sich über dessen Führungsposition im Konzern oder der Bezeichnung als Experte durch dessen jeweilige Führungskraft ergibt. Die Bezeichnung der Personen ist i.d.R. Konzernrisikomanager, es wird hier aber aus Gründen der Einheitlichkeit weiterhin von der KCRM-Sicht gesprochen.

Mit der konzernübergreifenden Expertenbefragung wird der Blickwinkel des erläuterten Case ausgeweitet. Der Case ist jedoch auch in die Expertenbefragung einbezogen. Die Stichprobe der Konzerne wird systematisch nach bestimmten Kriterien ausgewählt, um die Vergleichbarkeit der Ergebnisse sicherzustellen.

Grundlegendes Auswahlkriterium für die Eignung eines Unternehmens zur Einbeziehung in die Expertenbefragung ist die Strukturierung als Konzern.[391] Um die Vergleichbarkeit der gesetzlichen Rahmenbedingungen zum Konzern in Case-Study

---

[388] Eigene Darstellung.

[389] Vgl. Bogner u.a. (2009), S. 7ff., Meuser und Nagel (1991), S. 442ff. und Scholl (2009), S. 68f.

[390] Methodik vgl. Atteslander (2010), S. 131ff., Kromrey (2009), S. 352ff. und Scholl (2009), S. 68ff.

[391] Kennzeichnend ist die Bezeichnung als Konzern gemäß §18 AktG, damit die dargestellten Anforderungen bspw. KonTraG und BilMoG für den Konzern gelten. Die Konzerne werden weiterhin in DAX- und Nicht-DAX-Konzerne unterteilt. Auf eine Unterteilung nach Konzerngröße wird verzichtet, da in aktueller Forschung keine signifikanten Unterschiede bezogen auf die IT-Unterstützung des RMs in Relation zur Konzerngröße festgestellt werden, vgl. Kajüter (2012), S. 284f.

sicherzustellen, wird als weiteres Kriterium die Rechtsform Aktiengesellschaft (AG) mit den Sonderformen Societas Europeen (SE) und AG & Co. KG[392] einbezogen. Der DAX, zu dem auch der als Case ausgewählte Konzern zählt, dient als Referenzliste.[393] Die Zugehörigkeit zum DAX weist auf die erhöhte Beachtung des Konzerns in der Öffentlichkeit hin. Zusätzlich werden einige, nicht im DAX gelistete Konzerne befragt, die bspw. im Rahmen von Expertenforen ausgewählt werden, wenn deren dort vorgestellte ChaRM-Ansätze relevante Bereiche aus Kapitel 3.6 adressieren.[394] Die Gültigkeit deutscher Gesetzgebung ist Indiz dafür, dass die gleichen Ansprüche und Standards wie für den Case gelten. Bei der Auswahl der Konzerne werden die Geschäftsberichte 2012 einbezogen, um als weiteres Kriterium zu prüfen, ob es Konzerne gibt, die bereits vorzeitig den DRS 20 anwenden und folglich bereits erweiterte Angaben zum ChM im Geschäftsbericht enthalten sind. Hiervon werden exemplarisch Konzerne in der Stichprobe berücksichtigt. Bedingendes Kriterium ist zudem immer die Bereitschaft eines Konzerns an der Befragung teilzunehmen.

Bei der Auswahl der Konzerne steht nicht Repräsentativität[395] für eine Grundgesamtheit, sondern eine breite Branchenbetrachtung im Fokus, um ein vielseitiges Bild der Ausgestaltungsformen und des ChaRM-Lösungsspektrums zu erhalten. Zur Klassifikation der Branchen wird auf die „Statistische Systematik der Wirtschaftszweige in der Europäischen Gemeinschaft“ basierend auf der „Nomenclature statistique des activités économiques dans la Communauté européenne“ zurückgegriffen, die als international anerkannte Einteilung gilt.[396] In die Befragung werden 15 Konzerne einbezogen, elf DAX- und vier Nicht-DAX-Konzerne, die den Wirtschaftszweigen „Bergbau und Gewinnung von Steinen und Erden“ (zwei), „Verarbeitendes Gewerbe/Herstellung von Waren“ (sieben), „Energieversorgung“ (zwei), „Information und Kommunikation“ (zwei) und „Erbringung von Finanz- und Versicherungsdienstleistungen“ (zwei) zugeordnet werden können.[397]

---

392 Aktiengesellschaft & Compagnie Kommanditgesellschaft (AG & Co. KG).

393 Der DAX umfasst die 30 größten, umsatzstärksten Unternehmen an der Frankfurter Wertpapierbörse, vgl. Deutsche Börse Group (2013), S. 8. Für die Gültigkeit deutscher Gesetzgebung muss eine AG, die Europäische Gesellschaft (also SE) ist, Hauptverwaltung und Sitz in Deutschland haben, da eine SE in jedem Mitgliedstaat wie eine im Sitzstaat gegründete AG behandelt wird, vgl. Amtsblatt der Europäischen Gemeinschaften (2001), Verordnung (EG) Nr. 2157/2001, Titel 1, Artikel 7 und 10.

394 Alle weiteren Kriterien, mit Ausnahme der DAX-Zugehörigkeit gelten auch für diese Unternehmen. Die Auswahl wird bspw. anhand von Unterlagen aus RM-Foren getroffen, vgl. Anhang E.

395 Zur Definition von Repräsentativität vgl. Atteslander (2010), S. 66f. und Kromrey (2009), S. 262.

396 Vgl. für Einteilung European Commission (2008) und European Commission (2015), jeweilige URL siehe LitVZ.

397 Vgl. European Commission (2008) und zur Präzisierung Statistisches Bundesamt (2008), jeweilige

In drei DAX-Konzernen werden zur Vervollständigung der benötigten Inhalte je zwei Personen befragt. Aufgrund der räumlichen Distanz werden die 18 leitfadengestützten Interviews außer in drei Fällen[398], in denen das Gespräch persönlich möglich ist, telefonisch durchgeführt.[399] Die Gesprächsdauer liegt bei je anderthalb Stunden.

4.2 Ausgestaltung des Leitfadens und Vorgehen zur Datenanalyse

Zur Durchführung der leitfadengestützten Interviews dient ein entwickelter, einheitlicher Fragebogen, der wie in Kapitel 3.6 erläutert, auf den Ergebnissen der Case-Study aufbaut. Zur Sicherstellung vergleichbarer Ergebnisse ist der Interviewleitfaden losgelöst von branchenspezifischen Inhalten. Die Erstellung des Interviewleitfadens orientiert sich an den in Kapitel 3.1 erläuterten Prinzipien. Die für die Dissertation relevanten, herausgearbeiteten Ergebnisse werden wiederum hervorgehoben.

Der Leitfaden dient als Basis für die Gespräche, die anschließenden auf prozessuale Herausforderungen mit Implikation auf die IT-Lösung, Anforderungen an die IT-Lösung sowie Verbesserungspotentiale bei der IT-Lösung analysiert werden.

Der Fragebogen ist in drei Fragenblöcke aufgeteilt, angelehnt an die Unterteilung des BRs, und adressiert die Forschungsteilfragen aus Kapitel 1.1. Der erste Block umfasst „Umfeld und Rahmenbedingungen“ der zweite Block die „Gestaltung des ChaRMs“ und der dritte die „Gestaltung der IT-Unterstützung“:

I. Umfeld und Rahmenbedingungen
Teil A: Grundsätzliche Rahmenbedingungen
Teil B: Konkrete Voraussetzungen und Einflussfaktoren

II. Gestaltung des Chancen- und Risikomanagements

III. Gestaltung der IT-Unterstützung
Teil A: Gestaltung der bestehenden IT-Lösungen
Teil B: Funktionalitäten und Ausgestaltungsaspekte der IT-Lösungen

Zum Einstieg dient unabhängig von den Blöcken I.-III. folgende Frage:

URL siehe LitVZ. In Klammern steht die Anzahl einbezogener Konzerne pro Wirtschaftszweig.
398 In zwei Konzernen, darunter im Anwendungsfall, können die Befragungen persönlich erfolgen.
399 Methodik vgl. Atteslander (2010), S. 131ff., Kromrey (2009), S. 352ff. und Scholl (2009), S. 68ff.

1. Wie werden die Begriffe Chance und Risiko im Konzern definiert?

Über diese Einstiegsfrage soll der Bezugspunkt für die weiteren Fragen definiert und eruiert werden, ob die Chancen- und Risikodefinitionen mit der Zielsetzung und Planung verknüpft sind. Im Anschluss folgen Fragen, die die konkretisierten Annahmen des Bezugsrahmens aus der Literaturrecherche und der Case-Study überprüfen und die jeweils spezifischen Inhalte erfassen. Zu Teil A des Blocks „Umfeld und Rahmenbedingungen" gehören folgende generelle Fragestellungen:

2. An welchen Standards ist das ChaRM des Konzerns ausgerichtet?
3. Welche unternehmensinternen Anspruchsgruppen und Adressaten bestehen aus Sicht des KCRMs?
4. Gibt es ein Gremium für das ChaRM und welche Aufgabe erfüllt es?
5. Gibt es eine ausformulierte Risikostrategie?
6. Was sind die Erfolgsfaktoren eines guten ChaRMs?

Die ersten Fragen betreffen Standards, Anspruchsgruppen und Steuerung des ChaRMs. Die letzte Frage zielt auf Determinanten der Akzeptanz des ChaRMs ab. Sie dient der Erhebung einer persönlichen Einschätzung des Experten über die für die erfolgreiche Nutzung des ChaRMs notwendigen Bedingungen bzw. Erfolgsfaktoren.

Teil B dient der Untersuchung von Voraussetzungen und Vorgaben:[400]

7. Wie häufig läuft der Berichts- und Überwachungsprozess ab (Zyklus)?
8. Welcher Kreis an Ansprechpartnern wird aus der **Organisation** im Rahmen des ChaRM-/KCRM-Prozesses (dezentral und/oder zentral) abgefragt?
9. In Relation zu welchen **Bezugsgrößen** werden Chancen und Risiken bestimmt?
10. Welche Größen bestimmen die **Wesentlichkeit** von Chancen und Risiken?
11. Welches sind die konzernrelevanten Informationen und in welchen **Perspektiven** werden sie ausgewertet? (Informationsbedarf und **Fokus**)
12. Welche **Prämissen** gehen in die Betrachtung von Chancen und Risiken ein?
13. Auf welchen **Zeitraum** ist die Chancen- und Risikobetrachtung ausgerichtet?
14. Sind Chancen- und Risikoseite gleich gestaltet? (**Integrationsgrad**)
15. Wie sehen die Verknüpfungen zu anderen **Themenfeldern** aus?

[400] In der Aufzählung der Fragen wird die Verbindung zum Bezugsrahmen hervorgehoben.

Die Fragen dienen der Abdeckung der im BR u.a. als „Unternehmensspezifische Voraussetzungen" bezeichneten Inhalte. Damit adressieren sie Anhaltspunkte der bestehenden Prozessgestaltung, die Basis der Vergleichbarkeit der Inhalte bzgl. der Gestaltung der IT-Unterstützung sind, sowie die Überprüfung der BR-Inhalte. Annahmentestende Fragen dienen dabei dem Abgleich der Inhalte des BRs mit der Realität in mehreren Konzernen. Hier erfolgt die Fragenabarbeitung strukturiert. Hinzu kommen offene, weitere Annahmen generierende Fragen. Einige Fragen adressieren Expertenmeinungen und andere explizites Faktenwissen über die Abläufe im Konzern. Die Antwort aus KCRM-Sicht gilt dann für das Gesamtsystem des Konzerns. Je nach Fragentyp muss der Subjektivitätsgrad bei der Analyse beachtet werden.

Der Fragenblock „Gestaltung des ChaRMs" umfasst die folgenden Inhalte:

16. Welche Strategie und welches Ziel werden mit dem ChaRM im Konzern verfolgt? Inwieweit dient das ChaRM der Entscheidungsunterstützung?
17. Was sind die wesentlichen Aufgaben des KCRMs?
18. Wie werden Qualität, Objektivität und Konsistenz[401] der Inhalte gewährleistet?
19. Werden Chancen und Risiken zentral vorgegeben?
20. Wer verantwortet die gemeldeten Chancen und Risiken?
21. Welche Ergebnistypen werden auf Konzernebene erzeugt?
22. Was sind die prozessualen Herausforderungen und Weiterentwicklungspotentiale/Verbesserungspotentiale im dezentralen ChaRM- sowie im KCRM-Prozess?
23. Wie erfolgt die Berichterstattung von Chancen und Risiken gemäß DRS 20?

Der dritte Block „Gestaltung der IT-Unterstützung" ist auch zweigeteilt. Zunächst kommen in Teil A allgemeine Fragen zur Gestaltung der implementierten IT-Lösung:

24. Gibt es für SGEen und die Konzernebene ein gemeinsames IT-System?
25. Inwieweit deckt die IT-Lösung das ChM mit ab? Wenn nicht, wäre die Systemlösung auch für Chancen ausbaubar und ist das geplant?
26. In welchen Bereichen der IT-Unterstützung besteht weitergehender Bedarf? Welche Bereiche sind nicht adäquat/durchgängig unterstützt?
27. Ist das ChaRM über eine Individual- oder Standardlösung unterstützt?

[401] Bzgl. der Antwortauswertung wird nicht zwischen den drei Begrifflichkeiten unterschieden.

Im Falle einer Individuallösung (Frage 27):

28. Gibt es Anforderungen, die in Bezug auf die bestehende bzw. die verfügbaren Lösungen am Markt nicht abgedeckt sind? Wenn ja, welche?
29. Was müsste bei einer erneuten Entwicklung geändert werden?

Im Falle einer Standardlösung (Frage 27):

28. Welche Auswahlaspekte waren wesentlich?
29. Was wurde bei der Einführung über-/unterschätzt und was müsste bei erneuter Einführung verändert werden?

Unabhängig von einer Individual- oder Standardlösung[402] folgt die Frage:

30. Was ist entscheidend für die erfolgreiche Umsetzung oder Einführung einer IT-Lösung für das ChaRM?

Mit Teil B des Blocks „Gestaltung der IT-Unterstützung“ wird, wie in Kapitel 3.6 angedeutet, die im jeweiligen Konzern bestehende IT-Lösung auf Gestaltungsmerkmale hin untersucht (Merkmal hervorgehoben), für die bezogen auf den Anwendungsfall Verbesserungsbedarfe genannt werden. Dabei wird geprüft, ob es sich um konzernübergreifende Herausforderungen handelt, oder ob bereits passende Lösungen bestehen. Die Fragen betreffen den dezentralen ChaRM- und den KCRM-Prozess.

31. Werden alle **Prozessschritte** mit einer Lösung abgedeckt?
32. Inwieweit unterstützt die Lösung **Identifikation** und **Bewertung**?
33. Inwieweit sind standardisierte und flexible **Ergebnistypen** erstellbar oder nötig?
34. Inwieweit dient die IT-Lösung als **Frühwarnsystem** zum Indikatoren-Tracking?
35. Wie wird das **Maßnahmen-Tracking** technisch unterstützt?
36. Wie ist die Komplexität der **Organisation** im System abgebildet? Welchem **Anwenderkreis** steht die IT-Lösung zur Verfügung?
37. Wie werden **vernetzte Risiken/Chancen** behandelt, die mehrere OEen treffen?
38. Wie ist die **Kommunikation** von Chancen/Risiken zwischen OEen unterstützt?
39. Welche **Zuliefersysteme** oder technisch verbundenen Themenfelder gibt es?
40. Welche **Semantik** ist z.B. für Aggregation oder Datenqualität hinterlegt?

[402] Die Beurteilbarkeit der Lösung gemäß Fragen 28 und 29 kann sich in Abhängigkeit davon unterscheiden, ob die Lösung vom Gesprächspartner eingeführt oder nur übernommen wurde.

41. Werden eingetretene Erfolge/Schäden von Chancen/Risiken in einer Datengrundlage gespeichert und wie werden diese **historischen Daten** genutzt?
42. Wie werden die gesammelten Informationen **analysiert** und ausgewertet?

Die Gespräche erfolgen mit einer Ausnahme, im Beisein einer zweiten fachkundigen Person, um die Objektivität der Dokumentation der Untersuchungsergebnisse sicherzustellen. Die Gesprächsführung anhand des Leitfadens obliegt immer der Autorin, wobei Autorin und ggf. die zweite Person die Interviewinhalte und -ergebnisse während der Gespräche protokollieren. Im Anschluss an jedes Interview erfolgt die Erstellung eines zusammengefassten, inhaltlichen Protokolls auf Basis der Protokolle der Autorin und des Mitschriebs der jeweils zweiten Person.

4.3 Aufbereitung der Ergebnisse aus den Experteninterviews

In diesem Kapitel werden die Inhalte aus den Interviews aufgearbeitet, um daraus Informationen bezogen auf den Forschungsgegenstand, über Problemstellungen im Kontext der IT-Unterstützung des ChaRMs mit Fokus auf das KCRM der relevanten Klasse Konzerne und über Möglichkeiten der Lösung zugehöriger Problemstellungen zu gewinnen. Die Datenanalyse setzt auf den Inhalten von BR und Fragebogen auf. Die basierend auf den Fragenblöcken I und II erhoben Ergebnisse werden in Kapitel 4.3.1 und 4.3.2 untersucht, um anschließend über Block III konkrete IT-Lösungsansätze und übergreifende Problemstellungen zu analysieren (Kapitel 4.3.3). Kapitel 4.3.1 bis 4.3.3 enthalten damit Antworten auf Forschungsteilfragen eins bis fünf.

Zur Erarbeitung der Inhalte werden die Gesprächsprotokolle inhaltlich auf die Kernaussage pro Frage verdichtet, ähnliche Begriffe vereinheitlicht und einander gegenübergestellt. Es werden hierbei die Techniken der qualitativen Inhaltsanalyse aus Kapitel 3.1 verwendet. In Teilen werden Informationen quantitativ gemäß der Anzahl an Konzernen, von denen sie genannt werden, aufgelistet, um eine Abstufung in der Bedeutung für die Stichprobe und damit eine Priorisierung von Anforderungen zu ermöglichen.[403] Pro Themenblock werden relevante Ausprägungen analysiert und im Kontext der Arbeit beleuchtet. Bei mehreren Gesprächspartnern pro Konzern werden die Antworten stets zu einer Antwort des Konzerns zusammengeführt. Eine Zuordnung der einzelnen Ergebnisse zu den einbezogenen Konzernen erfolgt nicht. Die Aussagen der Ansprechpartner werden jeweils als für den Gesamtkonzern gültig an-

[403] Vgl. bspw. Mayring (2008), S. 13ff. und S. 57 und Kromrey (2009), S. 322 (Frequenzanalyse).

gesehen. Bei hier relevanten Unterschieden zwischen Antworten der Interviewpartner von DAX- und Nicht-DAX-Konzernen werden die Gruppen getrennt analysiert. Einleitend werden nun die Definitionen für Chance und Risiko beleuchtet.[404]

In Bezug auf die Definitionsansätze können Schlüsselwörter herausgearbeitet werden, die die generelle Orientierung des ChaRMs aus KCRM-Sicht konkretisieren. Es ist erkennbar, dass im Sinne der erläuterten Ursachen- und Wirkungssicht, in jeder Definition ein Hinweis auf eine Wirkungsgröße gegeben wird. In etwa der Hälfte aller Fälle (sieben von fünfzehn) wird als Wirkungsgröße der Begriff „Ziel(e)“ genannt. Fünfmal wird der Begriff „Plan“ und dreimal „Strategie“ angegeben. Auch Kombinationen der Begriffe sind möglich. Es kann daraus abgeleitet werden, dass es in der Stichprobe immer einen Bezugspunkt, z.B. Zielsetzung oder Planung, gibt, gegenüber dem negative und positive Abweichungen betrachtet werden.[405]

Neben der Wirkungsperspektive enthält knapp die Hälfte der Definitionen Ursachen. Am häufigsten wird „Ereignis(se)“ verwendet, vereinzelt ergänzt um „Entwicklungen“ oder „Handlungen“, die z.B. Ziele in eine Richtung verändern können. Sonderfälle sind Interviewpartner, die eine Unterscheidung in Brutto- und Nettorisiken nennen, Ziele in der Definition auch auf Einheiten herunterbrechen, den Bezug zu unerwarteten Verlusten oder Erträgen herstellen oder den Risikobegriff als Dachbegriff über Chance und Risiko setzen. Eine Auffälligkeit, die in Kapitel 4.3.1 aufgrund von Frage 14 aufgegriffen wird, ist, dass bereits hier zwei Ansprechpartner aus DAX-Konzernen darauf hinweisen, dass das ChM in einer anderen Konzerneinheit liegt.

Zur Abgrenzung von Ergebnissen, die aus der Case-Study abgeleitet wurden, werden auf der Expertenbefragung basierende Ergebnisse mit „E“-Präfix versehen.

Ergebnis E-1: Folgende Definitionen werden für diese Arbeit abgeleitet:
Ein **Risiko** ist die Gefahr, dass eine bestimmte Ursache den Konzern oder einzelne Einheiten daran hindern kann, definierte Ziele zu erreichen oder Strategien umzusetzen.
Eine **Chance** birgt die Möglichkeit durch eine bestimmte Ursache definierte Ziele oder Strategien einer Einheit oder des Konzerns zu übertreffen.
Zusammengefasst handelt es sich um gegengerichtete Abweichungen, ausgelöst durch bestimmbare Ursachen und bezogen auf definierte Wirkungsgrößen.

---

[404] Hierbei wird nicht zwingend die in Handbüchern oder Richtlinien fixierte Definition gefordert, sondern das generelle Verständnis des jeweiligen Experten für den Konzern erfragt.
[405] Der Aspekt Strategie wird in Kapitel 4.3.1 separat erläutert.

Die generische Definition in *SF-1* (Kapitel 2.1) kann über die Beispiele und Definitionsansätze konkretisiert werden. Die Definitionen aus *Ergebnis E-1* werden den folgenden Kapiteln zugrunde gelegt. Da sich alle genannten Definitionen in *E-1* integrieren lassen, können die Interviewergebnisse bzgl. weiterer, detaillierterer Eigenschaften untersucht und verglichen werden. Die Ausführungen der Gesprächspartner sind dabei aber wiederum stark auf die Risikoseite des ChaRMs fokussiert.

4.3.1 Umfeld und Rahmen des Chancen- und Risikomanagements

In diesem Kapitel werden Faktoren aus den BR-Schichten Umfeld und Rahmenbedingungen untersucht, die das ChaRM und die IT-Unterstützung beeinflussen können. Alle Inhalte gelten hierbei insbesondere für das RM. Gesonderte Hinweise in den Interviews bzgl. des ChMs werden aufgegriffen, um aufzuzeigen, ob die Behandlung von Chancen entsprechend oder abweichend erfolgt.

Mit Frage zwei wird geklärt, ob Standards zur Ausrichtung des ChaRMSs genutzt werden und wenn ja, welche. Abbildung 27 zeigt das Ergebnis der Auswertung.

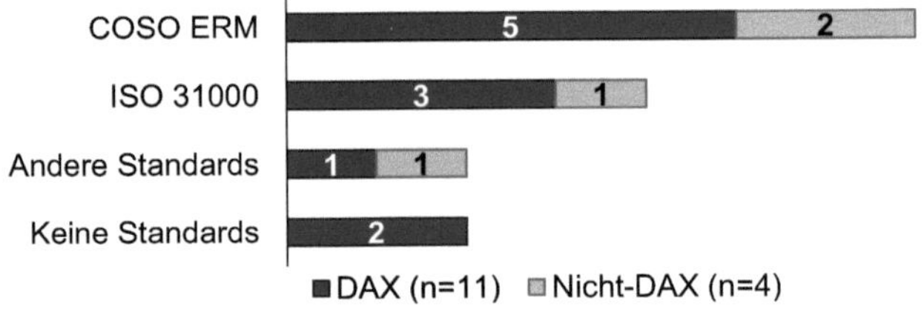

Abbildung 27: Anlehnung des ChaRMSs an einen Standard[406]

Am häufigsten erfolgt die Anlehnung an COSO ERM oder ISO 31000, die bereits in Kapitel 2.2 erläutert sind. Im Banken- und Versicherungsumfeld kommt eine Vielzahl branchenspezifischer (hier: „andere") Standards hinzu. Zwei befragte Ansprechpartner nennen keinen Standard als Grundlage sondern verweisen auf den Aufbau gemäß KonTraG. In Frage 23 wird der Standard DRS 20 hervorgehoben, der aber bzgl. methodischer Ansprüche nur zugehörige Angaben im Lagebericht betrifft.

Ergebnis E-2: Über die Häufigkeit der Nennung wird die Relevanz der beiden Standards COSO ERM und ISO 31000 aufgezeigt.

[406] Eigene Darstellung. „n" steht in diesem Kapitel für die Anzahl an einbezogenen Konzernen.

Die Fragen drei und vier bzgl. interner ChaRM-Anspruchsgruppen und der Existenz eines Gremiums werden integriert betrachtet, da Gremien i.d.R. durch das KCRM mit Informationen versorgt und somit z.T. als Anspruchsgruppe genannt werden.

Die Anspruchsgruppen und bestehenden Gremien zeigt Abbildung 28.

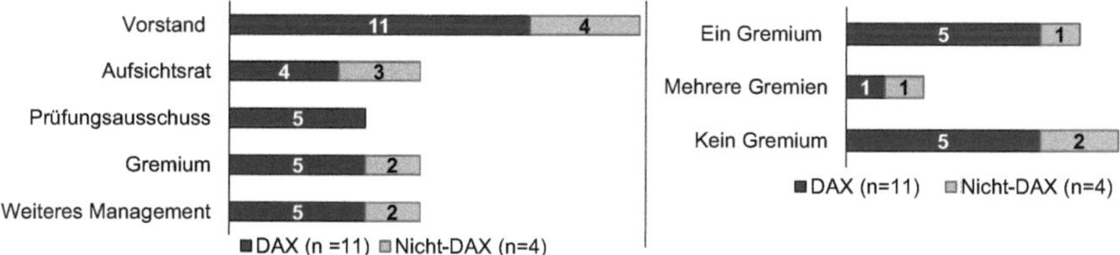

Abbildung 28: Anspruchsgruppen des ChaRMs und etablierte Gremien[407]

Alle befragten Personen haben angegeben, dass der Vorstand[408] Adressat des Berichtswesens ist. Neben dem Vorstand wird zudem häufig der Aufsichtsrat und/oder Prüfungsausschuss informiert.[409] Unter „Weiteres Management" sind unterschiedliche Adressaten subsummiert, z.B. Risikoverantwortliche und Führungskräfte in dezentralen Organisationseinheiten oder im Compliance-Bereich.

Die Konzerne der Stichprobe mit mehreren Gremien sind der Bank- und Versicherungsbranche zuzuordnen, da hier z.T. Gremien pro Risikokategorie existieren. Der Verantwortungsbereich der Gremien reicht von einem reinen Berichtsgremium, über die Entscheidungsvorbereitung, bis zu einem Steuerungsgremium. Die Kompetenz unterscheidet sich gemäß den Interviews z.B. aufgrund der Gremiumbesetzung.

Ergebnis E-3: Der Kreis der Anspruchsgruppen verdeutlicht, dass ChaRM-Informationen auf den oberen Hierarchieebenen diskutiert werden und hierfür die nötigte Informationsbasis bereitgestellt werden muss.

Frage fünf prüft, ob eine formalisierte Risikostrategie vorliegt, die ggf. unter Beteiligung des Gremiums entwickelt wird. Etwa die Hälfte der Ansprechpartner gibt an, dass es im Konzern keine formalisierte Risikostrategie gibt. Bei drei Konzernen ist eine Strategie als prozessuale Definition, aber ohne konkreten Risikoappetit vorhan-

[407] Eigene Darstellung. Mehrfachnennungen sind bei den Anspruchsgruppen möglich.

[408] In einem Fall wird ein Chief Risk Officer separat genannt. Zu dessen Aufgaben und Verantwortung vgl. bspw. Meyer (2008b), S. 340ff. Eine Unterteilung des „Vorstands" ist im Weiteren nicht relevant.

[409] In Fällen, in denen weder AR noch PA benannt werden, sind jedoch Hinweise auf den AR im jeweiligen Geschäftsbericht 2012 enthalten. Dies wird in der Abbildung nicht markiert.

den. Ein Ansprechpartner davon gibt an, dass die Risikostrategie direkt in die Geschäftsstrategie integriert ist. Fünf Konzerne, darunter drei DAX- und zwei Nicht-DAX-Konzerne, besitzen eine Strategie, in der auch ein Risikoappetit, z.B. über Limits, formuliert ist. Wichtig zu unterscheiden ist, dass die Begriffe Risikostrategie und strategisches RM gemäß den Ansprechpartnern unterschiedlich verwendet werden. Operativ und strategisch können für unterschiedliche Zeithorizonte stehen. Alternativ kann strategisches RM als Überprüfung von Strategien auf potentielle Risiken verstanden werden. Damit kann es einen vom kurzfristig orientierten RM abweichenden Adressatenkreis besitzen. Die Formalisierung der Prozesse kann verschieden sein.

Abbildung 29 visualisiert den unterschiedlichen Formalisierungsgrad der Strategien.

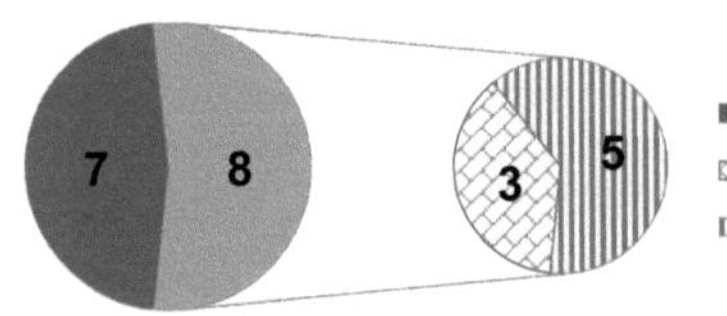

Abbildung 29: Vorhandensein einer formalisierten Risikostrategie[410]

> **Ergebnis E-4:** Es besteht ein Bedarf für strategisches RM gemäß Kapitel 3.6 und dieser Analyse. Strategien müssen je nach Formalisierungsgrad technisch hinterlegbar sein.

Die letzte Frage aus diesem Teilblock bezieht sich auf Erfolgsfaktoren eines ChaRMs. Bei der Analyse erfolgt kein Ranking der Antworten, sondern es soll ein Verständnis für „gutes ChaRM" geschaffen werden. Es können zweierlei Antwortverhalten beobachtet werden. Es gibt Antworten, die beschreiben, was ChaRM nicht (mehr) sein darf, um gut zu sein. Hierunter fallen Weiterentwicklungsschritte, z.B.:

- RM darf nicht nur aus Compliance-Gründen durchgeführt werden.
- RM muss Teil des täglichen Geschäfts und nicht zusätzliche Aufgabe sein.
- RM muss als Diskussionsbasis bei jeder Entscheidung mitbetrachtet werden.
- RM muss trotz Controlling-Fokus das operative Management einbeziehen.

Die zweite Art von Antworten beschreibt Eigenschaften eines guten ChaRMs, z.B.:

- RM ist verständlich und keine Blackbox.
- RM ist mit ChM verknüpft.
- RM ist dynamisch und wird kontinuierlich weiterentwickelt.

---

[410] Eigene Darstellung.

- RM-Berichte sind Ausgangspunkt für Nachfragen des Adressatenkreises.
- RM ist mit den Prozessen des Unternehmens verknüpft.
- RM schafft Akzeptanz für risikobewusstes und unternehmerisches Handeln.
- RM dient der frühzeitigen Erkennung von Problemen und Veränderungen und extrapoliert nicht nur Vergangenheitsdaten in die Zukunft.
- RM ist messbar und schafft einen Wert für das Unternehmen.

Die Frage wird i.d.R. als letzte Frage gestellt, da sie eine Zusammenfassung aus Sicht des Befragten ermöglicht. Erfolgsfaktoren werden bei Nachfrage, ggf. unter Spiegelung der Sichtweise, auch für die Chancenseite als passend bezeichnet.

Die Aufarbeitung der Antworten aus dem zweiten Fragenteilblock adressiert relevante Voraussetzungen und Vorgaben zur Ausrichtung der IT-Lösung.

Eine Voraussetzung für die Durchführung des ChaRMs ist die Überlegung in welchem Zyklus Informationen an das Management und die weiteren Anspruchsgruppen berichtet werden müssen, da hieran der Zyklus zur Erstellung des Berichtswesens gemeldeter Chancen und Risiken in der IT-Lösung auszurichten ist. Die Antworten aus den Interviews sind nicht vollständig vergleichbar, da der Umfang der jeweils zu berichtenden Informationen unterschiedlich ist. Es variiert bspw. der Zyklus für Überwachung und Berichterstattung strategischer Risiken und Risiken bezogen auf das operative Geschäft. Ebenso impliziert nicht jeder Zyklus die komplette Inventarisierung des Chancen- und Risikoportfolios; z.T. werden unterjährig nur wesentliche oder kurzfristig relevante Risiken regelmäßig berichtet. Es kann auch zwischen der zyklusbezogenen Vollerhebung über die Erfassung in allen OEen und der Top-Down-Aktualisierung auf aggregierter Ebene im KCRM-Prozess unterschieden werden.

Die Berichtszyklen schwanken gemäß den befragten Ansprechpartnern zwischen einem monatlichen Turnus, der in einem Fall sogar noch kürzer ist, und einer jährlichen Betrachtung. Die monatliche Risikoüberwachungen nennt ein Ansprechpartner, zwei weitere geben an, dass die Lage eines Risikos ab einer gewissen Kritikalität für einen bestimmten Zeitraum monatlich aktualisiert und gemeldet werden muss. Am häufigsten (neunfach) genannt wird der quartalsweise Überwachungs- und Berichtszyklus, wobei dieser in einem Fall auf eine sechsfache Aktualisierung pro Jahr ausgeweitet wird. In drei Konzernen wird die Risikosituation nur zwei- bis dreimal pro Jahr erhoben. Das Minimum in der befragten Stichprobe liegt bei einem jährlichen

Berichtswesen, wobei sich die Ansprechpartner dabei vorbehalten, zusätzlich Einzelrisiken in individuell notwendigen Zyklen zu überwachen. Neben Regelzyklen gibt es interne Adhoc-Reporting-Wege [411] bei Überschreiten bestimmter Schwellwerte außerhalb des jeweiligen Regelberichtszyklus.

Das generelle Vorgehen ist z.T. an den Planungsgrößen und -zyklen der Konzerne orientiert. Alternativ ist eine ereignisorientierte Erfassung möglich (Frage 13). Die Zeithorizonte der Erfassung und Bewertung von Risiken sind beim ereignisgetriebenen Vorgehen losgelöst von Planungszyklen und zugehörigen Bezugsgrößen. Hiermit sind planungsunabhängige Ereignisse abbildbar. Experten, die den ereignisbezogenen Ansatz nutzen, gehören zur Banken-, Versicherungs- oder IT-Branche.

Abbildung 30 zeigt die zugehörige Aufteilung.

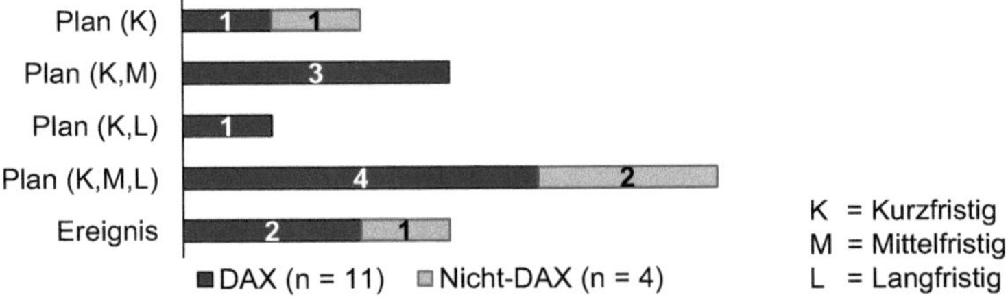

Abbildung 30: Planungs- oder Ereignisbezug mit unterschiedlichem Zeithorizont[412]

Hinter den genannten Zeithorizonten kurzfristig (in Abbildung 30: K), mittelfristig (M) und langfristig (L) verbergen sich unterschiedliche Ausprägungen. Für die hier dargestellte Einstufung wird folgende Basis verwendet: als kurzfristig gelten Themen, die innerhalb des laufenden Jahres erwartet werden. Mittelfristig betrifft einen Zeithorizont von zwei bis drei Jahren und langfristige Betrachtungen können bis zu zehn Jahre einbeziehen. Das Ende des langfristigen Zeitraums ist z.T. nicht spezifiziert, dafür aber der Abfrageumfang auf Tendenzaussagen begrenzt. Als Gegenbeispiel schildert ein Ansprechpartner einen strukturierten, strategischen RM-Prozess, der bei jeder neuen Geschäftsstrategie zu durchlaufen ist und die langfristig damit verbundenen, möglichen Entwicklungen betrachtet.

[411] Es handelt sich hierbei um eine interne Adhoc-Meldung und nicht um eine Adhoc-Meldung mit Kapitalmarktrelevanz.

[412] Eigene Darstellung, z.T. werden über den Planungsbezug hinaus Chancen und Risiken erfasst.

Ergebnis E-5: Als koordinative Vorgaben des KCRMs im konzernweiten ChaRM gelten gemäß den Erläuterungen der Berichtszyklus und der jeweilige Betrachtungszeitraum sowie der Planungs- und/oder Ereignisbezug. Zudem ist die auf den KCRM-Prozess bezogene Entscheidung zwischen Vollerhebung (bottom-up) oder Top-Down-Erhebung von Informationen relevant. Diese Aspekte nehmen Einfluss auf Funktionalitäten und Gestaltung einer IT-Lösung und sind gemäß dem erhobenen Spektrum flexibel abzubilden.

Neben Zyklus und Planungs- und/oder Ereignisbezug beeinflusst die Abfragetiefe im Konzern, losgelöst von der Unterteilung top-dow und bottom-up, die Abläufe im KCRM-Prozess und den Aufbau der IT-Lösung. Die Anzahl der Einheiten und Personen, die vom KCRM zur Meldung der aktuellen Chancen- und Risikosituation aufgefordert und damit in das ChaRM eingebunden werden, sind unterschiedlich (siehe Abbildung 31). Das Spektrum reicht von einem Risikomanager pro Geschäftsfeld oder Land, also der obersten Hierarchieebene der Organisation (in fünf Fällen), bis hin zur vollumfänglichen Aufforderung aller Einheiten (in sechs Fällen). Konzerne in denen alle Einheiten befragen werden, sind hier mit einer Ausnahme DAX-Konzerne. Drei Gesprächspartner geben an, dass eine oder ggf. mehrere Ebenen unterhalb einer SGE- oder Länderschicht mit eingebunden werden, oder die Verantwortung der Einbindung bei geschäftsfeld- oder länderverantwortlichen Risikomanagern liegt.[413] Diese Variante nennen davon zwei Ansprechpartner der DAX-Konzerne. Ein Ansprechpartner schildert, dass Informationen technisch aus mehreren Systemen in einem System gesammelt werden.[414]

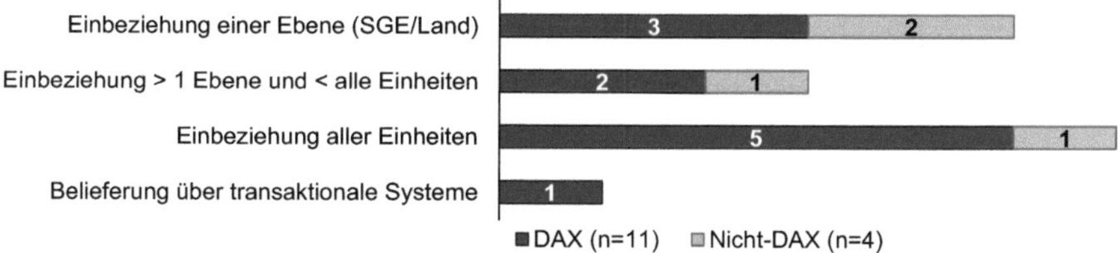

Abbildung 31: Abfragetiefe für das Regelberichtswesen[415]

In Zusammenhang mit der Abfragetiefe, wird die Analyse der Antworten auf Frage 20 bzgl. der Verantwortung für die Chancen- und Risikosituation vorgezogen. Gemäß den Aussagen der Experten liegt diese nicht beim KCRM sondern bei dezentralen

[413] Es wird an dieser Stelle nicht zwischen dem erfassenden Mitarbeiter und dem Risikoverantwortlichen unterschieden.

[414] Teilweise variiert der Abfrageumfang auch je nach Abfragezeitpunkt. Es wird hier das Antwortverhalten in Bezug auf den regulär durch das KCRM angesprochenen Personenkreis erläutert.

[415] Eigene Darstellung.

Einheiten, die Chancen und Risiken im System melden, da dort deren Management erfolgen muss. Dies stimmt mit der literaturbasierten Annahme (Kapitel 2.2) überein.

Zur Untersuchung der weiteren Inhalte des Bezugsrahmens werden nun die Ergebnisse bzgl. Bezugsgröße, Wesentlichkeit und konzernrelevanten Informationen integriert mit Fragen zu Datenqualität und zentralen Vorgaben erläutert.

Als konzernrelevante Informationen für Chancen und Risiken werden am häufigsten die Dimensionen EW und Ausmaß, oder Schadenshöhe bei Risiken, genannt. Das Ausmaß wird in Relation zur Bezugsgröße spezifiziert und z.T. in eine quantitative und qualitative Sicht unterteilt. Für die qualitative Sicht wird als Beispiel die Zuweisung einer qualitativen Bewertung zu Risiken aus bestimmten Bereichen genannt oder qualitativ beurteilt, inwieweit Geschäftsziele oder externe Berichterstattung beeinflusst werden oder regulatorische Auswirkungen durch Risiken oder Chancen entstehen können. Weiteres qualitatives Kriterium kann die Betrachtung der erwarteten Zeit sein, die das Management benötigt, um z.B. die Ursache des Risikos oder dessen Wirkung zu beheben. Ein Ansprechpartner erläutert die Logik zur Bestimmung eines Bedeutungsfaktors, z.B. über die Untergliederung in regionale oder konzernweite Relevanz oder über die Anzahl betroffener SGEen mit vordefinierten Bewertungsstufen. In einem Fall wird für einen möglichen Risikoeintritt die Angabe eines „worst-", „realistic-" und „best-case"-Szenarios gefordert. Neben diesen Bewertungsaspekten gehen die Interviewpartner auf die Maßnahmenerhebung ein. Die Anforderungen hierzu können sich auf die Angabe von Brutto- und Nettoausmaß beziehen und zusätzlich Maßnahmen- und Meilensteinpläne vor und nach Eintritt umfassen. Mehrfach wird ein Statusupdate oder Umsetzungsstand zur Überwachung gefordert. Vereinzelte Nennungen betreffen die Angabe von Verantwortlichen, Frühwarnindikatoren oder Treibern, Trendaussagen oder einer Meldekette im Falle des Risikoeintritts. Der erhobene Informationsbedarf passt zu den Inhalten der Literaturrecherche.

Ergebnis E-6: Aus fachlicher Sicht besteht eine Vielzahl von inhaltlichen Ausgestaltungsvarianten. Das zu entwickelnde Referenzdatenmodell, das als Teil des Ordnungsrahmens ein breites Spektrum der Inhalte flexibel abdecken soll, muss dies berücksichtigen.

Frage 18 bezieht sich auf die Sicherstellung von Qualität, Objektivität und Konsistenz der Informationen. Vier Gesprächspartner heben hervor, dass die Informationsqualität in erster Linie im Verantwortungsbereich dezentraler Einheiten liegt. Sieben stellen die Qualität der berichtsrelevanten Informationen über Rückfragen, Workshops oder Diskussionsrunden ausgehend vom KCRM sicher. Zudem können z.B. Vorgaben und standardisierte Methoden definiert oder Doppelnennungen auf aggregierter Ebene eliminiert werden. In zwei Fällen gibt es einen Workflow zur Eingabestandardisierung. Darüber hinaus gehende Meldungen bedürfen der KCRM-Zustimmung.[416]

Ein dazu passendes Antwortverhalten zeigt sich auf Frage 19, bei der zentrale Vorgaben im Fokus stehen. Das Spektrum an Antworten reicht von der Vorgabe eines fixierten Risikokatalogs über standardisierte Risikokategorien bis hin zur Vorgabe von zu beurteilenden Spezialthemen, die vergleichend analysiert werden müssen. Entsprechende thematische Vorgaben erfolgen bisher i.d.R. ohne IT-Unterstützung.

Frage zwölf zielt darauf ab, ob das KCRM Prämissen als Vorgaben definiert. Drei Interviewpartner geben Hinweise auf Wechselkurse oder Prämissen, z.B. in Form von Szenarien. Fünf Befragte erläutern, dass es z.B. Bewertungsprämissen gibt, die zur Vergleichbarkeit der Rückmeldungen dienen.

Ergebnis E-7: Das Antwortverhalten zeigt, dass für das KCRM Vorgabefunktionalitäten definiert werden müssen, mit Hilfe derer Abläufe oder Informationen für die ganze Organisation oder Teilbereiche vorgegeben werden können.

In *SF-5* wird die Relevanz der Beziehung zwischen Ziel und Planung hervorgehoben. Als Referenzpunkt dafür dienen Bezugsgrößen. In den Antworten auf Frage neun zu Bezugsgrößen überwiegen finanzielle ggü. qualitativen Größen, insbesondere EBIT (neunfache Nennung) und Cashflow (dreifache Nennung). Einige Experten erläutern, dass eine Ausweitung z.B. von einer auf mehrere Bezugsgrößen denkbar ist, wenn die Planung entsprechend erfolgt. Vereinzelt werden weitere Größen aus der Bilanz genannt. Jeder Ansprechpartner erwähnt eine oder mehrere finanzielle Bezugsgrößen. Wird nur eine Bezugsgröße genutzt, ist dies i.d.R. EBIT. Die maximale Anzahl an Bezugsgrößen ist vier, wobei diese optional zu betrachten sind. Eine standardmäßige Bewertung mehrerer Größen fordern zwei Ansprechpartner.

Die in Relation zu Bezugsgrößen zu bemessende Wesentlichkeit von Chancen und Risiken (Frage 10), wird mit Ausnahme des Konzerns, in dem Meldungen über transaktionale Systeme erfolgen, über WK-Grenzen gesteuert, die entweder einheitlich für die Meldung an das KCRM definiert oder auf die Größe der meldenden Einheit zugeschnitten sind. Die Überschreitung der WK-Grenze entscheidet bspw. über

[416] Die Ansprechpartner werden für Frage 18 je nach Antwortverhalten z.T. mehrfach dazugezählt.

Adressatenkreis oder Überwachungsturnus eines Themas. Zu unterscheiden ist auch, ob ein/e Einzelchance/-risiko allein oder ob die aggregierte Kategorie wesentlich ist. Zudem gibt es Unterschiede zwischen Erläuterungen bei der Betrachtung, ob das Brutto- oder Nettoausmaß als Referenzwert für den Abgleich mit der WK-Grenze verwendet wird und ob ein Überschreiten in einer oder mehreren Perioden erfolgen muss, um die Berichtswürdigkeit zu fixieren. Sonderfälle sind, dass Risiken z.T. unterhalb der WK-Grenze als relevant weiterberichtet werden können oder ein Risikogremium als Definitionsinstanz berichtspflichtige Inhalte vorgeben kann. Die generelle Erstellungspflicht eines Risikoinventars im IT-System kann z.B. auch vom jeweiligen Umsatz der OE abhängen. Keine Einigkeit herrscht dahingehend, ob eine WK-Grenze neben finanziellen auch für qualitative Bezugsgrößen genutzt wird. Für Chancen gelten häufig andere oder keine Schwellwerte. Auch das Adhoc-Berichtswesen kann separate Schwellwerte besitzen. Neben den Schwellwerten fordern zwei KCRM-Einheiten die vollständigen, dezentralen Risikoinventare oder -berichte an.

Ergebnis E-8: Die Definition von Bezugsgrößen und Wesentlichkeitsgrenzen muss technisch gemäß den Detailerläuterungen konzernindividuell gestaltet werden können.

Die Antworten auf die Frage zu Schnittstellenbereichen zeigen, dass es gemäß der Mehrzahl der befragten Personen keine umfassende Integration zwischen RM und angrenzenden Themen gibt, sondern nur Abstimmungen mit einem oder mehreren Bereichen aus IKS, Compliance und Interner Revision erfolgen. Fünf Experten nennen die fachliche Anbindung von einem oder mehreren Bereichen, insbesondere Schnittstellen zum Compliance-Bereich und zum IKS. In einem Fall sind beide Bereiche angebunden. Diese Entwicklungen werden in Kapitel 4.3.3 bei der Frage nach Verbesserungsvorschlägen für die IT-Lösung im Sinne eines GRC-Tools untersucht. Thematisch zugehörig sind die genannten Überlegungen zum Integrationsgrad von Chancen oder Risiken und zur Lokalisierung der zugehörigen Verantwortung.

Bezüglich der fachlichen ChM-Ausgestaltung geben sechs Experten an, ChM im Rahmen des RMs identisch zu behandeln und drei weitere, dass ein dem RM ähnliches ChM besteht oder zum Zeitpunkt der Befragung im Aufbau ist. Abweichungen bestehen hier bspw. bei den Zeithorizonten, der Erfassung von Brutto- oder Nettogrößen sowie bei der Erhebung von Maßnahmen. Von den Konzernen, die bereits ein gleichartiges oder ähnliches ChM, besitzen, erwähnen fünf Ansprechpartner ungefragt, dass i.d.R. mehr Risiken als Chancen gemeldet werden. Dies wird z.B. über die Integration von Chancen in die strategische Planung und das auf Risikoseite vorherrschende Vorsichtsprinzip erklärt.[417] Zwei Experten erläutern, dass es bisher kein zum RM adäquates ChM gibt. Vier weitere Experten weisen das ChM anderen Verantwortungsbereichen zu. Es liegt entweder getrennt vom RM in dezentraler Verantwortung oder gehört zu Bereichen wie Strategie, Kundenbeziehungsmanagement oder Business Innovation. Folglich nennen sechs Ansprechpartner kein oder ein getrennt aufgebautes ChM. Diese Inhalte zeigen, dass es die drei in Abbildung 32 visualisierten und in *SF-9* (Kapitel 2.3) genannten Konstellationen gibt.[418]

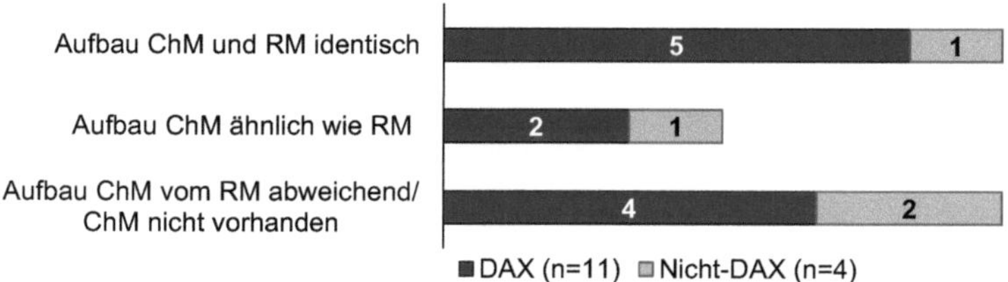

Abbildung 32: Zusammenhang Ausgestaltung ChM und RM[419]

4.3.2 Gestaltung des Chancen- und Risikomanagements

In *Ergebnis C-3* (Kapitel 3.3.2) wird der Zusammenhang zwischen den mit ChaRM verfolgten Zielen von Konzernen und dem KCRM-Aufgabenspektrum betrachtet. Dies wird im Folgenden näher untersucht. Tabelle 11 zeigt die ChaRM-Ziele, ggf. mit Mehrfachnennung pro Interview. Die Antworten umfassen Gründe, warum ChaRM durchgeführt wird und zeigen, dass die Risikoseite häufig im Vordergrund steht. Zur Analyse der Resonanz werden die Antworten gemäß gleichlautender oder inhaltlich übereinstimmender Schwerpunkte zusammengefasst und zu elf abgrenzbaren Aussagen gebündelt. Die Reihenfolge in Tabelle 11 stellt die Rangfolge orientiert an der Anzahl Nennungen in Summe dar.

Rang	Zielsetzung des ChaRMs (Befragte: n=15)	Summe
1	Entscheidungsunterstützung und aktive, risikobewusste Geschäftssteuerung	7
2	Erfüllung gesetzlicher Anforderungen	6
3	Erzeugen eines transparenten Gesamtüberblicks	5
3	Schaffung von Risikokultur und -bewusstsein	5
4	Vermeidung bestandsgefährdender Risiken	3
4	Sicherung der Zielerreichung	3
4	Frühzeitiges Erkennen und rechtzeitiges Managen von Risiken	3

[417] Als mögliche Gründe warum Chancen nicht gemeldet werden, betrachtet Halek (2004), S. 194f. z.B. fehlendes Bewusstsein für Chancen und die Gefahr von Mehrarbeit oder Veränderungen.
[418] Herleitung vgl. Saitz u.a. (2015), S. 775ff., erweitert um Ergebnisse für Nicht-DAX-Konzerne.
[419] Eigene Darstellung, in Anlehnung an Saitz u.a. (2015), S. 775.

Rang	Zielsetzung des ChaRMs (Befragte: n=15)	Summe
5	Unterstützung Unternehmensstrategie, Schaffung strategischer Widerstandsfähigkeit (Resilienz[420])	2
5	Verbesserung von Planungssicherheit	2
6	Überwachung von Prozessen	1
6	Wertschöpfung (z.B. Chancen nutzen)	1

Tabelle 11: Zielsetzungen des ChaRMs

Den ersten Rang belegt das Ziel risikobewusste Entscheidungen zu treffen und die Steuerung unter Einbeziehung der Risikosituation des Konzerns durchzuführen. Hier können die Ergebnisse bzgl. des Stands der Entscheidungsunterstützung in die Analyse einbezogen werden, siehe Abbildung 33.

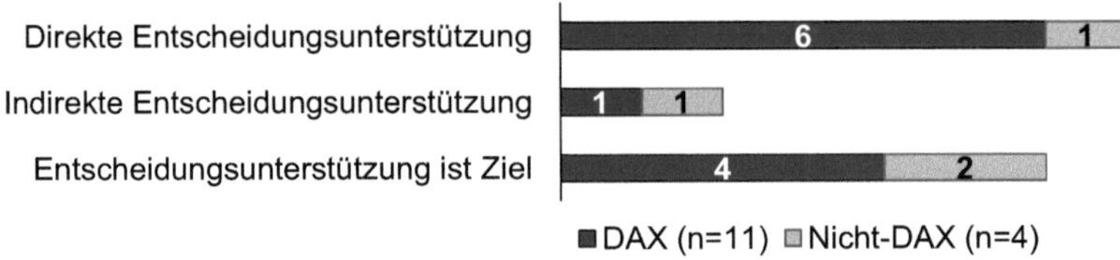

Abbildung 33: Beurteilung des Beitrags zur Entscheidungsunterstützung[421]

ChaRM ist in knapp der Hälfte der Konzerne bereits indirekt über die Bereitstellung eines Berichtswesens oder direkt in die Entscheidungsprozesse eingebunden ist. Bei sechs Befragten ist die Entscheidungsunterstützung zwar Ziel, aber der Einfluss besteht bisher aus Sicht der Interviewpartner noch nicht in zufriedenstellender Form.

Direkte Einflussnahme auf Entscheidungsprozesse erfolgt gemäß Interviews über:

- eine Einbindung des KCRMs in die Strategieentwicklungsprozesse oder als beratende Instanz in Geschäftsentscheidungen,
- die Steuerung der Risikokapitalallokation bzw. -zuteilung im Konzern,
- die Betrachtung des Chancen- und Risikoverhältnisses und/oder des Risiko- und Return- bzw. Rendite-Verhältnisses von bestimmten Einheiten oder
- die Verbindung zwischen operativen Geschäftsverantwortlichen und dem ChaRMS bspw. über die Maßnahmenverantwortung.

Das Thema Entscheidungsunterstützung erhält noch stärkere Geltung, wenn die gleichgerichteten Aussagen auf Rang vier und fünf einbezogen werden, z.B. Abwehr

---

420 Resilienzmanagement zielt auf Vermeidung und Vorsorge bei unvorhergesehenen, bestandgefährdenden Ereignissen und Entwicklungen ab, vgl. Pedell und Pflüger (2011), S. 228 und Pedell und Seidenschwarz (2011), S. 152ff.

421 Eigene Darstellung.

bestandsgefährdender Themen, Ermöglichung der Zielerreichung, Erhöhung von Planungssicherheit sowie frühzeitiges Erkennen und Managen von Risiken. All diese Aspekte zielen auf die Steuerbarkeit von Chancen und insbesondere Risiken ab.

Weitere häufig genannte Zielsetzung ist die Erfüllung von gesetzlichen Anforderungen, die ggf. aufgrund ihres Pflichtcharakters nicht von allen hervorgehoben wird. Die Herstellung von Transparenz über die Gesamtlage und die Herstellung eines Risikobewusstseins bei den Mitarbeitern über den Aufbau einer entsprechenden Kultur werden weiterhin genannt. Zwei Einzelnennungen beziehen sich auf die Überwachung von Prozessen, im Sinne der Verknüpfung zum IKS und auf die Wertschöpfung, die bspw. auch über das Anstreben des Ergreifens zusätzlicher Chancen ermöglicht werden kann. Zwei Ansprechpartner heben explizit den Bezug zur Strategie hervor, der in dem Aspekt Entscheidungsunterstützung implizit auch enthalten ist.

Ergebnis E-9: Die Ziele sind mit den im Case erhobenen Zielen des ChaRMs in *Ergebnis C-2* (Kapitel 3.3.2) konform. Der Fokus auf Gesetzeserfüllung und Ziel-/Planungsbezug wird beide Male genannt. Alle im Kontext der Entscheidungsunterstützung relevanten Nennungen dienen der Sicherstellung von Zielerreichung und Unternehmensfortbestand. Die Antworten auf die Fragen zu ChaRM-Zielsetzungen und KCRM-Aufgaben überschneiden sich, z.B. wird der Fokus auf die Risikokultur im Case als Aufgabe des KCRMs und hier als Gesamtzielsetzung des ChaRMs genannt. Dies wird hier als Indiz für die Verbindung zwischen ChaRM-Zielsetzungen und Aufgaben des KCRMs verstanden.

Die in den Gesprächen (hier n=14)[422] genannten Aufgabenstellungen des KCRMs sind thematisch gebündelt und mit Anzahl Nennungen in Tabelle 12 dargestellt.

Rang	Aufgaben KCRM	Summe (n=14)
1	Methodik-/Prozesskoordination und Unterstützung dezentrales ChaRM	**9**
2	Überblick über Situation und Darstellung im internen Berichtswesen	**8**
3	Sicherstellung von Qualität und Objektivität	**6**
4	Entwicklung und Formalisierung einer Risikostrategie	**3**
4	Ermöglichen von Steuerung und Entscheidungsunterstützung	**3**
5	Sicherstellen der Erfüllung von Gesetzesvorgaben	**2**
5	Verbindung dezentrales und konzernweites ChaRM	**2**
6	Etablierung der Relevanz des ChaRMs	**1**

Tabelle 12: Aufgaben des KCRMs

Die am häufigsten genannte Aufgabenstellung für das KCRM ist die Koordinations- und Unterstützungsfunktion, wobei Begriffe und Prozesse definiert, Modelle und Methoden bereitgestellt sowie Schulung und Kommunikation von Inhalten und generel-

[422] Da die Analyse für den Case wesentlich detaillierter ist, als die Antworten auf diese Fragestellung, erfolgt die Darstellung hier ohne Einbeziehung des Anwendungsfalls.

len Vorgaben durchgeführt werden müssen. Es geht dabei auch um die kontinuierliche Weiterentwicklung des Gesamtsystems sowie die Bereitstellung notwendiger Hilfsmittel, um dezentrale Risikoverantwortliche in ihren Aufgaben zu unterstützen.

Gefolgt wird dieser Punkt von der Herstellung des Überblicks über die Gesamtlage des Konzerns und dessen anspruchsgruppengerechte Aufbereitung und Analyse, zur Erfüllung der Informationspflichten gegenüber dem Adressatenkreis. Eng damit verknüpft ist die Sicherstellung von qualitativ hochwertigen Informationen, die im Berichtswesen genutzt werden können und als dritthäufigste Aufgabe genannt werden.

Auf dem vierten Rang befinden sich die miteinander verbundenen Aufgaben Strategieentwicklung als Vorgabeaspekt und Entscheidungsunterstützung. Die Entscheidungsunterstützung betrifft eher den Umgang mit einem speziellen Thema und die Steuerung auf Strategieebene die Definition eines Risikogesamtumfangs auf aggregierter Ebene, der z.B. über Limits zur Bemessung der Risikotragfähigkeit überwacht werden muss. Die Steuerung und Entscheidungsunterstützung kann bspw. über den Aufbau eines Früherkennungs- oder Kennzahlensystems ermöglicht werden und/ oder die Bereitstellung von entscheidungsrelevanten Informationen umfassen.

Die Frage adressiert die Sicht der Experten auf Selbstverständnis und Aufgaben der KCRM-Einheit. Auch hier werden z.T. Ziele des ChaRMs, Anspruch und Ziele des KCRMs sowie daraus resultierende Aufgaben und Tätigkeiten vermischt. Die Pflicht zur Sicherstellung der Erfüllung gesetzlicher Ansprüche, wird daher ggf. nicht immer genannt. Diese übergreifende Aufgabe beeinflusst aber alle anderen Aufgaben.

Die Herstellung einer Verbindung zwischen zentralem und dezentralem ChaRM wird z.T. separat hervorgehoben oder überschneidet sich mit anderen Aufgaben. Davon ist wiederum die methodische Koordination betroffen, die prozessuale Abläufe vorgibt, sowie die Strategiedefinition und Steuerung, im Rahmen derer z.B. geprüft wird, inwieweit dezentral eingegangene Risiken den Risikoumfang einer SGE belasten.

Der letzte Punkt bezieht sich auf die Bewusstmachung der Relevanz des Themas ChaRM im Gesamtkonzern. Je nach Konzerngröße und der Anzahl befragter Hierarchieebenen, kann der Einfluss des KCRMs hier jedoch beschränkt sein. Zudem steht die dezentrale Managementverantwortung einer direkten Einflussnahme entgegen und erlaubt nur eine Sensibilisierung für relevante Themen.

Einen Abgleich der KCRM-Aufgaben zwischen Case und den Experteninterviews enthält Tabelle 13, in der die an dieser Stelle als zusammengehörig zu interpretierenden Inhalte farblich korrespondierend zu Abbildung 17 hervorgehoben werden.[423]

Aufgaben KCRM (Case, Kapitel 3.3.2):	Aufgaben KCRM (Experteninterviews):
1. Schaffung eines Gesamtbilds der Risikolage des Konzerns 2. Sicherstellung der Konsistenz und Verifikation von Inhalten 3. Erzeugung eines Berichtswesens zur Deckung der Informationsbedarfe 4. Unterstützung der Steuerung über Informationsbereitstellung 5. Prozesskoordination, methodische Weiterentwicklung und Bereitstellung einer Plattform 6. Überwachung der Ausgewogenheit der Planung 7. Verbindung Governance, Risk und Compliance 8. Aufbau von Risikobewusstsein und -kultur 9. Schaffung von Mehrwert	1. Methodik-/Prozesskoordination und Unterstützung dezentrales ChaRM 2. Überblick über Situation und Darstellung im internen Berichtswesen 3. Sicherstellung von Qualität und Objektivität 4. Entwicklung und Formalisierung einer Risikostrategie 5. Ermöglichen von Steuerung und Entscheidungsunterstützung 6. Sicherstellen der Erfüllung von Gesetzesvorgaben 7. Verbindung dezentrales und konzernweites ChaRM 8. Etablierung der Relevanz des ChaRMs

Tabelle 13: Abgleich der Aufgaben des KCRMs

Legende Farbgebung: Zuordnung zu KCRM-Tätigkeit Prozesssteuerung und -koordination, Monitoring i.w.S., Konsolidierung, Analyse, Monitoring i.e.S. und Reporting.

Ergebnis E-10: Um die, bei der Formulierung des Forschungsgegenstands geforderte, zielgerichtete Unterstützung des KCRMs aufzubauen, müssen mit der IT-Lösung die aus den Aufgaben resultierenden Tätigkeiten des KCRMs unterstützt werden. Die Analyse zeigt, dass das KCRM, in Bezug auf das ChaRM eine übergreifende Rolle wahrnimmt. Die Aufgaben adressieren die aus der Literaturrecherche abgeleiteten Inhalte. Die im Weiteren genutzten Tätigkeitsblöcke umfassen die Begriffe aus *Ergebnis C-4* „Prozesssteuerung und -koordination, Monitoring i.w.S.", „Konsolidierung", „Analyse, Monitoring i.e.S." und „Reporting", die zusammen mit dem erarbeiteten Aufgabenspektrum für diese Arbeit als übergreifende Antwort auf Forschungsteilfrage zwei festgehalten werden.

Zur Darstellung der Gesamtlage sind bzgl. der Ergebnistypen auf Konzernebene (Frage 21) Unterschiede bzgl. Detailgrad, Datensichten, Aggregation sowie Darstellung zu erkennen. In Zusammenhang mit dem Detaillierungsgrad werden Chancen und Risiken z.T. einzeln, pro Kategorie oder als ausgewählte Top-Themen berichtet. Als Sichten werden z.B. ein Blickwinkel pro SGE, eine Einteilung pro Einheit oder Region sowie die Bündelung von Spezialthemen vorgestellt. Den Aggregationen liegt dabei eine Summierung pro Thema oder eine mathematische Struktur zugrunde, bei der Erwartungswerte unter bestimmten Bedingungen ermittelt werden. Bei der häufig genannten Darstellungsform Risk Map sind ebenfalls unterschiedliche Detaillie-

[423] Der Aspekt Risikostrategie kann mehreren Blöcken zugewiesen werden, wird hier aber aus KCRM-Sicht als Vorgabeaspekt zur Prozesssteuerung gezählt. Textbausteine in schwarzer Farbe werden keinem der Blöcke zugerechnet, da diese Nennungen nicht allein im Einflussgebiet des KCRMs liegen und damit nicht im Fokus dieser Dissertation stehen.

rungsgrade möglich. Zudem reicht die Bandbreite von Detaildarstellungen der Einzelrisiken im Bericht bis hin zur mobilen Visualisierung von Risikokennzahlen-Cockpits.

Ausgehend von der Ist-Ausgestaltung des dezentralen ChaRM-Prozesses sowie KCRM-Prozesses erfolgt über Frage 22 die Ausweitung des Fokus auf erkennbare, prozessuale Herausforderungen und Weiterentwicklungspotentiale. Da die Fragestellung offen gehalten ist, werden die Ergebnisse der Frage zu sechs ableitbaren Potentialfeldern gebündelt, die von unterschiedlich vielen Ansprechpartnern (n=14)[424] genannt werden. Zur Darstellung in Abbildung 34 wird ein Netz- bzw. Kiviat-Diagramm gewählt, in dem die Potentialfelder gemäß Häufigkeit aufgeführt werden.

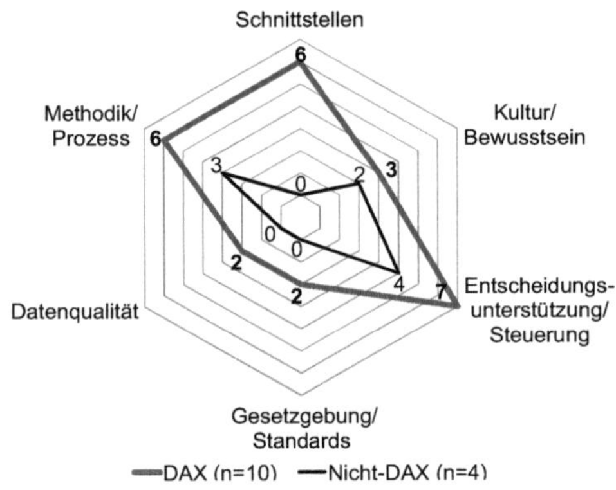

Abbildung 34: Weiterentwicklungspotentiale aus Prozess-Sicht[425]

Die beiden meistgenannten Themenblöcke im DAX- und im Nicht-DAX-Umfeld betreffen den Ausbau der Entscheidungsunterstützung und der Steuerungsfunktion des ChaRMs sowie die Koordination von Methodik und Prozess. Diese gehören auch zu den soeben aufgelisteten KCRM-Aufgaben.

Bezüglich strategischer Prozesse und der Entscheidungsunterstützung fokussieren sich die Aussagen auf die Verbesserung der Reaktionsfähigkeit auf das Umfeld, bspw. über die Nutzung von Frühwarnsystemen und steuerungsrelevanten Indikatoren, den Ausbau der Maßnahmenüberwachung, die Prüfung möglicher Szenarien und die Überwachung eingetretener Risiken. Hinzu kommt der generelle Steuerungsgedanke über Definition einer Risikostrategie mit Risikoappetit und die stärkere Integration in strategische Planungs- und Geschäftsentwicklungsprozesse. Das Ziel

[424] Auswertung ohne Anwendungsfall, da die Detailaussagen in Kapitel 3.4 analysiert werden.
[425] Eigene Darstellung. Mehrfachnennungen sind möglich, häufige Nennungen liegen weiter außen.

ist daher die Verschiebung von Risiko„berichterstattung" hin zu Risiko„management" (vgl. *Ergebnis C-13*). Damit verbunden ist der Gedanke einen Wertbeitrag zu leisten.

Als methodische und prozessuale Verbesserungspotentiale werden z.B. genannt:

- der Aufbau besserer Betrachtungsmöglichkeiten für Top-Down-Themen und spezielle Risiken, z.B. spezifische Bewertungskriterien pro Chancen-/Risikokategorie,
- die stärkere Überwachung von Veränderungen ggü. früheren Zeiträumen,
- die Nutzung semantischer Schichten zur Datenüberprüfung und Aggregation,
- die Systematisierung des ChM-Prozesses,
- die Verbesserung der Integration in operative Planungsprozesse sowie
- die Standardisierung von Inhalten für integrierte Darstellungsmöglichkeiten und der Ausbau hin zu einem automatisierten Berichtswesen.

Gemäß den Antworten der Experten aus DAX-Konzernen sind Schnittstellen ebenfalls relevant, wohingegen in Gesprächen mit Experten von Nicht-DAX-Konzernen hier keine Handlungsbedarfe genannt werden.[426] Schnittstellen bei DAX-Konzernen betreffen z.B. ein fachlich integriertes Berichtswesen mit potentiellen GRC-Partnern bspw. IKS oder Compliance, ggf. ergänzt um den Treasury-Bereich. Für beide Gruppen (DAX und Nicht-DAX) ist die Schaffung oder Verbesserung von Risikokultur und -bewusstsein relevant.

Herausforderungen aus Gesetzen und Standards und die Steigerung der Datenqualität werden nur von Experten der DAX-Konzerne genannt.[427] Unabhängig davon sehen alle Experten der DAX-Konzerne bei Frage 23 bzgl. des DRS 20 eine Herausforderung, insbesondere bezogen auf ChM und Quantifizierung (siehe Kapitel 2.2).

[426] Da ein Experte (Nicht-DAX) eine fortgeschrittene Integrationsstufe schildert und von den anderen Experten keine Integration geplant ist, ist die Abweichung bei Nicht-DAX-Konzernen vorhanden.

[427] Spezialfälle und deren Betrachtung in anderen Teilen der Arbeit: Gesetzgebung/Standards (Kapitel 2.2 und Abgleich Kapitel 6.5), Datenqualität (Kapitel 4.3.3).

Ergebnis E-11: Aus den erläuterten Ergebnissen kann abgleitet werden, dass prozessuale Entwicklungstendenzen bei den Experten in Richtung Entscheidungsunterstützung, strategisches RM und Risikostrategie gehen. Diese Ergebnisse adressieren Potentiale, die auch in der Case-Study herausgearbeitet werden, was die konzernübergreifende Relevanz der technischen Unterstützung hierfür erhöht. Je nach fachlicher Gestaltung ist eine zielgerichtete IT-Unterstützung notwendig. Es ist erkennbar, dass die betrachteten Gestaltungsfacetten in unterschiedlichem Umfang Einfluss auf die Gestaltung der IT-Unterstützung nehmen können. Hohen Einfluss besitzen z.B. die Chancen- und Risikodefinition (*Ergebnis E-1*), Ziele des ChaRMs, Aufgaben und Tätigkeiten des KCRMs (*Ergebnisse E-9 und E-10*) sowie der Integrationsgrad mit dem ChM und anderen Bereichen. Ebenfalls prägend ist der Anspruch an Ergebnistypen und Analysetätigkeiten.
Die Wahl der Bezugsgrößen und WK-Grenzen sowie die Gestaltung des Betrachtungszeitraums oder die Nutzung von Prämissen können über zu erfassende Inhalte in der IT-Lösung berücksichtigt werden, entscheiden aber nicht über deren Grundausgestaltung.

4.3.3 IT-Unterstützung des Chancen- und Risikomanagements

Zur Untersuchung der IT-Lösung wird zunächst auf *Schlussfolgerung SF-9* bzgl. einer integrierten IT-Lösung für dezentrales ChaRM und Tätigkeiten des KCRMs zurückgegriffen. In mehreren Konzernen besteht ein gemeinsames System für die Konzernebene und die SGEen. Es existieren z.T. auch mehrere Systeme, die auf die Unterstützung einzelner Prozessschritte, z.B. auf Identifikations- oder Bewertungsunterstützung, was der Dimension „Dezentraler ChaRM-Prozess" aus dem Spektrum der IT-Lösungen in Kapitel 2.4 entspricht, ausgerichtet sind oder dem RM in Projekten dienen. Die IT-Lösungen werden hier zunächst gemäß Art der IT-Unterstützung in Standard- und Individuallösungen unterteilt (siehe Abbildung 35).

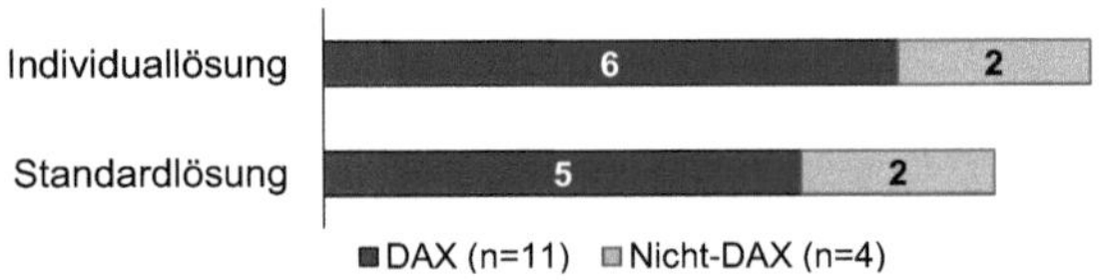

Abbildung 35: Anteil von Standard- und Individuallösungen[428]

Bei genauer Betrachtung der Individuallösungen lässt sich erkennen, dass diese in der Stichprobe dann eingesetzt werden, wenn entweder nur das KCRM technisch unterstützt wird, oder alle Hierarchiestufen mit dem System arbeiten. Das entspricht den in dieser Arbeit benötigten Funktionsumfängen für KCRM-Einheit und -Prozess.

[428] Eigene Darstellung. Beurteilung der jeweils führenden Lösung ohne Lösungen für Prozessschritte.

Als Ursache kann aus den Gesprächen abgeleitet werden, dass spezifische Ansprüche des KCRMs abzubilden sind oder bspw. die Abbildbarkeit der Organisation zum jeweiligen Einführungszeitpunkt nur über eine Individuallösung möglich ist.

Standardlösungen sind in der Stichprobe dann im Einsatz, wenn mehrere Bereiche angebunden sind oder dies geplant ist (GRC-Ansatz) sowie wenn Funktionalitäten für Simulationen oder komplexe mathematische Berechnungen benötigt werden, als Teil der Dimension „Analyse" des Spektrums in Kapitel 2.4. In Teilen ist der Bedarf einer schnell einführbaren Gesamtlösung mit geringer Komplexität entscheidend.[429]

Abbildung 36 zeigt die Verwendung von Standard- und Individuallösungen in Relation zur organisatorischen Verbreitung, von einer Nutzung nur im „KCRM" bis hin zur Ausprägung „KCRM + n", wobei n alle Ebenen umfasst. Bei „KCRM + 1" wird eine Ebene einbezogen, bei „KCRM + (1<x<n)" mehr als eine aber nicht alle Ebenen.

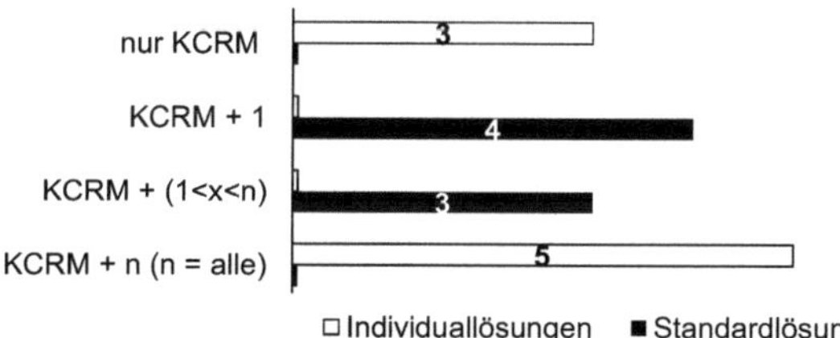

Abbildung 36: Gegenüberstellung IT-Lösungen und organisatorische Verbreitung[430]

Die Abbildbarkeit individueller Organisationsstrukturen ist eine Herausforderung, die aus Sicht der Experten mit einer Standardlösung nicht abdeckbar ist. Als Argumente für eine Individuallösung werden zudem eine flexible Auswertbarkeit, Aggregationsfähigkeit und ein unternehmensspezifisches Berichtswesen genannt. Weitere Argumentation für die Individuallösung ist, dass in Konzernen, in denen bereits ein definierter Prozess besteht, dieser nicht an eine IT-Lösung angepasst werden soll, sondern ein unterstützendes System benötigt wird, dass diesen Prozess möglichst exakt abbildet. Auch bezogen auf die Individuallösungen, die im Einsatz sind, besteht jedoch Unzufriedenheit bspw. bei der Abbildung der Abläufe und der Flexibilität ggü. internen Rahmenbedingungen oder Veränderungen im Umfeld. Zudem können die Experten Lücken in Bezug auf die bestehenden Funktionalitäten nennen sowie Inhal-

[429] Die Begründung der Wahl einer Individual- oder Standardlösung wird anhand der Antworten auf Fragen 27-29 untersucht. Finanzielle Gründe werden nicht aufgeführt, da sie hier nicht relevant sind.

[430] Eigene Darstellung. Diese zeigt, dass die Abfragetiefe für das Regelberichtswesen (Kapitel 4.3.1) und die Verbreitung der IT-Lösung z.T. voneinander abweichen und dabei Medienbrüche bestehen.

te, die sie bei einer erneuten Entwicklung ändern würden. Die Antworten decken sich mit Fragen 31-42 und werden in diesem Kontext vertieft.

Ergebnis E-12: In Konzernen, die den für diese Arbeit relevanten Ansatz eines konzernweiten ChaRMs verfolgen mit zielgerichteter Unterstützung des KCRMs, also KCRM-Einheit und KCRM-Prozess, werden gemäß den Experteninterviews keine Standardlösungen eingesetzt, da Lücken bezogen auf den benötigten Funktionsumfang bestehen. Die Ergebnisse der zweistufigen empirischen Untersuchung zeigen darüber hinaus, dass auch bestehende Individuallösungen und damit folglich alle bisher in Konzernen verwendeten IT-basierten Systeme nicht als satisfizierend bezeichnet werden und Bedarfe bestehen, für die es noch keine gefestigten technischen Lösungsstrukturen gibt.

Als Voraussetzung für Einführung oder Entwicklung einer Lösung werden bei beiden Lösungsarten die Akzeptanz und das Verständnis der Anwender sowie die Unterstützung des verantwortlichen Managements hervorgehoben (Frage 30).

Die bisherigen Erläuterungen beziehen sich auf grundsätzliche Eigenschaften der bestehenden IT-Lösungen. Vor der Analyse, inwieweit die im Case erkannten Verbesserungspotentiale in anderen Konzernen durch IT-Lösungen unterstützt sind, werden, der prozessualen Frage 22 entsprechend, generelle Problemfelder bezogen auf die IT-Unterstützung erhoben (Frage 26), um Verbesserungspotentiale bzw. den Soll-Zustand aus Expertensicht zu erheben. Die genannten Verbesserungspotentiale auf diese offene Fragestellung decken sich mit Detailfragen 31-42. Sie werden daher nur grob beschrieben und im Rahmen der Detailfragen aufgearbeitet. Hierzu gehören Bedarfe zur Unterstützung:[431]

- des strategischen ChaRMs und der Verbindung zu operativen Themen,
- der Maßnahmendokumentation und -überwachung,
- der Nachverfolgung von erfassten Chancen und Risiken,
- der Nutzung und Überwachung von Frühwarnindikatoren,
- der Simulation und Analyse zur Datenaufbereitung, Unterstützung der Qualitätsüberwachung und Anreicherung der Berichte mit relevanten Informationen und
- des dezentralen ChaRMs insbesondere in der Bewertungsphase.

Weitere technische Anforderungen umfassen z.B. eine benutzerfreundliche und intuitive Bedienbarkeit, eine Verbesserung der Zeit bis zur Berichtsanzeige im System sowie eine Unterstützung von Workflows und der automatisierten Berichtserstellung.

[431] Bedarfe im Anwendungsfall sind in Kapitel 3.4 bis 3.6 beschrieben und daher hier nicht enthalten.

Genannt werden auch Überlegungen thematische Verbindungen aufzubauen, z.B. zum IKS oder Compliance-Bereich, im Sinne eines GRC-Ansatzes. Bisher besteht dies technisch nur in einem Konzern. Die Erklärungen der Gesprächspartner passen jedoch mehrheitlich zu der Überlegung aus Kapitel 2.4, dass GRC-Lösungen als Kompromiss und nicht als Ideallösung aus KCRM-Sicht verstanden werden und eine Trennung organisatorischer Verantwortlichkeiten deren Einsatz entgegensteht.

Zur Auswertung der Experteninterviews in Bezug auf die Fragestellungen 31-42 werden die zugehörigen Inhalte zunächst tabellarisch getrennt nach DAX- und Nicht-DAX-Konzernen aufgearbeitet. Die Fragestellungen werden als Dimensionen bezeichnet und den Antworten der Experten gegenübergestellt. Zudem wird die Unterscheidung in Standard- und Individualsoftware mitbetrachtet. Die Teilfragen zu organisatorischer Verwendung und Anwenderkreis (Frage 36) werden zu einbezogenen „Ebenen" zusammengefasst. Die Nutzung auf Ebene des KCRMs wird hier verkürzt über „K" symbolisiert. Die Variante „KCRM + (1<x<n)" wird aus Platzgründen zu „K+x". Die weiteren Ausprägungen werden zu „K+1" und „K+n". Die Beurteilung durch die Autorin erfolgt basierend auf den, in den Interviews beschriebenen, technischen Lösungsansätzen und der geschilderten Zufriedenheit damit, wie der Bedarf erfüllt wird. Die Ausprägung pro Konzern wird folglich aus der Gesamtheit aller Erläuterungen pro Frage abgeleitet und als Beurteilung interpretiert. Die Beurteilungssymbolik umfasst repräsentativ für die Antworten:

- „✓", bei vollständig erfülltem, fachlichen und technischen Anspruch,
- „⪢", wenn Potentialbereiche durch die IT-Lösung bereits unterstützt wären, aber im Konzern nicht verwendet werden (Potential auf Prozessseite),
- „💻", wenn Potentialbereiche für die IT-Unterstützung erkennbar sind, oder
- graue Felder, wenn der Potentialbereich als weniger relevant betrachtet wird. Wird kein Potential genannt, liegt das ggf. daran, dass das Potential aus Sicht des Experten für den Konzern nicht im Vordergrund steht.

Die Farbgebung in den folgenden Tabellen 14 und 15 referenziert auf Abbildung 23 in *Ergebnis C-12*, in dem die Bedarfe bzgl. Strategie und Steuerung (gelb), Methodik und Prozessgestaltung (rot), Organisation und Koordination (grün), Einbindung angrenzender Themenfelder (violett), Analyse und Konzernberichterstattung (hellblau) und Gestaltung der IT-Unterstützung (dunkelblau) enthalten sind.

Die Interpretation, dass ein in einer Zeile dargestellter Bedarf über eine andere Lösung, die mit einem „✓“ gemäß der geschilderten Beurteilung markiert wird, abgedeckt werden kann, ist nicht zulässig, da die Bedarfe konzernspezifisch sind, die Lösungen gegenseitig nicht testet werden können und in der Stichprobe dieselbe Lösung z.T. unterschiedlich bzgl. deren Unterstützung beschrieben und beurteilt wird.

In den letzten Spalten erfolgt eine Aufsummierung der Anzahl von Ausprägungen. Tabelle 14 zeigt die Bewertung für DAX-Konzerne U1 bis U11.

Dimension	U1	U2	U3	U4	U5	U6	U7	U8	U9	U10	U11	✓	×
Standard/Individual	S	S	S	S	I	I	I	I	I	I	S		
Ebenen	K+1	K+1	K+x	K+1	K+n	K+n	K+n	K+n	K	K	K+x		
Chancen/Risiken	CR	CR	CR	R	R	R	CR	CR	CR	R	R	Σ	Σ
Dezentraler Prozess	≫		✓	✓	🖳	✓	✓	✓			✓	6	2
Identifikation/Bewertung	✓	✓	✓	✓	🖳	🖳	✓	✓			✓	7	2
Analyse	✓	✓	🖳		🖳	✓	✓	✓	🖳	✓	✓	7	3
Ergebnistypen	✓	✓	🖳	🖳	🖳	✓	🖳	✓	🖳		✓	5	5
Frühwarnsystem	≫		≫	≫	🖳		🖳	🖳	🖳	✓	🖳	1	8
Maßnahmen	≫		≫	≫	🖳	✓	✓	✓	🖳		✓	4	5
Vernetzung	≫	🖳	🖳		🖳	✓	✓	🖳			🖳	2	6
Kommunikation					🖳	✓					≫	1	2
Schnittstellen		🖳				✓	✓	🖳		✓	✓	4	2
Semantik			≫		🖳	✓				✓		2	2
Historische Daten	🖳	🖳	🖳		🖳	🖳			🖳	✓		1	6

Tabelle 14: Stand und Verbesserungspotentiale DAX-Konzerne[432]

Tabelle 15 enthält die bewerteten Ergebnisse der Nicht-DAX-Konzerne U12 bis U15.

Dimension	U12	U13	U14	U15	✓	×
Standard/Individual	S	S	I	I		
Ebenen	K+x	K+1	K+1	K+n		
Chancen/Risiken	R	R	R	R	Σ	Σ
Dezentraler Prozess	✓	✓	🖳	🖳	2	2
Identifikation/Bewertung		✓	🖳	✓	2	1
Analyse	✓	✓	🖳	🖳	2	2
Ergebnistypen	✓	≫	🖳	🖳	1	3
Frühwarnsystem	≫	≫		🖳	0	3
Maßnahmen	✓	≫	🖳	🖳	1	3
Vernetzung				🖳	0	1
Kommunikation					0	0
Schnittstellen	🖳			✓	1	1
Semantik		✓	🖳	🖳	1	2
Historische Daten	🖳		🖳	✓	1	2

Legende Farbgebung:

- Strategie und Steuerung
- Methodik und Prozessgestaltung
- Organisation und Koordination
- Einbindung angrenzender Themenfelder
- Analyse und Konzernberichterstattung
- Gestaltung der IT-Unterstützung

Legende Beurteilungssymbolik:

- ✓ Vollständig erfüllte Ansprüche
- ≫ Potential auf Prozessseite
- 🖳 Potential für IT-Unterstützung
- grau Potential weniger relevant
- ✓ Summe gute Unterstützung
- × Summe Potentiale ≫ und 🖳

Tabelle 15: Stand und Verbesserungspotentiale Nicht-DAX-Konzerne[433]

---

432 Fachliche und technische Potentiale werden für die Summe per „×“ gebündelt. Die Ausprägungen „C“ und „R“ stehen für die einseitige Nutzung und „CR“ für die Nutzung für Chancen und Risiken.

433 Fachliche und technische Potentiale werden für die Summe per „×“ gebündelt. Die Farbgebung von Tabellen 14 und 15 entspricht Abbildung 23 in *Ergebnis C-12*, Kapitel 3.6.

Erster näher zu untersuchender Aspekt der Analyse ist, ob Chancen zum Zeitpunkt der Befragung in der IT-Lösung des RMs abgebildet sind. Sechs Interviewpartner bestätigen die generelle Nutzung einer IT-Lösung für ChM und RM. Um eine Gesamtaussage über die Inhalte aus fachlicher Sicht in Kapitel 4.3.1 und die differenziertere Analyse der technischen Ausgestaltungsmöglichkeiten des ChMs (siehe Abbildung 37) zu treffen, werden drei Umsetzungsvarianten (vgl. *SF-9*) unterschieden.

Bei Variante eins werden Chancen und Risiken bereits prozessual und technisch gleich behandelt oder ein gleicher Aufbau ist geplant. Variante zwei steht für eine prozessuale und/oder technische Abweichung in der Ausgestaltung des ChMs und RMs. Variante drei impliziert eine unabhängige Ausgestaltung von ChM und RM oder das Nicht-Vorhandensein einer ChM-IT-Lösung.[434] Abbildung 37 visualisiert nur die technischen Ausgestaltungsmöglichkeiten.

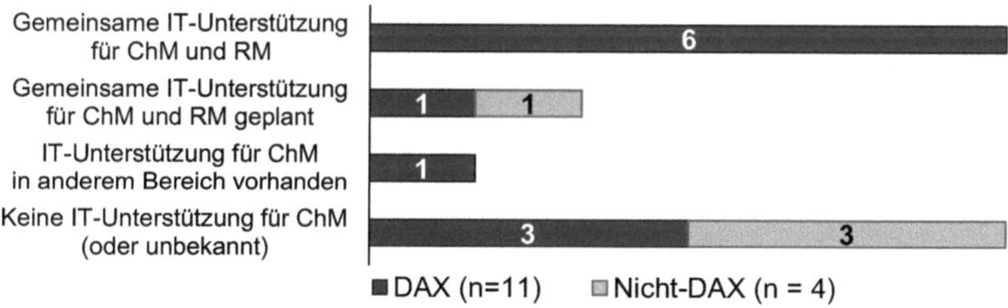

Abbildung 37: Aufbau IT-Unterstützung ChM und RM[435]

Über systematische Auswertung können die Ausprägungen den Varianten zugeordnet werden. Abbildung 38 visualisiert die Verbindung von Abbildungen 32 und 37.

Aufbau IT-Unterstützung ChM und RM	Zusammenhang Ausgestaltung ChM und RM		
	Aufbau ChM und RM identisch	Aufbau ChM ähnlich wie RM	Aufbau ChM vom RM abweichend (nicht vorhanden)
Gemeinsame IT-Unterstützung für ChM und RM	Variante 1: 5	1	
Gemeinsame IT-Unterstützung für ChM und RM geplant	1	1	
IT-Unterstützung für ChM in anderem Bereich vorhanden	Variante 2:		1
Keine IT-Unterstützung für ChM (oder unbekannt)	Variante 3:	1	5

Abbildung 38: Prozessuale und technische Verbindung von ChM und RM[436]

[434] Vgl. Saitz u.a. (2015), S. 768ff. Zu Variante 3 zählen auch Antworten, bei denen keine Lösung bekannt ist.

[435] Eigene Darstellung, in Anlehnung an Saitz u.a. (2015), S. 775, im Vergleich zur Quelle ist hier eine Erweiterung um Nicht-DAX-Konzerne enthalten. Wenn das ChM in einem anderen Bereich liegt, ist z.T. keine Aussage über die IT-Lösung möglich. Zwei Experten aus Nicht-DAX-Konzernen nennen die Ausweitung der RM-IT-Lösung auf das ChM hier allerdings als generelles Verbesserungspotential.

[436] Eigene Darstellung.

Zu Variante eins zählen nach der genannten Charakterisierung die sechs Konzerne mit prozessual gleicher Umsetzung, wobei fünf bereits eine gemeinsame IT-Lösung nutzen und ein weiterer dies, auch in Folge des DRS 20, geplant hat. Von den drei Konzernen mit prozessualen Abweichungen wird in zwei bereits die gleiche IT-Lösung für das RM genutzt oder eine entsprechende Nutzung ist geplant (Variante zwei). Die abweichenden prozessualen Aspekte z.B. die Maßnahmenlogik (vgl. Kapitel 2.3) spiegeln sich in der Nutzung eines eingeschränkten Funktionsumfangs der IT-Lösung wider. In einem der drei Konzerne besteht bisher keine IT-Lösung. Die mehrheitlich starke Orientierung des ChMs am RM kann dadurch begründet werden, dass in den Konzernen ChM und RM im gleichen Verantwortungsbereich liegen und die Experten beide Themen betreuen. Variante drei wird hauptsächlich durch Konzerne repräsentiert, die ChM und RM fachlich verschiedenen Bereichen zuordnen und eine andere oder keine IT-Lösung nutzen.[437]

Die Varianten bergen jeweils Vor- und Nachteile. Variante drei wird im Weiteren nur über die Einbeziehung möglicher Spezialbereiche betrachtet, da eine Ausgliederung, ohne dass diese als Ausgangsgegebenheit im Konzern besteht, zu einem Mehraufwand aufgrund paralleler Abläufe und ggf. Systeme führen würde. Um zu entscheiden, ob eine vollkommen gleichartige Umsetzung (Variante eins) oder eine Anpassung (Variante zwei) des RMs bei Übertragung auf das ChM sinnvoller ist, werden im Folgenden die in den Interviews diskutierten prozessualen und technischen Vor- und Nachteile von Variante eins erläutert, die bereits Teil einer Veröffentlichung sind:[438]

Bei einer gleichartigen Umsetzung können Inhalte und Instrumente auf das ChM übertragen und damit die Verständlichkeit für den bestehenden Adressatenkreis sichergestellt werden. Die Fähigkeit zur beidseitigen Betrachtung bspw. von Handlungsoptionen nimmt zu. Ebenso können beide Seiten eines Themas ausgewertet und die Ausgewogenheit und der Anspannungsgrad einer Planung analysiert werden. Dies zählt gemäß Kapitel 4.3.2 auch zu den Aufgaben des KCRMs.

Eine vollständige fachliche Übertragung kann aber dazu führen, dass hierdurch eine zusätzliche administrative Aufgabe geschaffen und über die Quantifizierungspflicht

---

[437] Vgl. Saitz u.a. (2015), S. 775ff. Hier Erweiterung um Nicht-DAX-Konzerne enthalten.
Gemäß DRS 20.K137 ist für das RMS anzugeben, ob es auch die Verwaltung von Chancen umfasst. Da die Konzernperspektive auf die Betrachtung von Chancen und Risiken im DRS 20.K116 gefordert wird, obliegt die Aufgabe der Abdeckung der Ansprüche folglich zunächst dem KCRM.

[438] Vgl. Saitz u.a. (2015), S. 776ff. Die Quelle gilt für die Inhalte bis zu den vier Vorschlägen.

die Intention des Erkennens potentieller Chancen erschwert wird. Aufgrund einer Vielzahl möglicher Entwicklungen wird die Quantifizierung als sehr komplex betrachtet. Zudem sind in anspruchsvollen Planungen häufig bereits Chancen enthalten, sodass die Befürchtung besteht, dass bei Meldung weiterer Chancen, deren Umsetzung durch das Management gefordert werden könnte. Der entstehende Aufwand und erwartete Nutzen dieser Lösungsvariante sind gegenüber zu stellen.

Neben diesen fachlichen Eindrücken aus den Interviewgesprächen und den daraus abgeleiteten Argumenten lassen sich technische Vor- und Nachteile erkennen. Für die gleichartige Umsetzung spricht, dass die Inhalte, Datenbank- und Maskenfelder der IT-Lösung des RMs wiederverwendet werden können, indem die Attribute, die pro Risiko oder Chance zu erheben sind, gleichgesetzt werden. In der IT-Lösung des RMs müssen jedoch risikospezifische Benennungen entfallen, z.B. Attribut „Beschreibung" statt „Risikobeschreibung". Zudem müssten ein weiteres Attribut und Erfassungsfeld zur Trennung von Chancen und Risiken angelegt werden und Auswahlmöglichkeiten für Attribute, wie z.B. Maßnahmen, gemäß Kapitel 2.3 chancen- und risikospezifisch ausgestaltet werden. Vorteilhaft daran ist, dass Informationen zur Aufbereitung in einem Datenbestand liegen und die ggf. aufwendige und fehleranfällige Zusammenführung von Datenbeständen vermieden wird. Zudem können die aus KCRM-Sicht für Chancen und Risiken gleichen Abläufe integriert erfolgen und es wird in der Organisation der gleiche Abdeckungsgrad mit der IT-Lösung ermöglicht.

Die auf der Risikoseite relevanten Informationen müssen jedoch nicht zwingend dem aus Managementsicht für die Chancenseite relevanten Informationsbedarf entsprechen. Eine Spiegelung der technischen Lösung kann auch dazu führen, dass die Chancenseite kaum genutzt wird, z.B. wenn die erweiterten Möglichkeiten nicht erkannt oder die Veränderungen der bestehenden RM-IT-Lösung aus Sicht der Risikomanager als störend empfunden werden. Zudem müssen die Risikomanager nicht zwingend der passende ChM-Ansprechpartnerkreis sein. Weiterer Nachteil ist, dass künftige, gesetzliche Neuerungen, die nur die Chancen- oder Risikoseite betreffen, in einer solchen Lösung immer für Chancen und Risiken umgesetzt werden müssten.

Aus den dargestellten Überlegungen kann abgleitet werden, dass eine Lösung gemäß Variante zwei mit folgenden Abwandlungsvorschlägen sinnvoll ist:[439]

Ergebnis E-13: Die Lösung des RMs kann mit Änderungen auf ChM übertragen werden.

1. Überprüfung des Informationsbedarfs und qualitativer Bewertungsansätze.
2. Überprüfung von Abfragetiefe in der Hierarchie und eingebundenem Personenkreis.
3. Überprüfung auf Einbindung weiterer Bereiche, z.B. Strategie (siehe Kapitel 2.3).
4. Überprüfung der Möglichkeit getrennter Einstiegspunkte bzw. vernetzter Module.

Die Überlegungen werden für in Kapitel 5 und 6 aufgegriffen, soweit sie auf die Tätigkeiten des KCRMs bzw. die Funktionalitäten für das KCRM einen Einfluss haben.

Im Rahmen der Konzeption ist zu unterscheiden, inwieweit das KCRM oder dezentrale Einheiten von den Abwandlungsvorschlägen betroffen sein können. Es werden nun Ausprägungen der weiteren Dimensionen aus Tabelle 14 und 15 erläutert.

Die Analyse zeigt, dass es bei Individual- und Standardlösungen Fälle gibt, bei denen die Lösung nur für einen speziellen dezentralen **Prozessschritt** ausgelegt ist. Zudem ist die theoretisch mögliche IT-Unterstützung bzgl. des Lösungsumfangs nicht immer mit deren praktischer Nutzung gleichzusetzen. In Konzernen ohne vollständige Unterstützung werden Funktionsumfänge mit Fokus auf „Erfassung“, „Analyse und Berichtswesen“, oder „Erfassung und Berichtswesen“ erkannt (vgl. auch *Ergebnis C-13* für Fokus auf Berichtswesen oder Teile aus Spektrum Kapitel 2.4).

Im Bereich **Identifikation und Bewertung** beziehen sich die Antworten bzgl. bestehender Unterstützung mehrheitlich auf die Identifikation. Sie wird z.T. über hinterlegte Kategorien als Erfassungsrahmen mit fixierten Auswahlmöglichkeiten unterstützt. Zudem ist z.T. eine Unterteilung von zu erfassenden Risiken in „reine“ bzw. „echte“ Risiken, auf die kein Einfluss genommen werden kann und Risiken, die mit strategischen Entscheidungen und Unternehmenstätigkeit verbunden sind, vorhanden.

In einem der Konzerne bestehen neben der Haupt-Lösung zusätzliche identifikations- und bewertungsunterstützende Tools. Nur drei Ansprechpartner nennen konkrete Unterstützungsansätze für die Bewertung, z.B. über die Unterscheidbarkeit in Einzel- und Bandbreitenbewertung für mehrere Kriterien sowie die Erfassung von Szenarien.

---

[439] Vgl. Saitz u.a. (2015), S. 777f. Das Ergebnis stützt bspw. JUNGE mit dem Vergleich identischer oder abgewandelter Lösungen, vgl. Junge (2009), S. 66ff. und Meyer (2008b), S. 340.

Die **Analyse** ist aus Sicht der Ansprechpartner unterschiedlich flexibel möglich; es sind dabei vielfältige weitergehende Bedarfe vorhanden.

In Bezug auf die Erstellung der **Ergebnistypen** werden viele technische Potentiale genannt, die die Flexibilität und Darstellungsformen betreffen. Die eingesetzten Standardlösungen erlauben diesbezüglich z.T. ein Customizing. Für das Berichtswesen muss die Erstellung standardisierter und flexibler Berichte möglichen sein, ggf. mit Ausnahme von Formatierungs- und Kommentierungsaufgaben. Neben klassischen Berichtsformaten wird für ein Managementsystem eine mobile Anwendung gefordert. Zusätzlich zu horizontalem Berichtswesen besteht als Berichtsweg auch der Bedarf einer organisationsstrukturbezogenen, vertikalen Zuweisung von Themen.

Neben den Ergebnistypen werden auch viele Verbesserungspotentiale bzgl. der Themen **Frühwarnsystem** und **Maßnahmen**-Tracking genannt. Eine technische Frühwarnsystemlogik wird als übergreifende Lücke deutlich. Für das Tracking sind vielfache Potentiale erkennbar, da häufig nur die Erfassung von Maßnahmen, nicht aber deren Nachverfolgung und Überwachung unterstützt wird. Die Nutzung dieser Funktionen hängt jedoch vom Verantwortungsgrad risikoerfassender Einheiten ab, da das KCRM i.d.R. nicht für dezentrale Maßnahmennachverfolgung zuständig ist.

Das Thema **Vernetzung** ist grundsätzlich für alle Konzerne relevant, die mehr als eine Ebene in der Hierarchie oder viele OEen mit dem System abdecken. Je komplexer die Organisation und tiefer die Verbreitung der Lösung, desto höher ist der Bedarf einzustufen. Eine Lösung, wie sie als Bedarf im Case geschildert wird, besteht gemäß den Interviews bisher in keinem betrachteten Konzern, ist jedoch als übergreifender Bedarf erkennbar. Experten, die Vernetzung als nicht relevant bezeichnen, nutzen die Lösung i.d.R. nur für wenige OEen und Ebenen, erfassen Informationen mehrfach oder Erzeugen beim Informationsaustausch Medienbrüche. Hiermit verbunden ist der Faktor **Kommunikation**. Diese Facette ist wie die Vernetzung i.d.R. sinnvoll, wenn mehr als eine Ebene das System nutzt, da hier Austauschbeziehungen entstehen können.

Schnittstellen, z.B. zum technischen Aufbau eines GRC-Ansatzes, werden selten als Potential genannt. Experten, die gewünschte Schnittstellen angeben, beziehen sich dabei meist auf Import- und Exportfunktionen oder z.B. auf ein Planungssystem.

Im Bereich **Semantik** reichen die Bedarfe von einer freien Risikoerfassung unter der Prämisse der Nutzung durch „intelligente User" bis hin zu einer strikten Datenqualitätskontrolle. Weitere semantische Funktionalitäten in der Lösung können z.B. die Aggregationslogik betreffen. Aufgrund der Vielfältigkeit der Chancen und Risiken bezeichnen viele Experten die automatisierte Verarbeitung als bisher nicht unterstützt.

Nur in zwei Fällen wird eine Schadensfalldatenbank bzw. werden **historische Daten** über Risikoeintritte bereits genutzt. Diese Fälle sind, wie in Kapitel 2.2 und 3.4 erläutert, finanzwirtschaftlich geprägt. Dennoch beschäftigen sich auch Konzerne außerhalb der Finanzbranche mit der Rückschau und Prüfung, inwieweit Risiken vor Eintritt erkannt und passend eingeschätzt wurden. Die technische Unterstützung der Rückschau wird vielfach als Potentialbereich bzw. Lücke der IT-Unterstützung genannt.

Die Themenfelder sind in Abbildung 39 zur Beantwortung von Forschungsteilfrage vier basierend auf den Einschätzungen über bestehende Lösungen und Ausbaupotentiale gemäß Tabelle 14 und 15 eingestuft.

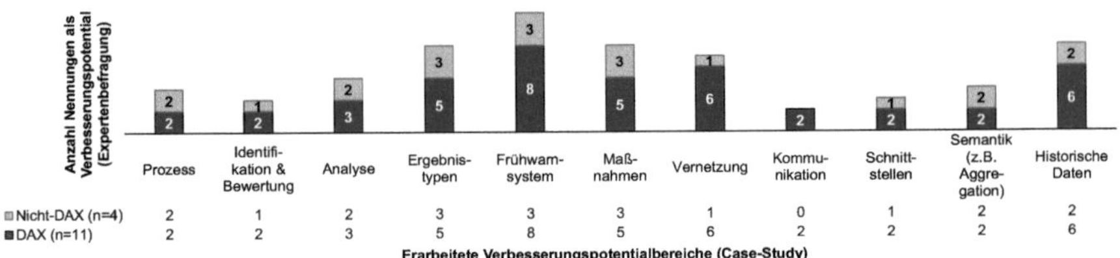

Abbildung 39: Vergleich von Bedarfen in Case-Study und Experteninterviews[440]

Die Ausgangsbasis der Konzeption sind im Anwendungsfall und in den Experteninterviews erkannte Problemstellungen, für die konzernübergreifend keine zufriedenstellenden Lösungen bestehen.

Ergebnis E-14: Die untersuchten Kriterien, für die bereits zufriedenstellende Lösungen bestehen, sind primär auf den dezentralen ChaRM-Prozess und dessen Unterstützung gerichtet. Es ist jedoch erkennbar, dass über die bestehenden dezentralen Erfassungsmöglichkeiten hinaus ein hoher Bedarf in Bezug auf die Vorgabe, Aufbereitung und Nutzung der Informationen, z.B. als Frühwarnsystem, durch das KCRM bestehen.

[440] Eigene Darstellung. Die in der Beschreibung hervorgehobenen Begriffe passen zur Auswertung. Der Aspekt historische Datennutzung i.S. einer Schadensfalldatenbank ist in Kapitel 3.4 abgegrenzt.

4.4 Abgrenzung und Konkretisierung des Gestaltungsbereichs

Über die Experteninterviews wird der zu betrachtende Lösungsraum fokussiert. Neben dem Erkenntnisgewinn über die Problemstellung wird dabei der BR aus Kapitel 3.6 überprüft. Das Spektrum an Antworten zeigt, dass im BR relevante Einflussfaktoren für die Ausgestaltung des ChaRMs enthalten sind. Durch die Plausibilisierung des zunächst unternehmensspezifisch konkretisierten BRs in Kapitel 3 mittels Gegenüberstellung unternehmensübergreifend untersuchter Inhalte in der Stichprobe in Kapitel 4, erlangt dieser unternehmens- bzw. konzernübergreifende Relevanz und wird in Kapitel 5 als Basis des Rahmenkonzepts verwendet.

Es lässt sich aus den Analysen auch eine Verbindung zwischen der Zielsetzung, die mit dem ChaRM verfolgt wird, den daraus für das KCRM resultierenden Aufgaben und Tätigkeiten sowie dem Ziel, das mit einer zugehörigen IT-Unterstützung verfolgt wird, ableiten. Die aus Frage 16 ableitbaren, gebündelten Zielsetzungen des ChaRMs umfassen als Schwerpunkte „Gesetzeserfüllung", Schaffung von „Transparenz" und „Steuerung". Diese werden im Folgenden als mit der IT-Lösung verfolgte Intention bzw. Zielsetzung interpretiert. Basierend darauf können mehrere Formen von IT-Lösungen unterschieden werden. Je nach Zielsetzung, die mit der IT-Lösung verfolgt wird, sind wie bereits in *Ergebnis C-13* erläutert Berichts- und Managementsysteme abgrenzbar. Zudem sind Systeme vorhanden, die lediglich auf die Sammlung von Chancen und Risiken in einem digitalen Inventar ausgerichtet sind und keine weiteren Funktionalitäten bieten. Die Lösungen werden hier übergreifend für die Chancen- und Risikoseite erläutert. Aus den Befragungen lassen sich drei mit den Zielen korrespondierende Formen ableiten, die jedoch aufgrund der Vielzahl an Individuallösungen nur grob charakterisierbar sind und sich den erhobenen Lösungen nicht eindeutig zuweisen lassen.

Eine mögliche Unterteilung mit Mindestfunktionsumfang zeigt Tabelle 16.

Ergebnis E-15: Lösungsformen zur IT-Unterstützung des ChaRMs gemäß Zielsetzung:

Inventar	Berichtssystem	Managementsystem
Ermöglichen der Erfassung von Chancen und Risiken, deren Aufbereitung und Exportieren der Inhalte für die Erstellung von Berichten.	Ermöglichen der Unterstützung einheitlicher Erfassung und Bewertung von Chancen und Risiken sowie Analyse und Berichtserstellung.	Ermöglichen strukturierter Identifikation und Bewertung, um mit analysierten Informationen neben reiner Berichterstattung auch Steuerungsimpulse zu setzen und die Chancen- und Risikolage zu überwachen.
Gesetzeserfüllung	**Transparenz**	**Steuerung**

Tabelle 16: Lösungsformen zur IT-Unterstützung des ChaRMs[441]

In Verbindung zur Erfüllung gesetzlicher Ansprüche als Ziel des ChaRMs steht zunächst die Sammlung der Informationen (vgl. auch *Ergebnis C-11*, Kapitel 3.5.2) in einem **Inventar** im Fokus. Teile der Lösungen der Stichprobe ermöglichen hierfür die Erfassung und Sammlung benötigter Informationen. Darüber hinausgehende Funktionalitäten werden z.B. mittels Datenexport in Office-Programme ermöglicht.

Um ein transparentes Bild der Chancen- und Risikolage zu schaffen sind Analysen und automatisierte Funktionalitäten z.B. zur Berichtserstellung notwendig. Diese Funktionalitäten können zu einem **Berichtssystem** gebündelt werden.

Um ein **Managementsystem** zur Steuerung aufzubauen, sind z.B. eine Frühwarnlogik und eine Maßnahmenüberwachung notwendig. Die Einteilung zeigt, dass es je nach bestehender IT-Lösung und Verwendung ggf. auch unterschiedliche Ansatzpunkte für Verbesserungen geben kann, die aufeinander aufbauen.

Die erläuterten Lösungsansätze, die in Kapitel 5 aufgegriffen werden, die drei Lösungsformen, der integrierte oder getrennte Aufbau für Chancen und Risiken und die Unterscheidung in eine Nutzung der IT-Lösung zur Unterstützung der KCRM-Einheit oder zur Sicherstellung eines einheitlichen KCRM-Prozesses im Gesamtkonzern können als Antwortfacetten auf Forschungsteilfrage drei festgehalten werden.

Aus den Gesprächen ist generell ableitbar, dass durch den relativ kurzen Zeitraum zur Umsetzung der Anforderungen des DRS 20 das Potential einer **ChM-IT-Lösung** in den befragten Konzernen noch nicht vollumfänglich genutzt wird und weiterhin Handlungsbedarf besteht. Indiz hierfür ist z.B. auch die bisher geringe Anzahl an gemeldeten Chancen im Vergleich zu Risiken.

[441] Die Unterteilung weicht von der aus der Literatur hergeleiteten Einteilung ab, vgl. auch Kapitel 2.4. Dies liegt ggf. auch an der Vielzahl an Individuallösungen in der befragten Stichprobe.

Ergebnis E-16: Kurzfristig eingeführte ChM-Lösungen sind zunächst als Interimslösung anzusehen, wobei in den Konzernen ein Nutzen über die nach DRS 20 geforderte Berichterstattung hinaus wünschenswert ist. Wenn historisch bedingt ChM-Strukturen bestehen, werden diese lediglich weiterverwendet und in anderen Konzernen eine leicht modifizierte oder strukturidentische Variante des RMs genutzt. Unterschiede zwischen Chancen und Risiken adressieren primär den Kontext des dezentralen ChaRMs. Es wird hier jedoch die Chancenperspektive aus KCRM-Sicht mitkonzipiert und dabei Spezifika herausgestellt. Die Hinweise aus *Ergebnis E-13* werden dabei einbezogen.

Weiterer wichtiger Unterscheidungspunkt für IT-Lösungen, der über die empirischen Untersuchung bestärkt wird, ist gemäß *SF-9* (Kapitel 2.3) die Nutzung als reine **IT-Lösung zur Unterstützung der KCRM-Einheit** (Alternative 1) oder zusätzlich als **IT-Lösung zur Sicherstellung eines einheitlichen KCRM-Prozesses im Gesamtkonzern** (Alternative 2). Dies sind keine Alternativen zu den genannten Lösungsformen, sondern sie präzisieren den jeweiligen Verbreitungsgrad im Konzern.

Bei der ersten Alternative kann zwischen dezentralen Lösungen und einer IT-Lösung für die KCRM-Einheit in der dispositiven[442] Schicht unterschieden werden. In dezentralen IT-Lösungen, die das spezifische, dezentrale ChaRM-Vorgehen einer OE oder mehrerer dezentraler OEen unterstützen, werden Informationen ermittelt, die dann über eine Schnittstelle, z.B. einen semantischen Layer, der IT-Lösung des KCRMs, die zur Unterstützung der Tätigkeiten der KCRM-Einheit dient, zugeliefert werden.

Die zweite Alternative bezieht die Abbildung der Organisationshierarchie mit ein. Die IT-Lösung des KCRMs ist folglich dezentral ausgerollt und unterstützt den KCRM-Prozess zur Sicherstellung des, durch die KCRM-Einheit definierten, einheitlichen Vorgehens im Konzern. Fokus liegt dabei auch weiterhin auf Bedarfen und Anforderungen zur Nutzung gesammelter Informationen in einer KCRM-Einheit. Bei dieser Lösungsalternative können auch von der IT-Lösung des KCRMs unabhängige dezentrale IT-Lösungen bestehen. Die Überführung der Informationen in die IT-Lösung des KCRMs kann auf jeder Ebene erfolgen, wobei manuelle oder technisch unterstützte Importmöglichkeiten denkbar sind.

Abbildung 40 visualisiert die in der Arbeit verfolgte Lösungsalternative 2. Der Gestaltungsbereich der Dissertation entspricht der gelben Markierung und umfasst drei Schwerpunktbereiche, die die erhobenen Lücken in der IT-Unterstützung adressieren.

[442] Dispositive Daten, hier in einer dispositiven Schicht, dienen in Abgrenzung zu operativen Daten der Managementunterstützung. Bzgl. weiterer Charakteristika, vgl. bspw. Kemper u.a. (2010), S. 15f.

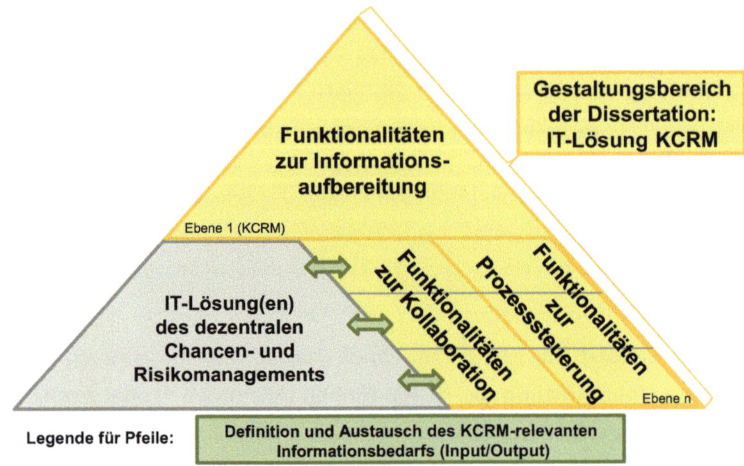

Abbildung 40: IT-Lösung zur Unterstützung von KCRM-Einheit und -Prozess[443]

Ergebnis E-17: Um die definierten KCRM-Tätigkeiten gemäß *Ergebnis E-10* und den KCRM-Prozess umfassend zu unterstützen, ist eine konzernweite Implementierung nötig. Inhalt der im Folgenden konzipierten Lösung sind **Funktionalitäten zur Informationsaufbereitung** auf Ebene der KCRM-Einheit, ggf. mit der Möglichkeit Informationen an die Zulieferer zurückzuspielen. Diese Funktionalitäten adressieren die Potentialbereiche „Frühwarnsystem", „Maßnahmen", „Analyse" und „Ergebnistypen" aus Kapitel 4.3.3.

Funktionalitäten zur Kollaboration dienen der KCRM-gesteuerten Koordination zwischen OEen unter Bezug zu den Potentialen „Identifikation & Bewertung" zur Zusammenarbeit, „Vernetzung", „Kommunikation" und „Schnittstellen" aus Kapitel 4.3.3.

Funktionalitäten zur Prozesssteuerung ermöglichen die Sammlung KCRM-relevanter Informationen über den vorgegebenen KCRM-Prozess und die Zusammenführung konzernweit vorliegender Informationen zu einem Gesamtbild durch das KCRM. Funktionalitäten beziehen sich u.a. auf „Dezentraler Prozess" und „Identifikation & Bewertung" jeweils über Vorgaben, „Semantik, z.B. Aggregation" und „Historische Daten" (Kapitel 4.3.3).

Wie die Erhebungen zeigen, gibt es sowohl bei Individual- als auch bei Standardlösungen eine Vielzahl an Verbesserungspotentialen. Die im Folgenden konzipierte Lösung adressiert damit, die erhobenen, bisher nur lückenhaft unterstützten Themenbereiche (vgl. bspw. *Ergebnisse E-12 und E-14*, Kapitel 4.3.3) und stärkt die Position der KCRM-Einheit im Sinne des erarbeiteten, ihr zugedachten Tätigkeitsprofils.

443 Eigene Darstellung. Inwieweit die IT-Lösungen des dezentralen ChaRMs ebenenspezifisch oder -übergreifend sind, ist für diese Arbeit nicht relevant und wird nicht weiter betrachtet.

Neben der Abdeckung der Bedarfe der KCRM-Einheit steht eine organisationsweite Implementierung, unter Berücksichtigung der Komplexität in Konzernen, zur Unterstützung des KCRM-Prozesses im Zentrum der generischen Konzeption.[444] Dezentrale ChaRM-IT-Lösungen sind nicht Fokus der Arbeit.

[444] Anforderungen, die in bestehenden Lösungen bereits realisiert sind, werden nicht hervorgehoben.

5. Entwicklung eines generischen fachlichen Rahmenkonzepts

Das beschriebene Vorgehen und die Methoden zur Untersuchung des Forschungsgegenstands und damit der Anforderungserhebung, -beschreibung, -spezifikation und -prüfung sowie für die Erstellung und prototypenbasierte Evaluierung der Ergebnisse orientiert sich grundlegend an den Prinzipien der Requirements Analysis.

Unter Anforderungen werden hierbei Fähigkeiten, Bedingungen oder Eigenschaften eines Systems zu Erfüllung der Bedarfe eines Benutzers verstanden.[445] Unterteilungsarten z.B. in Muss- und Kann-Anforderungen oder funktionale und nicht-funktionale Anforderungen werden im Folgenden zur Konkretisierung genutzt.[446]

Es kann zwischen einer fachlichen Konzeption und einer Konzeption bzgl. der Datenverarbeitung (DV) unterschieden werden. Ergebnis von Kapitel 5 und 6 ist die Entwicklung einer generischen fachlichen Konzeption, als Ordnungsrahmen von IT-Lösungen des ChaRMs aus Sicht des KCRMs, sowie, über die Erweiterung der Anforderungen auf technische Spezifika und die Umsetzungsnähe im Rahmen der Prototypenbildung, die Erarbeitung eines partiellen DV-Konzepts. Evaluationsziel des Prototyps ist die Überprüfung der Konzeptinhalte auf Konformität mit erarbeiteten Bedarfen.[447] Abbildung 41 zeigt das Kapitel im Gesamtzusammenhang der Arbeit.

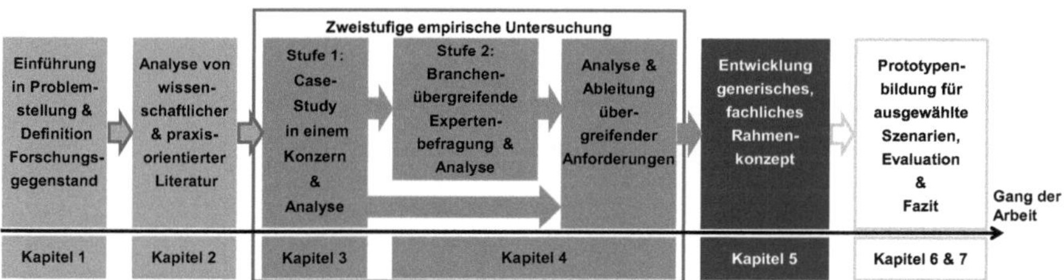

Abbildung 41: Einordnung von Kapitel 5 in den Gang der Arbeit[448]

Primäres Artefakt dieses Kapitels ist ein generisches fachliches Rahmenkonzept der IT-Unterstützung des ChaRMs für KCRM-Bedarfe, losgelöst von einem spezifischen Konzern. Hierfür werden das Vorgehen der Requirements Analysis mit der objektorientierten Analyse (OOA) kombiniert unter Nutzung der aus der Literaturrecherche,

[445] Vgl. Institute of Electric and Electronic Engineers (1990) zitiert nach: Pohl und Rupp (2011), S. 11.
[446] Vgl. Balzert (2011), S. 109, Ebert (2005), S. 13 und 98ff. und Pohl und Rupp (2011), S. 16f.
[447] Vgl. Gadatsch (2012), S. 115ff., Scheer (1995), S. 15f. und bzgl. Zielsetzung von Prototyping vgl. Schwaninger (1994), S. 123.
[448] Eigene Darstellung.

der Case-Study und der Expertenbefragung abgeleiteten Ergebnisse. Kapitel 5.1 und 5.2 enthalten ein statisches und dynamisches Modell, erstellt unter Verwendung der Modellierungssprache Unified Modeling Language (UML) auf dem benötigten Abstraktionsniveau,[449] sowie einen Anforderungskatalog aus generischen Muss- und Kann-Anforderungen. Darauf aufbauend erfolgt die Lösungskonzeption in Kapitel 5.3 bezogen auf die hergeleiteten Schwerpunktbereiche aus *Ergebnis E-17*. Da es sich bei Kapitel 5 und 6 um die Konzeptions- und Evaluationskapitel handelt, gibt es keine Ergebniskästen; es erfolgt jedoch bei Bedarf die Referenz auf bisherige Ergebnisse.

In der OOA werden mehrere Diagrammtypen genannt, die zur Modellierung der Fachkonzeption einer IT-Lösung dienen, ohne deren technische Umsetzung vorzugeben. Für die Arbeit werden im Rahmen des statischen Modells ein Klassendiagramm und für das dynamische Modell Use Case Diagramme und Aktivitätsdiagramme genutzt. Ein Klassendiagramm dient der Abbildung von Klassen, Attributen und zugehörigen Assoziationen.[450] Zur Visualisierung der Inhalte werden die Klassen gemäß UML-Notation auf dem für die Arbeit passenden Abstraktionsniveau, dessen Detailtiefe fachlichen Anforderungen gerecht wird, modelliert. Die Assoziationen werden benannt und mit Multiplizitäten versehen. Zudem werden bei Bedarf Generalisierungen ggf. mit abstrakten Klassen sowie Aggregationen, Kompositionen und reflexive Assoziationen genutzt.[451] Sie werden visualisiert und exemplarisch erläutert.

Funktionalitäten und Systemverhalten werden im dynamischen Modell abgebildet. Hierzu dienen Use Case (UC) Diagramme mit zugehörigen Akteuren. Aus dem Gesamtkonstrukt werden UCs herausgegriffen und zum Verständnis oder um zu konzeptionierende Aspekte zu spezifizieren übergreifende Diagramme in Anlehnung an die Modellierung von Aktivitätsdiagrammen erstellt.[452] Dazu wird auch die UML-Notation genutzt, die sich für objektorientierte Gestaltungsprinzipien etabliert hat.[453]

Die Inhalte der Anforderungen bündeln die im Rahmen der empirischen Untersuchung genannten Bedarfe. In Anforderungsworkshops mit relevanten Ansprechpartnern aus KCRM und Management im Case werden die Ergebnisse der OOA und

---

[449] Vgl. Balzert (2005), S. 4f. und 9ff., Oesterreich und Bremer (2009), S. 21ff. und Pohl und Rupp (2011), S. 71ff.
[450] Für Details vgl. Balzert (2005), S. 9ff. und S. 41ff. und Pohl und Rupp (2011), S. 85ff.
[451] Vgl. Balzert (2005), S. 23ff. und 42ff., Balzert (2010), S. 13ff. und Oesterreich und Bremer (2009), S. 273ff.
[452] Für Details vgl. Balzert (2005), S. 62-69 für UC-Diagramme und S. 69-79 für Aktivitätsdiagramme.
[453] Details zur Notation siehe Oesterreich und Bremer (2009), S. 21ff., Pohl (2008), S. 200ff. und Pohl und Rupp (2011), S. 71 und 75ff.

Konzeption in mehreren Zyklen diskutiert und dabei auf Plausibilität und generische Anwendbarkeit geprüft.[454] Es fließen nur Anmerkungen ein, die unter Einbeziehung der Inhalte der Experteninterviews konzernübergreifend als sinnvoll erachtet werden.

Als Basis des angestrebten Rahmenkonzepts wird in diesem Kapitel zunächst das Gesamtspektrum an bestehenden und darüber hinaus benötigten bzw. angestrebten Ausprägungen bezogen auf die Ausgestaltungsaspekte des Bezugsrahmens aus Kapitel 3.6, im Sinne eines morphologischen Kastens[455], dargestellt. Die Inhalte sind abgeleitet aus den kategorisierbaren Antworten in den beiden Stufen der empirischen Untersuchung und an die Fragen aus Kapitel 4.2 angelehnt. Die jeweiligen Ausprägungen haben Auswirkungen auf Gestaltungsentscheidungen und den Aufbau einer adäquaten und zielgerichteten IT-Unterstützung. Die Darstellung dient zur Beantwortung der dritten Forschungsfrage sowie dazu Konzerne mit deren IT-Lösungen als Instanzen in das konzernübergreifende Lösungsspektrum einzugliedern. Aus der Instanziierung eines Konzerns gegenüber dem Spektrum im aktuellen Zustand sowie im Zielzustand können Konsequenzen bezogen auf die Auswahl benötigter Inhalte des in Kapitel 5.1 und 5.2 erarbeiteten statischen und dynamischen Modells abgeleitet werden, da eine IT-Lösung zur zielgerichteten Unterstützung auf den jeweiligen Konzern zugeschnitten sein muss. Eine vollständige Umsetzung der Inhalte von Kapitel 5 und 6 ermöglicht Synergieeffekte und Lösungen für die in Kapitel 3 und 4 erarbeiteten konzernübergreifenden Lücken bzgl. der IT-Unterstützung des KCRMs. Im Lösungsspektrum in Tabelle 17 und 18 wird zwischen einem vom Aufwand her minimalen Ansatz und einem maximalen bzw. aufwendigsten Ansatz unterschieden. Teilweise gibt es Ausbaustufen, die über ein „+“ markiert werden.

[454] Für generelles Workshop-Vorgehen vgl. bspw. Ebert (2005), S. 96f. und Pohl und Rupp (2011), S. 40; hier mit Teilnehmern der KCRM- und/oder Management-Sicht.

[455] Für Hintergründe zu einem morphologischen Kasten vgl. bspw. Wiegand (2004), S. 447ff.

<table>
<tr><th>BR-Inhalt</th><th>Dimension</th><th>Minimum</th><th colspan="2">...</th><th>Maximum</th></tr>
<tr><td>Definition</td><td>Konkretisierung</td><td>Wirkungsseite</td><td colspan="2">+ Ursachenseite</td><td>+ Präzisierung</td></tr>
<tr><td>Standard</td><td>Anwendung</td><td colspan="2">Kein Standard</td><td colspan="2">ISO31000/COSO ERM/...</td></tr>
<tr><td>Anspruchsgruppen</td><td>Breite</td><td>Vorstand/operatives Management</td><td colspan="2">+ AR/PA <u>oder</u> Gremium</td><td>+ AR/PA <u>und</u> Gremium</td></tr>
<tr><td>Gremium</td><td>Anzahl</td><td>Kein</td><td colspan="2">Ein</td><td>Mehrere</td></tr>
<tr><td>Existenz Strategie</td><td>Strategie</td><td>Keine formalisierte Strategie</td><td colspan="2">Formalisierung in Bezug auf Prozess</td><td>Formalisiert inkl. Risikoappetit</td></tr>
<tr><td>Turnus von ChaRM</td><td>Häufigkeit/Jahr</td><td>Jährlich</td><td>2-3 mal</td><td>4-6 mal</td><td>Monatlich</td></tr>
<tr><td>Organisation</td><td>Abfragetiefe</td><td>Eine Ebene</td><td colspan="2">Mehrere Ebenen</td><td>Alle Ebenen</td></tr>
<tr><td>Bezugsgröße</td><td>Anzahl (quantitative Größen)</td><td>Eine</td><td colspan="2">Zwei</td><td>> Zwei</td></tr>
<tr><td rowspan="2">Wesentlichkeit</td><td>Schwellwerte</td><td colspan="2">Schwellwerte für Chancen/Risiken</td><td colspan="2">+ weitere Informationsanforderungen</td></tr>
<tr><td>Gültigkeit</td><td colspan="2">Einheitliche Schwellen der OEen in Relation zum Konzern</td><td colspan="2">Schwellwerte in Abhängigkeit von OEen</td></tr>
<tr><td rowspan="2">Fokus: Konzernrelevante Information</td><td>Informationsart</td><td>EW, Ausmaß</td><td>+ Maßnahmen</td><td>+ qualitative Informationen</td><td>+ Treiber</td></tr>
<tr><td>Bewertung</td><td colspan="2">Quantitative Bewertung</td><td colspan="2">+ qualitative Bewertung</td></tr>
<tr><td>Prämissen</td><td>Ausgestaltung</td><td>Keine Vorgaben</td><td>Bewertungsguideline</td><td>+ Konzernprämissen</td><td>+ Szenarien</td></tr>
<tr><td>Zeitraumbezug</td><td>Planungshorizont</td><td>Kurzfristig</td><td colspan="2">Kurz- und (Mittel- <u>oder</u> Langfristig)</td><td>Kurz-, Mittel- <u>und</u> Langfristig</td></tr>
<tr><td>Integrationsgrad</td><td>ChM</td><td>Getrennt/Keine</td><td colspan="2">ChM gleich wie RM</td><td>ChM ähnelt RM[456]</td></tr>
<tr><td>Themenfelder (Schnittstellen)</td><td>Zusammenarbeit (bspw. GRC)</td><td>Nicht standardisierte Abstimmung</td><td colspan="2">Fachliche Zusammenarbeit</td><td>Technische Integration</td></tr>
<tr><td rowspan="2">Zielsetzung ChaRM und Entscheidungsunterstützung</td><td>Zielsetzung</td><td>Gesetzeserfüllung</td><td>+ Transparenz</td><td>+ Steuerung</td><td>+ Kultur</td></tr>
<tr><td>Entscheidungsunterstützung</td><td>Nein oder Ziel</td><td colspan="2">Indirekt</td><td>Direkt</td></tr>
<tr><td>Aufgaben KCRM</td><td>Aufgabenspektrum</td><td>Gesetzeserfüllung und Berichtswesen</td><td colspan="2">+ Koordination Methodik und Prozess</td><td>+ Unterstützung der Steuerung</td></tr>
<tr><td>Sicherstellung Qualität</td><td>Verantwortung</td><td>Dezentrale Verantwortung</td><td colspan="2">+ Zentrale Überwachung</td><td>+ Standard für Pool/Methoden</td></tr>
<tr><td>KCRM-Vorgabe</td><td>Umfang</td><td>Keine Vorgaben</td><td colspan="2">Kategorien</td><td>+ Top-Down</td></tr>
<tr><td>Organisation</td><td>Verantwortung</td><td colspan="2">Zentral</td><td colspan="2">Dezentral</td></tr>
<tr><td rowspan="4">Perspektiven (Sichten) inkl. Ergebnistypen</td><td>Detailgrad</td><td>Aggregierte Sicht</td><td colspan="2">+ Top-Themen-Sicht</td><td>+ Einzelangaben</td></tr>
<tr><td>Aggregation</td><td>Keine Aggregation</td><td colspan="2">Summierung</td><td>+ Mathematisch</td></tr>
<tr><td>Sichten</td><td>Kategorie-Sicht</td><td colspan="2">+ Sicht nach Einheit</td><td>+ Mehr Sichten</td></tr>
<tr><td>Darstellung</td><td>Übersicht</td><td colspan="2">+ Detailinformation</td><td>+ Cockpit</td></tr>
</table>

Tabelle 17: Prozessuales Lösungsspektrum[457]

Legende Farbgebung: Orientiert an den BR-Schichten Umfeld, Rahmenbedingungen, Gestaltung des ChaRMs.

Die im Case erarbeiteten Potentialbereiche I-VI werden in Tabelle 18 (Spalte eins) farblich gemäß *Ergebnis C-12* (Kapitel 3.6) markiert. Die Einteilung erfolgt wertungsfrei in Bezug auf eine Empfehlung zur Anwendung der Minimal- oder Maximallösung.

---

[456] Dies ist die aufwendigste Form aus KCRM-Sicht, da bestehendes RM für ChM modifiziert wird.

[457] Nicht mit „+" symbolisierte Ausprägungen substituieren sich gegenseitig. Die Zielsetzungen des ChaRMs und die Aufgaben des KCRMs werden als Ausbaustufen dargestellt. Nicht für alle Inhalte aus Kapitel 3 und 4 gibt es ein bewertbares Spektrum. Gleiches gilt für Tabelle 18.

<table>
<tr><th>BR-Inhalt</th><th>Dimension</th><th>Minimum</th><th colspan="2">...</th><th>Maximum</th></tr>
<tr><td>Existenz System</td><td>Anzahl</td><td>Kein System</td><td colspan="2">Ein System</td><td>Mehrere</td></tr>
<tr><td>Chance/Risiko</td><td>Abdeckung</td><td colspan="2">Risiken</td><td colspan="2">Chancen und Risiken</td></tr>
<tr><td rowspan="4">Dezentraler Prozess</td><td rowspan="4">Abdeckung</td><td>Identifikation</td><td colspan="2" rowspan="4">Mehrere Funktionen/ Prozessschritte</td><td rowspan="4">Alle Funktionen/ Prozessschritte</td></tr>
<tr><td>Bewertung</td></tr>
<tr><td>Analyse</td></tr>
<tr><td>Berichtswesen</td></tr>
<tr><td rowspan="2">Identifikation/ Bewertung</td><td>Identifikation</td><td>Keine</td><td colspan="2">Katalog</td><td>+ Pool</td></tr>
<tr><td>Bewertung</td><td colspan="2">Keine Unterstützung</td><td colspan="2">Methodik hinterlegt</td></tr>
<tr><td>Ergebnistypen</td><td>Erstellungsgrad</td><td>Exportfunktion</td><td colspan="2">+ Standardberichte</td><td>+ Flexible Berichte</td></tr>
<tr><td>Frühwarnsystem</td><td>Nutzung</td><td>Keine Funktionalität</td><td colspan="2">Nicht genutzt</td><td>Genutzt</td></tr>
<tr><td rowspan="2">Maßnahmen</td><td rowspan="2">Nutzung</td><td>Keine Funktionalität</td><td colspan="2">Nicht genutzt</td><td>Genutzt</td></tr>
<tr><td>Maßnahmen nicht erfasst</td><td colspan="2">Maßnahmen erfasst</td><td>+ Maßnahmen überwacht</td></tr>
<tr><td rowspan="2">Organisation und Anwender</td><td>Verbreitung</td><td>KCRM</td><td colspan="2">Mehrere Einheiten</td><td>Gesamt</td></tr>
<tr><td>Tiefe</td><td>K</td><td>K + 1</td><td>K + x</td><td>K + n</td></tr>
<tr><td>Vernetzung</td><td>Ausprägung</td><td>Einfache Erfassung</td><td colspan="2">ggf. doppelt Erfassung, Eliminierung</td><td>Geteilte Erfassung</td></tr>
<tr><td>Kommunikation</td><td>Unterstützung</td><td colspan="2">Nicht unterstützt durch IT</td><td colspan="2">Unterstützt durch IT</td></tr>
<tr><td>Schnittstellen[458]</td><td>Weitere Systeme</td><td colspan="2">Nein</td><td colspan="2">Ja</td></tr>
<tr><td rowspan="2">Semantik</td><td>Datenqualität</td><td colspan="2">Nicht unterstützt durch IT</td><td colspan="2">Unterstützt durch IT</td></tr>
<tr><td>Aggregation</td><td colspan="2">Nicht unterstützt durch IT</td><td colspan="2">Unterstützt durch IT</td></tr>
<tr><td rowspan="2">Historische Daten</td><td>Historisierung</td><td colspan="2">Nicht unterstützt durch IT</td><td colspan="2">Unterstützt durch IT</td></tr>
<tr><td>Als Infoquelle</td><td colspan="2">Nicht genutzt</td><td colspan="2">Genutzt</td></tr>
<tr><td>Analyse</td><td>Möglichkeiten</td><td>Exportfunktion</td><td colspan="2">+ Standardanalyse</td><td>+ Individuelle Analyse</td></tr>
</table>

Tabelle 18: Technisches Lösungsspektrum

Legende Farbgebung: Strategie und Steuerung, Methodik und Prozessgestaltung, Organisation und Koordination, Einbindung angrenzender Themenfelder, Analyse und Konzernberichterstattung, Gestaltung der IT-Unterstützung.

Das erarbeitete statische und dynamische Modell ist Basis für die Umsetzung der drei in *Ergebnis E-17* (Kapitel 4.4) erarbeiteten Konzeptionsschwerpunkte, ergänzt um notwendige Funktionalitäten für die generelle Abdeckung der Anforderung. Anhand des aufgezeigten Spektrums können bestimmte Funktionalitäten zur Ausweitung bestehender Lösungsumfänge herausgegriffen werden. Um Synergieeffekte zu erzielen und die IT-Lösung als Enabler prozessualer Verbesserungen zu nutzen, ist aber die Einbeziehung aller ausgearbeiteten Bereiche notwendig. Bei der Erstellung des statischen und dynamischen Modells wird farblich hervorgehoben, welche Inhalte für welche Funktionalitäten der Schwerpunktbereiche primär genutzt werden.

Kriterien für die Auswahl der ab Kapitel 5.3 konzeptionierten Schwerpunktbereiche sind die in den durchgeführten Stufen der empirischen Untersuchung ermittelten Aufgaben und Tätigkeiten des KCRMs, zugehörige Anforderungen sowie bestehende Probleme und Potentialbereiche, für die bisher keine zufriedenstellende Lösung existiert. Der Lösungsumfang dieser Arbeit ist bzgl. zweier Bereiche abzugrenzen. Hierzu gehören dezentrale IT-Lösungen des ChaRMs, die in Verantwortung einzelner OEen

[458] Import- und Exportfunktionalitäten können auch Schnittstellen zu dezentralen IT-Lösungen sein.

liegen. Zudem werden Basisfunktionalitäten, für die bereits in den Konzernen oder am Markt verfügbare IT-Lösungen bestehen, nur im Sinne des Ordnungsrahmens im dynamischen Modell als Anforderungen und Ausgangspunkt für die Funktionsfähigkeit alle weiteren Funktionen betrachtet, jedoch bei der Entwicklung von Konzeption und Prototyp nicht detailliert spezifiziert. Das Modell aus Abbildung 40 wird in Abbildung 42 bzgl. der drei Schwerpunktbereiche über einzelne Funktionalitäten präzisiert, wobei der Gestaltungsbereich der Dissertation weiterhin gelb umrandet ist. Pfeile und Beschreibung symbolisieren farblich passend die Funktionalitäten.

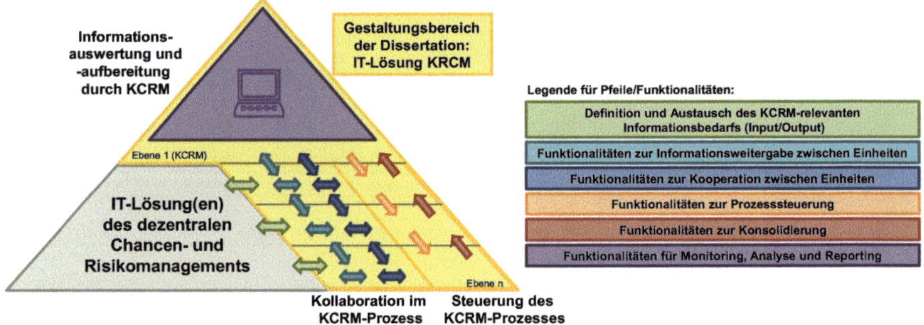

Abbildung 42: Konkretisierung des Gestaltungsbereichs der Dissertation[459]

Die grünen Pfeile symbolisieren Eingabe- oder Importmöglichkeit KCRM-relevanter Informationen aus dezentralen OEen. Die Vorgabe des relevanten Informationsbedarfs wird über das statische Modell in Kapitel 5.1 definiert. Ein Export einheitenspezifischer Informationen muss möglich sein.

Nach der Informationseingabe im System können Austauschfunktionen und Möglichkeiten zum Aufbau von Partnerschaften zwischen OEen genutzt werden (blaue Pfeile). Die Unterstützung dieser Kollaborationen für Informationsaustausch und Zusammenarbeit, z.B. zur Informationsvalidierung im Workflow, wird durch die konzernweite Nutzung notwendig und adressiert die Tätigkeiten Prozesssteuerung und -koordination des KCRMs. Da der inhaltliche Austausch der Informationserfassung, bei dem KCRM-relevante Informationen generiert werden, vorausgehen kann, sind die Kollaborations- den Prozesssteuerungsfunktionen (Abbildung 42) vorgelagert.

Die orange, rot und violett markierten Funktionalitäten in Abbildung 42 adressieren die Tätigkeitsbereiche Prozesssteuerung, Konsolidierung sowie Monitoring, Analyse

[459] Eigene Darstellung.

und Reporting. Die Pfeile bei der Prozesssteuerung können als Kreislauf gedeutet werden, da wie in Kapitel 3.3.2 erläutert durch Vorgaben top-down z.B. der Informationsbedarf, Methoden, Prämissen und Vorgehensweisen durch die KCRM-Einheit bis zur untersten Ebene vorgegeben werden (vgl. *Ergebnisse E-5 und E-7*, Kapitel 4.3.1), bevor bottom-up die Konsolidierung erfasster Informationen über die Hierarchie hinweg erfolgen kann. Jede Einheit, die untergeordnete OEen hat, muss dabei in der IT-Lösung ein zusammengefasstes Bild zugehöriger OEen erstellen können. Die Informationen aus allen Aggregationsstufen werden der KCRM-Einheit im System bereitgestellt, um die Monitoring- sowie Analyse- und Reporting-Funktionalitäten darauf aufzubauen. Der Rückgriff auf alle Ebenen ist insbesondere dann notwendig, wenn Informationen auf mehreren Ebenen oder aus unterschiedlichen Blickwinkeln beurteilt werden. Die Informationsentstehung und schrittweise -beurteilung muss daher auf KCRM-Ebene nachvollziehbar sein. Die Informationsweitergabe erfolgt je nach Größe pflichtmäßig, vergleichbar mit einer Eskalation. Über die Einflussnahme der Erkenntnisse der KCRM-Einheit aus zugelieferten Daten auf neue Vorgaben zur Prozesssteuerung schließt sich der Kreis. Der Funktionsumfang wird aus dem Blickwinkel des KCRMs und einer konzernweiten Nutzung erarbeitet, über die alle OEen am KCRM-Prozess partizipieren können. Die Mitarbeiter der OEen, die Informationen erfassen, sind folglich auch Akteure des Systems. In der IT-Lösung muss jedem Akteur ein bestimmter Funktionsumfang zugeordnet werden, um damit das Gesamtbild des Konzerns zu generieren. Aus der Konzeption resultierende, dezentral nutzbare Funktionen (Services) sind Basis für die Anwendbarkeit der Funktionalitäten des KCRMs in der konzipierten Lösung, aber nicht Fokus der Konzeption, da sich die Funktionalitäten über Vereinfachungen aus KCRM-Funktionalitäten ableiten lassen. Im Fall der Erfassung und Bewertung können ggf. Funktionen bestehender IT-Lösungen adaptiert werden. Die in Kapitel 5.3 zu konzipierenden Bestandteile werden in Abbildung 43 konkretisiert. Die Farbgestaltung referenziert auf Abbildung 42.

Die Funktionalitäten, die gemäß Abbildung 43 im Gestaltungsbereich der Dissertation liegen, sind zu den drei Schwerpunktbereichen (hier Spalten) aus Abbildung 42 gebündelt, gemäß derer sie konzipiert, prototypisch erarbeitet und evaluiert werden. Die einzelnen Funktionalitäten werden nun pro Schwerpunktbereich genauer erläutert.

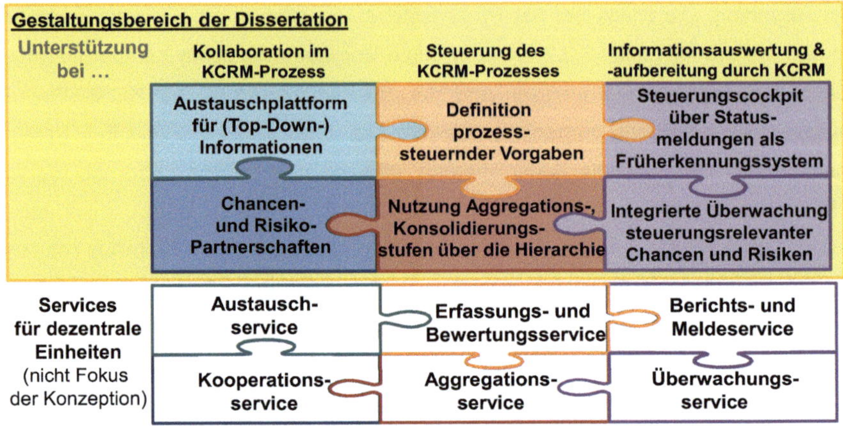

Abbildung 43: Bestandteile der IT-Lösung innerhalb des Gestaltungsbereichs[460]

Der Bereich **Kollaboration im KCRM-Prozess** dient der Koordination der Vernetzung zwischen OEen gleicher oder verschiedener Hierarchiestufen durch das KCRM. Dabei sollen KCRM-relevante Informationen an der Stelle generiert werden, an der sie valide beurteilbar sind. Die IT-Lösung muss aus KCRM-Sicht folglich die Koordination von Informationsflüssen zwischen Unternehmensebenen und Fachbereichen in Abhängigkeit von der Organisationshierarchie ermöglichen. Dies wird in der Arbeit einerseits über die Nutzung eines Austauschpools für Informationen zu Ursachen mit zugehöriger Workflowunterstützung und andererseits über die Aufbaumöglichkeit systemgestützter Partnerschaften für die Bewertung der Wirkungen von Chancen und Risiken konzipiert. Mit Hilfe der Funktionen werden z.B. steuerungsrelevante Themen aus der KCRM-Einheit an bestimmte Bereiche im Konzern top-down adressiert oder zu prüfende Ursachen, zu bewertende Wirkungen und Maßnahmen an andere Bereiche weitergegeben. Zielsetzung aus KCRM-Sicht ist die Sicherstellung der Vollständigkeit und Qualität der erfassten Informationen. Über den Austauschpool wird eine übergreifende Denkweise für Zusammenhänge gefordert und gefördert.

Der Schwerpunktbereich **Steuerung des KCRM-Prozesses** muss aus Sicht des KCRMs Möglichkeiten zur Vorgabe der zu erfassenden Informationen, der generellen Abläufe sowie der Konsolidierungsprozesse beinhalten. Damit werden u.a. die Aspekte „Fokus" und „Wesentlichkeit" des BRs adressiert. Beispiele für zugehörige Vorgaben sind die Definition von Wirkungsarten mit finanziellen und reputationbetref-

[460] Eigene Darstellung.

fenden Bezugsgrößen und die Vorgabe von Bewertungsumfängen und -richtungen, im Sinne positiver oder negativer Wirkung. Hierüber wird auch der Informationsbedarf für das Konzernberichtswesen spezifiziert. Erfassungsfunktionalitäten bei der Eingabe sind für die konzeptionierten Aspekte notwendig, aber nicht Fokus der Arbeit, da sie in bestehenden IT-Lösungen bereits vorhanden sind.

Zur Prozesssteuerung gehören neben Vorgaben zur Informationserfassung auch Funktionen zur Informationszusammenführung über Aggregation und Konsolidierung. Durch die konzernweite Implementierung muss für jede OE ein passendes Chancen- und Risikobild erstellt werden können. Diese Informationen werden von übergeordneten OEen zusammengeführt und ggf. ergänzt. Im Rahmen der resultierenden, dezentral nutzbaren Aggregationsservices werden Informationen generiert, die aus KCRM-Sicht eine mehrstufige Bewertung beinhalten und für die die Nachvollziehbarkeit auf KCRM-Ebene sichergestellt werden muss. Der Fokus der Konzeption liegt auf der Vorgabe der für Aggregation und Konsolidierung auf Konzernebene benötigten Funktionalitäten und dem Workflow zur Aufbereitung der daraus resultierenden Ergebnisse. Der Zusammenhang zur Vorgabefunktion für den Prototyp ist, dass Vorgaben Auswirkung auf die Aggregation besitzen. Dezentral ist ein ggf. eingeschränkter Umfang der Funktionalitäten der KCRM-Einheit notwendig.

Mit dem Bereich **Informationsauswertung und -aufbereitung durch das KCRM** (siehe Symbol „Computer" in Abbildung 42) erfolgt die Aufbereitung steuerungsrelevanter Informationen aller Einheiten zu einer Konzernsicht, über die eine verstärkte Diskussionsfähigkeit und Überwachbarkeit der Inhalte angestrebt wird. Dafür werden ein indikatorbasiertes Früherkennungssystem, über die Verbindung aus Chancen-, Risiko- und Statusmeldungen, sowie ein Medium zur integrierten Überwachung von Chancen und Risiken erarbeitet, das Wirkungsarten und -richtungen zusammenführen kann. Es wird zudem die Reputationsthematik zur Spezifikation aufgegriffen.

Die Schwerpunkte unterstützen damit übergreifend die Aufgaben und daraus resultierenden Tätigkeiten des KCRMs.[461] Die konzernweite Implementierung sowie die Komplexität und der Koordinationsaufwand der bereichs- und hierarchieebenenübergreifenden Zusammenarbeit und Informationszusammenführung sind Besonderheiten der Lösung. Wenn in der IT-Lösung alle konzeptionierten Bereiche integriert umgesetzt werden, kann deren voller Nutzen realisiert werden und über die Verbin-

[461] Kapitel 6.4 und 6.5 enthalten den Abgleich der Konzeptionsinhalte mit den bisherigen Ergebnissen.

dung der Funktionalitäten ein, über die solitäre Betrachtung jeder Konzeptionsfacette hinausgehender Mehrwert durch Synergieeffekte entstehen. Eine entsprechende Lösung birgt für die Konzerne das Mittel zur Sicherstellung eines einheitlichen Vorgehens sowie Kollaborations-, Vorgabe- und Informationsmöglichkeiten. Tabelle 19 zeigt die Verbindung der Verbesserungspotentiale aus Kapitel 4.3.3 mit den hier genannten Konzeptionsschwerpunkten, daraus resultierenden Funktionalitäten und Bestandteilen einer IT-Lösung sowie den Tätigkeiten des KCRMs aus Kapitel 4.3.2.

Verbesserungs-potentiale aus den beiden Erhebungen	**Abgeleitete Konzeptions-schwerpunkte mit zugehörigen Funktionalitäten**		**Zu konzipierende Bestandteile der IT-Lösung**	**Zu unterstützende Tätigkeiten der KCRM-Einheit**
Identifikation & Bewertung (für Zusammenarbeit), Vernetzung, Kommunikation, Schnittstellen	**Kollaboration im KCRM-Prozess**	Funktionalitäten zur Informationsweitergabe zwischen Bereichen	Austauschplattform für (Top-Down-)Informationen	**Prozesssteuerung und -koordination, Monitoring i.w.S.**
		Funktionalitäten zur Kooperation zwischen Bereichen	Chancen- und Risiko-Partnerschaften	
Dezentraler Prozess, Identifikation & Bewertung (für benötigte Vorgaben), Semantik (z.B. Aggregation), Historische Daten	**Steuerung des KCRM-Prozesses**	Funktionalitäten zur Prozesssteuerung	Definition prozesssteuernder Vorgaben	
		Funktionalitäten zur Konsolidierung	Nutzung Aggregations-, Konsolidierungsstufen über die Hierarchie	**Konsolidierung**
Analyse, Ergebnistypen, Frühwarnsystem, Maßnahmen	**Informations-auswertung und -aufbereitung durch KCRM**	Funktionalitäten für Monitoring, Analyse und Reporting	Steuerungscockpit über Statusmeldungen als Früherkennungssystem	**Analyse und Monitoring i.e.S. & Reporting**
			Integrierte Überwachung steuerungsrelevanter Chancen und Risiken	

Tabelle 19: Herleitung und Inhalte der konzeptionierten Schwerpunktbereiche[462]

Bei der generischen Konzeption handelt es sich um ein integriertes Konstrukt aus technisch erforderlichen Bausteinen und deren fachlicher Ausgestaltung. Abweichungen zwischen Chancen- und Risikoseite werden im Konzept hervorgehoben. Zur Vereinfachung wird teilweise nur aus der Risikosicht argumentiert und ggf. notwendige Unterschiede bezogen auf Chancen erläutert. Als Oberbegriff für Chance und Risiko wird auch „Thema" verwendet. Über die Inhalte von Kapitel 4.4 und die Erläuterungen in diesem Kapitel wird der Gestaltungsbereich der Dissertation fokussiert. Abbildung 44 zeigt den dadurch aktualisierten Bezugsrahmen.

[462] Pro Spalte wird jeweils ein charakteristisches Bild angezeigt, zur entsprechenden Farbreferenz.

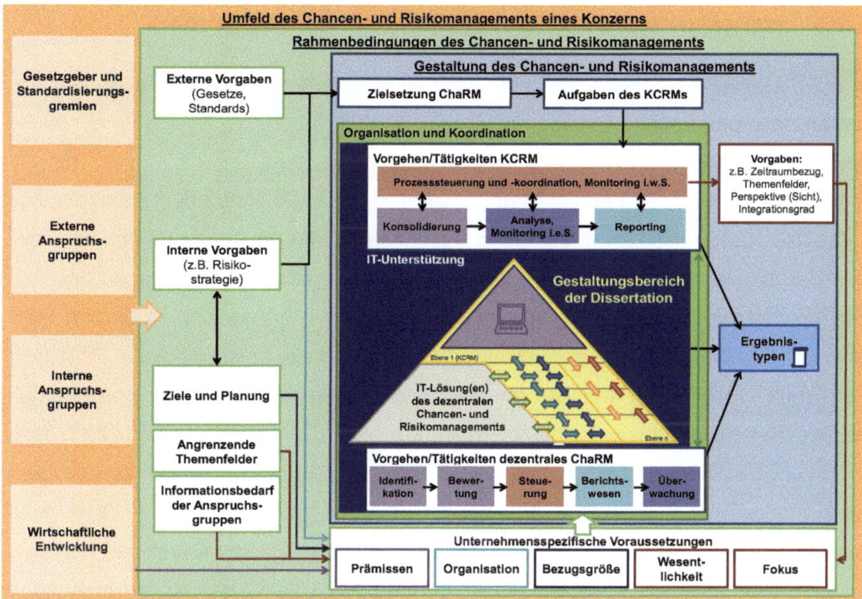

Abbildung 44: Konkretisierung Bezugsrahmen – Gestaltungsbereich[463]

Kapitel 5 und 6 adressieren die Forschungsteilfragen vier bis sechs, indem die Anforderungen an eine IT-Lösung im dynamischen Modell umfassend erläutert werden, der Informationsbedarf im statischen Modell und Anhang F detailliert aufbereitet wird und die schlussfolgernde Fragestellung zur IT-basierten Unterstützung über die Konkretisierung und Spezifikation der Ergebnistypen, die OOA sowie die Konzeption der Schwerpunktbereiche und Erarbeitung des Prototyps, inhaltlich beantwortet wird. Die zugehörige Evaluation und Diskussion der Lösung enthalten Kapitel 6.4 und 6.5. Die folgenden Inhalte gelten somit als Orientierungsrahmen für eine IT-Unterstützung des ChaRMs und dienen dabei als Referenz zur Instanziierung bestehender IT-Lösung der Konzerne, um aus Abweichungen ggü. der Konzeption Handlungsempfehlungen abzuleiten. Dies können Hinweise zur Erweiterung bestehender Strukturen in Konzernen oder zur Neuentwicklung einer IT-Lösung sein, indem das generische Modell für einen bestimmten Konzern individualisiert wird.

---

[463] Eigene Darstellung.

5.1 Statisches Modell – Klassendiagramm der IT-Lösung

In der Arbeit wird ein statisches Modell zur Abbildung der Inhalte der fachlichen Anforderungen und Fachkonzeption entwickelt. Die zu erfassenden Inhalte für die prototypische Umsetzung in Kapitel 6 sind darüber abgedeckt, jedoch müssen für die technische Umsetzung Klassen ergänzt werden, die nicht Inhalt des Fachkonzepts sind. Das Klassendiagramm stellt den gesamten KCRM-relevanten Informationsbedarf dar (siehe Abbildung 42), der auf Basis der theoretischen Grundlagen und beider empirischen Stufen für die Tätigkeiten des KCRMs erforderlich ist und im Rahmen des KCRM-Prozesses genutzt wird.[464] Um die neu zu konzipierenden Prinzipien der Arbeit anzuwenden, müssen die benötigten Inhalte in spezifischer Form modelliert werden. Es wird hier eine Möglichkeit aufgezeigt, die im Rahmen von Workshops im Case plausibilisiert wird. Das Modell besteht aus 49 Klassen, wobei die vier zentralen Klassen Chance_Risiko, Ursache, Wirkung und Maßnahme als inhaltstragend und die anderen als administrative Klassen, bspw. zur Strukturierung des Kontexts inhaltstragender Klassen, bezeichnet werden. Klassen, die für den zu konzipierenden Funktionsumfang notwendig sind, werden im Klassendiagramm farblich gemäß der Einleitung von Kapitel 5 dargestellt. Die Farbgebung referenziert auf die Funktionalität eines Schwerpunktbereichs für den sie im Verlauf der Arbeit primär benötigt wird. Zur besseren Lesbarkeit wird das Diagramm in drei Teile unterteilt, wobei Klassen ggf. mehrfach genannt werden, wenn sie Assoziationen zu Klassen in mehreren Teilen besitzen. Assoziationen und Attribute werden nicht wiederholt, sondern über „…“ im Attributfeld gekennzeichnet. Die Attribute können bei Bedarf erweitert werden. Als weitere Voraussetzung zum Verständnis der Erläuterungen gilt, dass pro Objekt einer Klasse die erfassende Person und ein Gültigkeitszeitraum hinterlegt werden. Da die Visualisierung dieser Sachverhalte die Abbildungen verkomplizieren würde, werden diese Inhalte nicht dargestellt. Die Assoziation zur Person wird nur eingezeichnet, wenn es aus Sicht der Klasse Person relevant ist, z.B. für die Klassen Rolle, Berechtigung und Organisationseinheit, für die die Person als Ansprechpartner oder Verantwortlicher hinterlegt ist. Zur Nachvollziehbarkeit von gültigen Ständen der Objekte soll eine Historie über Zeitstempel für Gültig-Von und -Bis aufgebaut werden.[465]

---

[464] In den analysierten Lösungen sind z.T. bereits Inhalte z.B. über Chancen, Risiken oder Maßnahmen ablegbar. Der Mehrwert entsteht hier über die Modellierung gemäß den erhobenen Bedarfen. Im Sinne eines Ordnungsrahmens können bestehende Lösungen mit dem Modell abgeglichen werden.

[465] Vgl. Hahne (2014), S. 129ff. Im Rahmen der technischen Implementierung ist eine den Anforde-

Linien- und Textfarben der Assoziationen dienen der Übersicht, ohne inhaltliche Bedeutung. Die Erläuterung aller Attribute enthält Anhang F. Abbildung 45 bildet den ersten Teil des Klassendiagramms (Referenz Farbgebung: Abbildung 42/43) ab.

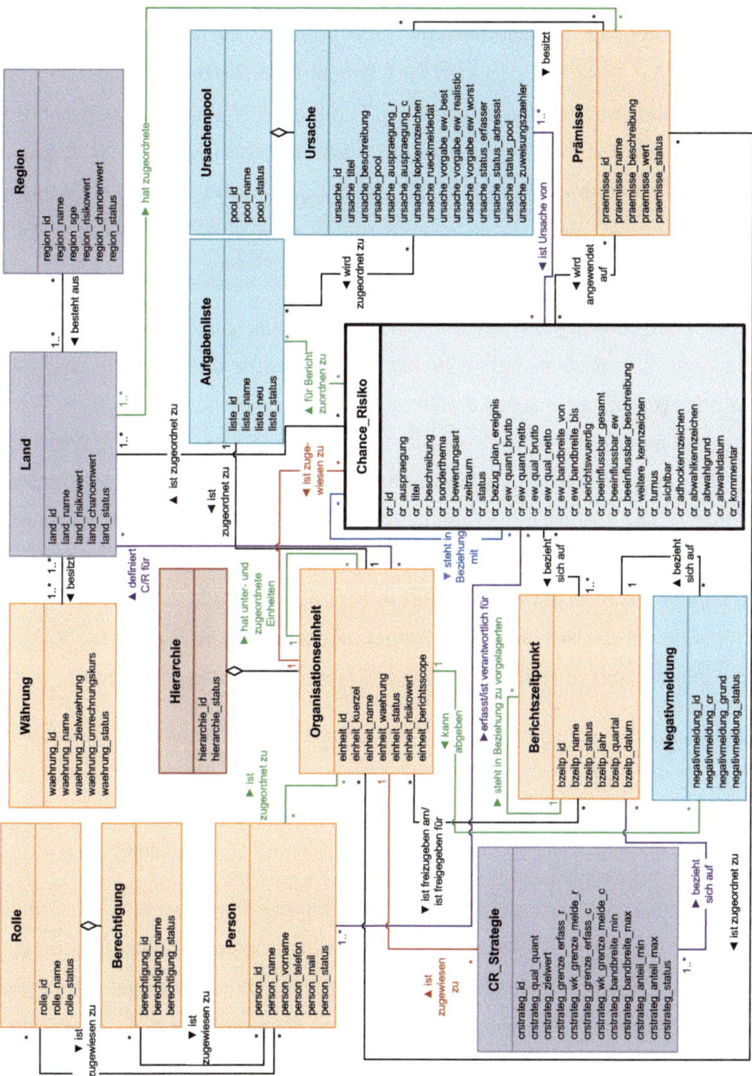

Abbildung 45: Klassendiagramm – Teil 1[466]

rungen adäquate Historisierung von Daten zu wählen.

466 Eigene Darstellung. Zur Steigerung der Übersichtlichkeit wird auf Funktionalitäten verzichtet. Enthalten ist das Zielbild der Verknüpfungen. Keine Einfärbung steht für die übergreifende Nutzung.

Der erste Teil zeigt, dass Chancen und Risiken im Rahmen des KCRM-Prozesses gleich zu behandeln sind und folglich über eine Klasse **Chance_Risiko**[467] abgedeckt werden. Die Unterscheidung zwischen Chance und Risiko erfolgt über das Attribut „cr_auspraegung".[468] Der aus Kapitel 4.3.3 ableitbare Bedarf einer qualitativen Bewertung von Chancen ist gegeben, gilt aber auch für die Risikoseite. Die für das KCRM relevanten Informationen sind für Chancen und Risiken ähnlich. Die Attribute für Chancen und Risiken werden jedoch z.T. getrennt erfasst oder bezogen auf ein Objekt die Auswahl zwischen Chance und Risiko gegeben (vgl. *SF-10*, Kapitel 2.3). Die Trennung zwischen Chancen und Risiken betrifft daher nicht die Bezeichnung der Attribute sondern darin zu erfassende Inhalte. Die Hinweise hierauf sind in den Erfassungsmasken zu kennzeichnen.

Es können auch reflexive Verweise auf andere Chancen oder Risiken hinterlegt werden. Chancen und Risiken haben immer eine **Ursache**. Erfolgt die Erfassung von Chance oder Risiko ohne zuvor die Ursache angelegt zu haben, muss im Workflow eine Ursache miterfasst werden (vgl. *SF-1*, Kapitel 2.1). Pro Chance und Risiko werden mindestens eine **Organisationseinheit** (OE) und eine verantwortliche **Person** zugeordnet. Einer Einheit oder Person können keine, eine oder mehrere Chancen und Risiken zugeordnet sein. Pro Einheit gibt es verantwortliche Personen. Einer Person können Objekte der Klassen **Berechtigung** und **Rolle** zugewiesen und dabei Berechtigungen zu Rollen gebündelt werden (Aggregation im Sinne der OOA). Einer Person können mehrere Rollen und Berechtigungen zugewiesen werden.

Pro Einheit und Bezugsgröße oder Bezugspunkt (für Reputation) (Abbildung 47) kann eine Chancen-Risiko-Strategie **CR_Strategie** mit Risikoappetit und bestmöglichem Wert als Bandbreite oder anteilig bezogen auf einen qualitativen oder quantitativen Zielwert definiert werden (vgl. *Ergebnisse E-4 und E-8*, Kapitel 4.3.1).

Chancen und Risiken sind mindestens mit einem **Land** und optional mit Prämissen verbunden. Zwischen Land sowie OE und **Prämisse** bestehen Beziehungen zur Abbildung der Gültigkeit. Prämissen sollen einheitliche Einschätzungen ermöglichen. Einheiten gehören zu Ländern, wobei Länder zu **Regionen** gebündelt werden können. Diese Sicht dient der Gruppierung von Ländern mit zugehörigen Chancen und Risiken je nach Strukturierung des Konzerns. Da regionale Aufteilungen ggf. pro

[467] Klassennamen werden im Text bei ihrer Erläuterung hervorgehoben.
[468] Attribute einer Klasse sind zur Zuordenbarkeit mit einem klassenspezifischen Präfix versehen.

SGE unterschiedlich sind, kann ein Land zu mehreren Regionen gehören. Länder sind mit der Klasse **Währung** verbunden, in der Währungskurse hinterlegt werden.

Im System soll für ein kontinuierliches ChaRM immer eine Erfassung möglich sein und pro **Berichtszeitpunkt** als Ende eines Berichtszeitraums, ein Stand gemäß Freigabeverfahren gespeichert werden. Wenn zu einem Zeitpunkt für eine Einheit keine Chancen und Risiken existieren, erfolgt eine **Negativmeldung**.

Zur konzernweiten Nutzung der IT-Lösung wird die Organisationsstruktur durch die Klasse **Hierarchie**[469] repräsentiert, die sich aus allen einbezogenen OEen des Konzerns zusammensetzt (Aggregation). Eine OE besitzt Beziehungen zu untergeordneten OEen. Veränderungen in der Hierarchie, die z.B. die Bezeichnung oder Position einer OE in der Hierarchie betreffen, werden über Gültigkeitsdaten und Identifikationsnummer (ID) der OE und Hierarchie abgespeichert. Jeder OE wird eine **Aufgabenliste** zugeordnet, die der OE zugewiesene Ursachen enthält. Die Aufgabenliste kann neben Ursachen auch der OE zugewiesene, zu bewertende Wirkungen oder zu spezifizierende Maßnahmen enthalten. Hierbei ist über „liste_neu“ ein Hinweis möglich, dass die Liste ungelesene Einträge besitzt. Objekte der Klasse Chance_Risiko können für Berichtszwecke zugewiesen werden. Ursachen können neben der Direktzuweisung auch in den für alle OEen zugänglichen **Ursachenpool** eingestellt werden. Der Pool setzt sich aus eingestellten Ursachen zusammen (Aggregation). Eine Sonderform einer Ursache entsteht, wenn das „ursache_topkennzeichen“ gesetzt wird, das die Bearbeitungspflicht bei steuerungsrelevanten Themen signalisiert. Top-Down-Ursachen werden von übergeordneten an untergeordnete OEen über die Aufgabenliste zugewiesen. Abbildung 46 enthält Teil zwei des Klassendiagramms.

Die Klassen Ursache, Chance_Risiko, Prämisse und Organisationseinheit werden aus Abbildung 45 übernommen. Eine Ursache kann bei Anlage in Bezug zu einer (Sub-)**Kategorie** gesetzt werden, für jede Chance und jedes Risiko kann eine Kategorie und Subkategorie definiert werden. Eine Kategorie kann mit einem **Indikator** zur Nutzung in einem Statusboard verbunden werden, der pro Einheit zu bewerten ist (Kapitel 5.3.3 und 6.3). Da Subkategorien die gleichen Attribute wie Kategorien besitzen und diesen untergeordnet sind, ist dies über eine reflexive Assoziation dargestellt. Die Kategorien zur Einteilung von Chancen und Risiken werden in einem **Kata-**

469 Je nach Konzern sind ggf. auch parallele Hierarchien oder eine Heterarchie zur Abbildung der Konzernstrukturen notwendig, vgl. für entsprechende Spezialfälle z.B. Hahne (2014), S. 37ff.

log verwaltet, der alle Kategorien enthält (Komposition). Da es Chancen und Risiken geben kann, die keiner Kategorie zugeordnet werden können, gibt es das Attribut „cr_sonderthema", das einen Hinweis auf einen zu prüfenden Sachverhalt beinhaltet.

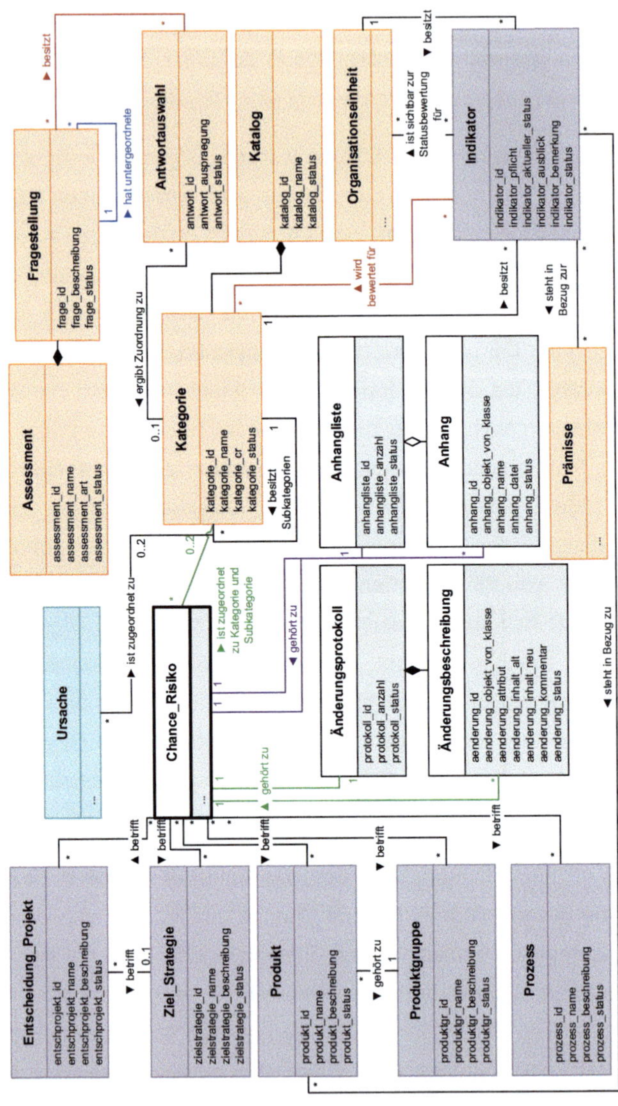

Abbildung 46: Klassendiagramm – Teil 2[470]

[470] Eigene Darstellung. Die Beschreibung der Statusattribute wird in Anhang F erläutert. Referenz Farbgebung: Abbildung 42/43.

Über ein **Assessment** können Hinweise auf die Kategorisierung einer Chance oder eines Risikos oder Ideen für neue Chancen und Risiken gegeben werden. Daher steht die Klasse **Fragestellung**, aus deren Objekten sich ein Assessment zusammensetzt (Komposition), mit der Klasse **Antwortauswahl** in Beziehung. Fragestellungen können geschachtelt werden (reflexive Assoziation). Je Antwortauswahl kann z.B. eine Beziehung zu einer Kategorie hinterlegt sein oder bei einem Bewertungsassessment die Ausprägung, von „niedrig" bis „hoch". Über das Attribut „assessment_art" werden Assessments nach Nutzung z.B. für Wirksamkeit unterschieden.

Als Analysedimensionen werden Chancen und Risiken bei Bedarf der Klasse **Entscheidung_Projekt** oder **Ziel_Strategie** zugeordnet, wobei die Klasse Entscheidung_Projekt der Abbildung von Projektrisiken oder einer entscheidungsbezogenen Analyse und die Klasse Ziel_Strategie der Visualisierung von strategischen Risiken dient. Ein Bezug zwischen zugehörigen Objekten ist abbildbar. Darüber hinaus kann eine Zuordnung einer Chance oder eines Risikos zu einem **Produkt** und/oder einer **Produktgruppe** erfolgen. Produkte gehören dabei zu Produktgruppen. Eine Zuweisung zu einem **Prozess** ist auch möglich. Pro Objekt Chance_Risiko müssen ein **Änderungsprotokoll** mit zugeordneten **Änderungsbeschreibung**en sowie eine **Anhangliste** und einzelne Objekte der Klasse **Anhang** anlegbar sein. Um den Verlauf abzubilden, werden Änderungen und Anhänge in Relation zur Klasse Chance_Risiko mit Hinweis auf Objektart und/oder Attribut protokolliert. Bewertungsänderungen werden nicht über Änderungsobjekte, sondern über die Gültigkeit von Bewertungsobjekten (siehe Abbildung 47) und damit deren Verlaufskette dokumentiert.

Zentrale Inhalte im dritten Teil des Klassendiagramms sind die Beziehung zwischen Chance_Risiko und Wirkungen, die Maßnahmendefinition und die Bewertung. Eine **Bewertung** kann generell für die Objekte Ursache, Chance_Risiko, Wirkung, Treiber, Aggregation und Aggregationskriterium abgegeben werden. Für eine entsprechende Bewertung besteht eine Beziehung zwischen dem zu bewertenden Objekt und einem oder mehreren Bewertungsobjekten, je nachdem wie viele bewertbare Attribute im zu bewertenden Objekt existieren. Einschätzungen zu bzw. Bewertungen von Objektattributen der Klassen Indikator, Prämisse, OE, Land oder Region werden direkt im jeweiligen Objekt hinterlegt, da die Bewertung nicht über Kontextfaktoren spezifiziert wird. Ein **Szenario** bündelt Bewertungen gemäß den EW-Angaben im Objekt Ursache. Für die Aggregation muss das führende Szenario (Attribut: „szenario_fuehrend") gekennzeichnet werden. Die Bewertungsattribute sind in einer eigenen Klasse gebündelt, um für jeden bewertbaren Aspekt anwendbar zu sein. Bei bewerteten Größen wird der Erwartungswert erfasst. Bewertungen können aktualisiert werden. Eine Verlaufssicht ist notwendig. Zudem beziehen sich Bewertungen auf den Ist-Zustand eines planungsunabhängigen Ereignisses oder auf einen geplanten Wert (Auswahl „bewertung_ist_plan“) und einen bestimmten in einem separaten Objekt pflegbaren, **Zeitraum** (referenziert über „bewertung_zeitraum“). Dies adressiert auch die Trennung zwischen Plan- oder Ereignisbezug. Zeiträume und Berichtszeitpunkte gehören zu **Berichtsketten** (Aggregation). Abbildung 47 visualisiert die Zusammenhänge.

Die Klasse **Wirkung** ist abstrakt, d.h. es werden von ihr keine Objekte gebildet. Mit einer Wirkung ist je nach „cr_auspraegung“ eine positive oder negative Folge (Chance/Risiko) verbunden. Es wird hier zur Erfüllung der Anforderungen zwischen drei möglichen Wirkungsarten unterschieden (Generalisierung), die die Attribute der abstrakten Klasse Wirkung erben.

Die Klasse **Finanzielle_Wirkung** umfasst bspw. eine qualitative oder quantitative Bewertung eines Ausmaßes in Relation zu einer finanziellen Bezugsgröße. Die Wirkung kann ggf. pro Produkt oder Produktgruppe aufgeteilt werden. Die Klasse **Reputations_Wirkung** bildet die Gefährdung der Reputation bezogen auf einen **Unternehmenswert** und eine **Anspruchsgruppe** ab. Ein Unternehmenswert kann sich aus mehreren Bezugspunkten zusammensetzen, die ebenso wie die Bezugsgrößen in der Klasse **Bezugsgröße_Bezugspunkt** gepflegt werden. Pro finanzieller Bezugsgröße und reputationsbezogenem Bezugspunkt kann zudem eine CR_Strategie hinterlegt werden. Die Klasse **Ziel_Strategie_Wirkung** steht mit der Klasse Ziel_Strategie in Beziehung und betrachtet die Zeit, zur Behandlung des Themas und das potentielle Wirkungsausmaß. Wirkungen oder Maßnahmen können von erfassenden Organisationseinheiten über die Aufgabenliste zur Nutzung von Partnerschaften weiteren Einheiten zugewiesen werden, ggf. unter Angabe eines Rückmeldedatums.

Wenn eine Chance oder ein Risiko nicht mehr eintreten kann, müssen Informationen zum Nicht-Eintritt hinterlegt werden („wirkung_eintritt“ oder „wirkung_anteileintritt“). Diese Informationen können als historische Daten ausgewertet werden und der Verbesserung von Chancen- und Risikobewertungen sowie zur Plausibilisierung dienen.

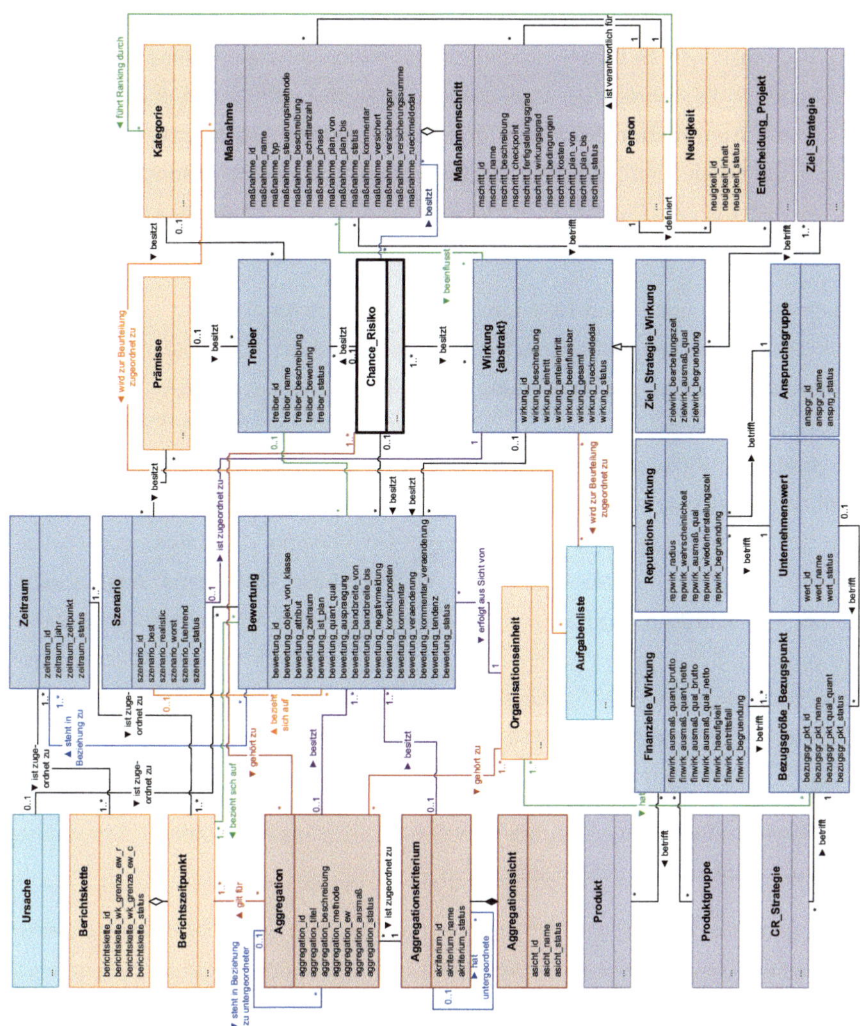

Abbildung 47: Klassendiagramm – Teil 3[471]

Um eine mehrstufige Bewertung über die Hierarchiestufen hinweg ermöglichen zu können, müssen Chancen und Risiken zu Objekten der Klasse **Aggregation** zusammengefasst werden. Jede Aggregation besitzt mindestens eine Bewertung. Eine Aggregation ist zudem mindestens für einen Berichtszeitpunkt gültig. Aggregationen

[471] Eigene Darstellung. Hier werden ebenfalls mehrere bereits vorgestellte Klassen aufgegriffen. Weitere Erläuterungen folgen im Rahmen der Konzeption. Referenz Farbgebung: Abbildung 42/43.

können mit untergeordneten Aggregationen in Beziehung stehen (reflexive Assoziation). Aggregationen beziehen sich immer auf mindestens eine Einheit, deren Ansprechpartner die Aggregation erzeugt hat. Die Aggregation gehört dabei zu einem bestimmten **Aggregationskriterium**. Aggregationskriterien werden zu einer **Aggregationssicht** gebündelt (Komposition). Denkbar ist z.B. eine Abbildung der Kategorien, wie sie auch als Beispiel im Prototyp verwendet wird. Alternativ kann z.B. eine Region-Land-Unterteilung definiert werden.

Zu jeder Chance und jedem Risiko sollte eine **Maßnahme** hinterlegt werden, wobei proaktive und reaktive Maßnahmen unterschieden werden („maßnahme_typ"). Insbesondere relevant für die Betrachtung der Maßnahme ist die Angabe in den Attributen „cr_beeinflussbar_gesamt", „cr_beeinflussbar_ew" der Klasse Chance_Risiko und im Attribut „wirkung_beeinflussbar" einer Wirkung. Wenn keine Beeinflussbarkeit gegeben ist, bedeutet dies, dass auch keine proaktive Maßnahme definiert werden kann. Maßnahmen können auch einer konkreten Wirkung zugeordnet werden und z.B. mit Projekten in Wechselwirkung stehen. Eine Maßnahme besteht aus **Maßnahmenschritten** (Aggregation). Pro Maßnahme und Maßnahmenschritt muss eine verantwortliche Person genannt werden, die auch für mehrere Maßnahmen verantwortlich sein kann. Über Statusattribute werden jeweils Aktivität, Sichtbarkeit oder Gültigkeit der Objekte gesteuert. Dies wird in Anhang F konkretisiert.

Treiber können einer Chance, einem Risiko, einer Kategorie oder einer Prämisse zugewiesen werden und deren oder dessen Entwicklung beeinflussen. Die Klasse **Neuigkeit** dient zudem dem Einstellen von Informationen.

Die dargestellten Klassen und Attributen adressieren den aus der Literaturrecherche erarbeiteten und in den beiden empirischen Stufen genannten Informationsbedarf. Es handelt sich aber nicht um eine normalisierte Darstellung.[472] Hierfür wären zusätzliche Klassen notwendig, wie z.B. „Chance_Risiko besitzt Wirkung", in der Chance_ Risiko- und Wirkungs-IDs kombiniert werden. Dieser Übertragungsschritt muss bei der Implementierung des Datenmodells erfolgen. Im Folgenden werden die Rollen und zugehörigen Anwendungsfälle zur Nutzung der vorgestellten Klassen definiert, die den Anforderungskatalog für die Lösung bilden. Dabei werden die Klassen Chance_Risiko, Ursache, Wirkung und Maßnahme speziell hervorgehoben, da deren

[472] Dies ist im Rahmen der objektorientierten Analyse und Fachkonzeption nicht notwendig. Für Modellierungsaspekte vgl. generell bspw. Hahne (2014).

Objekte den relevanten Inhalt des ChaRMs enthalten. Alle Klassen, deren Objektattribute per Bewertungsobjekt beurteilt werden können, erhalten einen separaten UC mit Bezeichnung „... bewerten“. Hierzu gehören die Klassen Ursache, Chance_Risiko, Wirkung, Treiber, Aggregation und Aggregationskriterium. Die Zuweisung der Objekte der Klassen Ursache, Wirkung und Maßnahme über die Aufgabenliste erfolgt über die UCs „... zuweisen“.[473] Neben den zentralen inhaltstragenden Klassen gibt es strukturgebende Klassen, wie z.B. OE, CR_Strategie, Rolle oder Person. Diese werden über einzelne UCs adressiert. Objekte, deren Fokus auf der Präzisierung anderer Objekte liegt, sind zur Analyse relevant. Objekte von Klassen wie z.B. Land, Region, Währung, Entscheidung_Projekt, Ziel_Strategie, Produkt, Produktgruppe, Prozess, Bezugsgröße_Bezugspunkt, Unternehmenswert und Anspruchsgruppe können dafür durch das KCRM über den UC „Administratives Objekt anlegen/verwalten“ gepflegt oder im Workflow z.B. bei Erfassung eines Objekts Chance_Risiko über den UC „Analyseobjekt anlegen/verwalten“ mitangelegt werden.

5.2 Dynamisches Modell – Anwendungsfälle und Anforderungen

Dieses Kapitel enthält die erarbeiteten funktionalen und nicht-funktionalen Anforderungen. Es wird der Gesamtumfang der Anforderungen beschrieben, die zur Nutzung der in Kapitel 5 beschriebenen Schwerpunktbereiche notwendig sind. Hierzu gehören Anforderungen zur Unterstützung des KCRMs und generelle Anforderungen, die notwendig sind, um benötigte Informationen zu erheben. Die für diese Arbeit ermittelten funktionalen Anforderungen werden integriert mit den Anwendungsfällen (UCs), die zu deren Erfüllung nötig sind, als dynamisches Modell im Rahmen der OOA beschrieben. Die UCs sind auf drei Abbildungen verteilt. Das erste UC-Diagramm enthält Basis-UCs für dezentrale Tätigkeiten. Diese UCs dienen als Grundlage für weitere Funktionalitäten und sind in bestehenden Lösungen z.T. bereits vorhanden. Die UCs im zweiten und dritten Diagramm unterstützen die Abdeckung der Schwerpunktbereiche, inkl. administrativen UCs. Neben funktionalen Anforderungen[474] werden UC-unabhängige, nicht-funktionale Anforderungen erläutert.

[473] Zudem können Chancen und Risiken anderen OEen für Berichtszwecke zugewiesen werden.

[474] Es wird kein Anforderungskatalog im engeren Sinne der Anforderungsbeschreibung erstellt, sondern die erläuterten Anforderungsunterteilungen in funktional und nicht-funktional sowie in Muss- und Kann-Anforderungen aus der Requirements Analysis im Rahmen der OOA genutzt.

Im Gegensatz zu Beschreibungen in den Kapiteln 2.2 und 2.4 sowie den empirischen Ergebnissen, erfolgt hier die Spezifikation der funktionalen und nicht-funktionalen Anforderungen in Mindestanforderungen zur Erfüllung des vorgesehenen Lösungsumfangs (Muss) und potentiellen Erweiterungen (Kann). Diese Einteilung wird unabhängig von Bedarfen einzelner Konzerne im Hinblick auf die Funktionsfähigkeit des gesamten Lösungskonstrukts gewählt. Die Anforderungen werden nummeriert und aufeinander aufbauendend erläutert. Die pro Schwerpunktbereich und zugehörigen Funktionalitäten bestehenden Bedarfe werden spezifiziert. Veränderungen von Attributinhalten und Objektstatus bezogen auf Inhalte des Klassendiagramms müssen möglich sein, ohne dass dies hier fokussiert wird. Um die UCs verwenden zu können, werden zuerst die Rollen der IT-Lösung erarbeitet. Die Rollen Risikomanager und -verantwortlicher sind in fast allen befragten Konzernen, mit ähnlichen Funktionen z.T. aber abweichend benannt, vorhanden und werden hier um Chancen ergänzt.

Die Rolle **Chancen-/Risikomanager** (violett)[475] ist die Rolle der Person, die in einer Einheit die dezentralen Aufgaben koordiniert, inkl. der Erfassung KCRM-relevanter Inhalte im System. Diese Person stellt sicher, dass zu bestimmten Abgabezeitpunkten die Chancen- und Risikosituation der Einheit korrekt in der IT-Lösung erfasst ist.

Die Rolle **Chancen-/Risikoverantwortlicher** (rot) wird z.B. Führungskräften von zum ChaRM verpflichteten OEen zugewiesen. Sie tragen die Verantwortung für die Chancen und Risiken ihrer Einheit und geben zugehörige Informationen für Berichtszwecke frei. Da die Entscheidungsunterstützung fokussiert wird, werden dieser Rolle auch die Rechte zur Ausführung von Auswertungen und Berichten gegeben.

Über den Standardumfang hinaus werden für die geforderten Funktionalitäten vier weitere Rollen definiert. Wenn die Rollen ein aufeinander aufbauendes Funktionsspektrum besitzen, werden sie über eine Generalisierung bzw. Vererbung modelliert. Der Funktionsumfang der Rollen wird z.T. mehrfach vererbt. Die folgenden Rollen sind zur Erfüllung einer geteilten Identifikation und Bewertung notwendig, da der Identifizierende ggf. nicht das Wissen zu einer adäquaten Bewertung besitzt, und umfassen Teile der Funktionen des Chancen-/Risikomanagers. Die Rolle **Identifizierer** (grün) bietet die Möglichkeit Chancen und Risiken zu melden oder neutral als Ursache zu erfassen. Die Rolle kann z.B. in angrenzenden Themenfeldern vergeben

[475] Die farblichen Hinweise dienen der Hervorhebung der Rollen, bzw. der Akteure pro UC-Diagramm sowie zugehöriger Verbindungen zu den pro Akteur ausführbaren UCs.

werden. Die Rolle **Bewerter** (blau) dient der Evaluierung der Wirkung und Bewertung von Chancen und Risiken sowie der Plausibilisierung von Ursachen aus Chancen- und Risikosicht und unterstützt damit die Bildung von Partnerschaften.

Die Rolle Chancen-/Risikomanager vereint zusätzlich zu spezifischen Funktionalitäten, die Identifizierer- und Bewerterrolle. Um den Anforderungen, die an das KCRM gestellt werden, gerecht zu werden, ist eine separate Rolle in der IT-Lösung notwendig, die den benötigten Funktionsumfang besitzt. Die Rolle **KCRM** (gelb) ist für die Mitarbeiter der KCRM-Einheit vorgesehen. Sie besitzt den größten Funktionsumfang und inkludiert die Berechtigungen der Rolle Chancen-/Risikomanager. Zusätzlich sind hierin Rechte für Konfigurationen vorgesehen, damit das KCRM flexibel und ohne Einbeziehung der IT arbeiten kann. Eine separate IT-Rolle wird nicht definiert. Bei Bedarf kann die Rolle KCRM jedoch in Fach- und IT-Seite unterteilt werden.

Die Rolle **Supervisor** (rosa) erweitert die Rolle Chancen-/Risikomanager um administrative Aufgaben, die übergreifend für Einheiten ausgeführt werden. Hiermit werden Teile der verwaltenden KCRM-Tätigkeiten an Einheiten im Konzern delegiert.

Die Farbgestaltung der Assoziationen der UC-Diagramme ist entsprechend der Rollen gewählt, die die UCs nutzen. UCs sind farblich passend zu den primär betroffenen Funktionalitäten der Schwerpunktbereiche (Abbildung 42 und 43) und soweit möglich zum Klassendiagramm markiert. Als zusätzliche Akteure sind ein „Formular der Intranetseite“, ein „Drucker“ und Systeme zum Datenimport und -export, z.B. „Office-Programme/PDF-Reader“ notwendig. Abbildung 48 stellt die Basis-UCs dar. Nach der Anforderungsbeschreibung folgt ggf. die Erweiterung/Spezifikation der Funktion zur Nutzung in dieser Arbeit. Die Muss-/Kann-Einteilung gilt übergreifend. Entspricht der UC-Name der **funktionalen Anforderung** wird er nicht wiederholt.

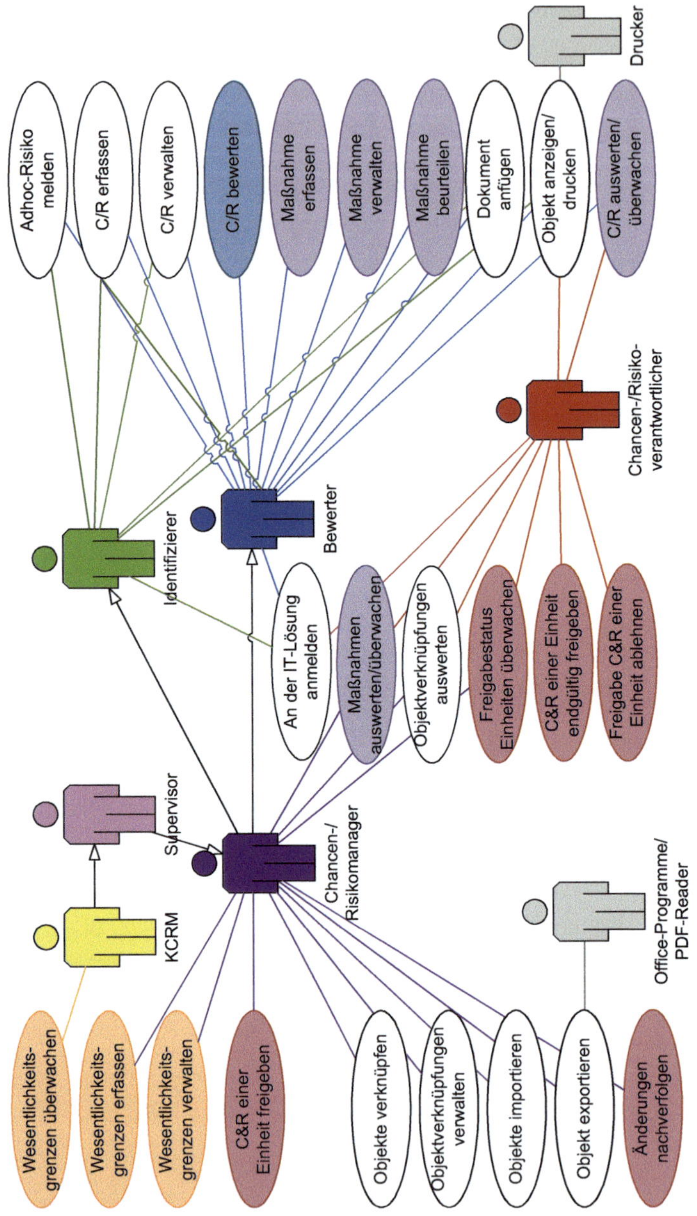

Abbildung 48: UC-Diagramm – Teil 1[476]

[476] Eigene Darstellung. Abkürzungen: Chance(n) und (&) Risiko bzw. Risiken (C&R), Chance(n) oder (/) Risiko bzw. Risiken (C/R). Der Bewerter kann den UC „C/R erfassen“ nutzen, um bei der Ursachenprüfung die Erfassung zu ermöglichen. Referenz Farbgebung: Abbildung 42/43.

1. An der IT-Lösung anmelden (Muss): Da es sich bei den Systeminhalten um vertrauliche Daten handelt, ist eine Anmeldung an der IT-Lösung notwendig.

2. Chance oder Risiko erfassen, verwalten und auswerten (Muss): Eine Chance oder ein Risiko muss erfasst und deren Inhalte bei Bedarf geändert werden können.

Erweiterung: Über diese Standardanforderung hinaus müssen hier je nach Kategorie, der eine Chance oder ein Risiko angehört, ggf. unterschiedliche Identifikationsumfänge als Pflichtangaben abgebildet werden. Beispiele hierfür sind Reputationsrisiken (siehe Kapitel 2.3 und 5.1) oder strategische Risiken. Die Erweiterbarkeit für Sonderfälle und die flexible Bearbeitung und Verwaltung des Identifikationsumfangs durch das KCRM sind notwendig (siehe Abbildung 50). Es werden zur standardisierten Auswertbarkeit Auswahl- statt Freitextfelder bevorzugt. Eine workflowgestützte Erfassung von Chancen und Risiken muss möglich sein. Die mehrstufige Workflow-Logik muss die Erfassung aller Informationen am Stück, über Zwischenstufen oder durch mehrere Beteiligte ermöglichen. Die UCs hierfür sind „C/R erfassen“ und „C/R verwalten“. Die Analyse erfolgt über den UC „C/R auswerten/überwachen“.

3. Chance oder Risiko bewerten (Muss): Für die Bewertung einer Chance oder eines Risikos (UC „C/R bewerten“) müssen qualitative und quantitative Bewertungsansätze genutzt werden können. Die Bewertungsaspekte können je nach Kategorie unterschieden werden. Neben den Dimensionen EW und Ausmaß sind ggf. Szenariobewertungen und Tendenzen anzugeben sowie Treiber zu bewerten. Zusätzlich müssen die Bruttoausprägung vor und Nettoausprägung nach einer Maßnahme hinterlegt werden. Es ist pro Bewertung ein Zeitraum festzulegen, um die Relevanz für definierte Berichtszeitpunkte und die zu bewertenden Jahresscheiben zu steuern.

Erweiterung: Es müssen mehrere Bewertungen zu einem Thema hinterlegt werden können, z.B. eine Bottom-Up-Bewertung für reguläre Berichtszeitpunkte und eine Top-Down-Bewertung für Zwischenstände oder mehrfache Bewertungen über die Hierarchie hinweg. Erfassung und Bewertung müssen dabei auch getrennt durchführbar sein. Der UC „C/R bewerten“ dient dabei zur Bewertung der EW. Die Bewertung der Wirkung erfolgt über den UC „Wirkung bewerten“ (siehe 16.).

4. Adhoc-Risiko melden (Muss): Bei Überschreiten von Meldeschwellen müssen Risiken losgelöst von Berichtszeitpunkten „adhoc“ gemeldet werden.

Erweiterung: Wenn im konzernweit ausgerollten IT-System im Rahmen des kontinuierlichen ChaRMs eine Einheit verpflichtet ist (abhängig von Schwellen) ein auftretendes Risiko zu melden, wird es über die Sichtbarkeit zunächst an die nächste Ebene in der Hierarchie weitergegeben. Neben der Sichtbarkeit für die direkt übergeordnete Einheit muss über eine Kennzeichnung als Adhoc-Risiko eine automatische Weitergabe an die komplette Hierarchie im System inkl. KCRM erfolgen, damit alle übergeordneten Ebenen, die das Risiko ggf. aufgrund seiner Höhe in Relation zur WK-Grenze berichten müssten, benachrichtigt werden. Die Anforderung ist auch im Kontext der Freigabeprozesse zu betrachten (siehe 14. + 27.).

5. Maßnahme erfassen und verwalten (Muss): Im System müssen Maßnahmen zu Chancen und Risiken erfasst werden. Die Informationen pro Maßnahme müssen verwaltet werden können. Es werden sowohl mehrere Arten von Risikomaßnahmen als auch proaktive Maßnahmen zur Mitigation und reaktive Maßnahmen zum zielgerichteten Handeln bei Risikoeintritt unterschieden. Hinzu kommt eine Unterteilung in Maßnahmenschritte mit Verantwortlichen bis zu fixierten Zeitpunkten und zu pflegenden Fortschritten als Basis eines Maßnahmen-Trackings. Gleiches gilt zur Erreichung einer Chance oder Steuerung chancenfördernder Handlungen unter bestimmten Voraussetzungen.

Erweiterung: Eine Maßnahme muss entweder als separates Objekt erfasst, verwaltet und anschließend einer oder mehreren Chancen und Risiken zugeordnet, oder direkt im Rahmen des Workflows zur Chancen- und Risikoerfassung mitgepflegt werden. Informationsbedarf und Informationserfassung sind identisch. Im ersten Fall muss bei Zuweisung ggf. ein Nettoausmaß im Objekt Wirkung hinterlegt werden, im zweiten Fall wird dies im Workflow erfasst. Die UCs „Maßnahme erfassen" und „Maßnahme verwalten" ermöglichen folgende Beziehungen: eine Chance oder ein Risiko besitzt eine Maßnahme (1:1), eine Chance oder ein Risiko besitzt mehrere Maßnahmen (1:M), mehrere Chancen oder Risiken besitzen eine Maßnahme (N:1) und mehrere Chancen oder Risiken besitzen mehrere Maßnahmen (N:M).

6. Maßnahme beurteilen (Muss): Maßnahmen müssen im System bewertbar sein.

Erweiterung: Entsprechend der Trennung von Chancen- und Risikoerfassung und -bewertung ist diese Logik für Erfassung und Beurteilung[477] von Maßnahmen umzusetzen, sodass die Bewertung z.B. separat durch eine zweite Person erfolgen kann.

7. Maßnahmen auswerten/überwachen (Muss): Zur Maßnahmenüberwachung muss eine Tracking-Möglichkeit gegeben sein, d.h. es muss in Relation zu bestimmten Zeit- oder Checkpunkten der Fortschritt über Kommentare abgefragt und per Status in Tracking-Ansichten ausgewertet werden können.

8. Dokument anfügen (Kann): Als Zusatzinformationen zu Objekten können Dokumente in Office-Programm-Formaten oder als PDF angehängt werden. Dies ist als Zusatz, nicht als Ersatz für die detaillierte Erfassung der Inhalte im System zu sehen.

9. Objekte anzeigen/drucken (Muss): Jedes Objekt muss mit seinen Attributen angezeigt werden können und physisch oder als PDF druckbar sein. Gleiches gilt für Auswertungen und Berichte (siehe Abbildung 50).

10. Objekte verknüpfen, Objektverknüpfungen verwalten und auswerten (Muss): Objekte müssen verknüpft werden können (Verknüpfungsregeln siehe Klassendiagramm Kapitel 5.1). Im Falle gleicher Ursache werden z.B. Chancen und Risiken einer Ursache zugewiesen. Die unterstützenden UCs sind „Objekte verknüpfen", „Objektverknüpfungen verwalten", worunter bei Bedarf auch die Auflösung einer Verknüpfung verstanden wird, und „Objektverknüpfungen auswerten".

11. Objekte importieren (Muss): Informationen, die in Office-Programmen erfasst werden, müssen in das System geladen und als Objekt angelegt werden.

12. Objekte exportieren (Muss): Jedes Objekt muss mit seinen Detaildaten in Office-Programme exportierbar sein. Für Maßnahmenzeitpunkte kann ggf. zusätzlich der Export in einen Kalender vorgesehen werden.

13. Wesentlichkeitsgrenzen nutzen (Muss): Jede Einheit im System muss z.B. über eine WK-Grenze bzgl. des finanziellen Ausmaßes von Chancen und Risiken verfügen. Für die Wesentlichkeit der EW ist ein konzernweit einheitlicher Wert in der Berichtskette notwendig. Die Meldeschwelle bezogen auf das Ausmaß definiert, ab

[477] Die begriffliche Trennung von Beurteilung und Bewertung erfolgt, da für Maßnahmen kein Bewertungsobjekt angelegt wird, sondern EW und Wirkung vor und nach Maßnahme beurteilt werden. Die Trennung brutto/netto wird nur für finanzielle Wirkungen als valide einschätzbar betrachtet.

wann Themen zwingend an höhere OEen zu berichten sind. Die Schwelle ist von der übergeordneten OE zu pflegen (Ausnahme Konzernschwelle durch KCRM). Für diese Funktionalitäten werden die UCs „Wesentlichkeitsgrenzen erfassen“, „Wesentlichkeitsgrenzen überwachen“, zum Monitoring der Angemessenheit aus KCRM-Sicht, und „Wesentlichkeitsgrenzen verwalten“, zur Änderung der Grenzen, benötigt.

Erweiterung: Neben der Meldeschwelle muss eine Erfassungsschwelle, ab der Chancen und Risiken im System enthalten sein müssen, von jeder Einheit selbst definiert werden können. Zusätzlich zu Risiken oberhalb der Meldeschwelle können auch Risiken, die unterhalb liegen, als berichtswürdig markiert und weiterberichtet werden. WK-Grenzen für Chancen können unabhängig von den Schwellwerten für Risiken sein und sind daher in eigenen Attributen zu definieren.

14. Chancen und Risiken freigeben (Muss): Alle Chancen und Risiken einer Einheit müssen nach Bearbeitung durch den Chancen-/Risikomanager zu einem Berichtszeitpunkt für die nächste Ebene freigegeben werden. Für das Vier-Augen-Prinzip können die vom Chancen-/Risikomanager freigegebenen Inhalte durch den Chancen-/Risikoverantwortlichen der Einheit für das Berichtswesen freigegeben oder die Freigabe abgelehnt werden. Hierzu dienen die UCs „C&R einer Einheit freigeben“, „C&R einer Einheit endgültig freigeben“, „Freigabe C&R einer Einheit ablehnen“ sowie „Freigabestatus Einheiten überwachen“, um zu prüfen welche Freigaben untergeordneter Einheiten noch ausstehen. Die Freigabelogik wird in Anforderung 27 spezifiziert.

15. Änderungen nachverfolgen (Muss): Änderungen müssen abrufbar sein und nachvollziehbar angezeigt werden können, z.B. um die Änderungen seit der letzten Bearbeitung zu sehen. Dies wird im Kontext der Aggregation genauer beschrieben.

Die vorangegangenen Beschreibungen dienen zur Erläuterung der UCs aus Abbildung 48, wobei z.T. mehrere UCs zu einer Anforderung zusammengefasst sind.

Abbildung 49 enthält die UCs zur Beschreibung der für die Schwerpunktbereiche benötigten sowie insbesondere für das KCRM relevanten Anforderungen.

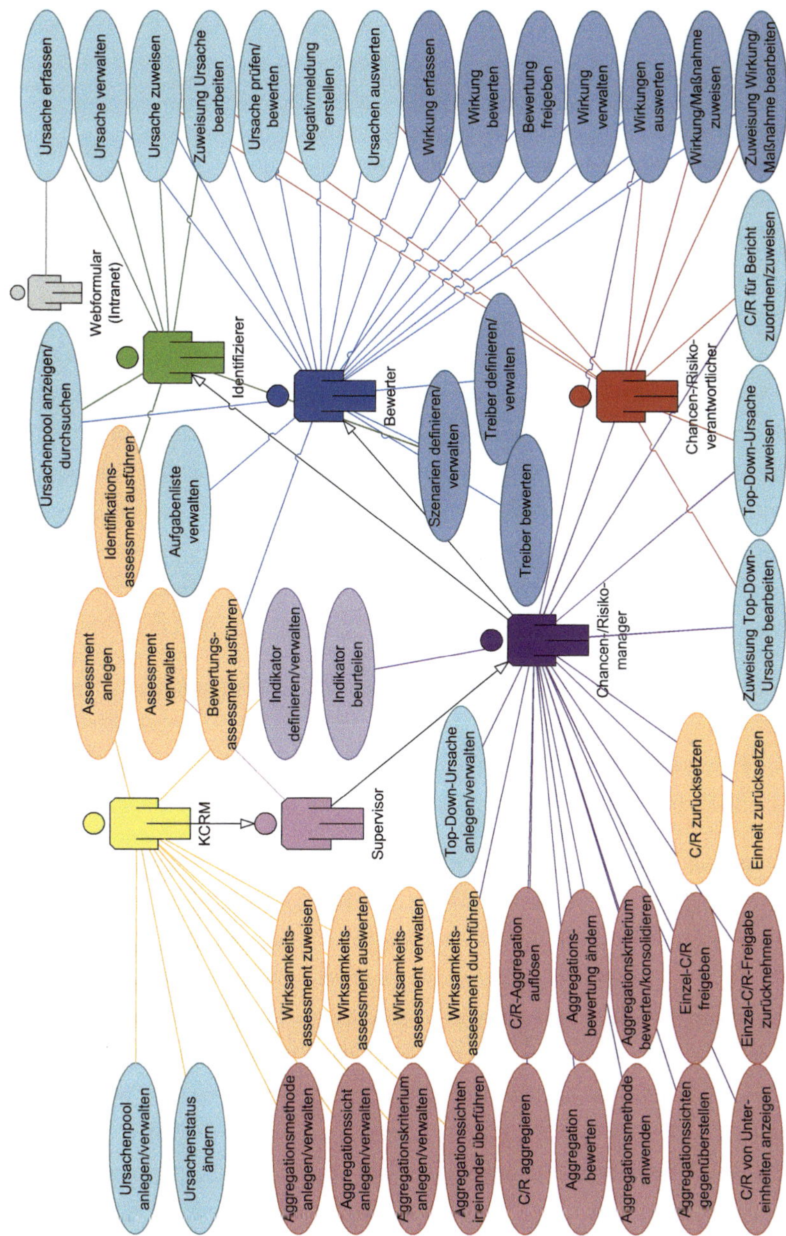

Abbildung 49: UC-Diagramm – Teil 2[478]

[478] Eigene Darstellung. Abkürzung: Chance(n) oder (/) Risiko bzw. Risiken (C/R). Referenz Farbgebung: Abbildung 42/43.

Die folgenden Anforderungen zeigen die Verwendung der UCs. Es wird nicht zwischen Basisumfang der Anforderung und Erweiterung unterschieden, da die Bereiche spezifisch passend zu den benötigten Funktionalitäten definiert werden.

16. Ursachen und Wirkungen erfassen und nutzen (Muss): Neben der Erfassung von Chancen und Risiken müssen im System Ursachen, ohne konkreten Bezug zu einer Chance oder einem Risiko, erfasst werden können. Bei Anlage einer Chance oder eines Risikos, müssen die Attribute für die Befüllung des Ursachenobjekts mit abgefragt werden, sodass die Sammlung der Ursachen vollständig ist. Zudem können ein oder mehrere Wirkungsobjekte zu einem Risiko oder einer Chance angelegt werden. Wenn eine Chance oder ein Risiko eingetreten ist oder aufgrund von Rahmenbedingungen nicht mehr eintreten kann, muss z.B. die eingetretene Wirkung, Erfolg oder Schaden, bewertet werden. Ein Bewertungsverlauf wird über veränderte Bewertungen oder die Anlage einer Wirkung möglich, die im Status als „eingetreten“ gekennzeichnet ist. Hierzu dienen die UCs „Ursache erfassen“, „Ursache verwalten“, „Wirkung erfassen“, „Wirkung verwalten“. Der UC „Wirkung bewerten“ ermöglicht es bei einer zugewiesenen Wirkung eine Bewertung durchzuführen (siehe Kapitel 5.1).

17. Ursachen und Wirkungen auswerten (Muss): Die Erfassung von Chancen und Risiken muss in Zusammenhang mit Ursache und Wirkung erfolgen. Über die UCs „Ursachen auswerten“ und „Wirkungen auswerten“ können Ursachen und Wirkungen analysiert werden, um sie für Identifikation, Bewertung und Rückschau zu nutzen.

18. Ursachen zuweisen und prüfen mit Ursachen-/Austauschpool (Muss): Für die Sammlung der Ursachen muss in der IT-Lösung eine Gesamtliste der Ursachen enthalten sein, auf die alle Einheiten zugreifen können. Diese Liste wird als Austausch- bzw. in diesem Kontext Ursachenpool bezeichnet. Darüber hinaus müssen Ursachen einzelnen Einheiten über eine spezifische Aufgabenliste zugewiesen werden können. Diese OEen besitzen die Möglichkeit zu entscheiden, ob es sich aus ihrer Sicht um eine Chance oder ein Risiko handelt. Zur Realisierung der Sachverhalte sind die UCs „Ursache zuweisen“, entweder einzelnen Einheiten und/oder zum Pool, „Zuweisung Ursache bearbeiten“ sowie „Ursache prüfen/bewerten“, zur Prüfung, ob ein Risiko oder eine Chance aus der Ursache heraus zu erfassen ist, notwendig. Beim UC „Ursache prüfen/bewerten“ gelten folgende Regeln:

- Direkt zugewiesene Ursachen **müssen** vor Einheitenfreigabe bearbeitet werden.
- Themen im allgemeinen Ursachenpool **können** aufgegriffen werden.

Bei der Prüfung einer Ursache auf Relevanz bestehen folgende Möglichkeiten:

- die Übernahme als Chance oder Risiko in den Erfassungsbereich der Einheit,
- die Verknüpfung mit bestehenden Chancen oder Risiken,
- die Zuweisung als Ursache im Sinne eines Hinweises an eine andere Einheit oder
- die Markierung als „nicht relevant" im Statusfeld mit Kommentierung.

Ursachen können z.B. durch Identifizierer erstellt werden. Als funktionale Trennung werden Ursachen von einem Bewerter überprüft und ggf. bewertet. Nicht direkt einer OE zugewiesene Ursachen im Pool, werden über administrative Funktionen verwaltet. Die Statusverwaltung ist in „Ursachenstatus ändern“ gebündelt. Zur Nutzung von Pool und Aufgabenliste dienen die UCs „Ursachenpool anlegen/verwalten“, „Ursachenpool anzeigen/durchsuchen“ und „Aufgabenliste verwalten“.

19. Top-Down-Ursachen nutzen für steuerungsrelevante Themen (Muss): Neben Ursachen, die im Rahmen der Erfassung erstellt oder als potentielle Themen eingestellt werden, können über das Prinzip der Ursachenzuweisung steuerungsrelevante Themen als sogenannte Top-Down-Ursachen bestimmten Einheiten verpflichtend zur Bearbeitung zugeordnet werden. Diese Zuweisung erfolgt z.B. durch das KCRM und kann im gleichen Hierarchiestrang abwärts weitergegeben werden. Die zuweisende Einheit muss über eine entsprechende mehrfache Informationsweitergabe benachrichtigt werden. Als Erfassungsalternativen sind folgende Möglichkeiten denkbar:

1) die Übernahme als Chance oder Risiko in den Erfassungsbereich der Einheit,
2) die Verknüpfung mit bestehenden Chancen oder Risiken,
3) die Zuweisung der Top-Down-Ursache im Hierarchiestrang (mit Hilfe des UC „Top-Down-Ursache zuweisen“), oder
4) die Erstellung einer Negativmeldung[479] (siehe 21.) mit Grund, wobei eine solche Meldung höhere Anforderungen hat, als die Markierung „nicht-relevant“.

Für diese Funktion werden weiterhin die UCs „Top-Down-Ursache anlegen/verwalten“ und „Zuweisung Top-Down-Ursache bearbeiten“ benötigt.

[479] Zur Abgabe der Negativmeldung ist ein Bewertungsobjekt nötig, daher „Ursache prüfen/bewerten“.

20. Objekte zuweisen (Muss): Die Identifikation bzw. Erfassung von Grunddaten sowie die Bewertung müssen in einem Workflow oder von verschiedenen Personen bzw. in verschiedenen Einheiten (N:M-Komplexität) durchführbar sein. Die geteilte Identifikation und Bewertung (Partnerschaften), müssen über die UCs „Ursache zuweisen“ sowie „Wirkung/Maßnahme zuweisen“[480] erfolgen und über „Zuweisung Ursache bearbeiten“ sowie „Zuweisung Wirkung/Maßnahme bearbeiten“ änderbar sein. Zugewiesene Wirkungen und Maßnahmen sind in Aufgabenlisten sichtbar.

21. Negativmeldung erstellen (Muss): Wenn zu einem Berichtszeitpunkt für eine Einheit keine Chancen oder Risiken vorliegen oder eine Top-Down-Ursache für die adressierte OE keine Relevanz hat, muss eine Negativmeldung abgegeben werden.

22. Szenarien, Indikatoren und Treiber definieren und nutzen (Muss): Im System müssen Szenarien im Ursachenobjekt definiert und abgefragt werden können (UC „Szenario definieren/verwalten“). Szenarien sind im Rahmen der UCs „C/R bewerten“ und „Wirkung bewerten“ relevant. Es können über „Treiber definieren/verwalten“ und „Treiber bewerten“ weitere Details hinterlegt werden. Für einzelne Kategorien des Katalogs (siehe 41.) müssen Indikatoren hinterlegt und ggf. Verantwortlichen zugewiesen werden (UC „Indikator definieren/verwalten“). Über den UC „Indikator beurteilen“ werden die Indikatoren eingeschätzt. Die Nutzung erfolgt über das Statusboard als Teil des Management Cockpits (siehe Kapitel 5.3.3 und siehe 48.).

23. Ursache außerhalb der IT-Lösung erfassen (Kann): Zusätzlich soll der UC „Ursache erfassen“ außerhalb des Systems über ein Formular auf einer Intranetseite ausführbar sein. Hierdurch kann jeder Mitarbeiter mit Intranet-Zugang Ursachen in den Pool einstellen. Diese Funktion steht in Verbindung mit Importfunktionalitäten.

24. Assessment anlegen, verwalten und ausführen (Muss): Über die Möglichkeit im System ein Assessment anzulegen, kann das Verständnis des KCRMs zu bestimmten Chancen- und Risikothemen über Fragestellungen im Gesamtkonzern kommuniziert werden. Über die UCs „Assessment anlegen“ und „Assessment verwalten“ werden entweder Kategorien des Chancen- und Risikokatalogs (siehe Anforderung 41) Fragestellungen zugeordnet (Identifikation) oder Bewertungshinweise mit Bewertungen gekoppelt. Die UCs „Identifikationsassessment ausführen“ und „Bewertungsassessment ausführen“ dienen dem Aufruf und der Durchführung. Das Assess-

[480] Bei der Maßnahmenbewertung werden die Wirkung oder EW bei Chance_Risiko angepasst.

ment kann durchlaufen werden, um durch eine mehrstufige Fragenlogik zu einer Kategorie oder Bewertung geführt zu werden und daraus Ursachen, Chancen oder Risiken erfassen und einheitlich bewerten zu können. Die Fragenlogik kann dabei z.B. auf der Ursachen- und/oder Wirkungssicht aufsetzen.

Es ergeben sich zusammenfassend folgende Einstiegspunkte zur Chancen und Risiko-Erfassung (gemäß Reihenfolge s.o.): Direkterfassung von Chancen oder Risiken, Erfassung als Ursache und Markierung mit passender Ausprägung, Erfassung aus Ursache, die einer Einheit zugewiesen ist oder die im Ursachenpool besteht, Erfassung aus Top-Down-Ursache, Upload von in Office-Programm-Formaten gemeldeten Themen und Erfassung aus Identifikationsassessment heraus oder über das Intranet.

25. Wirksamkeitsassessments nutzen (Muss): Die Überprüfung der Wirksamkeit (Kapitel 2.2) pro Einheit, auf aggregierter Ebene und für den Gesamtkonzern, muss über die Hinterlegung, Zuweisung, Durchführung und Auswertbarkeit von Assessmentfragebögen unterstützt werden. Die Anlage muss über den UC „Assessment anlegen" erfolgen. Vier weitere UCs werden genutzt: „Wirksamkeitsassessment verwalten", „Wirksamkeitsassessment zuweisen", „Wirksamkeitsassessment durchführen" und „Wirksamkeitsassessment auswerten". Aufgrund der reinen Nutzbarkeit durch das KCRM sind Verwaltung und Auswertung separat zu betrachten.

26. Chancen oder Risiken für Berichtszwecke zuordnen/zuweisen (Kann): Für das Berichtswesen ist es notwendig, dass Chancen und Risiken sowohl entlang der jeweiligen Hierarchie weitergegeben als auch „quer" zur Hierarchie zusätzlich anderen Einheiten zugewiesen werden können, z.B. im Rahmen der Prüfung der Bewertung. Dies wird über den UC „C/R für Bericht zuordnen/zuweisen" ermöglicht.

27. Chancen und Risiken freigeben mittels Vier-Augen-Prinzip (Muss): Für den Freigabeprozess, der die Partnerschaften und die Hierarchie einbezieht, sind weitere UCs mit Freigabefunktionalitäten unterschiedlicher Tragweite notwendig.

Freigabe 1: Eine Chance/ein Risiko wird für die OE darüber sichtbar gemacht.

Freigabe 2: Eine Bewertung wird durch OE freigegeben (UC „Bewertung freigeben").

Freigabe 3: Alle Chancen und Risiken der OE werden zum Berichtszeitpunkt im Vier-Augen-Prinzip (Chancen-/Risikomanager und -verantwortlicher) freigegeben.

Zunächst pflegt jede Organisationseinheit im System die einheitenspezifischen Chancen und Risiken und ermöglicht über ein Kennzeichen die Freigabe einer einzelnen Chance oder eines Risikos zur Ansicht auf der nächsten Ebene (Freigabe 1). Bei einer Bewertungspartnerschaft kann die bewertende OE die Freigabe ihrer Bewertung zur Sichtbarmachung der Angaben ebenfalls steuern (Freigabe 2). Anschließend muss der Chancen-/Risikomanager einer OE die Bearbeitung seiner Chancen und Risiken über eine Freigabefunktion abschließen (Freigabe 3a, siehe 14.). Diese Freigabe wird gemäß Vier-Augen-Prinzip durch den Chance-/Risikoverantwortlichen der Einheit ebenfalls durchgeführt, um die Freigabe für das Berichtswesen zu bestätigen und abzuschließen (Freigabe 3b, vgl. 14.). Bis auf Freigaben 3a und 3b können alle Freigaben zurückgenommen werden. Die Ablehnung der Freigabe 3b nimmt auch die Freigabe 3a zurück, sodass eine Bearbeitung durch den Chancen-/Risikomanager wieder möglich ist. Die Freigabe durch den Risikoverantwortlichen ist endgültig, da sie den Erfassungszeitraum der OE für den Berichtszeitpunkt schließt und bezogen auf den nächsten -zeitpunkt öffnet. Aufgrund der kontinuierlichen Unterstützung (siehe 50.) besteht eine sukzessive Freigabelogik für Berichtszwecke. Rückwirkende Änderungen sind nicht möglich und können nur bezogen auf den nächsten Zeitpunkt gepflegt werden. Falls noch eine OE im Berichtsstrang die Erfassung für den betroffenen Berichtszeitpunkt in der kaskadierenden Prozesslogik durchführen kann und soll, wird diese informiert, indem die Information per Adhoc-Risiko an die Hierarchie nach oben weitergegeben wird (siehe 4.). Die nächste noch nicht freigegebene OE muss das Risiko in das Berichtswesen aufnehmen. Neu sind die UCs „Einzel-C/R freigeben" „Einzel-C/R-Freigabe zurücknehmen".

28. Chancen, Risiken oder Einheiten zurücksetzen (Kann): Nicht freigegebene Chancen/Risiken oder eine OE können durch passende UCs unter Protokollierung der Änderung auf den letzten freigegebenen Berichtszeitpunkt zurückgesetzt werden.

29. Aggregationen und Aggregationssichten nutzen (Muss): In jeder Einheit, die eine oder mehrere Untereinheiten besitzt, müssen Chancen und Risiken thematisch zusammengefasst werden können. Diese Zusammenfassung wird als Aggregation bezeichnet. Als Basislogik muss automatisiert die Zuordnung nach Kategorie erfolgen. Weitere Aggregationen z.B. nach Produkt oder Region müssen über Aggregationssichten und -kriterien pflegbar sein. Für die Aggregation müssen Bewertungen über mehrere Hierarchiestufen parallel betrachtet werden, z.B. Einzelrisikobewertung der untergeordneten Einheiten und Aggregationsbewertung, um eine Überführbarkeit ineinander nachzuvollziehen. Als Alternative müssen Aggregationen verschiedener Berichtszeitpunkte gegenübergestellt werden können. Eine durchgeführte Aggregation muss gespeichert und bei Bedarf aufgelöst werden können. Zu dieser Anforderung gehören aggregationsbezogene UCs: „C/R aggregieren“, „C/R-Aggregation auflösen“, „Aggregationssichten gegenüberstellen“, „C/R von Untereinheiten anzeigen“. Verwaltende UCs sind „Aggregationssicht anlegen/verwalten“, „Aggregationskriterium anlegen/verwalten“ und „Aggregationssichten ineinander überführen“. Implementierungsaspekte sind die Nachvollziehbarkeit und Kommentierung. Der UC „Aggregationskriterium bewerten/konsolidieren“ dient der Korrektur auf Kategorienebene.

30. Aggregationen bewerten und Aggregationsmethoden nutzen (Muss): Aggregationen müssen nach mehreren Aggregationsprinzipien bewertet werden können (siehe Kapitel 6.2). Mathematische Modelle können ggf. notwendig sein, werden aber hier nicht detailliert betrachtet (gemäß Kapitel 2.3). Zu dieser Anforderung gehören die UCs „Aggregation bewerten“, „Aggregationsbewertung ändern“, „Aggregationsmethode anlegen/verwalten“ und „Aggregationsmethode anwenden“.

Abbildung 50 enthält administrative und analysebezogene UCs.

31. Chancen-Risiko-Strategie anlegen und verwalten (Muss): Die Strategie muss durch das KCRM in Absprache mit dem jeweiligen Management für bestimmte Einheiten hinterlegt werden. Alternativ kann die Anlage durch den Chancen-/Risikoverantwortlichen der Einheit erfolgen. Auswertungen können dann in Relation zur hinterlegten Strategie erfolgen (UC „CR_Strategie anlegen/verwalten“).

32. Hierarchie und Einheiten anlegen und verwalten (Muss): Die Organisationshierarchie und die Einheiten werden durch das KCRM im System angelegt, gepflegt und verknüpft. Wichtig ist, dass Informationen über Einheiten bei Änderungen der Bezeichnung oder Zugehörigkeit an neue Einheiten vererbt sowie frühere Hierarchiestrukturen aufgerufen werden können. Hierzu dienen die UCs „Hierarchie anlegen/verwalten“, „Einheit anlegen/verwalten“ sowie „Einheiteninformationen vererben“, „Einheit in Hierarchie eingliedern“ und „Einheiten verknüpfen/Verknüpfungen verwalten“. Die Funktionalitäten der letzten drei UCs werden in Kapitel 5.3.2 vertieft.

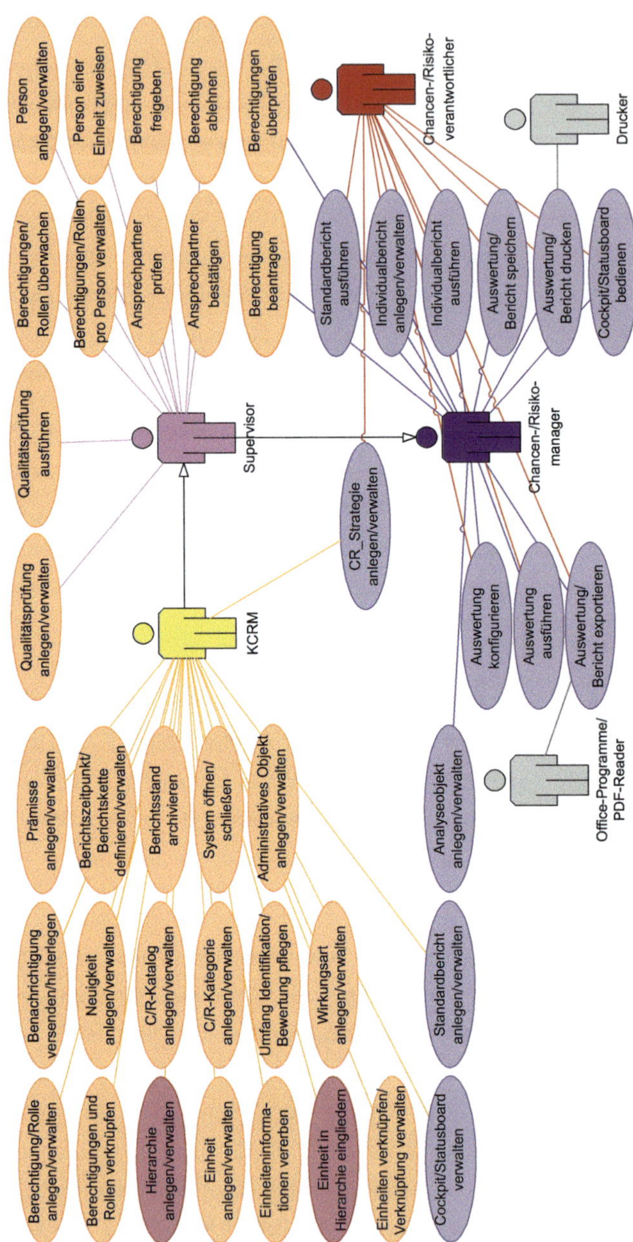

Abbildung 50: UC-Diagramm – Teil 3[481]

---

[481] Eigene Darstellung. Abkürzungen: Chance(n) oder (/) Risiko bzw. Risiken (C/R). Aus Platzgründen sind die administrativen UCs stärker gebündelt. Referenz Farbgebung: Abbildung 42/43.

33. Rollenkonzept pflegen (Muss): Zur Abbildung der Funktionalitäten müssen die beschriebenen Rollen implementiert werden. Das KCRM kann hierfür Rollen und Einzelberechtigungen anlegen, verbinden und pflegen. Für bestimmte Bereiche muss ein Gast-Zugriff mit speziellen Leserechten möglich sein. Hierfür wird keine Rolle angelegt. Die User erhalten einzelfallbezogen Berechtigungen. Zudem müssen Berechtigungen über Verwaltungsfunktionen wieder entzogen werden können. Dafür werden die UCs „Berechtigung/Rolle anlegen/verwalten" und „Berechtigungen und Rollen verknüpfen" genutzt. Die Anforderung steht in Bezug zu Anforderung 34.

34. Person/Berechtigungen verwalten und überwachen (Muss): Die Anlage von Personen, deren Zuweisung zu einer OE und die Vergabe von Rollen und Berechtigungsstrukturen müssen möglich sein. Wenn ein Nachfolger für eine bestehende Person zu pflegen ist, muss das Rollenprofil übertragbar sein. Die UCs „Person anlegen/verwalten", „Person einer Einheit zuweisen", „Berechtigung beantragen", „Berechtigung freigeben" und „Berechtigung ablehnen" dienen dem operativen Berechtigungsmanagement. Über „Berechtigungen/Rollen überwachen" und „Berechtigungen/Rollen pro Person verwalten" kann die Korrektheit vergebener Rollen sichergestellt werden. „Berechtigungen überprüfen" wertet aus Sicht eines Chancen-/Risikomanagers die Berechtigungen auf dessen OE aus. Zudem müssen bestehende Ansprechpartner auf Vollständigkeit geprüft und bestätigt werden, um sicherzustellen, dass die Rollen Chancen-/Risikomanager und -verantwortlicher mit Stellvertreter pro OE vergeben sind (UCs „Ansprechpartner prüfen", „Ansprechpartner bestätigen").

35. Administrative Objekte/Analyseobjekte anlegen und verwalten (Muss): Die Objekte der in Kapitel 5.1 definierten Klassen müssen im System erfassbar sein. Zu den administrativen Objekten und Analyseobjekten zählen diejenigen Objekte, die nicht bei der Instanziierung der inhaltstragenden Klassen Chance_Risiko, Ursache, Wirkung und Maßnahme entstehen. Es dienen hierzu die UCs „Administratives Objekt anlegen/verwalten", z.B. Zeitraum, und „Analyseobjekt anlegen/verwalten", z.B. Produkt. Die Trennung erfolgt aufgrund abweichender Zuständigkeit. Alle zugehörigen Attribute müssen bearbeit- und speicherbar sein. Die Objekte müssen über ein Statusattribut verfügen, über das sie z.B. aktiviert und archiviert werden können, und über administrative Sichten konfigurierbar sein. Für inhaltstragende Klassen gibt es jeweils separate UCs. Alle Objekte müssen eindeutig identifizierbar sein.

36. Wirkungsarten anlegen/verwalten (Muss): Bei Bedarf kann das KCRM weitere Wirkungsarten als Klassen anlegen (UC „Wirkungsart anlegen/verwalten").

37. Prämissen einstellen (Muss): Über die Hinterlegung von Vorgaben, z.B. ursachenbezogene Szenarien oder Prämissen, bspw. anzuwendende Wechselkurse, kann durch das KCRM oder übergeordnete Einheiten die Chancen-/Risikoerfassung von dezentralen Einheiten strukturiert werden (UC „Prämisse anlegen/verwalten").

38. Berichtszeitpunkt/-kette definieren (Muss): Die Pflege von Berichtszeitpunkten und zugehörigen Berichtsketten dient der Definition verpflichtender Freigabezeitpunkte pro Einheit (UC „Berichtszeitpunkt/Berichtskette definieren/verwalten").

39. Berichtsstand archivieren (Muss): Zum Ende einer Erfassungsphase und damit zum Berichtszeitpunkt muss der freigegebene Stand pro OE archiviert werden.

40. System öffnen und schließen (Muss): Zur Ermöglichung von Veränderungen an der IT-Lösung muss das System geschlossen und geöffnet werden können. Wichtig ist, dass für die Rückschau die Systemversionen und zu den jeweiligen Zeitpunkten gültigen Anforderungen beachtet werden (UC „System öffnen/schließen").

41. Chancen- und Risikokatalog pflegen (Muss): Für die Chancen- und Risikomeldungen wird eine mehrstufige Kategorienordnung in Form eines Katalogs definiert. Pro Chance und Risiko müssen wenn möglich eine Kategorie und Subkategorie ausgewählt werden. Wenn eine Chance oder ein Risiko auftritt und aus Sicht der erfassenden Person die Kategorienlogik keine passende Einordnung zulässt, wird zusätzlich ein Workflow zur Beantragung einer neuen (Sub-)Kategorie benötigt. Das KCRM muss Erweiterungen genehmigen sowie Katalog und Kategorien pflegen können (UCs „C/R-Katalog anlegen/verwalten" und „C/R-Kategorie anlegen/verwalten").

42. Qualitätsprüfungen anlegen, verwalten und nutzen (Kann): Über zu hinterlegende Qualitätsprüfungen kann das KCRM, den Datenbestand auf Auffälligkeiten durchsuchen. Zudem müssen bestimmte Qualitätsabfragen schon bei der Erfassung durchgeführt werden, um die formale Korrektheit der Eingaben sicherzustellen (UCs „Qualitätsprüfung anlegen/verwalten" und „Qualitätsprüfung ausführen").

43. Umfang Identifikation/Bewertung pflegen (Muss): Das KCRM muss bspw. pro Kategorie und dort erfassten Chancen und Risiken unterschiedliche Identifikations- und/oder Bewertungsumfänge vorgeben können.

44. Einheiten informieren (Muss): Zur Informationsbereitstellung an Einheiten dienen eine Mailfunktion an alle oder einen bestimmten Kreis der Einheiten (UC „Benachrichtigung versenden/hinterlegen"), die Sichtbarmachung von Änderungen seit letzter Bearbeitung, z.B. bei Aggregation, sowie Pop-Up- oder Newsmeldung bei Anmeldung im System, wenn Aufgaben, wie z.B. zu bearbeitende Top-Down-Themen, vorhanden oder Freigaben fällig sind. Die Rubrik Neuigkeiten, über die das KCRM Informationen bereitstellen kann (UC „Neuigkeit anlegen/verwalten") und die Möglichkeit mittels Hilfetexten Eingabefelder zu erläutern, kommen hinzu. Diese Informationsfunktionen müssen durch das KCRM konfigurier- und befüllbar sein.

45. Auswertungen nutzen (Muss): Alle Informationen zu Objekten müssen nach Attributen und Assoziationen im Datenbestand auswertbar sein, bspw. über die Möglichkeit der Volltextsuche, die Filterung über eine oder mehrere Ausprägungen eines Attributs, die Auswertung von Beziehungen zwischen Objekten oder die zeitliche Verlaufssicht der Bewertungen von Chancen oder Risiken. Die Auswertungen müssen nach mehreren Sichten, z.B. Kategorie und Einheit, und als Vergleich über mehrere Datenstände oder Berichtszeitpunkte möglich sein. Auswertungen müssen durch berechtigte User ausführbar, speicherbar und aufrufbar sein (UCs: „Auswertung konfigurieren", „Auswertung ausführen" und „Auswertung/Bericht exportieren", „Auswertung/Bericht speichern" sowie „Auswertung/Bericht drucken").

46. Individualberichte erzeugen und verwenden (Muss): Individuelle Berichte können aus Auswertungen erzeugt werden, indem Inhalte übernommen, nach Bedarf formatiert, um Berechnungen, z.B. Differenzspalten, ergänzt und grafisch aufbereitet werden. Diese Berichte müssen erstellt und gespeichert werden können, sodass sie beim nächsten Aufruf nach gleicher Logik mit aktuellen Daten befüllt werden (UCs „Individualbericht anlegen/verwalten" und „Individualbericht ausführen" sowie die Berichtsfunktionalitäten zum Speichern, Exportieren und Drucken).

47. Standardberichte erzeugen und verwenden (Muss): Standardberichte werden vom KCRM angelegt (UC „Standardbericht anlegen/verwalten") und müssen in allen oder bestimmten Einheiten ausführbar sein (UC „Standardbericht ausführen"). Individuelle Berichte sind vom KCRM in Standardberichte überführbar.

48. Management Cockpit/Statusboard verwalten und verwenden (Muss): Darstellungen des Cockpits werden vom KCRM verwaltet. Hierin müssen Ist-Situation,

Entwicklung und Statusmeldungen über Ampel- und mit Alarmfunktionen visualisiert werden, oder z.B. Indikatoren, Treiber und Maßnahmen überwacht werden können (UC „Cockpit/Statusboard verwalten"). Im Kontext von Reputation wird eine eigene Berichtsansicht und Logik gefordert, die aber unter diesem UC mit zusammengefasst werden. Alle Inhalte eines Management Cockpits müssen gemäß angeforderter Informationen erzeugt werden und abrufbar sein (UC „Cockpit/Statusboard bedienen").

49. Datenimport und -export ermöglichen (Muss): Es müssen Inputschnittstellen bestehen, um Informationen von nicht im System erfassenden OEen importieren zu können. Ein Datenexport muss auch möglich sein. Zudem müssen der bestehende Chancen- und Risikodatenbestand aus einem Altsystem und ggf. Informationen über die Organisationsstruktur aus anderen Quellen importiert werden können.

Neben den funktionalen Anforderungen an die IT-Lösung gibt es **nicht-funktionale Anforderungen**,[482] die die Eigenschaften des Systems beschreiben:

50. Nutzbarkeit der IT-Lösung für kontinuierliches ChaRM (Muss): Das System dient der kontinuierlichen Unterstützung des KCRMs, d.h. KCRM-Tätigkeiten, Prozessschritte des KCRM-Prozesses, sowie des dezentralen ChaRMs. Zugehörige Workflows müssen jederzeit ausführbar und unterstützt sein. Damit verbunden sind die Notwendigkeit der Informationsfortschreibung, mit Gültigkeitsbeschränkungen der Informationen (siehe 53.) und die fortlaufende Kommentierung bei Änderungen. Die lückenlose Protokollierung inkl. ändernder Person muss im System einsehbar sein. Während ein Objekt bearbeitet wird, ist es für die Nutzung durch andere gesperrt.

51. Abbildbarkeit der Gegebenheit des Unternehmens (Muss): Bei der Abbildbarkeit sind die Komplexität der Organisation, alle Prozessschritte, Erfassungszyklen und -umfänge, qualitative und quantitative Bewertung sowie unterschiedliche Berichtsmöglichkeiten und die Abdeckung von Chancen und Risiken zu beachten.

52. Multidimensionales Datenmodell und Historisierung (Muss): Das Datenmodell muss die Umfänge der Anforderungen abdecken können. Zur Gewährleistung der Auswertbarkeit ist das Datenmodell multidimensional zu modellieren. Die Daten müssen historisiert werden, damit jede Änderung im Datenbestand nachvollzogen

[482] Hinweis: Balzert (2011), S. 110f. referenziert auf nicht-funktionale Anforderungen, die in der empirischen Erhebung nur z.T. genannt werden. Diese Inhalte und weitere nicht-funktionalen Anforderungen aus Kapitel 2.4 sind für eine Implementierung bei Bedarf ebenfalls einzubeziehen.

werden kann. Für die Daten bestehen zusätzlich gesetzliche Aufbewahrungspflichten zur revisionssicheren Archivierung der Inhalte.

53. Nachvollziehbarkeit, Aktualität und Konsistenz Daten (Muss): Die Entstehung und Veränderung gespeicherter Daten müssen stets nachvollziehbar und die Daten im System aktuell und in sich konsistent sein.

54. Flexibilität und Erweiterbarkeit (Muss): Die Lösung muss bzgl. Kriterien, weiteren Inhalten, Themeninput-Schnittstellen, Abfragen, der Organisation und der Berechtigungslogik flexibel modifizierbar und erweiterbar sein.

55. Pflegbarkeit (Muss): Die Inhalte des Systems müssen je nach Berechtigungen durch das KCRM oder weitere Mitarbeiter pflegbar sein.

56. Modulare Systemarchitektur (Muss): Die IT-Lösung muss mehrere Einstiegspunkte und Module für Prozessschritte des dezentralen ChaRMs, Tätigkeiten des KCRMs und unterschiedliche Kategorien bereitstellen, z.B. für Reputationsrisiken.

57. Weltweite Verfügbarkeit ohne lokale Installation (Muss): Die IT-Lösung muss eine Oberfläche mit Zugriff über das Intranet besitzen, z.B. Web-Architektur[483].

58. Mehrsprachigkeit (Muss): Aufgrund globaler Nutzung muss das System mindestens in deutscher und englischer Sprache verfügbar sein.

59. Mehrwährungsfähigkeit (Muss): Aufgrund globaler Nutzung müssen mehrere Währungskurse hinterlegbar sein.

60. Multi-User-Fähigkeit (Muss): Es müssen beliebig viele User gleichzeitig am System arbeiten können.

61. Mandantenfähigkeit (Muss): Jeder User einer Organisationseinheit darf nur die seiner Einheit zugehörigen und zugeordneten Objekte und die von untergeordneten Organisationseinheiten zur Ansicht freigegebenen Objekte einsehen.

62. Performance (Muss): Antwortverhalten und Reaktionszeit müssen angemessen sein. Bei komplexeren Anfragen ist ggf. ein Hinweis über die erwartete Bearbeitungsdauer notwendig. Das Datenmodell muss für Auswertungen ausgelegt sein.

[483] Für weitere Informationen vgl. bspw. Balzert (2011), S. 136 und 196ff.

63. Skalierbarkeit (Muss): Die Steigerung der Anzahl an Datensätzen, Einheiten und Objekten darf die Performance bei der Nutzung nicht signifikant verschlechtern.

64. Verfügbarkeit, Stabilität und Zuverlässigkeit (Muss): Das System muss aufgrund der weltweiten Nutzung eine 24/7-Verfügbarkeit aufweisen und dabei ein stabiles und zuverlässiges Antwortzeitverhalten besitzen.

65. Gewährleistung der Informationssicherheit und Zugriffsrechte (Muss): Für die vertraulichen Informationen im System müssen die Informationssicherheit und die revisionssichere Aufbewahrung gewährleistet werden. Die Sichtbarkeit der Objekte muss pro Rolle, Berechtigung und Einheit gesteuert werden können.

66. Kommunikationsfähigkeit (Kann): Über die Anbindung von Kommunikationsmöglichkeiten, wie z.B. einem Mailsystem oder Forum, soll eine Kommunikation zwischen Anwendern sowie zwischen Anwendern und KCRM ermöglicht werden.

67. Benutzerfreundliche und intuitive Benutzeroberfläche (Muss): Die Benutzeroberfläche muss übersichtlich, intuitiv verständlich und ergonomischen gestaltet sein.

68. Administrations- und administrative Gesamtsichten (Muss): Für Verwaltungstätigkeiten müssen Administrationssichten und für Arbeitsschritte administrative Übersichtsdarstellungen bzw. Gesamtlisten bereitgestellt werden.

69. Personalisierbarkeit (Kann): Das System soll für die Bedürfnisse der Anwender personalisierbar sein, z.B. über die Gestaltung rollenspezifischer Startseiten.

70. Nutzbarkeit für mobile Endgeräte (Kann): Über die Darstellungsmöglichkeit eines Ausschnitts der Funktionen auf einem mobilen Endgerät (unabhängig vom Betriebssystem) sollen die Verwendung durch das Management erleichtert und Berichtswege außerhalb des Systems reduziert werden.

Es wird eine Vielzahl von Einzelfunktionen benötigt, um die Funktionalitäten abzudecken. Diese sind hier in 70 Anforderungen, mit zugehörigen UCs, gebündelt.

5.3 Konzeption der Schwerpunktbereiche

Im Sinne des Ordnungsrahmens stellen Kapitel 5.1 und 5.2 den Gesamtumfang an zu modellierenden Informationen und Funktionen dar. Neu zu konzeptionierende oder zu erweiternde Lösungen können daran gespiegelt werden, um Handlungsempfehlungen abzuleiten. Für die konzipierten Funktionalitäten der abgeleiteten Schwerpunktbereiche werden gemäß farblicher Kodierung der Klassen und UCs die entsprechenden Inhalte zur Erfüllung der Bedarfe genutzt. Im Folgenden werden Lösungen für Teile der Anforderungen über die in Kapitel 5 definierten, additiven Funktionsumfänge, als gemeinsamer Nenner der geforderten Verbesserungspotentiale konzipiert, prototypisch implementiert und evaluiert. Die jeweils adressierten Anforderungen werden im Rahmen der Evaluation in Kapitel 6.4 und 6.5 zusammengefasst. Die Ergebnisse der OOA stellen die Basis der Konzeption dar. Die folgenden Beispiele sind losgelöst vom Case. Da die dezentralen Erfassungsprozesse, deren Inhalte sich bei Chancen und Risiken z.T. unterscheiden, nicht Fokus der Arbeit sind, gelten die Erläuterungen, wenn nicht anders vermerkt für Chancen und Risiken.

5.3.1 Unterstützung der Kollaboration im KCRM-Prozess

Zur Unterstützung der Kollaboration im KCRM-Prozess werden zwei Prinzipien erläutert. Zunächst wird hierfür die Trennung in Ursachen, Chancen oder Risiken und deren Wirkung aufgegriffen (vgl. *SF 1*). Die neutrale Form der Ursache muss erfasst und davon eine Chance oder ein Risiko abgeleitet werden. Ursachen werden in einem Ursachenpool verwaltet, auf den Akteure aller Einheiten zugreifen können. Mit diesem Austauschpool für Informationen wird die Unterstützung einer einheitlichen Chancen- und Risikoidentifikation geschaffen. Der zweite Kollaborationsaspekt dient der Einbeziehung von Experten aus Partnereinheiten im Identifikations- und Bewertungsstadium einer Chance oder eines Risikos, um sicherzustellen, dass die Informationen im System möglichst valide bzw. belastbar sind. Hierzu wird der geplante Prozess von Eingabe einzelner Themen in den Ursachenpool bis hin zur Sammlung von Schäden und Erfolgen erarbeitet. Die folgenden UCs aus Kapitel 5.2 sind davon betroffen und werden visualisiert: Ursache erfassen, zuweisen und prüfen, C/R erfassen und bewerten, Wirkung erfassen, Maßnahme erfassen und beurteilen. Begleitend werden die Hintergründe der Funktionalitäten erläutert.

Die Identifikation mittels Ursachen- und Wirkungssicht erfordert, dass pro Chance und Risiko für Ursache und Wirkung auswertbare Informationen explizit erfasst werden. Alle Anwender die die Rechte der Rolle „Identifizierer“ besitzen, können Ursachen erfassen.[484] Zunächst muss eine Ursache oder ein Thema als neutrale Form einer Chance oder eines Risikos beschrieben werden, es kann z.B. die Ursache „Veränderung der Kundennachfrage“ mit positiver Ausprägung als Chance und mit negativer als Risiko wirken. Zunächst wird ein Objekt „Ursache“ erzeugt und dabei eine eindeutige ID vergeben. Anschließend werden die spezifischen Informationen erfasst, wobei die Ausprägung einer erwarteten positiven oder negativen Wirkung als Chance oder Risiko bereits mitgegeben werden kann. Um die Meldungen und spätere Suche im Ursachenpool zu strukturieren, kann eine Ursache einer Kategorie zugewiesen werden. Wenn die Informationen gespeichert werden, wird die Ursache in die „Aufgabenliste“ der erfassenden Einheit aufgenommen. Es ist möglich eine Ursache bestimmten Einheiten zuzuweisen, top-down zuzuweisen oder in den Pool einzustellen. Die Steuerung der Abläufe erfolgt über die Attribute „ursache_topkennzeichen“, „ursache_pool“ und die Angabe der Einheit(en), der/denen etwas zugewiesen wird. Wenn eine Ursache in den Pool eingestellt wird, erscheint sie im für alle Systemuser zugänglichen „Ursachenpool“. Ursachen, die einer Einheit zugewiesen werden, sind in deren „Aufgabenliste“ sichtbar. Zusätzlich wird der Chancen-/ Risikomanager der Einheit über die Zuweisung per Mail informiert. Dient die Ursache nur als Basis eigener Chancen- oder Risikobewertung erfolgt keine Zuweisung.[485]

Die Möglichkeit die Ursache als Top-Down-Ursache zu deklarieren, beeinflusst die Verbindlichkeit der Prüfung. Top-Down-Ursachen bzw. -Themen können durch das KCRM an SGEen oder Funktionen, z.B. einen IT-Bereich, zur Prüfung adressiert werden. Top-Down-Themen sind mit der Pflicht zur Aufnahme in das Chancen- oder Risikoinventar der Einheit oder alternativ zur Erstellung einer Negativmeldung mit zugehöriger Begründung verbunden. Eine weitere Adressierung ist dann nur mit Top-Down-Markierung zur verbindlichen Prüfung möglich. Die Abläufe zeigt Abbildung 51.

[484] Über ein Webformular im Intranet sollen zusätzlich Themen gemeldet werden können.
[485] Im Prototypbeispiel würde diese im Reiter „Aufgabenliste“ und nicht im „Austauschpool“ erfasst.

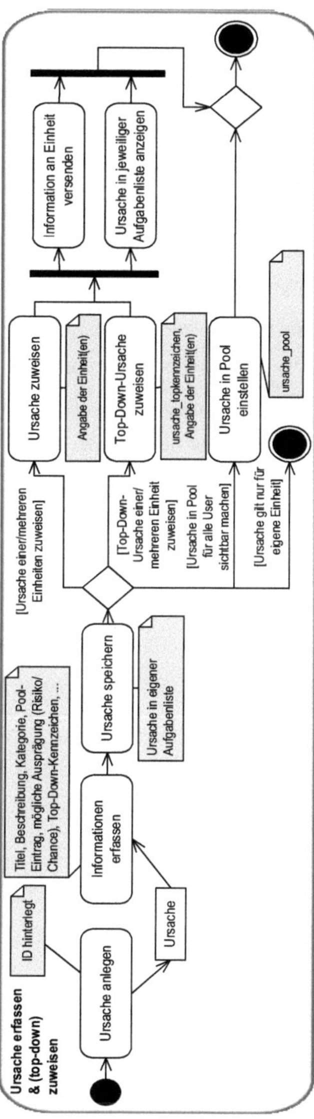

Abbildung 51: Ursache erfassen und (top-down) zuweisen[486]

Ursachen, die in der „Aufgabenliste" einer Einheit stehen, müssen abgearbeitet werden. Aus dem Ursachenpool können zusätzlich Themen als Ursache für die Erfassung von Chancen und Risiken dienen, sie werden dadurch nicht aus dem Pool ent-

[486] Eigene Darstellung.

fernt. Zur Abbildung gibt es drei Statusfelder pro Ursache. Der Status einer erfassten Ursache in der „Aufgabenliste" der erstellenden Einheit („ursache_status_erfasser") kann folgende Ausprägungen annehmen: „sichtbar" (für Poolmeldung), „unsichtbar" (für eigene Themen) und „(top-down) zugewiesen" (Direktzuweisung an andere Einheiten). Ursachen, die im Ursachenpool sichtbar sind, haben den Status („ursache_status_pool") „aktiv". Der Status hängt vom Attribut und Blickwinkel auf den Pool oder die Liste ab. Wird die Ursache durch das KCRM archiviert, ist sie nur noch für den Erfasser und das KCRM im Pool sichtbar (Status „ursache_pool" ist „archiviert"). Die Prüfung von Ursachen in der Aufgabenliste auf die Ausprägung Chance oder Risiko erfolgt über die Funktion „Ursache prüfen/bewerten". Bei einer Ursache aus dem Pool kann über den UC „C/R erfassen" ein passendes Objekt angelegt werden. Wenn für eine Einheit im Ursachenpool ein Thema als „nicht relevant" markiert wird, wird dies auch in der „Aufgabenliste" der OE hinterlegt. Durch einen Abgleich zwischen „Aufgabenliste" der OE und „Ursachenpool" werden bereits bearbeitete Ursachen dort einheitenspezifisch markiert. Abbildung 52 zeigt die Zusammenhänge.

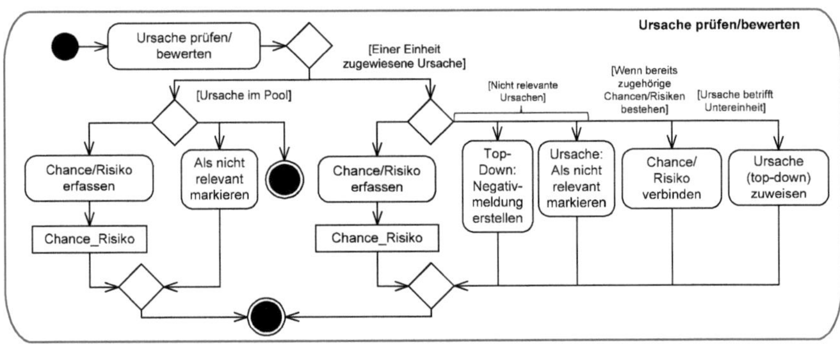

Abbildung 52: Ursache prüfen/bewerten[487]

Bei einer Zuweisung der Ursache zu einer adressierten Einheit, wird aus deren Sicht im Attribut „ursache_status_adressat" der Status „(top-down) erhalten" angezeigt. Es besteht für Top-Down-Themen die Möglichkeiten einer Negativmeldung mit Bewertungsobjekt und Status „negativ" oder bei normalen Ursachen die Vergabe des Status „nicht relevant". Wird eine Ursache mit bestehenden Chancen oder Risiken verbunden oder folgt die Erfassung einer Chance oder eines Risikos wird der Status auf

[487] Eigene Darstellung.

„bearbeitet" gesetzt. Bei Weitergabe an eine untergeordnete Einheit lautet der Status „(top-down) zugewiesen". Aufgabenlisten müssen nach Statusattributen filterbar sein.

In der Einheit, in der eine Chance oder ein Risiko erfasst werden soll, erfolgt die Auswahl „Chance/Risiko erfassen". Der Prozess wird für Chancen und Risiken gleich abgebildet, daher wird hier vereinfachend der Risikobegriff verwendet. Dies wird über die gemeinsame Klasse Chance_Risiko ermöglicht. Lediglich die zu erfassenden Inhalte weichen ab. Da die Erfassung hier jedoch nur am Rande thematisiert wird, um den Gesamtzusammenhang zu erläutern, wird dies nicht vertieft.

Beim Anlegen eines Risikos werden zunächst technisch eine ID vergeben und die Ursache erfasst. Wenn die Risikoerfassung aus einer (Top-Down-)Ursache heraus gestartet wird, sind die Informationen der (Top-Down-)Ursache schon als Basisdaten für die Risikoursache hinterlegt und können genutzt werden. Es können auch Informationen aus bestehenden Ursachen geladen werden. Alternativ kann die Ursache separat erfasst werden, diese wird dann automatisch in der „Aufgabenliste" der OE hinterlegt. Anschließend muss gemäß Katalog eine Kategorie und Subkategorie gewählt werden. Diese Kategorisierung wirkt sich auf die Informationen aus, die über die Wirkung und zugehörige Bewertungskriterien erfasst werden müssen/können.

Es folgt die Erfassung von Grunddaten, wie z.B. Titel, Beschreibung und Verantwortlicher. Die Einheit ist über die erfassende Person definiert. Im Rahmen der Analyse können über Treiber beeinflussende Größen mit Wirkung auf die Bewertung des Risikos definiert werden. Bei kontinuierlicher Bewertung können sie zusammen mit Indikatoren aus Kapitel 5.3.3 der Früherkennung dienen. Zudem können betroffene Produkte, Projekte, Ziele oder Strategien angegeben werden. Entweder sind diese Objekte über eine Suche in bestehenden Objekten vorhanden, oder sie werden im Workflow mit angelegt. Weiterer Bestandteil der Analyse ist die Angabe, mit welcher EW die Ursache im betrachteten Zeitraum erwartet wird.

Anschließend werden eine oder mehrere Wirkungen als Schaden bei Risiko oder Erfolg bei Chance angelegt. Als Wirkungsarten sind hier finanzielle Wirkungen sowie Wirkungen auf Reputation oder Ziel/Strategie vorgesehen. Die Wirkung wird als eigenes Objekt gespeichert, das einen Status mit Ausprägungen „erwartet" oder „eingetreten" besitzt (Attribut „wirkung_eintritt"). Mit diesen Informationen ist es möglich Schäden oder Erfolge nachzuverfolgen. Eine Analyse bestehender oder eingetretener Wirkungen kann als Unterstützung bei der adäquaten Bewertung dienen. Im Zuge der Bewertung ist es zudem möglich einen Status für Nicht- oder Teil-Eintritte zu hinterlegen, mit dem nicht (mehr) eintretenden oder einem eingetretenen Anteil.[488]

Die Wirkung wird je nach Wirkungsart, die ggf. abhängig von der Kategorie wählbar ist, unterschiedlich bewertet. Bei einer Szenariobewertung muss definiert werden, welcher Wert für die Aggregation genutzt werden soll („szenario_fuehrend"). Es ist auch möglich die Wirkung zur Bewertung unter Nutzung von Partnerschaften, die im Lauf des Kapitels näher erläutert werden, anderen Einheiten zuzuweisen. Damit werden bisher erfasste Informationen an die gewünschte Einheit weitergegeben.

Nach Erfassung und Bewertung eines Risikos ist zu unterscheiden, ob es eine Maßnahme im Kontext des Risikos gibt (beeinflussbare Risiken) oder nicht. Die Maßnahmenbeschreibung und -bewertung in Relation zur Wirkung wird nicht spezifiziert, da entsprechende Möglichkeiten in bestehenden Standardlösungen vorhanden sind.

Abbildung 53 verdeutlicht auf abstraktem Niveau den Zusammenhang aus Erfassung und Bewertung von Chance oder Risiko und Maßnahme. Das Diagramm bettet die erarbeitete Ursachen- und Wirkungssicht in ggf. bestehende Prozesse ein.

Der in Kapitel 6 erarbeitete Prototyp knüpft über Erfassung eines Risikos auf Basis einer Top-Down-Ursache, Auswahl und Bewertung der Wirkungen unter Verwendung einer Bewertungspartnerschaft an den beschriebenen Abläufen an. Das Prinzip des Workflows erfordert, dass alle relevanten Objekte und Beziehungen angelegt werden können. Es werden aber im Prototyp nur die zwei genannten Bereiche dargestellt. Aus Sicht des KCRMs kann über die Nutzung der Ursache- und Wirkungssicht die Analyse der Daten unterstützt werden. Wenn die Wirkung im Zeitverlauf korrigiert wird oder die Informationen über eingetretene oder nicht-eingetretene Wirkungen verfügbar sind, kann damit eine Erfahrungsdatenbank aufgebaut werden. Über die Einbindung vieler Personen und kontinuierliche Eingabemöglichkeit können Früherkennungsfunktionalitäten aufgebaut werden, deren Wirkung aus Erfahrungsdaten plausibilisiert werden kann. Durch die strukturierte Informationserfassung können zudem Monitoring, Steuerung und Reporting der Informationen erleichtert werden.

[488] Die Betrachtung einer Wirkung endet mit Kennzeichnung des Nicht-Eintritts oder Hinterlegung einer eingetretenen Höhe.

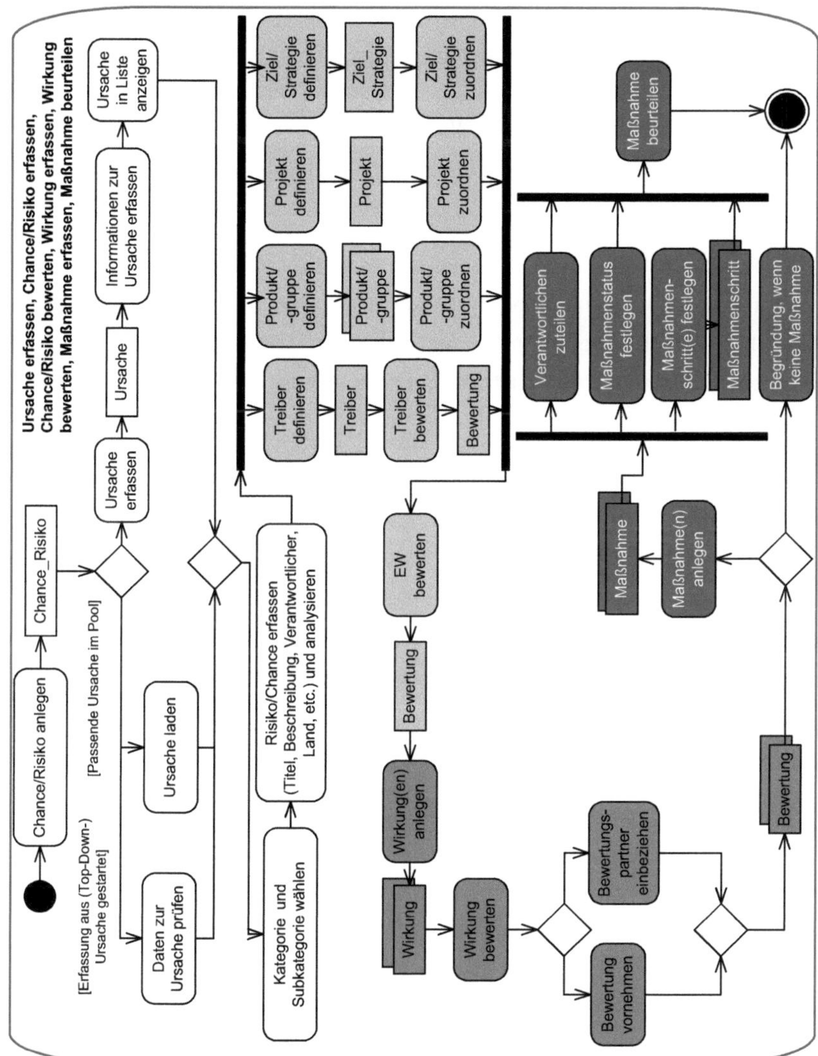

Abbildung 53: C/R/Maßnahme erfassen/bewerten/beurteilen[489]

Der zweite Kollaborationsaspekt, die Partnerschaften zwischen Einheiten und die Koordination der Zusammenarbeit aus KCRM-Sicht, wird nun konkretisiert. Partnerschaften können prinzipiell auf mehreren Ebenen aufgebaut werden. Einerseits kön-

[489] Eigene Darstellung. Annahme: Es sind noch keine passenden Objekte für Produkt, Strategie oder Projekt vorhanden. Das Diagramm umfasst zur besseren Darstellbarkeit keine Detailschritte sondern fasst hier mehrere UCs mit deren Aktivitäten zur Verdeutlichung in einem Diagramm zusammen.

nen Identifizierer und Bewerter unterschiedliche Personen einer OE sein. Zudem können (Top-Down-)Ursachen, Wirkungs- und Maßnahmenobjekte standardmäßig oder flexibel über die Aufgabenliste zur Betrachtung an fixierte oder flexible Partnereinheiten weitergegeben werden. Werden Wirkungen von Risiken, Chancen oder Maßnahmen in mehreren OEen erwartet, werden Objekte an mehrere Partner weitergegeben. Der Prototyp fokussiert dabei die Reputationsthematik.

Im Folgenden wird das Zusammenspiel aus Identifizierer und Bewerter erarbeitet. Prinzipiell kann ein Identifizerer oder Chancen-/Risikomanager eine Chance oder ein Risiko anlegen, die EW bewerten oder ein aus Wirkungssicht zu betrachtendes Szenario anlegen. Zu unterscheiden ist, ob eine Chance oder ein Risiko:

- im eigenen Bereich liegt und von Identifizierer und Bewerter oder vom Chancen-/ Risikomanager in Personalunion erfasst und bewertet wird (keine Zuweisung).
- von einem Spezialbereich bewertet werden soll, die Verantwortung aber im erfassenden Bereich liegt. Es wird hierbei die Wirkung weitergegeben z.B. im Kontext Reputation oder wenn eine Controlling-Einheit zur Bewertung angefragt wird.
- erfasst wird, bei der/dem Wirkungen über das Einflussgebiet des Identifizierers hinausgehen und in einem anderen Verantwortungsbereich liegen. Der Erfasser definiert EW oder Szenario in einer Ursache und gibt die Informationen weiter.
- ggf. in anderen Bereichen mit spezifischer EW und Wirkung vorkommt.

Die Zuweisung erfolgt bei Variante zwei über eine Bewertungspartnerschaft und bei Varianten drei und vier über eine (Top-Down-)Ursache im Rahmen einer Identifikationspartnerschaft. Über die Partnerschaften und die Informationszuteilung wird die Kollaboration zwischen Bereichen unterstützt, um stets die Bewertung der Person einzuholen, die dafür als Experte im Konzern am besten geeignet ist. Diese Partnerschaften werden durch die Trennung der Rollen Identifizierer und Bewerter möglich. So können z.B. bei einer organisatorischen Verankerung des ChaRMs im Controlling operative Verantwortliche aus anderen Einheiten in die Identifikation und Bewertung eingebunden werden. Es werden hier relevante Detailfälle erläutert. In Tabelle 20 wird pro Fall (F) zwischen den Rollen Identifizierer (I_E), Bewerter (B_E), Chancen-/Risikomanager einer Einheit (M_E) sowie jeweils Identifizierer, Bewerter und Chancen-/Risikomanager einer Partnereinheit (I_P, B_P, M_P) unterschieden. Die jeweils zweite Freigabe durch Chancen-/Risikoverantwortlichen wird nicht visualisiert. Änderungen zum Vorgängerfall sind jeweils grau markiert.

Fall	Ursache erfassen	Ursache zuweisen	Ursache prüfen/ bewerten	C/R erfassen	C/R bewerten (EW)	Wirkung erfassen	Wirkung zuweisen	Wirkung bewerten	C/R freigeben
F1	(I_E / M_E)	-	-	I_E / M_E	B_E / M_E	B_E / M_E	-	B_E / M_E	M_E
F2	(I_E / M_E)	-	-	I_E / M_E	B_E / M_E	B_E / M_E	B_E / M_E	B_P / M_P	M_E
F3	(I_E / M_E)	-	-	I_E / M_E	B_E / M_E	B_E / M_E	B_E / M_E	B_E / M_E B_{P2} / M_{P2}	M_E / M_{P2}
F4	(I_E / M_E)	-	-	I_E / M_E	B_E / M_E	B_E / M_E	B_E / M_E	B_P / M_P B_{P2} / M_{P2}	M_E / M_{P2}
F5	(I_E / M_E)	-	-	I_E / M_E	B_E / M_E	B_E / M_E	B_E / M_E	B_E / M_E B_P / M_P B_{P2} / M_{P2}	M_E / M_{P2}
F6	I_P / M_P	I_P / M_P	B_E / M_E	B_E / M_E	B_E / M_E	B_E / M_E	-	B_E / M_E	M_E
F7	I_P / M_P	I_P / M_P	B_E / M_E	B_E / M_E	B_E / M_E	B_E / M_E	B_E / M_E	B_{P2} / M_{P2}	M_E
F8	I_P / M_P	I_P / M_P	B_E / M_E	B_E / M_E	B_E / M_E	B_E / M_E	B_E / M_E	B_E / M_E B_{P3} / M_{P3}	M_E / M_{P3}
F9	I_P / M_P	I_P / M_P	B_E / M_E	B_E / M_E	B_E / M_E	B_E / M_E	B_E / M_E	B_{P2} / M_{P2} B_{P3} / M_{P3}	M_E / M_{P3}
F10	I_P / M_P	I_P / M_P	B_E / M_E	B_E / M_E	B_E / M_E	B_E / M_E	B_E / M_E	B_E / M_E B_{P2} / M_{P2} B_{P3} / M_{P3}	M_E / M_{P3}
F11	I_P / M_P	I_P / M_P	B_E / M_E	-	-	-	-	-	M_E
F12	I_E / M_E	I_E / M_E	B_P / M_P	B_P / M_P	B_P / M_P	B_P / M_P	-	B_P / M_P	M_P
F13	I_E / M_E	I_E / M_E	B_P / M_P	B_P / M_P	B_P / M_P	B_P / M_P	B_P / M_P	B_{P2} / M_{P2}	M_P
F14	I_E / M_E	I_E / M_E	B_P / M_P	B_P / M_P	B_P / M_P	B_P / M_P	B_P / M_P	B_P / M_P B_{P3} / M_{P3}	M_P / M_{P3}
F15	I_E / M_E	I_E / M_E	B_P / M_P	B_P / M_P	B_P / M_P	B_P / M_P	B_P / M_P	B_{P2} / M_{P2} B_{P3} / M_{P3}	M_P / M_{P3}
F16	I_E / M_E	I_E / M_E	B_P / M_P	B_P / M_P	B_P / M_P	B_P / M_P	B_P / M_P	B_P / M_P B_{P2} / M_{P2} B_{P3} / M_{P3}	M_P / M_{P3}
F17	I_E / M_E	I_E / M_E	B_P / M_P	-	-	-	-	-	M_P

Tabelle 20: Mögliche Fälle bei Identifikations- und Bewertungspartnerschaften

Fall 1 steht für die Erfassung und Bewertung durch Identifizierer und Bewerter einer Einheit oder die integrierte Identifikation und Bewertung durch den Chancen-/Risikomanager. Übernimmt der Chancen-/Risikomanager beide Aufgaben in Personalunion und bedarf dieser keiner weiteren Informationszulieferer ist keine Definition von Partnerschaften notwendig. Es kann optional die Erfassung erst als Ursache oder direkt als Chance oder Risiko erfolgen (Darstellung in Klammern). In Fall 2 wird zur Bewertung eine Partnereinheit P hinzugezogen. Die Verantwortung bleibt bei der erfassenden Einheit E. Bei Fall 3 kommt zur Bewertung der Wirkung durch die erfassende Einheit die Zuweisung einer Wirkung in den Verantwortungsbereich einer weiteren Einheit P2 hinzu. Diese nimmt die Chance oder das Risiko auf und gibt sie/es frei. Fall 4 kombiniert die Bewertungsunterstützung durch die Einheit P und die Weitergabe der Wirkungen an eine weitere Einheit P2. Fall 5 verbindet Fälle 3 und 4. Fall 6 erweitert die Betrachtung der in der Einheit erkannten Chancen und Risiken, um die

Möglichkeit Ursachen oder Top-Down-Ursachen zugewiesen zu bekommen. Die betroffene Einheit E muss prüfen, ob es sich um ein Risiko oder eine Chance handelt. Die Fälle 6-10 bilden die Bewertungsalternativen aus Fall 1-5 ab, wobei „P“ hier als identifizierende Einheit, „P2“ als Partner zur Bewertung und „P3“ als erfassender Partner einer weiteren Wirkung in dessen OE zu verstehen ist, für die eine separate Freigabe erfolgt. Fall 11 enthält die Alternative bei der die Ursachenprüfung ergibt, dass weder Chance noch Risiko vorliegen. Fälle 12-17 betrachten, dass die erstgenannte OE als Erfasser der Ursache auftritt, die weitergegeben wird, unter Berücksichtigung der Bewertungsvarianten. Eine zugewiesene Bewertung muss begründet abgelehnt werden können. Mehrfachzuweisungen folgen den gleichen Prinzipien.

Um das Vorgehen zur Nutzung von Partnerschaften zu konkretisieren, werden ausgewählte Bereiche aus Kapitel 3.5 als Informationsgeber aufgegriffen und eine Systematik für deren Einbindung entwickelt. Die Klassifikation geht von drei generischen, erkennbaren Alternativen aus (Abbildung 54), wie Informationen in den Bereichen als Ausgangsbasis für eine Zuweisung vorliegen und nutzbar sind:

- Information, die als Chance oder Risiko vom angrenzenden Themenfeld erfasst und bewertet werden. Hierfür müssen zumindest ein Chance_Risiko-, Ursache-, Wirkungs- und Maßnahmenobjekt mit Bewertung erzeugt werden können.
- Information, deren Bewertung im KCRM-Prozess bzw. im Rahmen dezentral zuliefender ChaRM-Tätigkeiten für den KCRM-Prozess erfolgen muss.
- Informationen, die als allgemeiner Hinweis gedacht sind und als Indiz oder Indikator im Rahmen des KCRM-Prozesses für die Identifikation einer Chance oder eines Risikos genutzt werden können.

Die Einteilung einzubeziehender Informationen unterscheidet folglich zwischen „vollständigen Chancen- und Risikomeldungen“, „unbewerteten Chancen- und Risikomeldungen“ und „potentiellen Chancen- und Risikomeldungen“. Der Fokus der Partnerschaft liegt hier insbesonders auf der Perspektive von informationsgebenden Partnern. Abbildung 54 zeigt die jeweils abweichende Verantwortung.

Zielsetzung der Klassifikation ist die Unterstützung der Identifikation aller für den Konzern aus Sicht des KCRMs wesentlichen Chancen und Risiken unter Nutzung des gesamten, im Konzern vorhandenen Informationspotentials.

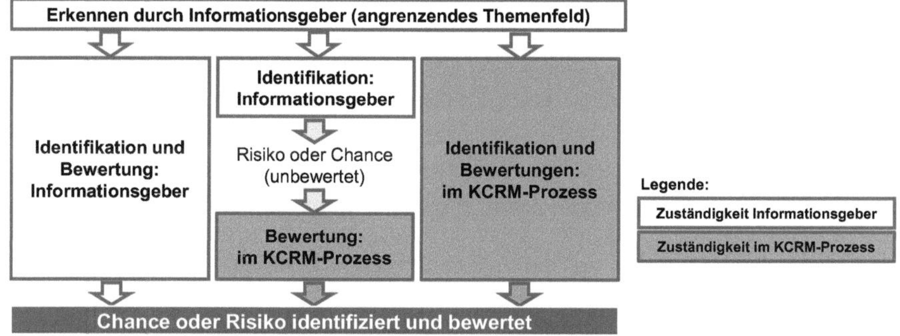

Abbildung 54: Kategorisierung von einzubeziehenden Informationen[490]

Wenn es sich um vollständig bewertete Chancen und Risiken handelt, können die Informationen direkt in das Berichtswesen einfließen. Für bisher nicht bewertete Chancen oder Risiken und Informationen, die noch dahingehend zu prüfen sind, ob sie eine Chance oder ein Risiko verursachen, werden weitere Unterscheidungskriterien herausgearbeitet, um die Eigenschaften der Informationen zu charakterisieren:

- Sind die Informationen mit einer Vertraulichkeitsstufe versehen, sodass sie nur auf bestimmten Managementebenen kommuniziert und bewertet werden können?
- Ist der Wirkungsbereich bei zentral bereitgestellten Informationen von der informationsgebenden Einheit auf eine SGE oder eine Funktion eingrenzbar?
- Kann die inhaltliche Bewertung der Themen in einer dezentralen Einheit erfolgen? Hierfür muss die Granularität dem Bewertungsbereich einer Einheit entsprechen.

Diese Überlegungen bedingen, ob die Informationen aus angrenzenden Themenfeldern dezentral verteilt und bottom-up abgefragt werden können, oder ob sie dem zentralen KCRM zur Verfügung gestellt werden, das ggf. eine gezielte Verteilung vornimmt. Die Hinweise können bei der Nutzung von Top-Down-Themen und Partnerschaften unterstützen und konkretisieren, wie Informationen über zu prüfende und zu bewertende Informationen (top-down) weitergegeben werden (Verteilungstiefe). Die Zielsetzung ist es, unter Einhaltung der möglichen Verteilungstiefe, die Einheit zu finden, in der die Bewertung der Information bestmöglich erfolgen kann.

Um entscheiden zu können, ob und in welcher Höhe sich Chancen oder Risiken ergeben, muss zudem der Konkretisierungsgrad analysiert werden:

---

[490] Eigene Darstellung. Der KCRM-Prozess ermöglicht die Weitergabe in der gesamten Hierarchie.

- Ist der betroffene Bereich, z.B. Region und Produkt, klar abgrenzbar?
- Besteht ein Zusammenhang zwischen der Information und einer Bezugsgröße?
- Ist der Zeitraum abgegrenzt für den die Information Bedeutung hat?
- Ist beurteilbar mit welcher Wahrscheinlichkeit das Thema auftritt und wirkt?

Werden Fragen verneint, müssen Zusatzinformationen gesammelt werden.

Es können als Systematik vier Informationsarten mit jeweiligen Eintrittspunkten in den KCRM-Prozess aus den drei Alternativen in Abbildung 54 abgeleitet werden, die in Abhängigkeit der Beschaffenheit der Information genutzt oder verteilt werden:

- Bei **Prämissen** und **Indikatoren** muss entschieden werden, ob sie eine Chance oder ein Risiko bedingen oder darstellen und ggf. eine Bewertung erfolgen.
- **Top-Down-Chancen/-Risiken** werden im Prozess von übergeordneter Ebene bis zu einem gewissen Grad verteilt und die identifizierten Themen dezentral erfasst.
- **Bottom-Up-Chancen/-Risiken** werden in dezentralen Einheiten erfasst, bewertet und anschließend stufenweise aggregiert. Hierfür werden benötigte Informationen dezentralen Einheiten direkt zur Verfügung gestellt.
- **Vollständig bewertete Chancen/Risiken** fließen direkt in Berichte ein.

Abbildung 55 konkretisiert die Bündelung der Informationsarten beispielhaft.

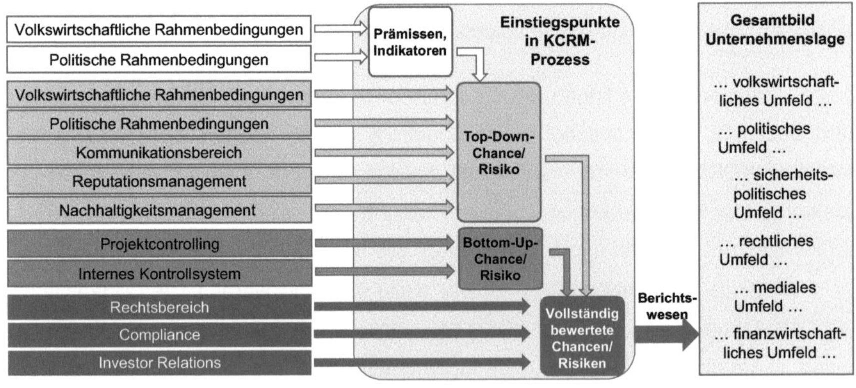

Abbildung 55: Kategorisierung von an das ChaRM angrenzenden Themenfeldern[491]

[491] Eigene Darstellung. Die Einteilung der Informationen und deren Nutzung sind hier anhand genannter Bereiche, aber losgelöst von einem konkreten Konzern dargestellt. Alle relevanten Informationen fließen mittelbar oder unmittelbar in das Berichtswesen ein (siehe Pfeile zwischen Informationsarten). Die Farbgebung zeigt die Zusammengehörigkeit zwischen Informationsgeber und Informationsarten.

Welchen Stellenwert eine Information hat, hängt von der Handhabbarkeit der Information ab, die den Einstiegspunkt in den KCRM-Prozess bestimmt. Die in Abbildung 55 auf der linken Seite dargestellte Unterscheidung bzgl. Informationsquelle und Eintrittspunkt in den KCRM-Prozess setzt an der Identifikation an. Die Einstiegspunkte und Zuweisungen unterteilen sich in:

- Prämissen und Indikatoren, die in der verbundenen Identifikation berücksichtigt werden über Nutzung der Klassen der OOA (siehe Kapitel 5.1).
- Informationen, die bspw. durch das KCRM aufgenommen und von zentraler Stelle aus top-down an die entsprechenden Einheiten zur Unterstützung der Identifikation als Top-Down-Ursachen oder ggf. -Chancen/-Risiken weitergegeben werden.
- Informationen, die dezentral vorliegen müssen, damit die vollständige Betrachtung erfolgen kann; die Chancen oder Risiken werden dann bottom-up aggregiert.
- Informationen, die als vollständig bewertete Chancen oder Risiken in das Berichtswesen des KCRMs einfließen.

Beispiele in Abbildung 55 werden z.T. mehrfach genannt, wenn unterschiedliche Eintrittspunkte denkbar sind. Die Beispiele sind erweiterbar. Bei den ersten drei Arten handelt es sich nicht um vollständig konkretisierte Chancen und Risiken, sondern um Indizien, die die Identifikation unterstützen, oder bisher nicht-bewertete Chancen und Risiken, die im Prozess bewertet werden müssen. Je nach Informationsart fließen die Inhalte in die Identifikation im ChaRM ein, werden bewertet, mit Maßnahmen hinterlegt, ab einer bestimmten Größenordnung kontinuierlich überwacht und berichtet.

Um die Informationsquellen zu erweitern, sind folgende Fragen entscheidend:

- Handelt es sich aus KCRM-Sicht um eine für das ChaRM relevante Information?
- Besitzt die Information Eigenschaften und Konkretisierungsgrad zur Nutzung?
- Inwieweit müssen ggf. notwendige Partnerschaften aufgebaut werden?

Für die Zuweisung können Regeln definiert werden, in welchen hierarchischen Bahnen Zuweisungen oder Partnerschaften erlaubt sind. Diese Definition ist pro Einheit oder Kategorie sinnvoll. Das zuerst erläuterte, generelle Prinzip des Ursachenpools wird damit um die gezielte Zuweisung von Informationen zwischen Einheiten zur Identifikation und Bewertung erweitert. Die Vorgaben zu Identifikations- und Bewertungspartnerschaften stärken zusammen mit dem Prinzip des Ursachenpools die

Kollaboration zwischen Bereichen und unterstützen die Adressierung steuerungsrelevanter Themen. Diese Bereiche werden in Kapitel 6.1 prototypisch umgesetzt.

5.3.2 Unterstützung der Steuerung des KCRM-Prozesses

Die beiden Funktionsbausteine dieses Schwerpunktbereichs betreffen die Aufgaben Prozesssteuerung und Konsolidierung inkl. Aggregation durch das KCRM sowie die damit verbundenen Vorgaben und Abläufe, die in der IT-Lösung hinterlegt werden müssen, um ein einheitliches Vorgehen im KCRM-Prozess sicherzustellen.

Vorzugebende Aspekte, die die Basis aller weiteren Funktionalitäten darstellen, sind die Pflege der Rollen und Berechtigungen der einzelnen Anwender und deren Daten im System sowie die Abbildung der Organisationshierarchie in der IT-Lösung.

Die organisatorische Komplexität eines Konzerns und dessen ggf. weltweite Tätigkeit implizieren in Abhängigkeit zu dem in Kapitel 2.2 dargestellten Umfeld sowie den damit verbundenen Rahmenbedingungen eine facettenreiche Ausgestaltung der mit der Geschäftstätigkeit verbundenen Chancen- und Risikosituation. In diesem Kontext sind unterschiedliche Chancen- und Risikokategorien zu betrachten, die über die IT-Lösung erfasst werden müssen. Die notwendigen Inhalte können pro Chancen- und Risikokategorie abweichen und modifiziert werden. Wesentlicher Vorgabeaspekt des KCRMs, der in bestehenden IT-Lösungen z.T. existiert, ist ein Chancen- und Risikokatalog zur Strukturierung der Systeminhalte nach einem konzernweit einheitlichen Schema. Die Hinterlegung eines solchen Katalogs ist als Anforderung 41 in Kapitel 5.2 enthalten. In einer bei Bedarf mehrstufigen Systematik werden Chancen und Risiken Kategorien zugeordnet. Diese Systematik nimmt wesentlichen Einfluss auf die Aufbereitung der Inhalte sowie auf die Aggregation im System und dient dezentralen Einheiten als Guideline zur Erfassung. Im Sinne der Prozesssteuerung im Gesamtkonzern wird es dezentralen OEen ermöglicht die Ursachen- und Wirkungssicht pro Chance und Risiko in der IT-Lösung nach einem einheitlichen Schema abzubilden.

Über die Nutzung von Assessments können die im dezentralen ChaRM überwachten Chancen und Risiken, die ggf. mit Hilfe von spezifischen, dezentralen IT-Lösungen erhoben werden (nicht Teil dieser Arbeit) auf die aus KCRM- und Management-Sicht relevanten Themen konzentriert werden. In diesen Assessments sind Fragestellungen zur Unterstützung von Identifikation und Bewertung hinterlegt. Um die Aggregation zu einem steuerungsrelevanten Gesamtbild zu ermöglichen, kann ein Identifikationsassessment Fragen enthalten, die den zu betrachtenden Fokus konkretisieren und die Meldung in Bezug auf die passenden Kategorien strukturieren.

Aufgrund der subjektiven Auswahl zu meldender Risiken sind aus KCRM-Sicht neben kategorienspezifischen Fragen z.B. folgende, generische Hinweise hilfreich:[492]

- Ist ein entsprechendes Risiko in der Vergangenheit eingetreten und wenn ja, wie groß war die Auswirkung auf das Unternehmen? Ist ein erneuter Eintritt denkbar?
- Sind Rahmenbedingungen für den Eintritt des Risikos gegeben, sodass der Eintritt als realistisch betrachtet wird? Beachtung der Handhabbarkeit der Wirkung.
- Muss regelmäßig etwas getan werden, um die Risikosituation einzugrenzen?
- Gibt es einen Toleranzbereich für die Risikosituation? Wird dieser eingehalten?
- Bestehen ausreichende Vorkehrungen oder Schutzmaßnahmen, um EW und/ oder Ausmaß des Risikoeintritts zu verringern oder zu vermeiden?

Aufgrund der Beschaffenheit einer Chance ist kein direkter Bezug zu bisherigen Fällen möglich. Dennoch können folgende Fragen deren Relevanz konkretisieren:[493]

- Gibt es beeinflussbare Entwicklungen, die die Zielerreichung begünstigen?
- Ist ein Übertreffen der Zielsetzung mit realistischen Mitteln erreichbar?
- Gibt es Aspekte, die bzgl. potentiell positiver Entwicklungen zu überwachen sind?

In der empirischen Erhebung wird die Ausweitung methodischer Vorgaben, mit Fokus auf die Bewertung von Chancen und Risiken, als Verbesserungspotential bestehender IT-Lösungen genannt. Neben der Unterstützung der Identifikation können dabei Bewertungsassessments der Sicherstellung eines einheitlichen Vorgehens dienen, da nur bei gleichartiger Bewertung auch die inhaltliche Aggregationsfähigkeit gegeben ist. Hierbei wird mit einer Fragestellung ggf. eine Bewertungsausprägung verbunden. WK-Grenzen, die Komplexität der Ursachen oder der Risikoappetit können ebenfalls in entsprechende Assessments einbezogen werden. Das Prinzip der Assessments ist in Teilen ebenfalls bereits in IT-Lösungen als Grundfunktion enthalten. Wesentlicher Aspekt ist jedoch die fachliche Ausgestaltung und Vernetzung mit Kategorien und Bewertungsausprägungen, um innerhalb des Systems Verbindungen herzustellen. Ein Bewertungsassessment als Objekt der Assessmentklasse kann in

[492] Die Relevanz zur Risikomeldung ergibt sich aus dem Bejahen der Fragen zu einem der ersten drei Punkte oder dem Verneinen einer Frage der letzten beiden Punkte. Die Meldepflicht ist im Einzelfall zu beurteilen.

[493] Die Relevanz zur Chancenmeldung ergibt sich aus dem Bejahen einer der drei Fragestellungen.

Verbindung mit einer Datensammlung über aktuelle und vergangenheitsbezogene Daten die Plausibilisierung gemeldeter Bewertungen aus KCRM-Sicht unterstützen. Zusammen mit Identifikationsassessment und Austauschpool (Kapitel 5.3.1) entsteht für diese Arbeit hieraus eine zentral sowie dezentral nutzbare Wissenssammlung.

Weitere Vorgabeaspekte zur Unterstützung von Identifikation und Bewertung sind die bereits im Rahmen des Klassendiagramms aufgezeigte Aufteilung von Ursache- und Wirkungsklassen sowie die Nutzung der separaten, generischen Bewertungsklasse für einfach und ggf. mehrfach zu bewertende Attribute. Das Zusammenspiel der Objekte wird im Weiteren spezifiziert. Die Informationen werden im Rahmen des Steuerungscockpits (Kapitel 5.3.3) in ein Berichtsmedium überführt und dabei mehrere Wirkungsarten zu einem Gesamtbild kombiniert.

Die Grunddaten je Chance und Risiko werden als Attribute der Klasse Chance_Risiko angelegt. Eine Chance und ein Risiko besitzt eine EW, die aber ggf. für verschiedene Jahre unterschiedlich bewertet sein kann. Um die Entwicklung der Bewertung kontinuierlich und fortlaufend protokollieren zu können, ist statt der Eintragung eines konkreten Werts in das Attribut EW z.B. die Eintragung der ID eines Bewertungsobjekts möglich. Zudem können in separaten Tabellen ggf. mehrere Bewertungsobjekte zu einem Attribut gespeichert oder als Ausbaustufe auch weitere Rahmenbedingungen der Bewertung konkretisiert werden. Die Referenzen in zu bewertenden Attributen beziehen sich dann auf entsprechende Tabellen. Die Trennung zwischen Bewertung der EW sowie der Erfassung und Bewertung der Wirkungen erfolgen in der IT-Lösung über die Oberfläche aus IT-Sicht transparent, für den Anwender also nicht sichtbar. Wenn im Folgenden als Überbegriff von Bewertung gesprochen wird, bezieht sich dies auf alle zu bewertenden Größen, da jedem bewerteten Attribut ein Bewertungsobjekt zugeordnet wird, das z.B. in Relation zur Chance, zum Risiko oder zur Wirkung steht. Über diese separate Sammlung bewerteter Informationen können der Durchschnitt oder eine Bandbreite, z.B. pro Risikokategorie oder Unternehmenswert, ermittelt, die Informationen über historische Daten als Indizien oder Orientierung für Bewertungsausprägungen abgeleitet und diese wiederum als Hilfestellung in Bewertungsassessments hinterlegt werden.

Neben der Möglichkeit ein Bewertungsobjekt für ein bestimmtes Attribut anzulegen, sind Attribute, die die Auswirkung der Chance oder des Risikos beschreiben in einer separaten Klasse „Wirkung“ gebündelt. Gemäß dem Klassendiagramm werden

Chancen und Risiken in Bezug zu einer oder mehreren Wirkungen erfasst. Als Wirkungsobjekte sind dafür finanzielle Wirkungen in Relation zu einer Bezugsgröße, z.B. EBIT oder Cashflow, Wirkungen auf die Reputation oder Wirkungen auf Ziele oder Strategien im Klassendiagramm vorgesehen. Das Prinzip kann damit auch für strategische Risiken genutzt werden, indem spezifische Kriterien in separaten Wirkungsklassen hinterlegt (Ziel_Strategie_Wirkung) oder ggf. das Klassendiagramm um Klassen und Attribute ergänzt wird. Für die Attribute der drei über eine Vererbung mit dem Wirkungsobjekt verbundenen Wirkungsarten können ebenfalls Bewertungsobjekte angelegt und Wirkungsobjekte zur Bewertung durch eine Partnereinheit weitergegeben werden. Neben Wirkungsarten gibt es weitere, in der IT-Lösung zur Prozesssteuerung zu betrachtende Aspekte, deren Klassen in Kapitel 5.1 farblich passend markiert sind. Hierzu gehören z.B. Prämissen oder Währungskurse.

Zudem bezieht sich die Betrachtung der Chancen- und Risikosituation auf einen vorgegebenen Zeitraum. Diese berichtsbezogene Sicht ist ein weiterer Vorgabeaspekt. Das Prinzip des kontinuierlichen ChaRMs erfordert es, dass jede Einheit zu jedem Zeitpunkt in der Lage ist Informationen im System zu pflegen. Zu bestimmten Zeitpunkten muss für das Konzernberichtswesen ein aggregierter, bestätigter Stand erstellt und revisionssicher archiviert werden. Informationen über erfasste Wirkungen, aber auch über bestimmte Bewertungsszenarien müssen in die hierfür notwendige Aggregation einfließen. Zudem müssen die Organisationsstrukturierung und das Vier-Augen-Prinzip bei der Freigabe in der IT-Lösung berücksichtigt werden.

Die kaskadierende Freigabe über die Organisationshierarchie hinweg verursacht, dass während des Freigabeprozesses für die Erstellung des Konzernbilds über einen bestimmten Zeitraum auf den Ebenen der Hierarchie unterschiedliche Berichtszeitpunkte zur Eingabe möglich sind. Der Prozess wird mit Freigabe der Gesamtchancen- und -risikosituation durch das KCRM abgeschlossen. Jede Freigabe erfordert die Einbeziehung eines einheitenspezifischen Chancen-/Risikomanagers und Chancen-/Risikoverantwortlichen. Sobald ein Chancen-/Risikomanager den Stand seiner OE zum Berichtszeitpunkt freigegeben hat, ist die Bearbeitung in der OE für diesen Berichtszeitpunkt, außer bei Ablehnung der Freigabe durch den Chancen-/ Risikoverantwortlichen, nicht mehr möglich. Wenn der Verantwortliche die Freigabe durchgeführt hat, wird der bestätigte Stand für die OE komplett geschlossen und die Freigabe kann nicht mehr zurückgenommen werden. Ab diesem Zeitpunkt kann der

Chancen-/Risikomanager Chancen und Risiken für den folgenden Berichtszeitpunkt erfassen. Zwischen der Freigabe des Chancen-/Risikomanagers und der Freigabe oder Ablehnung des Chancen-/Risikoverantwortlichen ist keine Erfassung möglich.

Diese Besonderheit in Bezug auf Abhängigkeiten ist in einem organisationsweit ausgerollten System gegeben, da in die aggregierte Sicht pro Ebene die Abgaben untergeordneter OEen einbezogen werden müssen, ohne deren Eingabe zu blockieren. Die sukzessive Freigabe wird in Gesprächen als Anforderung genannt, da jede OE die Verantwortung für das berichtete Chancen- und Risikobild trägt. Der Aspekt verdeutlicht die Verzahnung von Vorgaben der KCRM-Einheit mit dem Aggregations- und Konsolidierungsvorgehen im KCRM-Prozess. Abbildung 56 symbolisiert das zeitraumübergreifende Systemverhalten bei Freigabe für mehrere Quartale (Q).

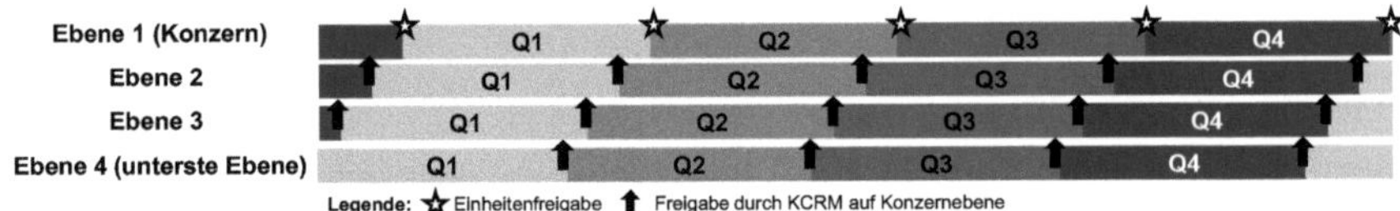

Abbildung 56: Freigabeprozess über mehrere Hierarchieebenen[494]

Zusätzlich muss der zeitliche Ablauf mit Berichtskette und Abgabezeitpunkten abgebildet werden, unter Sicherstellung einer kontinuierlichen Erfassung. Die Orientierung an Berichtszeitpunkten erfordert, dass Chancen, Risiken sowie aggregierte Chancen und Risiken in einer Berichtskette über das Statusattribut aktiviert oder deaktiviert werden können. Nur die am Startpunkt, also dem ersten Berichtszeitpunkt der Kette, aktivierten Objekte müssen im Fortlauf der Berichtskette aktualisiert werden. Mit Freigabe wird der Stand der Aggregation als Ausgangspunkt für den nächsten Berichtszeitpunkt übernommen. Die Aggregationslogik gilt für Chancen und Risiken.

Die Konsolidierung und Aufbereitung der Inhalte ist Tätigkeit des KCRMs, die von den untergeordneten Einheiten im Rahmen des KCRM-Prozesses vorbereitend zur Freigabe ebenfalls durchzuführen ist. Die Sammlung zu konsolidierender Informationen und deren Aggregation müssen in der IT-Lösung erfolgen. Um unter den geschilderten Rahmenbedingungen eine Aggregationslogik aufzubauen, sind bestimmte Voraussetzungen zu erfüllen, z.B. dass die Organisationshierarchie mit den benötigten Einheiten in der IT-Lösung hinterlegt ist und flexibel geändert werden kann.

[494] Eigene Darstellung, mit mehreren Quartals-Berichtszeitpunkten (Quartale = Q) als Berichtskette.

Zur Abbildung der Hierarchie dienen mehrere administrative Funktionen, die als Anforderungen und UCs in Kapitel 5.2 beschrieben sind. Hiermit werden Einheiten durch das KCRM angelegt und deren Informationen verwaltet. Zudem muss vom KCRM der Hierarchiebaum mit dem Knoten Konzern und untergeordneten SGEen, Funktionen oder ggf. einer regionalen Unterteilung der Einheiten bis hin zur untersten Ebene im Konzern aufgebaut werden können. Die Flexibilität erfordert, dass zur Abdeckung der dezentralen Verantwortung für das ChaRM bei einer Verschiebung von Verantwortlichkeiten eine Umgruppierung von Einheiten zu anderen Hierarchiesträngen möglich ist. Hierfür muss eine veränderbare Eingliederung in der Hierarchie erfolgen und die Einheiten ggf. im Zeitverlauf mit unterschiedlichen über- oder untergeordneten Einheiten verknüpft werden. Über eine Hierarchie und deren Gültigkeitszeitraum muss für jede Abfrage im System die passende Hierarchie für den Zeitpunkt rekonstruiert werden können. Damit bei einer Migration einer Einheit in der Organisation von übergeordneter Einheit A zu B die Historie korrekt bestehen bleibt, wird die Einheit am künftigen Platz in der Hierarchie neu angelegt. Die Informationen über die Einheit, insbesondere verantwortliche Personen und das zugehörige Chancen- und Risikoinventar sind vom letzten freigegebenen Berichtszeitpunkt oder auf dem aktuellen Stand auf die neue Einheit zu übertragen. Die künftige Bearbeitung wird nur noch unter der neu eingegliederten Einheit durchgeführt und bei Bedarf Vergangenheitswerte über die alte Hierarchiestruktur rekonstruiert. Zudem müssen die Ansichten ineinander überführbar sein, um bei Fortschreibung bestehender Chancen oder Risiken Vorgängerinformationen zu assoziieren. Zu prüfen ist, inwieweit sich Berechtigungen für untergeordnete OEen ändern. Die Rückschau auf die Historie muss in Abhängigkeit von der zum Berichtszeitpunkt gültigen Zuordnung möglich sein.

Informationen werden bei der Aggregation über mehrere Stufen gebündelt und nicht direkt von der untersten Ebene für die oberste Ebene zusammengefasst. Aus Sicht der IT-Lösung stellt diese Aggregation eine wesentliche Herausforderung dar, da sich über die Ebenen hinweg mehrfach Änderungen in Bewertungen ergeben können und die Zusammenfassung der Chancen und Risiken ggf. je OE unterschiedlich erfolgt. Die Bewertung muss auf jeder Ebene transparent und nachvollziehbar sein, um die dezentrale Lage korrekt darzustellen und auf KCRM-Ebene die Berichterstattung entsprechend zu begründen. Mathematische Modelle werden hier nicht betrachtet, da sie aufgrund der verteilten Erfassung und Bewertung und zugehörigen, komplexen Abhängigkeiten nur pro Konzern spezifizierbar sind. Entsprechende Modelle können ggf. in dezentralen IT-Lösungen Verwendung finden und die Ergebnisse bei Eingabe in das konzernweite System und bei der Aggregation berücksichtigt werden.

Um eine umfassende Betrachtungsweise zu ermöglichen, können in der IT-Lösung mehrere Aggregationssichten vorgesehen werden, z.B. Kategorie und Subkategorie, Produktgruppe und Produkt oder Region und Land. Über die Klassen für Aggregationssichten und -kriterien ist die Lösung hier erweiterbar. Für dieses Kapitel wird die Sicht der Kategorien und Subkategorien herausgegriffen, da diese über den Katalog definiert werden kann und im Rahmen der Freigabeprozesse in dieser Arbeit als die Basis einheitenspezifischer Berichterstattung angesehen wird.

Die Aggregation dient als Informationsweitergabe auch der Kommunikation zwischen Ebenen. Jede Chance und jedes Risiko sowie aggregierte Chance und Risiko in einer Subkategorie müssen vor Freigabe durch darüber liegende Einheiten übernommen und in ihrer Bewertung bestätigt oder überarbeitet werden. Wirkungen, die bei Erfassung einem anderen Verantwortungsbereich zugewiesen werden, sind zwar vom ursprünglich adressierenden Erfasser der zuweisenden Einheit einsehbar, können aber nicht verändert werden und sind folglich nicht in deren Freigabe inkludiert. Die Freigabe erfolgt in der Einheit, der die Wirkung zugeordnet wird. Bei der Nutzung einer Partnerschaft zur Bewertungsunterstützung, wird die Chance oder das Risiko weiterhin in der organisatorischen Linie der erfassenden Einheit mitgeführt. Auf übergeordneter Ebene kann diese Wirkungsbewertung entweder bestätigt werden, z.B. wenn die Bewertung an zentraler Stelle erfolgt ist, oder es wird für die Prüfung der Bewertung bei Bedarf ein neuer Partner definiert. Chancen und Risiken, deren Bewertung über eine Partnerschaft unterstützt wird, sind folglich immer in der Aggregationsstruktur und Berichterstattung der erfassenden Einheit sichtbar.

Die Meldung der Chancen und Risiken zu Berichtszeitpunkten über das Attribut „cr_sichtbar" ermöglicht unterschiedliche Kommunikationszeiträume. Zusätzlich gibt es die von der Hierarchie und dem Zeitpunkt losgelöste Möglichkeit einer Adhoc-Meldung über das Attribut „cr_adhockennzeichen" an die bereits genannten Ebenen. Vor Freigabe einer Einheit müssen Chancen und Risiken der untergeordneten OEen geprüft und in ein für die OE passendes Bild der Situation überführt werden. Ein freigegebener Stand kann sich bis zum nächsten Berichtszeitpunkt verändern, indem:

- auf der eigenen Ebene Inhalte geändert oder hinzugefügt werden,
- auf einer der untergeordneten Ebenen Inhalte geändert und schon vor dem Freigabezeitraum für die übergeordnete Ebene sichtbar gemacht werden, oder
- untergeordnete Einheiten zum Freigabezeitpunkt Inhalte aktualisieren.

Ausgangspunkt der Aggregation ist eine Liste aller Chancen und Risiken der Einheit, strukturiert nach Kategorien. Hierzu zählen in der jeweiligen Einheit erfasste, aggregierte und von untergeordneten Einheiten zugelieferte Chancen und Risiken, die automatisch aufgrund ihrer Höhe in Relation zur WK-Grenze berichtet werden oder zusätzlich als berichtsrelevant markiert sind. Chancen und Risiken können unterhalb von Kategorien mehrfach thematisch zusammengefasst werden. Neben dem Titel müssen zur Aggregation als Bedarf des KCRMs Chancen und Risiken, z.B. gruppiert nach Kategorie, mit EW und Wirkungen angezeigt werden. Bei Aggregationen müssen unterschiedliche Wirkungsarten einer Chance oder eines Risikos separat aggregiert werden, da z.B. unterschiedliche Bezugsgrößen ggf. nicht verrechenbar sind.

Die Funktionen im Kontext der Aggregation werden in Tabelle 21 in Bezug zu den Ebenen gesetzt, für die sie verfügbar sind und in Kapitel 6.2 näher erläutert. Änderungen der Bewertung sind zu begründen. Funktionen zum Einblenden von Details zu Chance oder Risiko und zum Kategorienwechsel sind überall möglich. Ein solcher Wechsel bedeutet, dass die Zuordnung gemäß Chancen- und Risikokatalog falsch erfolgt ist. Bei der Umgruppierung wird die Chance oder das Risiko neu an einer anderen Stelle angelegt und bleibt für die Verlaufssicht als leere Hülle in der alten Kategorie bestehen. Es erfolgt ein Hinweis zur Korrektur an die betroffene, ersterfassende Einheit für den Folgeberichtszeitpunkt, bspw. über Erfassung und Zuweisung einer Ursache.

Ebene n	Ebene n-1	Ebene n-2 bis Ebene 1 (KCRM)
Chance/Risiko erfassen	Chance/Risiko erfassen Chance/Risiko übernehmen Chance/Risiko Bewertung ändern Aggregation bilden Aggregation auflösen Aggregation übernehmen Aggregationsbewertung ändern Chance/Risiko zu Aggregation hinzufügen Chance/Risiko aus Aggregation lösen	Chance/Risiko erfassen Chance/Risiko übernehmen Chance/Risiko Bewertung ändern Aggregation bilden Aggregation auflösen Aggregation übernehmen Aggregationsbewertung ändern Chance/Risiko zu Aggregation hinzufügen Chance/Risiko aus Aggregation lösen Weitere Bewertungen einblenden

Tabelle 21: Bereitstellung Aggregationsfunktionen auf verschiedenen Ebenen

Die Übernahme von Chancen oder Risiken in einzelner oder aggregierter Form steht für die bewusste Überführung in die nächste Ebene, um sicherzustellen, dass alle Themen betrachtet werden. Die Möglichkeiten zur Bewertungsänderung werden in Kapitel 6.2 im Kontext der Prototypisierung erläutert. Für die Durchführung der Aggregation soll es ein separates Modul im System geben, in dem alle aggregierbaren Chancen und Risiken sichtbar sind. Bei der Durchführung der Aggregation muss ein Bearbeitungsstatus angezeigt werden („aggregation_status"), der eine vollständige oder unvollständige Bearbeitung signalisiert. Solange weitere Bearbeitungen erforderlich sind, da z.B. eine Bewertung noch nicht bestätigt oder aktualisiert ist, kann keine Freigabe erfolgen. Die Weitergabe an die übergeordnete Ebene über die Freigabe und ggf. eine Rückkopplung unterstützen auch die Kommunikation und Kollaboration im System. Die Abbildung der n-stufigen Aggregation ist Teil des Prototyps. Die zusätzlichen Funktionalitäten zur Konsolidierung werden in Kapitel 6.2 erläutert.

5.3.3 Unterstützung der Auswertung und Aufbereitung durch das KCRM

Für die Informationsauswertung und -aufbereitung durch das KCRM werden im Folgenden mehrere Module und Sichten aufgebaut, die als Steuerungsinstrumentarien für das ChaRM verwendet werden können. Neben der Prototypisierung eines spezifischen Berichts- und Überwachungsmediums für Reputationschancen und -risiken, werden vier weitere Facetten zur Managementunterstützung konzipiert (vgl. *Ergebnis E-3*, Kapitel 4.3.1*)* und in Kapitel 6.3 prototypisch erarbeitet. Hierzu zählt eine Priorisierungsfunktionalität (1) für Chancen und Risiken bestimmter Kategorien und Länder, die z.B. in Workshops mit dem Management genutzt werden kann. Der zweite Bereich ist eine Cockpitlösung (2) für gemeldete Chancen- und Risikoinformationen bezogen auf unterschiedliche Wirkungsarten. Für die Aufbereitungsmöglichkeiten von Reputationschancen und -risiken wird hier ein separates Modul aufgebaut.

Der dritte Bereich dient der Möglichkeit Chancen oder Risiken in Bezug zu einem bestimmten Zielwert (3) und z.B. einem definierten Risikoappetit zu setzen. Der vierte Bereich ist ein erarbeitetes Statusboard (4) aus indikatorbezogenen Statusmeldungen. Die Klassen für diese prototypisch realisierten Ansichten sind nicht im Umfang des im Rahmen der OOA aufgebauten Klassendiagramms enthalten, da der Fokus in der OOA auf der Abbildung fachlich relevanter Klassen liegt.

Mit einer Priorisierung wird generell die Fokussierung auf steuerungsrelevante Chancen und Risiken bezweckt. Dies betrifft alle Kategorien. Aus KCRM-Sicht kann über Top-Down-Ursachen oder die Zuweisung von Themen zu Einheiten, die diese unter bestimmten Prämissen bewerten müssen, der Fokus auf zentral relevante Themen gerichtet werden. Um entsprechende Themenstellungen zu ermitteln, muss die Einsteuerung von Themen erfolgen, die von zentralen Abteilungen vorgegeben werden, z.B. politische oder gesetzliche Impulse (Top-Down-Ursache in Kapitel 5.3.1). In einem vorgelagerten Schritt kann z.B. das Management im Bereich „Priorisierung“ (1) zur Ermittlung von Vorgaben eingebunden werden. Hierzu kann die IT-Lösung begleitend zu Workshops zwischen KCRM und Management genutzt werden, indem sie eine Informationsbasis als Gesprächsgrundlage und eine intuitive Dokumentationsmöglichkeit bietet. Über die Auswahl von Regionen und Kategorien können entsprechende Priorisierungen vorgenommen werden. Die Einbeziehung des Managements unterstützt den Anspruch an das KCRM steuerungsrelevante Informationen zu generieren und adäquat aufzubereiten und stärkt damit auch die Diskussionsfähigkeit der Inhalte für das Management.

Für die Anforderung eines Früherkennungssystems werden ein Cockpit (2) und ein Statusboard (4) konzipiert, das über die Bewertung von Indikatoren die Betrachtung dezentral gemeldeter Einzelchancen und -risiken erweitert.

Alle Kategorien auf Chancen- und Risikoseite ermöglichen die Anlage von Einzelchancen oder -risiken mit Ziel- oder Planbezug, die bewertet und ggf. auf höheren Ebenen aggregiert werden.[495] Über WK-Grenzen als relevant definierte oder als berichtswürdig markierte Chancen und Risiken, werden in bestehenden Systemen i.d.R. über eine Risk und/oder Opportunity Map oder eine integrierte Map (siehe Kapitel 2.3) berichtet. Bezüglich der Überwachung von Chancen und Risiken sind weitere kategorienspezifische Meldekonstrukte denkbar, um für bestimmte Chancen- und Risikokategorien ein stetiges, ganzheitliches Bild auf Konzernebene zu schaffen. Sind zu betrachtende Themen losgelöst von Berichtszeitpunkten an den Eintritt von Ereignissen geknüpft, können über Statusabfragen Aussagen z.B. zur Bedrohungssituation bezogen auf Indikatoren getroffen werden. Auf der Risikoseite können z.B. Ereignisse wie Pandemien, Naturkatastrophen oder Umwelteinflüsse schwer in Bezug zu einem Berichtszeitpunkt gesetzt werden. Die Abbildung von Chancen-

[495] Wenn keine passende Kategorie vorhanden ist, erfolgt die vom Katalog losgelöste Meldung. Unabhängig von den beschriebenen Berichtswegen muss die Adhoc-Risikomeldung möglich sein.

indikatoren ist zu prüfen, da es aufgrund der in Kapitel 2.3 dargestellten Beschaffenheit von Chancen schwer ist permanente Chancenfelder zu definieren. Die Unterteilung der Nutzung von Statusabfragen kann z.B. auf Subkategorienebene[496] erfolgen.

Die Indikatorstatusmeldungen werden mit dem Ist-Zustand ihres Potentials unabhängig von den zyklischen Berichtszeitpunkten pro Einheit in Form eines Statusboards (Kapitel 6.3) abgefragt. In Kombination mit der kontinuierlichen Eingabe- und Aktualisierungsmöglichkeit besteht die Möglichkeit die Statusmeldung z.B. über die Aufbereitung pro Region und Produkt als Früherkennungssystem zu nutzen. Gibt es ein Indiz dafür, dass in einer Kategorie in der aktuellen Planperiode eine Chance oder ein Risiko auftreten kann, ist eine zusätzliche Meldung möglich. Bei Überschreiten von Schwellwerten kann aus der Wahlmöglichkeit der Meldung in den Berichtszyklen z.B. für eine Risk und/oder Opportunity Map eine Meldepflicht werden. Wann eine Bewertung pro Einzelchance/-risiko und/oder Status erfolgen muss, ist in einer administrativen Vorgabesicht durch das KCRM zu definieren. Es erfolgt damit über die bestehenden, untersuchten IT-Lösungen hinaus die Kombination aus Chancen- und Risikomeldungen und übergreifenden Indikatorstatusabfragen, um die Gesamtsituation aus zwei Sichten, die ineinander überführbar sind, zu betrachten. Die Statusmeldungen geben einen Überblick über die Lage und ermöglichen, mittels Einbeziehung gemeldeter und ggf. weiterer, nicht konkret bewertbarer Chancen und Risiken, die Beurteilung in einem mehrstufigen Indikatorsystem. Die Ausgestaltung wird im Rahmen des Prototyps erarbeitet. Abbildung 57 visualisiert die Unterteilung des Katalogs in Kategorien für die eine verpflichtende Statusabfrage bezogen auf definierte Indikatoren gefordert wird oder solche, die Meldungen von Chancen und Risiken in relevanten Bereichen mit ggf. optionaler Statusangabe ermöglichen. Eine Aggregationslogik wird für Statusmeldungen nicht hinterlegt, d.h. jede berechtigte Einheit kann für ihre Ebene eine Statusbewertung vornehmen. Direkt untergeordnete Status sind einsehbar. Wenn kein Wert gemeldet wird, ist der Status „Keine Beurteilung" aktiv. Abbildung 57 zeigt weiterhin, dass mit den Inhalten des Klassendiagramms Analysen, z.B. pro Land, pro Thema, bezogen auf eine oder mehrere Bezugsgrößen oder mit Fokus auf ein Ziel, möglich sind.

[496] Ein Beispiel für ein kategorienbasiertes Dashboard enthält z.B. Brünger (2010), S. 213.

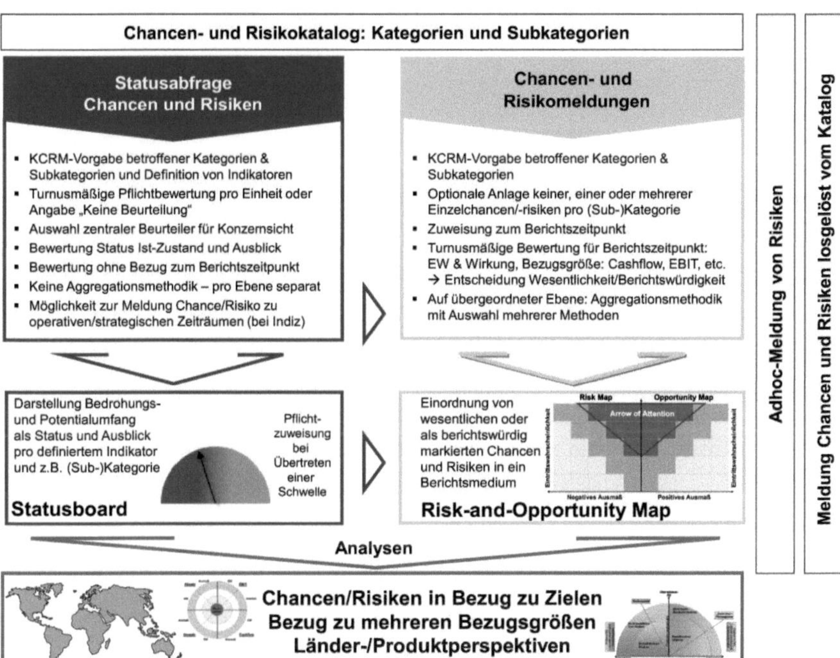

Abbildung 57: Steuerungsunterstützende Berichts- und Analysewege[497]

Das für den Prototyp aufgebaute Cockpit (2) ermöglicht Analysen, z.B. bezogen auf Länder oder Bezugsgrößen, mit speziell entwickelten Berichtssichten und Darstellungen (siehe Kapitel 6.3). Querschnittsbetrachtungen zwischen Kategorien, SGEen, Projekten und Produkten sind möglich. Hierdurch werden Lücken oder Schwerpunkte analysierbar, z.B. dass eine Organisationseinheit in einer Kategorie kein Risiko gemeldet hat oder eine bestimmte Risikokategorie für ein Projekt eine übermäßige Anzahl an Risiken enthält. Über diese Auswertungsnetze kann das Berichtswesen auch auf Vollständigkeit geprüft werden.

Neben der Betrachtung von Chancen und Risiken bezogen auf finanzielle oder reputationsbezogenen Wirkungen in einem Cockpit (2) und der Verbindung von Indikatorstatus- und Chancen- oder Risikomeldungen (4) wird im Prototyp ein „ChaRM-Tacho" (3) erarbeitet, der die integrierte Chancen-Risiko-Sicht bezogen auf ein Ziel visualisiert. Für ein Ziel oder eine Entscheidung müssen damit verbundene Chancen

[497] Eigene Darstellung.

und Risiken in einer Ansicht visualisiert werden können, um umfassend Konsequenzen aufzuzeigen.

Basierend auf Informationen, die in der IT-Lösung gesammelt werden, muss die Gesamtsituation überwacht werden, um zu entscheiden, wo Steuerungsmaßnahmen zu ergreifen sind. Hierfür sind Vorgaben zu Akzeptanz- und Meldeschwellen, bezogen auf Wirkung und Wahrscheinlichkeit von Risiko-Eintritt oder Chancen-Realisierung, nötig. Für die Wirkungsseite sind entsprechende Erfassungs- und WK-Grenzen im Klassendiagramm als einheitenspezifische Chancen-Risiko-Strategie hinterlegt. Bzgl. der Wesentlichkeit der EW wird von einer konzernweit pro Berichtskette einheitlichen Regelung ausgegangen, die in zugehörigen Berichtsketteobjekten zu pflegen ist.

Auf der Risikoseite kann die Wesentlichkeit z.B. durch die Wirkung auf eine Bezugsgröße bestimmt werden. Es kann zusätzlich der Risikoappetit sowie die Relation zwischen Risikoakzeptanz und Meldeschwelle betrachtet werden. Auf der Chancenseite ist neben der Wirkung ggf. auch die Realisationswahrscheinlichkeit relevant, wenn der Fokus auf umsetzbaren Chancen liegt. Zur Definition eines „Appetits" könnten die mit Chancen verbundenen Risiken einbezogen werden. Eine Modellierung der Verbindung ist über die reflexive Assoziation zwischen Objekten der Klasse Chance_ Risiko möglich. Entsprechende Inhalte z.B. Risikostrategien und zentrale Meldeschwellen sind als Vorgaben zu pflegen. Die Strategie kann im ChaRM-Tacho eingeblendet werden. Neben einem Risikoappetit ist auch die Visualisierung eines „best-case"-Planungswerts möglich, den das Management im Idealfall erreichen möchte.

Die bisher erläuterten Bereiche werden in Kapitel 6.3 prototypisch umgesetzt und mit Ansprechpartnern aus dem Case in Bezug zur jeweiligen Zielsetzung evaluiert.

Weitere Facette der Steuerungsunterstützung, die zwar in bestehenden IT-Lösungen z.T. enthalten ist, jedoch aus Sicht der Befragten häufig nicht genutzt wird, betrifft die Überwachung von Steuerungsmaßnahmen über ein Maßnahmen-Tracking. Hierzu sind unterschiedliche Aufbereitungsformen möglich.

Im statischen Modell aus Kapitel 5.1 ist definiert, dass sich Maßnahmen in Maßnahmenschritte untergliedern, die sukzessive abgearbeitet werden müssen. Mögliche Steuerungsmaßnahmen enthält Kapitel 2.3. [498] Die Darstellung über Von-Bis-

[498] Spezialfall: Wird im Falle der Risikotransfermaßnahme „Überwälzung" eine Versicherung abgeschlossen, müssen die zugehörigen Attribute aus dem statischen Modell befüllt werden.

Zeiträume, Checkpoints, Phasen, wie z.B. „geplant", „aktiv" oder „abgeschlossen", Maßnahmentyp „reaktiv" oder „proaktiv" und Fertigstellungsgrad in Prozent steigern die Überwachbarkeit. Über die Angabe von Bedingungen können mit der Maßnahmenabarbeitung in Verbindung stehende Abhängigkeiten dokumentiert werden.

Über die Verbindung von Maßnahmenkosten und -fortschritt z.B. mit der Entwicklung des Risikoausmaßes im Zeitverlauf können Aussagen über die Maßnahmenwirksamkeit getroffen werden. Je nachdem ob die Wirkung, also das aktuelle Risikoausmaß, der angegebenen Erwartung („mschritt_wirkungsgrad") nach einem Maßnahmenschritt entspricht, kann mit Ampelfarben ein Maßnahmenerfolg hervorgehoben werden. Zudem kann der Wirkungsgrad auch den Kosten oder dem Zeitraum zur Umsetzung einer Maßnahme oder eines Maßnahmenschrittes gegenübergestellt werden. Die Basis für ein Tracking einzelner Maßnahmen oder -schritte ist damit gegeben. Über die Hinterlegung eines Verantwortlichen ist der jeweilige Ansprechpartner bzgl. des Fortschritts definiert. Auch die Entscheidungsfindung bzgl. der Ergreifung einer Maßnahme wird dadurch unterstützt. Entsprechende Maßnahmen sollen beim ChaRM-Tacho (4) je nach deren Beeinflussbarkeit eingeblendet werden.

Eine Zuweisung von Maßnahmen ist im Klassenmodell vorgesehen, mit ähnlichen Prinzipien, wie die Weitergabe von Wirkungen.

Die nachfolgende Prototypenbildung und Evaluation wird bezogen auf die KCRM-Sicht für Chancen und Risiken integriert durchgeführt; Abweichungen werden hervorgehoben. Da Visualisierungsmöglichkeiten bzgl. eines Maßnahmen-Trackings aus bestehenden IT-Lösungen oder dem Projektmanagement[499] nutzbar sind, erfolgt hierfür keine prototypische Visualisierung.

[499] Nutzbar sind bspw. Meilensteine und Gantt-Diagramme, vgl. bspw. Kilian u.a. (2008), S. 138f.

6. Prototypbasierte Evaluation der Konzeptionsschwerpunkte

Das Rahmenkonzept wird hier anhand der herausgestellten Schwerpunktbereiche in einen Prototyp überführt, der als Diskussionsbasis zur Erfassung, Konkretisierung und Evaluierung der Anforderungen im Kontext der Fachkonzeption dient.

In der Literatur wird unter einer Evaluation ein Vorgehen zur Bewertung eines Sachverhalts oder Objekts verstanden. Im Kontext der gestaltungsorientierten Wirtschaftsinformatik kann hierüber die Eignung konstruierter Artefakte objektiv überprüft werden. Dies erfolgt hier an einem entwickelten Prototyp unter Definition zugehöriger Evaluationskriterien. In dieser Arbeit wird das Rahmenkonzept als erstelltes Artefakt zusammen mit dem entwickelten Prototyp bezogen auf seine adäquate Erstellung in Bezug auf die erhobenen Anforderungen und damit gegen die Forschungslücke und Zielsetzung der Arbeit geprüft. Dabei darf die Erfüllung der Evaluationskriterien durch den Prototyp nicht immanente Eigenschaft des Prototyps sein.[500] Daher werden z.B. die Zufriedenheit der Ansprechpartner bezogen auf die Umsetzung der Anforderungen und Zielsetzung der Arbeit sowie die Verständlichkeit der Lösung untersucht und für den Prototyp bestehende Verbesserungspotentiale erhoben.

Die Prototypenbildung mit Evaluierung und Schlussbetrachtung im folgenden Kapitel werden über Abbildung 58 in den Gesamtzusammenhang der Arbeit gesetzt.

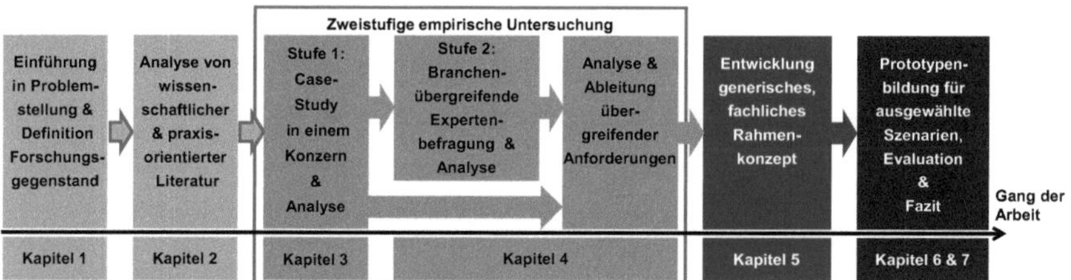

Abbildung 58: Einordnung von Kapitel 6 und 7 in den Gang der Arbeit[501]

Im Rahmen des hier angewendeten explorativen Prototypings, das von experimentellem und evolutionärem Prototyping abgegrenzt werden kann,[502] wird ein horizontaler Prototyp bezogen auf eine lauffähige Benutzeroberfläche mit Dialogentwürfen zur Evaluierung der Semantik ohne Implementierung der Funktionalitäten erstellt. Es

[500] Vgl. Frank (2000), S. 35ff. und Riege u.a. (2009), S. 72ff.
[501] Eigene Darstellung.
[502] Exploratives Prototyping dient der Anforderungsspezifikation, experimentelles z.B. zur Prüfung der Machbarkeit eines Systems und evolutionäres zur sukzessiven (Weiter-)Entwicklung eines Systems, vgl. Grechenig u.a. (2010), S. 541 und Mertens u.a. (2010), S. 149f.

wird nicht die vollständige Oberfläche des Systems modelliert, sondern es werden bestimmte Module prototypisch umgesetzt, die zur Nutzung der beschriebenen Schwerpunktbereiche notwendig sind. Die umgesetzten Abläufe werden hier als Szenarien[503] bezeichnet. Entsprechende Funktionen, die im System zusätzlich vorhanden sein müssen, werden bei Bedarf auf Basis der UCs aus Kapitel 5.2 benannt. Bei der Gestaltung werden Prinzipien der Software-Ergonomie[504] beachtet. Unter Einbeziehung je zweier Repräsentanten aus den Anspruchsgruppen KCRM und Management des Case wird der Prototyp bezogen auf die Fokusbereiche iterativ evaluiert und bei Bedarf angepasst, um eine Anforderungsspezifikation durchzuführen.[505] Da Funktionalitäten z.T. spezifisch auf KCRM- oder Management-Sicht ausgerichtet sind, werden je zwei Personen zur Sicherstellung der Objektivität getrennt befragt.

Die Anpassungen und Hinweise im Rahmen der Evaluation werden pro Iteration und Person protokolliert. Im ersten Schritt wird der aus der Konzeption abgeleitete Prototyp den Ansprechpartnern aus dem KCRM vorgestellt und dann auf Basis der Anregungen ggf. modifiziert. Iterationen erfolgen so oft bis die Lösung dem Bedarf des KCRMs gerecht wird. Anschließend wird der Prototyp Repräsentanten des Managements vorgestellt, mit ggf. weiteren Iterationen. Der Prototyp wird mittels Funktionalitäten aus Office-Programmen erstellt und umfasst 304 Einzelansichten als Systemmasken. Übergänge werden über Verknüpfungen zwischen Ansichten ermöglicht.

Der explorative, horizontale Prototyp wird bezogen auf drei aus dem Konzept abgeleitete, kontextrelevante Szenarien aufgebaut, die jeweils einen der drei konzipierten Bereiche adressieren. Die drei Szenarien werden dabei so gewählt, dass ein möglichst großer Umfang der in Kapitel 5.3 beschrieben Inhalte und Funktionalitäten damit adäquat und für die Evaluation realitätsnah veranschaulicht werden kann.

Im ersten Szenario wird ein Kollaborationsworkflow abgebildet, der die Funktionalitäten des Austauschpools und die Bewertungspartnerschaften bezogen auf die Reputationsthematik kombiniert. Die hier vorgenommene Fokussierung auf die technische Unterstützung der Reputationsthematik ist ein Spezifikum dieser Arbeit.

---

[503] Vgl. Grechenig u.a. (2010), S. 541f. und Pohl (2008), S. 48: Ein Szenario im Kontext dient dem Durchlaufen von Aktivitäten.

[504] Siehe hierzu bspw. Schmidtke und Jastrzebska-Fraczek (2013), S. 240ff.

[505] Nutzung eines horizontalen Prototyps der Oberfläche in Anlehnung an Vorgehen vgl. Balzert (2005), S. 10ff. und 218ff., Balzert (2008), S. 537ff., Grechenig u.a. (2010), S. 541ff., Oesterreich und Bremer (2009), S. 167ff., Pohl (2008), S. 370ff. und 459ff. und Pohl und Rupp (2011), S. 41 und 114ff.

Das zweite Szenario adressiert die Komplexität im Rahmen der Aggregationsprozesse zur Gesamtsituation. Hierbei werden auch prozesssteuernde Vorgaben und die Abbildung des Gesamtkonzerns in der Lösung mitbetrachtet.

Das dritte Szenario enthält Lösungsansätze für ein Steuerungscockpit, mit innovativen Darstellungen für die geforderten Sichten u.a. bezogen auf Reputation, Statusmeldungen, integrierte Chancen- und Risikosichten und Ländersichten.

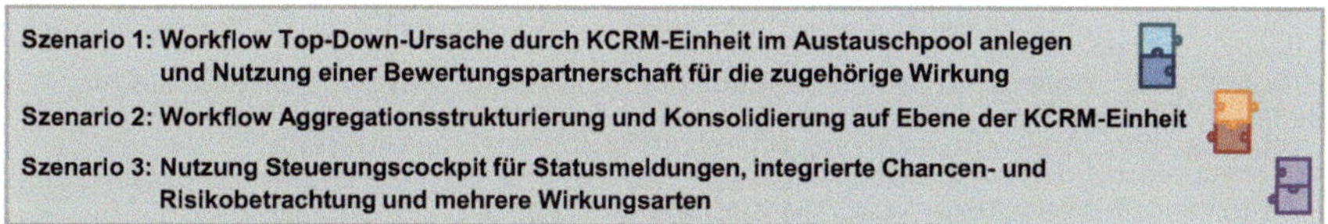

Abbildung 59: Evaluationsszenarien für den horizontalen Prototyp[506]

Gemäß Abbildung 59 werden mit dem Prototyp alle konzipierten Bereiche abgedeckt.

Um ein Grundverständnis für den Aufbau des Prototyps zu schaffen, wird zunächst der Aufbau der Einstiegsmaske erläutert, die sich aus mehreren Bestandteilen zusammensetzt. Die Einstiegsmarke in Abbildung 60 besteht aus einer Kopf- und einer Seitenleiste zur Navigation sowie zwei zentralen inhaltstragenden Bereichen.

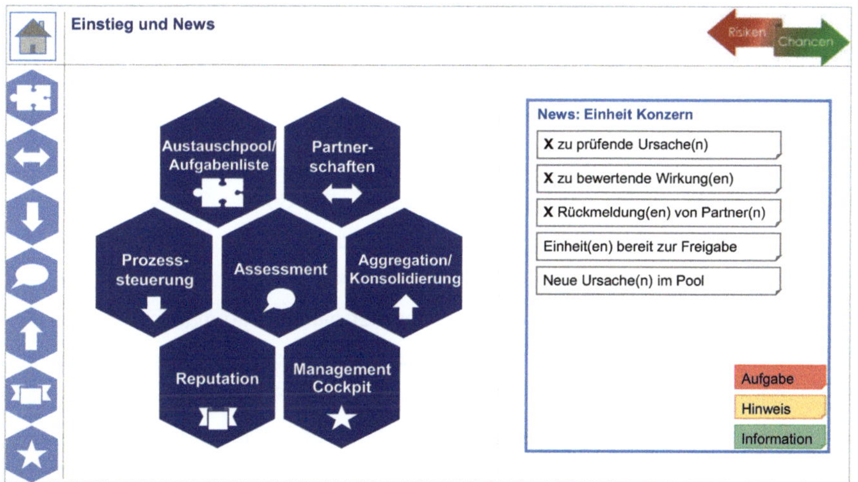

Abbildung 60: Prototyp – Einstieg und Navigation[507]

[506] Eigene Darstellung. Die Puzzleteile und Farbgebung referenzieren auf Abbildung 43.

[507] Eigene Darstellung. Eine Maske entspricht hier dem Bildschirm- bzw. Fensterinhalt. Der Prototyp ist losgelöst von unternehmensspezifischen Styleguides und soll auch mobile Nutzung ermöglichen.

Das „Haus“- (oben links) und das entworfene „Risiko-Chancen“-Symbol (oben rechts) verlinken auf die Einstiegsmaske und sind von jeder Maske des Prototyps aus erreichbar. Gleiches gilt für die Navigations-Seitenleiste (links). Die Kopfleiste ist modulspezifisch und dient der Modulunterteilung. Der erste zentrale Bereich (links) enthält die für die Funktionalitäten der Schwerpunktbereiche benötigten Module.

Die Module werden für die Prototypszenarien wie folgt erarbeitet und verwendet:[508]

- Szenario 1: „Austauschpool/Aufgabenliste“, „Partnerschaften“, Teile aus „Assessment“ (Die chancen- und risikospezifische Erfassung wird nicht betrachtet.)
- Szenario 2: „Aggregation/Konsolidierung“ und „Prozesssteuerung“
- Szenario 3: „Reputation“ und „Management Cockpit“.

Die Wabendarstellung symbolisiert, dass es sich um einen in sich geschlossenen Prototyp handelt, der bei Bedarf ergänzt werden kann. Das Modul „Prozesssteuerung“ umfasst Administrationsansichten, die die benannten Module ergänzen, um alle Schwerpunktbereiche abzudecken. Es wird nicht prototypisch umgesetzt sondern in Kapitel 5.3.2 deskriptiv dargestellt und dient der Vorgabendefinition.

Für jedes Modul wird ein charakteristisches Symbol gewählt, wobei der Puzzlebaustein für die Zusammensetzung aller Ursachen steht und der Doppelpfeil für die Zusammenarbeit von Bereichen. Für den Ursachenpool wird auf der Oberfläche der Begriff Austauschpool verwendet, um die Zielsetzung in den Vordergrund zu rücken. Die Pfeile nach oben und unten stehen, entsprechend Abbildung 42, für die Vorgaben in der gesamten Hierarchie durch das KCRM und die Aggregation der Inhalte von der untersten bis zur obersten Konzernebene. Die Sprechblase verdeutlicht die Möglichkeit im Modul „Assessment“ eine Chance oder ein Risiko zu erfassen bzw. zu melden oder ein Assessment durchzuführen. Es wird aus KCRM-Sicht zur integrierten Auswertbarkeit von Chancen und Risiken der gleiche Informationsbedarf benötigt. Die Erfassungsmasken und -ausprägungen können sich jedoch gemäß den Ergebnissen in dieser Arbeit unterscheiden. Das Modul „Reputation“ wird mit einem Banner versehen, der z.B. mögliche Unternehmenswerte repräsentiert. Das „Management Cockpit“ ist mit einem Stern gekennzeichnet. Die Symbole finden sich in der Navigationsleiste wieder und werden dunkelblau, wenn ein Modul aktiv ist.

[508] Modul- und Teilmodulnamen bzw. Reiter werden außer bei Abbildungen in „“ hervorgehoben. Wenn die inhaltliche Bedeutung des benennenden Begriffs im Vordergrund steht, erfolgt ebenfalls keine entsprechende Kennzeichnung.

Der zweite inhaltstragende Bereich umfasst Informations- bzw. News-Meldungen auf der rechten Seite. Im Prototyp werden hierüber bei Bedarf Neuigkeiten gemeldet und farblich entsprechend der Legende als Aufgabe, Hinweis oder Information markiert. Eine Aufgabe erfordert eine Pflichtbearbeitung. Ein Hinweis erfolgt, wenn Meldungen durch andere Anwender erstellt werden, z.B. bei Aktionen die Objekte der eigenen Einheit betreffen. Zudem gibt es generelle Informationen. Da aktuell keine Meldungen vorliegen, wird die Anzahl mit „X" dargestellt.

Der DV-nahe Prototyp deckt einen Teil der in der OOA definierten und in der Konzeption adressierten Anforderungen und UCs ab.[509] Ausgeschlossen sind Anforderungen und UCs, die die generelle Informationserfassung, rein administrative Tätigkeiten oder technische Aspekte adressieren. Das Klassendiagramm aus Kapitel 5.1 umfasst die Inhalte, die zur Abdeckung der fachlichen Konzeption nötig sind. Als Prämisse für den Prototyp wird angenommen, dass zusätzliche Klassen für grafische Ansichten bestehen. Hierzu gehören bspw. Klassen für Cockpit-Darstellungen oder Berichte. Für ein vollumfängliches DV-Konzept müssen diese ergänzt werden.

6.1 Prototypisierung der Kollaborationsfunktionalitäten

Dieses Kapitel dient der Erläuterung des Prototypszenarios zur Evaluierung der Anforderungen an die Kollaborationsfunktionen. Hierbei wird eine Top-Down-Ursache über das Modul „Austauschpool/Aufgabenliste" an Einheiten weitergegeben. Die Beurteilung der Wirkung erfolgt unter Verwendung einer Bewertungspartnerschaft.

Abbildung 61 visualisiert die Maske des ersten relevanten Moduls unter Nutzung des Diagramms „Ursache erfassen und (top-down) zuweisen" (Abbildung 51).

Das Vorgehen entspricht Fall 7 (Kapitel 5.3.1). Zunächst erfasst das KCRM (Einheit Konzern, M_P) im System eine neue Ursache mit zugehörigen Inhalten (rechts). Durch die Ausführung von „Speichern und Zuweisen" werden die Informationen in den „Austauschpool" (Reiter) übertragen, mit der systemgenerierten ID 24 und dem Status „top-down zugewiesen" für die Einheiten SGE 1, 2 und IT. Die Abfrage ist auf die Risikoseite beschränkt. Bei Ausführung der Zuweisung entsteht in der Aufgabenliste

[509] Für adressierte Anforderungen siehe Kapitel 6.4. Aus dem Klassendiagramm werden Chance_Risiko, Aufgabenliste, Ursachenpool, Ursache, Organisationseinheit, Hierarchie, Land, Berichtszeitpunkt, CR_Strategie, Kategorie, Indikator, Produkt, Zeitraum, Aggregation, Aggregationskriterium, Aggregationssicht, Neuigkeit, Bewertung, Wirkung, Finanzielle_Wirkung, Bezugsgröße_Bezugspunkt, Reputations_Wirkung, Unternehmenswert und Anspruchsgruppe im Prototyp verwendet.

betroffener Einheiten ein Eintrag und ein zugehöriger Hinweis wird per Mail versendet. Zusätzlich wird auf der Einstiegsmaske der betroffenen Einheiten eine Meldung, dass „zu prüfende Ursachen" vorhanden sind, mit einer roten Markierung hinterlegt.

Mit Auswahl dieser Meldung oder dem Aufruf des Moduls „Austauschpool/Aufgaben" erscheint der Reiter mit der einheitenspezifischen „Aufgabenliste" (siehe Abbildung 62). Bei Auswahl des zugewiesenen Objekts (ID 24) werden die Inhalte entsprechend der erfassten Daten (rechts) angezeigt. Das Diagramm „Ursache prüfen/ bewerten" (Abbildung 52) wird über folgenden Screenshot aus dem Prototyp abgebildet, indem über die Buttons Verarbeitungsmöglichkeiten aufgerufen werden können. Bei erneuter Zuweisung muss der ursprüngliche Erfasser informiert werden.

Um das Szenario abbilden zu können, muss aus der Ursache heraus ein Risiko über „Chance/Risiko erfassen" erstellt werden. Die Auswahl verlinkt auf das Assessment-Modul, das nur im für dieses Szenario benötigten Umfang Teil der Arbeit ist.

Es wird als Zwischenschritt die Maske in Abbildung 63 benötigt.

Um den Aspekt mehrerer Wirkungsarten mit spezifischen Bewertungskriterien und den Bewertungspartnerschaften erläutern zu können, wird Fall 7 aus Kapitel 5.3.1 fortgeführt, mit B_E/M_E der SGE und B_{P2}/M_{P2} bis B_{Pn}/M_{Pn} in Bereichen, in denen keine eigene Erfassung einer Chance oder eines Risikos erfolgt. Das Modul folgt wie das gesamte System der Workflow-Logik und dient in mehreren Schritten der Erfassung notwendiger Inhalte. Dabei folgt die Aufteilung der Schritte der Unterteilung aus Abbildung 53.[510] Im Schritt Wirkungen anlegen wählt der Anwender die Wirkungsarten aus und erhält die Anzeige der Attribute, die zu bewerten sind. Wenn für die Bewertung eine Partnerschaft genutzt werden soll, muss symbolisch eine „Spielfigur" angeklickt werden. Dies ist in Abbildung 63 für die finanzielle Wirkung und die Reputationswirkung erfolgt (dunkelblaue Markierung). Die SGE bewertet die Reputationswirkung selbst nicht (Abwahl der Figur, hellblau). Um von der Auswahl in Abbildung 63 zur Angabe der Bewertungspartner zu gelangen, muss Schritt (Wabe) vier „Wirkungen bewerten" oder der Button „weiter" gewählt werden.

Über diese Auswahl wird eine Zuweisungsmaske sichtbar auf der über eine „Drag-and-Drop"-Funktion eine Wirkung auf eine Figur zur Zuweisung gezogen wird. Über

[510] Mapping zu Abbildung 53: Erfassen (weiß in Abbildung 53), Analysieren (grau), Wirkung anlegen und bewerten (dunkelgrau), Maßnahme anlegen und beurteilen (dunkelgrau, weiße Schrift).

die Eingabe im Suchfeld und Auswahl des Pfeils wird sie einem oder mehreren Partnern zugewiesen, in Abbildung 64 „COM“ (M_{P2}), „Investor Relations“ (M_{P3}).

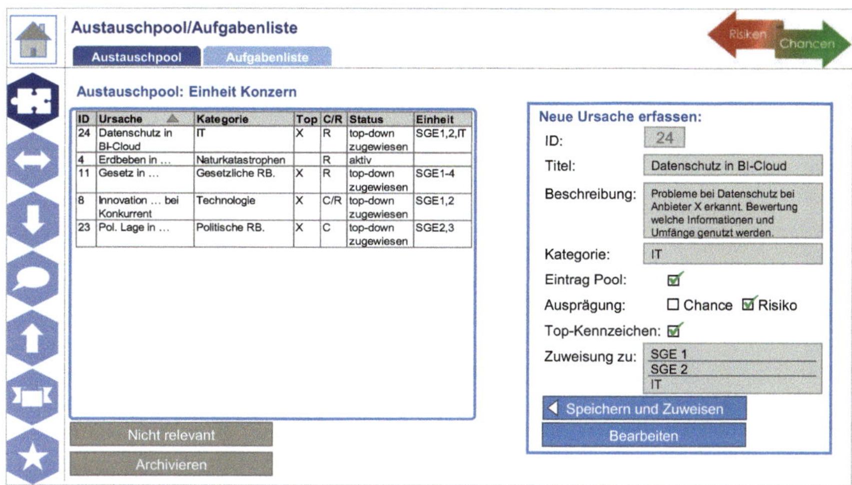

Abbildung 61: Szenario 1 – Austauschpool aus Sicht des KCRMs[511]

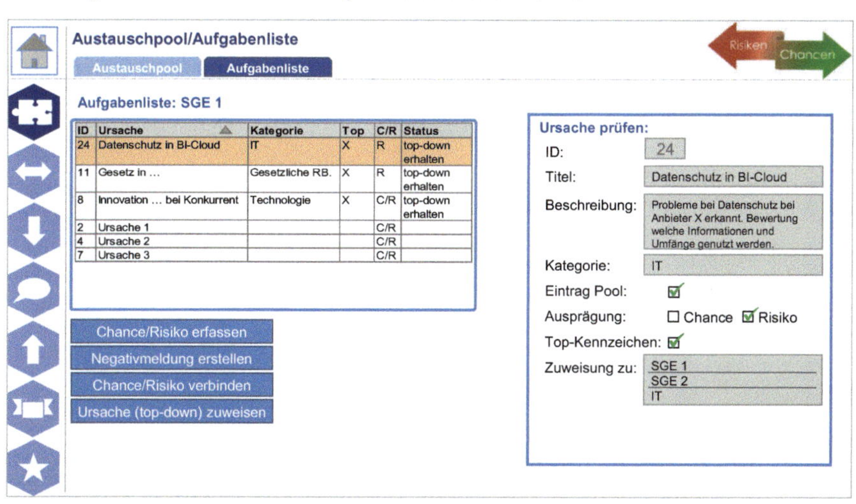

Abbildung 62: Szenario 1 – Zugewiesene Top-Down-Ursache prüfen/bewerten[512]

[511] Eigene Darstellung. OEen können dem KCRM über die „Aufgabenliste“ der OE Konzern etwas zu Prüfendes zuweisen. Von dort kann es top-down weitergegeben werden. Die Spalte C/R steht dafür, ob Chancen und/oder Risiken möglich sind. „Archivieren“ dient UC „Ursachenstatus ändern“.

[512] Eigene Darstellung. Der Aufruf von „Chance/Risiko erfassen“ führt zum Modul „Assessment“.

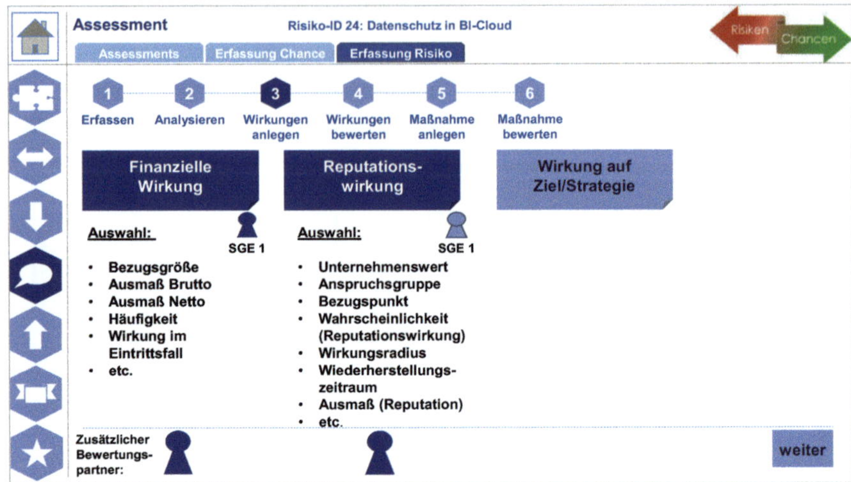

Abbildung 63: Szenario 1 – Bewertungspartnerschaften nutzen[513]

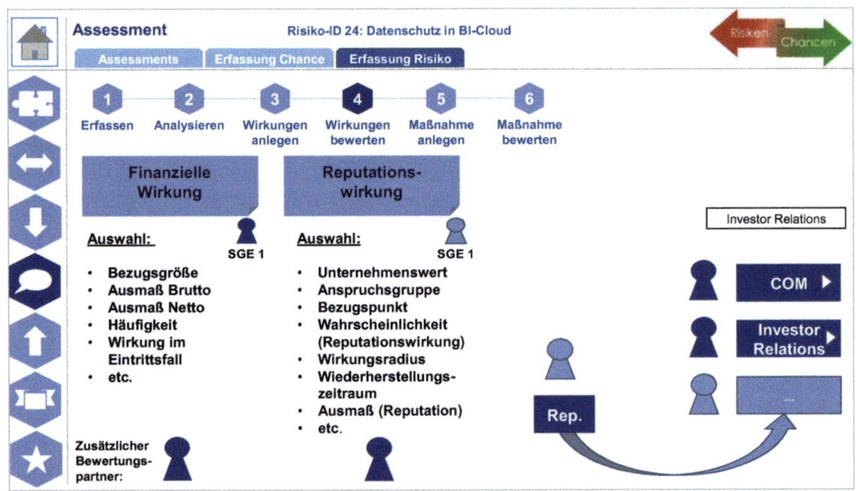

Abbildung 64: Szenario 1 – Bewertungen zuweisen[514]

Zum Verständnis der weiteren reputationsspezifischen Sichten müssen zunächst die für diese Arbeit hergeleiteten Konkretisierungen erläutert werden. Die Erläuterungen basieren auf der Literatur, der zweistufigen empirischen Untersuchung und den

[513] Eigene Darstellung. Wird nur ein Teil der Attribute zur Bewertung weitergegeben, können die anderen Attribute vor Zuweisung in der Maske „Wirkung bewerten“ bewertet werden. Die finanzielle Wirkung wird zusätzlich zur Zuweisung durch B_E/M_E bewertet. Es werden folglich Fall 6 und 7 kombiniert.

[514] Eigene Darstellung. Wenn Zulieferungen vorliegen, erscheint ein Button „Zusammenfassung“.

genannten Workshops zur Erarbeitung des Informationsbedarfs und der Bewertungsumfänge. Als Definition für Reputation wird hier der Ruf bzw. das Ansehen des gesamten Unternehmens aus Sicht relevanter Stakeholder-Gruppen festgelegt.

Die Reputation des Konzerns kann positiv und/oder negativ beeinflusst werden. Wie in Kapitel 2.3 erläutert, gibt es mehrere Stakeholder, deren Meinungen über die Unternehmensreputation zu berücksichtigen sind (vgl. *SF-11*, Kapitel 2.3). Um diese Information zur Analyse verwenden zu können, werden die Anspruchsgruppen in der Klasse „Anspruchsgruppe" gepflegt und beispielhaft wie folgt gebündelt:

- Gegenwärtige/potentielle **Kunden**, sind Teilmenge der gesamten **Öffentlichkeit**,
- **Analysten und Ratingagenturen**, geben Einschätzungen über den Konzern ab,
- **Investoren und Kapitalgeber**, die den Konzern finanziell unterstützen, sowie
- **Geschäftspartner und Mitarbeiter** des Konzerns.

Als Facetten werden Werte, für die ein Konzern steht, betrachtet. Hierfür gibt es die Klasse „Unternehmenswert", als Angriffspunkt einer Reputationswirkung. In Anhang B sind Systematiken genannt, um den Reputationsbegriff zu konkretisieren. Für diese Arbeit werden vier Werte herausgearbeitet, die sich als beispielhafte Unternehmenswerte und Basis für detailliertere Bezugspunkte eignen. Informationen, die die Integrität eines Unternehmens oder die Produktqualität in Frage stellen, sind z.B. reputationsschädlich. Die Kommunikation über erfolgreiche Zielerreichung wirkt positiv. Abbildung 65 zeigt den entwickelten Reputations-Kompass (Rep-Kompass), der Werte als Eckpunkte und Anspruchsgruppen als Felder (vgl. *SF-11*) enthält.

Die Klassen Anspruchsgruppe und Unternehmenswert sind mit der Klasse Reputations_Wirkung verbunden. Sind mehrere Gruppen-Werte-Kombinationen betroffen, werden mehrere Objekte der Klasse Reputations_Wirkung benötigt. Die Erfassung reputationsbezogener und ggf. die Referenz auf mitverursachte finanzielle Wirkungen, wird bspw. über die Wahl der Kategorie „Reputation" für eine Chance oder ein Risiko ermöglicht.[515] Unternehmenswert und Anspruchsgruppe bilden mit Ursache und EW die Basisinformationen zur Bewertung.

---

[515] Chancen und Risiken anderer Kategorien können auch Reputationswirkungen besitzen.

Abbildung 65: Rep-Kompass zur Betrachtung der Unternehmensreputation[516]

Reputationsbeeinflussende Ursachen können z.B. Ereignisse, Handlungen oder ein Kommunikationsakt sein. Sie können eine mögliche Resonanz der Anspruchsgruppen in Bezug auf die Reputation bewirken. Neben der alleinigen Kommunikation, sind bspw. Verbindungen mit Handlungen des Unternehmens, die der Kommunikation entsprechen oder damit auseinanderfallen relevant, sowie die Fremdpublikation über Handlungen des Unternehmens. Eine Wirkung kann aber auch durch die Handlung eines Mitarbeiters ggü. Kunden oder externe, das Unternehmen beeinflussende Ereignisse entstehen. Die aufgezeigten Ursachen müssen in der IT-Lösung als Ursachenobjekte abgebildet und der Bezugspunkt der Wirkung spezifiziert werden.

Die Differenzierung der möglichen Ursachen visualisiert Abbildung 66.

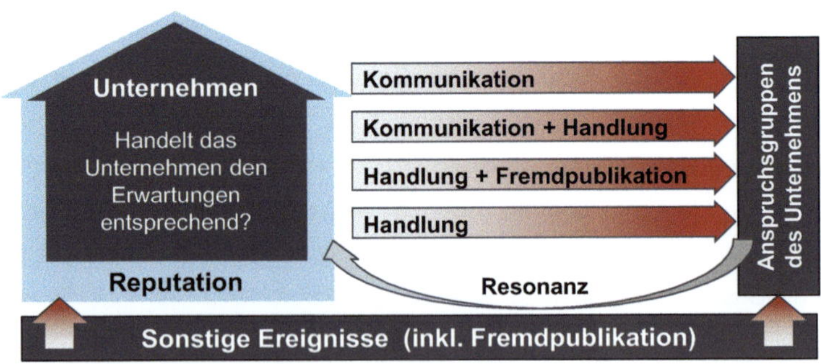

Abbildung 66: Differenzierung reputationswirksamer Ursachen[517]

[516] Eigene Darstellung.
[517] Eigene Darstellung. Fremdpublikation verursacht durch Handlungen oder unabhängig davon.

Auch ein Ereignis mit originär finanzieller Wirkung kann Ursache eines Reputationsrisikos sein, was die Notwendigkeit der Spezifikation des Auslösers aus Reputationssicht unterstreicht. Zur Einschätzung der Reputationswirkung werden weitere Informationen (siehe Abbildung 67) definiert. Sie basieren auf der Literaturrecherche. Der Informationsbedarf wird in Workshops auf generische Anwendbarkeit geprüft.

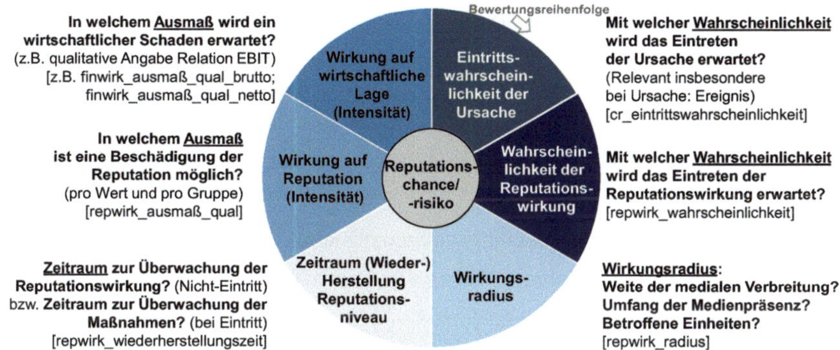

Abbildung 67: Informationsbedarf/Dimensionen pro Reputationschance/-risiko[518]

Zu bewerten sind die Wahrscheinlichkeiten, dass z.B. ein Ereignis oder eine Handlung als Ursache des Reputationsthemas eintritt und dass die Reputation dadurch beeinflusst wird. Zudem muss die erwartete Stärke der Reputationswirkung beurteilt und geprüft werden, ob eine Einschätzung über wirtschaftliche bzw. finanzielle Verluste möglich ist. Diese werden gemäß Klassendiagramm als finanzielle Wirkung erfasst. Aufgrund der schweren Greifbarkeit der Informationen über Reputation, werden qualitative Beurteilungen genutzt. Hinweise zur Beurteilungen des Wirkungsradius („repwirk_radius") können z.B. eine Gesamteinschätzung über die Medienpräsenz mit regionaler, nationaler oder globaler Verbreitung, die Art betroffener Medien sowie den Umfang betroffener OEen aus übergreifender Perspektive sein. Weiterer Faktor ist der erwartete Zeitraum der Reputationswirkung, bzw. die Zeitspanne, bis das ursprüngliche oder gewünschte Reputationsniveau (wieder)hergestellt ist. In die IT-Lösung werden die spezifischen Bewertungsumfänge aus Abbildung 67 aufgenommen. Aus der Kreisdarstellung wird ein neuartiges Berichtsmedium abgeleitet.[519]

[518] Eigene Darstellung. Informationen zu den Dimensionen können in genannten Attributen und ggf. zugehörigen Bewertungsobjekten gepflegt werden.

[519] In bestehenden, kommerziell genutzten Bewertungsschemata wird z.T. auch eine Kreisdarstellung verwendet, jedoch nicht wie hier zur Bewertung der Dimensionen, sondern zur Gewichtung von Reputationstreibern in Bezug zur Gesamtreputation, vgl. bspw. Wüst (2012), S. 71.

Die Informationen decken sich nicht vollständig mit den im Klassendiagramm für eine Reputationswirkung definierten Attributen, da die Bewertung eines Reputationsrisikos auch die EW der Ursache (z.B. „cr_ew_quant_brutto“) und ggf. einen finanziellen Schaden („finwirk_ausmaß_qual_brutto/netto“) umfasst. Die UCs aus Kapitel 5.2 gelten, erweitert um den Informationsbedarf bzgl. Reputation. Der Prozessschritt Bewertung besitzt eine besondere Komplexität, da die Betrachtung der Reputationswirkung für den Gesamtkonzern, ggf. bezogen auf eine bestimmte Region, anstatt finanzieller Implikationen auf die meldende Organisationseinheit im Fokus steht.

Um die Informationen nutzen zu können, müssen diese in strukturierter Form aufbereitet werden. Als Möglichkeit für ein Bewertungs- und Berichtsmedium der Reputationsrisiken ist eine Gegenüberstellung als Risk Map ggf. mit modifizierten Dimensionen denkbar. Im Bereich der Reputationsthematik kommen aber aufgrund der multidimensionalen Bewertung mehrere Kriterien als potentielle Achsen in Frage, weshalb eine mehrdimensionale Kreisstruktur (gemäß Abbildung 67) entwickelt wird.

Die Reputationsthematik eignet sich als Beispiel für Partnerschaften und anzubindende Bereiche, da die wahrgenommene Reputation von den Erwartungen der Anspruchsgruppen und deren Erfüllung abhängt. Das bedeutet, dass sich z.B. die hier gewählten Bereiche Kommunikation und Investor Relations für die Unterstützung bei Identifikation und Bewertung potentieller Reputationschancen und -risiken eignen, da sie in Kontakt mit den Anspruchsgruppen oder relevanten Themen stehen. Neben diesen Spezialbereichen muss es jedem Mitarbeiter, der Kenntnis über ein potentiell reputationswirksames Thema erlangt, möglich sein ein solches Thema zu melden.

Um die Identifikation und Bewertung von Reputationschancen und -risiken zu unterstützen, können die Spezialbereiche z.B. Fragen bereitstellen, um Chancen-/Risikomanager dezentraler Einheiten im Identifikationsassessment für Reputationsthemen zu sensibilisieren. Es muss unterschieden werden, welche Informationen bezogen auf die Perspektive des Gesamtkonzerns durch identifizierende Personen beurteilbar sind und für welche Partnerschaften benötigt werden. Folgende Varianten mit zentraler oder dezentraler Identifikation und Bewertung werden hier unterschieden:

- Bereiche, wie z.B. Kommunikation, betrachten im Rahmen der Konzernberichterstattung dezentral gemeldete Chancen- und Risikothemen und bewerten zentral die Reputationswirkung für den Gesamtkonzern.

- Spezialbereiche nennen bspw. Regionen, bei denen der wirtschaftliche Nutzen der Tätigkeit einer erwartet negativen Reputationswirkung gegenübergestellt werden muss. Die Identifikation solcher „Top-Down-Ursachen" erfolgt zentral durch Spezialbereiche, die Bewertung dezentral. Die Erfassung, z.B. durch den Bereich Kommunikation, erfolgt über die Einstellung der Themen in den Austauschpool oder die Zuweisung zu Einheiten (Top-Down-Ursache). Zudem kann dazu die Priorisierungsfunktion aus Kapitel 5.3.3 vom Management genutzt werden.
- Das engste Kooperationsmodell besteht, wenn die Bewertung geteilt in mehreren OEen stattfindet oder eine dezentrale OE Unterstützung aus einer zentralen OE anfordert. Abbildung 68 verdeutlicht den Fall, mit geteilter Identifikation und Bewertung für ausgewählte, reputationsrelevante Attribute und Objekte. Helle Abschnitte gehören zur identifizierenden OE, dunkle zum Bewertungspartner.

1 **Reputations-chance/-risiko erfassen**	- Objekt **Ursache** anlegen und beschreiben - Objekt **Chance_Risiko** anlegen ggf. mit Verbindung zur Kategorie „Reputation" und Angabe der Grunddaten bei Chancen-/Risikoerfassung
2 **Analyse, Wirkung anlegen und zuweisen**	- Objekt **Bewertung** für „cr_eintrittswahrscheinlichkeit" - Objekt **Reputations_Wirkung** anlegen - Objekt **Reputations_Wirkung** bei Bedarf einer **Organisationseinheit** als Bewertungspartner zuweisen - Objekt **Bewertung** für Attribute **Finanzielle_Wirkung** (soweit notwendig/möglich)
3 **Bewertung Wirkung aus Sicht der Partnereinheit**	- Objekt **Unternehmenswert** ggf. mit **Bezugspunkt** und **Anspruchsgruppe** auswählen - Beurteilen **Reputations_Wirkung**: „repwir_radius", „repwirk_wiederherstellungszeit" - Objekte **Bewertung** für Attribute der **Reputations_Wirkung**: „repwirk_ausmaß_qual", „repwirk_wahrscheinlichkeit" anlegen und bewerten
4 **Maßnahmen erfassen und bewerten**	Objekt **Maßnahme** anlegen, befüllen und der **Reputations_Wirkung** zuweisen Objekt **Maßnahme** beurteilen

Abbildung 68: Darstellung Bewertungspartnerschaften im ChaRM[520]

In Kooperationen können Informationen zur Steuerung und für das Berichtswesen erstellt und überwacht werden. Die aufgezeigte Schrittfolge umfasst ChaRM-Schritte, wobei die Auswahl der Kategorie „Reputation" oder die Anlage einer Reputationswirkung der Einstiegspunkt ist. Bezogen auf die IT-Lösung wird neben der getrennten Erfassung von Chancen und Risiken ein separates Modul „Reputation" bereitgestellt, um dieses auch für spezielle Bereiche freizuschalten. Zudem müssen Reputationschancen und -risiken aus dem normalen Assessment-Modul heraus anlegbar sein. Die Vernetzung ist notwendig, wenn die Reputationskategorie gewählt oder, wie in diesem Szenario, eine zusätzliche Reputationswirkung angelegt wird. Die Weitergabe im Rahmen der Partnerschaften wird über ein Modul „Partnerschaften" gehand-

[520] Eigene Darstellung. Die Abbildung baut auf dem mittleren Ablauf aus Abbildung 54 auf. Der Workflow zur Anlage, Zuweisung und Bewertung der Reputationswirkung wird erläutert. Maßnahmen werden im Prototyp nicht visualisiert. Die Anlage der Bewertungsobjekte erfolgt für Anwender transparent.

habt. Nach erfolgter Zuweisung der Objekte können diese entweder erstmals bewertet oder die ursprüngliche Bewertung, unter Dokumentation der Veränderung, korrigiert werden. Durchgeführte Bewertungen müssen vom Bewertungspartner freigegeben werden, um für den Identifizierer sichtbar („bewertung_status") zu sein. Dieser gibt die Bewertung über die Freigabe an die nächste Ebene weiter.

Die Schritte zur Unterstützung der Bewertung des Risikos der SGE durch den Kommunikationsbereich „COM" werden im Prototyp abgebildet. In Folge der Zuweisung in Abbildung 64 erscheint z.B. in der Einstiegsmaske der Einheit COM als Aufgabe eine „zu bewertende Wirkung", die bei Bedarf mit einem Datum als Rückmeldefrist versehen ist. Bei Auswahl des entsprechenden roten News-Elements oder über das Modul „Partnerschaften" wird die Maske aus Abbildung 69 aufgerufen. Bei mehreren zu bewertenden Wirkungen erscheint eine Liste. Die rechte Seite der Maske ist zweigeteilt und umfasst die schematischen Abbildungen für den Rep-Kompass mit Unternehmenswert und Anspruchsgruppe und das Bewertungsraster mit Dimensionen.

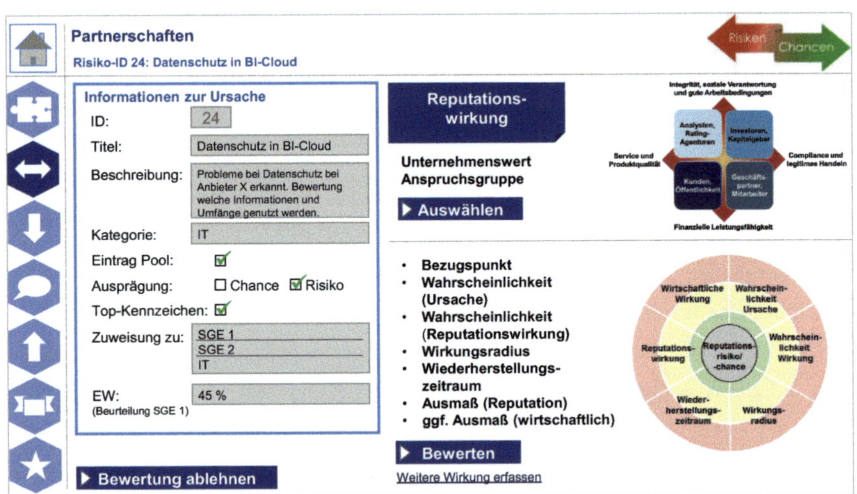

Abbildung 69: Szenario 1 – Einstieg Bewertung Reputationswirkung[521]

Es sind erneut die Inhalte der Ursache sichtbar, ergänzt um die EW, die in Schritt zwei „Analysieren" der Risikoerfassung ergänzt wird.[522] Über „Weitere Wirkung erfassen" können mehrere Reputationswirkungen oder andere Wirkungsarten aus Sicht der Partnereinheit ergänzt werden. Bei Betätigung des Buttons „Auswählen"

[521] Eigene Darstellung.
[522] Dieser Schritt ist in den, für die Arbeit aus dem Prototyp ausgewählten, Ansichten nicht abgebildet.

erfolgt ein Workflow bei dem grafisch unterstützt je nach Wirkung ein Wert und eine Gruppe des Rep-Kompasses gewählt werden können (siehe Abbildung 70).

Abbildung 70: Szenario 1 – Auswahl Unternehmenswert und Anspruchsgruppe[523]

In Abbildung 71 wird der Workflow über die Auswahl des Bezugspunkts und der Bewertung der Wirkungsdimensionen fortgeführt. Der gewählte Bereich des Rep-Kompass ist rechts oben sichtbar. Die Bewertung der Dimensionen erfolgt über Auswahl eines der Felder und optional textueller Beschreibung (hier nicht enthalten).

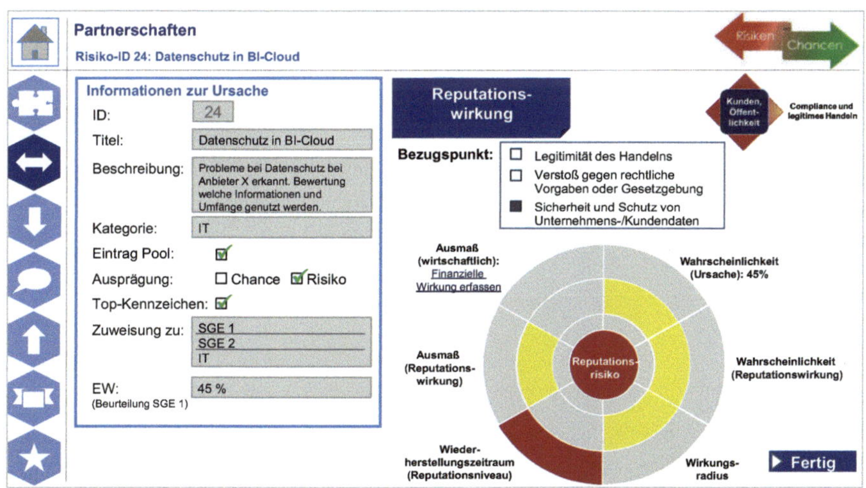

Abbildung 71: Szenario 1 – Detaillierte Bewertung eines Reputationsrisikos[524]

Das Gesamtergebnis stellt für die Partnereinheit die Freigabemaske der Wirkungsinformationen dar (gemäß Fall 7 in Tabelle 20) und dient der ersterfassenden Einheit zur Übernahme der Bewertung oder zur Rückfrage (Rückgabe, siehe Abbildung 72).

[523] Eigene Darstellungen. Aus Platzgründen sind hier Ausschnitte zweier Masken vereint, Auswahl im Beispiel: „Compliance und legitimes Handeln“ und „Kunden, Öffentlichkeit“ gemäß Markierung.

[524] Eigene Darstellung. Für eine finanzielle Wirkung würde z.B. „finwirk_ausmaß_qual_brutto“ gezeigt. Damit könnte auch die Überlegung aus *Ergebnis C-8* (Kapitel 3.5.1) abgedeckt werden.

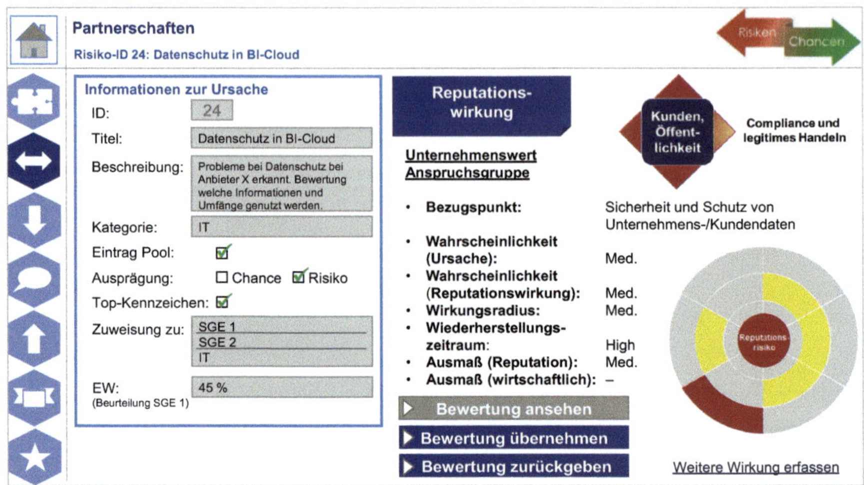

Abbildung 72: Szenario 1 – Übersicht Bewertung eines Reputationsrisikos[525]

Das Berichtsmedium kann für alle Dimensionen als „gering“ (grün), „mittel“ (gelb), oder „hoch“ (rot) bewertet werden. Es kann eine Logik hinterlegt werden, die einstuft, ab wann ein Thema insgesamt zu einer Stufe gehört, siehe Abbildung 73. Die Abfrage und Farbgebung des Themas Reputation ist für Chancen und Risiken gleich, wobei die Ausprägungen konträr zu deuten sind. Eine Abstufung von Grün- und Rottönen wäre hier unübersichtlich. Bei den Kreisdarstellungen handelt es sich um innovative Darstellungsmedien zur intersubjektiv nachvollziehbaren Beurteilung.

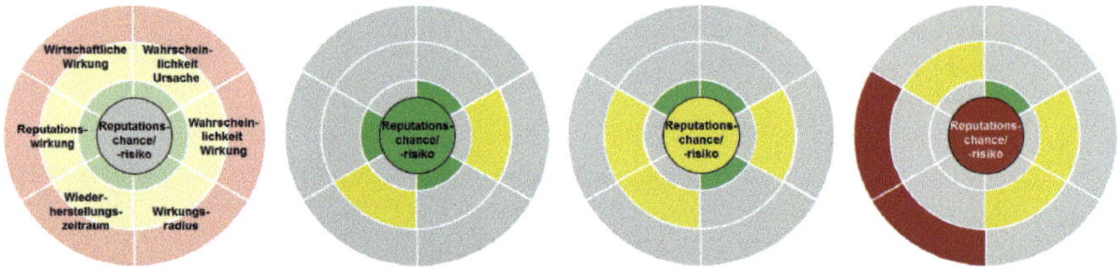

Abbildung 73: Szenario 1 – Bewertungsbeispiele für Reputationschancen/-risiken[526]

Nach Bewertungsfreigabe erhält die zuweisende Einheit (SGE 1) auf der Einstiegsmaske den Hinweis über die Rückmeldung und kann sie ansehen. Die zusammenfassende Darstellung der Wirkungen erfolgt gemäß Abbildung 74, wobei hier finanzi-

525 Eigene Darstellung. Es wird in den Masken einheitlich High (H), Med. (M) und Low (L) verwendet.

526 Eigene Darstellungen, Begrifflichkeiten sind gekürzt worden. Eine Einstufung als „hoch“ erfolgt sobald eine Dimension (Kreissegment) rot ist. Ab drei gelben Kreissegmenten erfolgt die Einstufung „mittel“, sonst „gering“. Erfolgt keine Bewertung eines Kreissegments, bleibt dieses grau. Wenn mehrere Dimensionen bzw. Kreissegmente nicht bewertbar sind, muss die Logik erweitert werden.

elle Wirkungen aus drei und Reputationswirkungen aus zwei OEen zusammengeführt werden, jeweils beurteilt aus deren Sicht auf die gewählte Anspruchsgruppe und den betroffenen Wert. Die Kumulation der finanziellen Wirkungen ist änderbar.

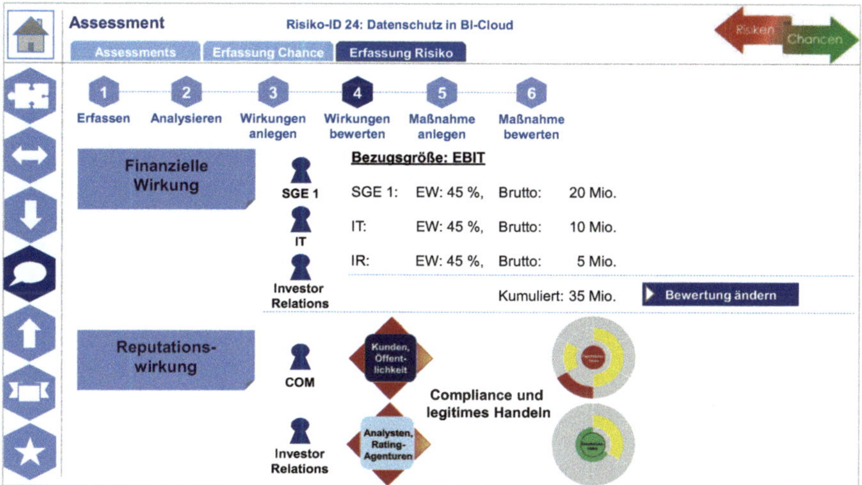

Abbildung 74: Szenario 1 – Zusammenfassung der Bewertung[527]

Über dieses Szenario kann im Konzern stets der beste Ansprechpartner für eine Bewertung einbezogen werden, soweit dieser der anfragenden Einheit bekannt ist. Die Inhalte aus Kapitel 2.3, z.B. *SF-12*, werden dabei mitbetrachtet.

6.2 Prototypisierung der Prozesssteuerungsfunktionalitäten

Das zweite prototypisch umgesetzte Szenario betrifft Visualisierungsmöglichkeiten und Funktionalitäten im Modul „Aggregation/Konsolidierung" mit fünf Reitern. Vier der Teilmodule werden näher erläutert. Für die Freigabe ist der Reiter „Freigabe" vorgesehen, der aber nicht Teil des Szenarios ist und im Prototyp nicht erarbeitet wird.

In Abbildung 75 wird als Einstiegsmaske des Moduls eine „Hierarchie" mit drei SGEen und Spezialbereichen, z.B. Strategie, COM, Volkswirtschaftliche und Politische Rahmenbedingungen (Vwl. RB und Pol. RB) angezeigt. Die in Abbildung 75 symbolisierten OEen der drei SGEen sind unterschiedlich strukturiert z.B. nach Regionen (hier: R1 bis R3 inkl. Untereinheiten) und Rest of World (RoW) mit Ländern (L), Produkten und darunter z.B. Wertschöpfungsstufen Entwicklung (E), Produktion (P)

[527] Eigene Darstellung. Auf Konzernebene müsste eine je nach Rückmeldung ggf. enthaltene Dopplung der Einschätzung, hier z.B. aus IT-Sicht (vgl. Abbildungen 61 und 74), eliminiert werden.

und Vertrieb (V). Abfragehierarchien und einbezogene Bereiche (vgl. *Ergebnis E-13*, Kapitel 4.3.3) werden für Chancen und Risiken über eine Auswahl unterschieden.

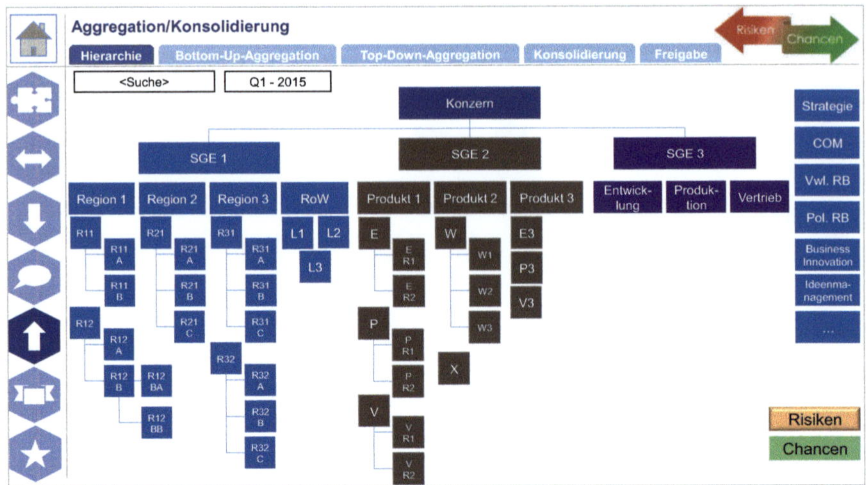

Abbildung 75: Szenario 2 – Hierarchiestrukturierung zur Aggregation[528]

Bei Suche nach oder Auswahl einer Einheit wird der Stand der Aggregation zum Zeitpunkt (hier: Quartal (Q) eins im Jahr 2015) angezeigt, siehe Abbildung 76.

Die in Abbildung 76 enthaltene Beispielansicht auf die OE „Vertrieb Region 1 (V R1)“ ist zusammen mit einem Ausschnitt der Hierarchie dargestellt. Hinzu kommt hier die Sicht auf die Risiken, die meldende Einheit, wozu auf höheren Hierarchiestufen auch zuliefernde Einheiten zählen, und bewertete Größen (Ausmaß in Mio. und EW in %). Über die Navigation im Ausschnitt des Hierarchiebaums sowie über das Suchfeld können andere Einheiten aufgerufen und deren freigegebene Sicht betrachtet werden. Über dieses Modul wird die Herkunft von Chancen und Risiken analysierbar und die Entwicklung von Bewertungen über Ebenen hinweg nachvollziehbar.

Die Aggregation von Chancen und Risiken wird hier für ein Risikobeispiel erläutert. Die mehrstufige Aggregationslogik im Reiter „Bottom-Up-Aggregation“ erfordert einen einheitenspezifischen Funktionsumfang. Abbildung 77 zeigt die Möglichkeiten zur Bearbeitung nicht-aggregierter und aggregierter Chancen und Risiken.

[528] Eigene Darstellung. Abkürzungen SGE1: Region (R), Land (L); SGE 2: unterhalb der Produkte nach E, P, V und Regionen aufgeteilt. Bei Produkt 2 gibt es Werke (W) und eine Spezialeinheit (X).

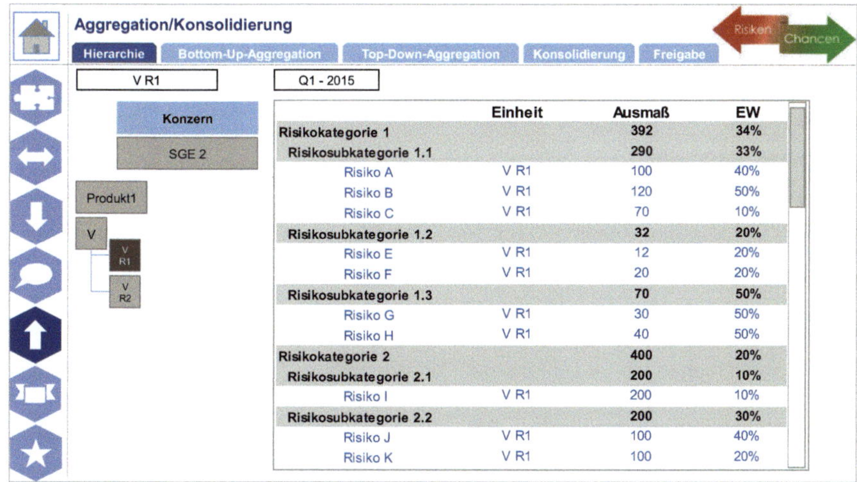

Abbildung 76: Szenario 2 – Sicht auf Aggregationen anhand Hierarchie[529]

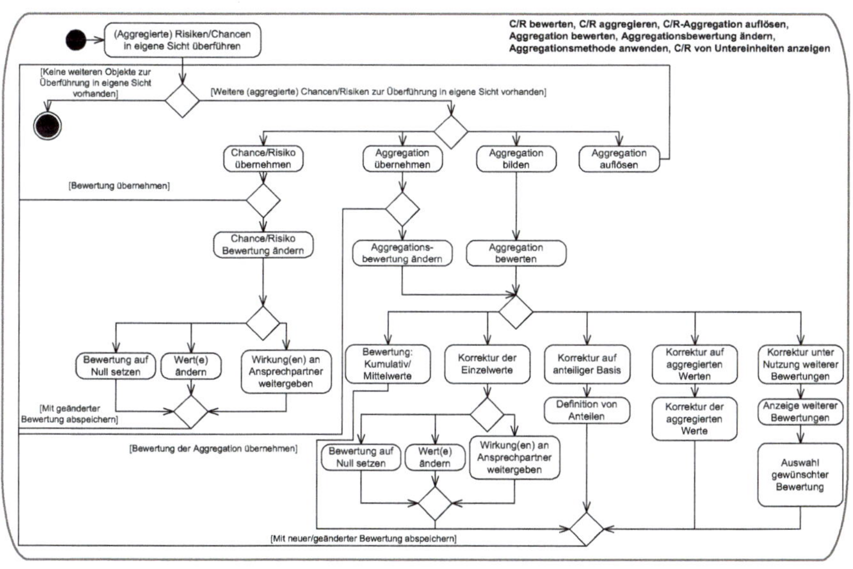

Abbildung 77: Aggregation ab Ebene n-1[530]

---

529 Eigene Darstellung. Das Beispiel zeigt die Risiken der OE, die Ansicht ist auf Chancen übertragbar. Das Ausmaß wird pro Kategorie als Summe und die EW als Mittelwert berechnet.

530 Eigene Darstellung. Das Diagramm gilt ab einer Ebene über der untersten Ebene (n-1) und fasst hier mehrere UCs mit deren Aktivitäten zur Verdeutlichung in einem Diagramm zusammen.
Die Neuanlage von Chancen/Risiken wird nicht visualisiert.
Nicht beschriftete Verzweigungen/Entscheidungen stellen Alternativen der Bewertung/Korrektur dar. Die Aktivität "Wirkungen an Ansprechpartner weitergeben" ruft einen Workflow gemäß Kapitel 6.1 auf. Auf die Darstellung von Objektknoten wird hier zur besseren Übersicht verzichtet.

Auf unterster Ebene (Ebene n) der Hierarchie gibt es nur die Funktion:

1. **Chance/Risiko erfassen**: Diese Funktionalität ist pro OE verfügbar und bietet die Möglichkeit in der Aggregationsliste aus Gesamtsicht fehlende Chancen oder Risiken zu erfassen. Die Auswahl verlinkt auf das Modul „Assessment". Mit Sichtbarmachung von Chancen oder Risiken oder Freigabe in einer OE erfolgt die Anzeige auf übergeordneter Ebene. Berücksichtigt wird dabei die durch eine übergeordnete OE definierte WK-Grenze zur Meldepflicht. Weitere Themen können optional als „berichtswürdig" weitergegeben werden.

Auf höheren Ebenen ist der Umfang der Funktionalitäten[531] größer (vgl. Kapitel 5.3.2):

2. **Chance/Risiko übernehmen**: Mit der Funktion kann der Chancen-/Risikomanager eine Chance oder ein Risiko einer untergeordneten OE in die Sicht seiner OE übertragen, zunächst unter Übernahme der bestehenden Beurteilung. Beurteilungen von Bewertungspartnern werden dabei auch übernommen.

3. **Chance/Risiko Bewertung ändern**: Die Bewertung einer übernommenen Chance oder eines Risikos kann hiermit geändert werden. Es können z.B. quantitative Werte für Ausmaß und/oder EW unter Angabe einer Begründung angepasst werden. Die Funktion fügt damit zum jeweiligen Zeitpunkt einheitenspezifische Bewertungsobjekte hinzu und überschreibt nicht die auf untergeordneter Ebene hinterlegte Bewertung. Eine Bewertung kann auf null gesetzt werden, wenn die Chance/das Risiko aus Sicht der übergeordneten OE nicht (mehr) besteht.

4. **Aggregation übernehmen**: Hiermit wird eine bestehende Aggregation unter Beibehaltung der Bewertung übernommen. Chancen und Risiken dürfen nicht verrechnet werden; sie können daher nicht in eine Aggregation einbezogen werden.

5. **Aggregation auflösen**: Mit dieser Funktion können durch die Einheit neu gebildete Aggregationen aufgelöst werden. Freigegebene Aggregationen lassen sich auf der nächsten Ebene nicht wieder löschen, sondern es können nur Einzelchancen und -risiken herausgelöst und anders zusammengefasst werden. Die ehemals freigegebene Aggregation bleibt ohne untergeordnete Themen und mit Nullbewertung in der aktuellen Sicht erhalten. Gleiches gilt, wenn die Aggregation

[531] Entsprechende Funktionalitäten sind bereits auf unterster Ebene relevant, wenn es OEen gibt, die außerhalb des Systems arbeiten und erst ab einer bestimmten Ebene strukturiert erfasst wird.

zu einem Folgeberichtszeitpunkt einer Berichtskette geändert wird. Diese Lösung dient der Nachvollziehbarkeit ggü. vorangegangenen Bewertungen.

6. **Aggregation bilden**: Bei Auswahl mehrerer Einzelchancen oder -risiken oder aggregierter Chancen oder Risiken werden über diese Funktion ein Objekt „Aggregation“ und zugehörige Bewertungsobjekte erstellt. Im Workflow steht bezüglich der Bewertung eine Auswahl aus mehreren Möglichkeiten zur Verfügung: Über die Auswahl „Kumulativ/Mittelwerte“ werden die Summe der Ausmaße sowie die mittlere EW berechnet.[532] Je nach Unternehmen könnte hier bspw. auch eine Gewichtung nach zugeordneten Ausmaßen erfolgen. Die Auswahl „Korrektur Einzelwerte“ ermöglicht eine Eingabe von Einzelwerten unter automatischer Summen- und Mittelwertbildung. „Korrektur auf anteiliger Basis“ erfordert, dass die einzelnen oder aggregierten Chancen oder Risiken über eine Prozentangabe für die Aggregationsbeurteilung gewichtet werden. Die „Korrektur der aggregierten Werte“ erlaubt die Eingabe eines Zielwerts für die aggregierten Größen unter automatisch gewichteter Korrektur untergeordneter Chancen und Risiken zur mathematischen Korrektheit. Die „Korrektur unter Nutzung weiterer Bewertungen“ ermöglicht die Wahl zwischen bisherigen Bewertungen. Die Korrektur einer untergeordneten Bewertung wird in separaten Objekten abgelegt.

7. **Aggregationsbewertung ändern**: Bewertungen aggregierter Chancen und Risiken sind änderbar. Wird die Funktion auf einer/m Einzelchance/-risiko ausgeführt, das Teil einer Aggregation ist, entsprechen die Abfragen „Chance/Risiko Bewertung ändern“ und es wird ein OEen-spezifisches Bewertungsobjekt pro geänderter/m Einzelchance/-risiko und folglich aggregierter/m Chance/Risiko gespeichert. Bewertungen werden nicht überschrieben. Wird die Funktion auf einem aggregierten Objekt ausgeführt, erfolgt die Veränderung des summarischen Werts und Bewertungsobjekte für die Aggregation und ggf. untergeordnete Objekte werden angelegt. Die Optionen entsprechen der Funktion „Aggregation bilden“.

8. **Chance/Risiko zu Aggregation hinzufügen**: Hiermit werden Chancen oder Risiken per „Drag-and-Drop“ zu einer Aggregation hinzugefügt. Es öffnet sich der Bewertungsdialog der Funktion „Aggregation bilden“.

[532] Bewertungs- und Aggregationsmethoden müssen für qualitative Bewertungen erweitert werden.

9. **Chance/Risiko aus Aggregation lösen**: Hierüber werden Chancen oder Risiken per „Drag-and-Drop" aus einer Aggregation herausgelöst und einzeln mit bestehender Bewertung aus der Aggregation gezeigt. Die Bewertung der Aggregation verringert sich je nach Bewertungslogik um die Werte von Chance oder Risiko.

10. **Weitere Bewertungen einblenden**: Über diese Funktion können einzelne oder mehrere Vorgängerbewertungen untergeordneter Einheiten eingeblendet werden.

Der Reiter „Bottom-Up-Aggregation" dient der Überführung von Chancen und Risiken untergeordneter OEen in eine übergeordnete Gesamtsicht, z.B. von SGEen in eine Konzernsicht. Die folgende Maske basiert auf der Abbildung 77 „Aggregation ab Ebene n-1" und enthält die erfolgte Bewertung auf SGE-Ebene und die noch ausstehende Bewertung auf Konzernebene, unter Auswahl eines Berichtszeitpunkts, einer Bezugsgröße sowie der Angabe des betroffenen Jahres, zur Ermöglichung mehrjähriger Planungen. Die ersterfassenden OEen sind auch angegeben. Die Auswahlmöglichkeit „Kategorie wechseln" erlaubt die Änderung der Kategorienzuweisung (z.B. Risiko Q). Abbildung 78 visualisiert die Maske des Prototyps.

Die Auswahl von „Weitere Bewertungen einblenden" öffnet die Ansicht aus Abbildung 79, in der eine oder mehrere untergeordnete Bewertungen angezeigt werden.

Zu Beginn der Aggregation besitzen alle Posten als Status ein rotes Kreuz. Bei Bearbeitung wird ein gelbes Ausrufezeichen angezeigt, nach Abschluss ein grünes Häkchen. Die Bedienung der Maske folgt dem Prinzip objektorientierter Bedienung, d.h. es werden erst ein oder mehrere Positionen und dann eine Funktion ausgewählt.[533] Weitere Wirkungsarten können über das rote Dreieck aufgerufen werden. Über „Details" werden zusätzlich Informationen, die im Modul „Assessment" erfasst werden, angezeigt. Die dargestellte Liste an Risiken wird im Rahmen des Prototyps unter Anwendung der Funktionalitäten in die Einheit Konzern übernommen und verändert. Diese Veränderungen werden in Kurzform erläutert: Risiko A, B und J werden mit ihrer Bewertung übernommen. Risiko M wird auf Einzelwertbasis korrigiert. Das aggregierte Risiko III wird unverändert übernommen. Risiko C und L werden unter Anwendung der Funktionalität „Kumulativ/Mittelwerte" aggregiert. Das aggregierte Risiko I wird unter Nutzung weiterer Bewertungen gemäß den Angaben aus Abbildung 79 (SGE-1) korrigiert. Aus Risiko G und H wird unter „Korrektur der Einzelwer-

[533] Vgl. Balzert (2005), S. 222.

te“ ein neues, aggregiertes Risiko gebildet. Das aggregierte Risiko II wird aufgelöst und Risiko O und P zu einem neuen aggregierten Risiko zusammengeführt. Hierfür werden die Auswahlfenster der zwei weiteren, möglichen Alternativen in Abbildung 80 vereint, um das neu entstehende aggregierte Risiko VI zu bewerten.

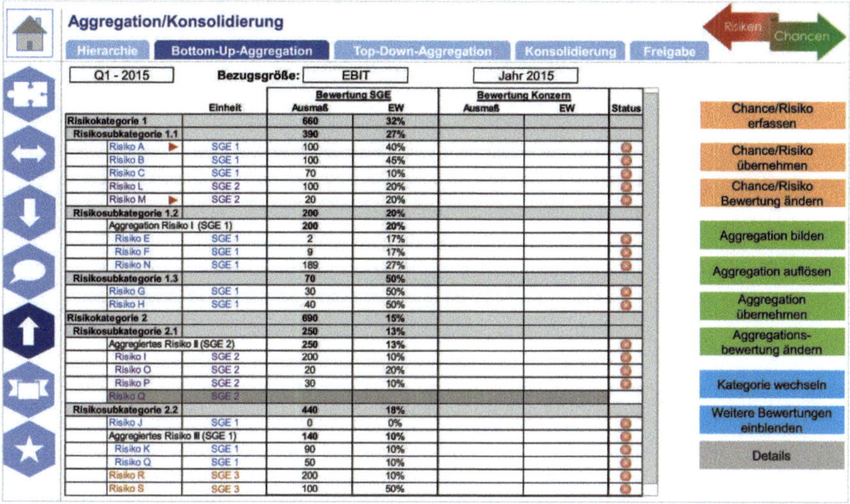

Aggregation/Konsolidierung

Hierarchie | Bottom-Up-Aggregation | Top-Down-Aggregation | Konsolidierung | Freigabe

Risiken | Chancen

Q1 - 2015 | Bezugsgröße: EBIT | Jahr 2015

	Einheit	Bewertung SGE Ausmaß	Bewertung SGE EW	Bewertung Konzern Ausmaß	Bewertung Konzern EW	Status
Risikokategorie 1		660	32%			
Risikosubkategorie 1.1		390	27%			
Risiko A	SGE 1	100	40%			
Risiko B	SGE 1	100	45%			
Risiko C	SGE 1	70	10%			
Risiko L	SGE 2	100	20%			
Risiko M	SGE 2	20	20%			
Risikosubkategorie 1.2		200	20%			
Aggregation Risiko I (SGE 1)		200	20%			
Risiko E	SGE 1	2	17%			
Risiko F	SGE 1	9	17%			
Risiko N	SGE 1	189	27%			
Risikosubkategorie 1.3		70	50%			
Risiko G	SGE 1	30	50%			
Risiko H	SGE 1	40	50%			
Risikokategorie 2		690	15%			
Risikosubkategorie 2.1		250	13%			
Aggregiertes Risiko II (SGE 2)		250	13%			
Risiko I	SGE 2	200	10%			
Risiko O	SGE 2	20	20%			
Risiko P	SGE 2	30	10%			
Risiko Q	SGE 2					
Risikosubkategorie 2.2		440	18%			
Risiko J	SGE 1	0	0%			
Aggregiertes Risiko III (SGE 1)		140	10%			
Risiko K	SGE 1	90	10%			
Risiko Q	SGE 1	50	10%			
Risiko R	SGE 3	200	10%			
Risiko S	SGE 3	100	50%			

Chance/Risiko erfassen
Chance/Risiko übernehmen
Chance/Risiko Bewertung ändern
Aggregation bilden
Aggregation auflösen
Aggregation übernehmen
Aggregations-bewertung ändern
Kategorie wechseln
Weitere Bewertungen einblenden
Details

Abbildung 78: Szenario 2 – Startansicht Bottom-Up-Aggregation[534]

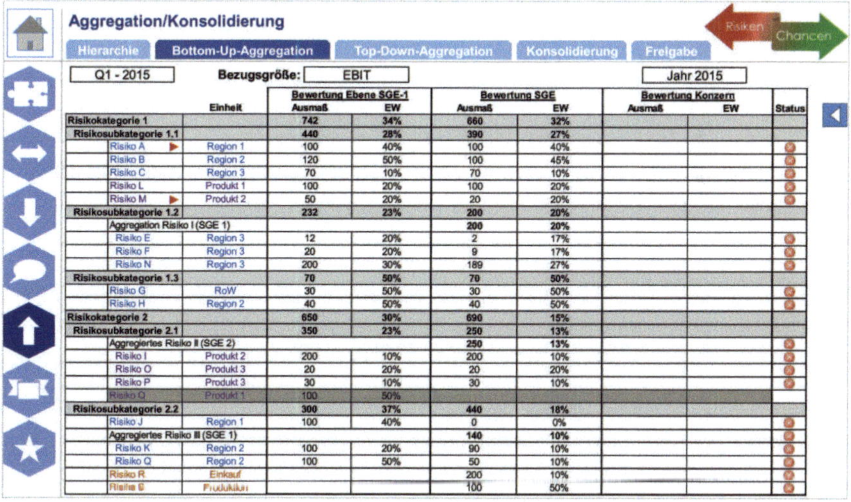

Aggregation/Konsolidierung

Hierarchie | Bottom-Up-Aggregation | Top-Down-Aggregation | Konsolidierung | Freigabe

Risiken | Chancen

Q1 - 2015 | Bezugsgröße: EBIT | Jahr 2015

	Einheit	Bewertung Ebene SGE-1 Ausmaß	Bewertung Ebene SGE-1 EW	Bewertung SGE Ausmaß	Bewertung SGE EW	Bewertung Konzern Ausmaß	Bewertung Konzern EW	Status
Risikokategorie 1		742	34%	660	32%			
Risikosubkategorie 1.1		440	28%	390	27%			
Risiko A	Region 1	100	40%	100	40%			
Risiko B	Region 2	120	50%	100	45%			
Risiko C	Region 3	70	10%	70	10%			
Risiko L	Produkt 1	100	20%	100	20%			
Risiko M	Produkt 2	50	20%	20	20%			
Risikosubkategorie 1.2		232	23%	200	20%			
Aggregation Risiko I (SGE 1)				200	20%			
Risiko E	Region 3	12	20%	2	17%			
Risiko F	Region 3	20	20%	9	17%			
Risiko N	Region 3	200	30%	189	27%			
Risikosubkategorie 1.3		70	50%	70	50%			
Risiko G	RoW	30	50%	30	50%			
Risiko H	Region 2	40	50%	40	50%			
Risikokategorie 2		650	30%	690	15%			
Risikosubkategorie 2.1		350	23%	250	13%			
Aggregiertes Risiko II (SGE 2)				250	13%			
Risiko I	Produkt 2	200	10%	200	10%			
Risiko O	Produkt 3	20	20%	20	20%			
Risiko P	Produkt 3	30	10%	30	10%			
Risiko Q	Produkt 1	100	50%					
Risikosubkategorie 2.2		300	37%	440	18%			
Risiko J	Region 1	100	40%	0	0%			
Aggregiertes Risiko III (SGE 1)				140	10%			
Risiko K	Region 2	100	20%	90	10%			
Risiko Q	Region 2	100	50%	50	10%			
Risiko R	Einkauf			200	10%			
Risiko S	Produktion			100	50%			

Abbildung 79: Szenario 2 – Einblenden weiterer Bewertungen[535]

534 Eigene Darstellung. Als Beispiel wird im Folgenden weiterhin die Risikosicht verwendet.

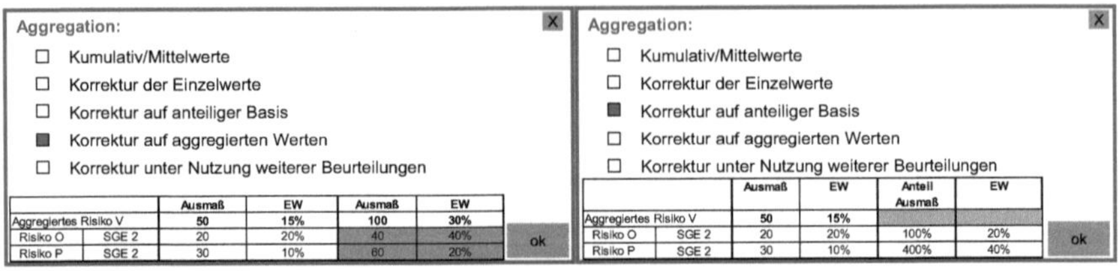

Aggregation: X

- ☐ Kumulativ/Mittelwerte
- ☐ Korrektur der Einzelwerte
- ☐ Korrektur auf anteiliger Basis
- ■ Korrektur auf aggregierten Werten
- ☐ Korrektur unter Nutzung weiterer Beurteilungen

		Ausmaß	EW	Ausmaß	EW
Aggregiertes Risiko V		**50**	**15%**	**100**	**30%**
Risiko O	SGE 2	20	20%	40	40%
Risiko P	SGE 2	30	10%	60	20%

ok

Aggregation: X

- ☐ Kumulativ/Mittelwerte
- ☐ Korrektur der Einzelwerte
- ■ Korrektur auf anteiliger Basis
- ☐ Korrektur auf aggregierten Werten
- ☐ Korrektur unter Nutzung weiterer Beurteilungen

		Ausmaß	EW	Anteil Ausmaß	EW
Aggregiertes Risiko V		**50**	**15%**		
Risiko O	SGE 2	20	20%	100%	20%
Risiko P	SGE 2	30	10%	400%	40%

ok

Abbildung 80: Szenario 2 – Aggregation bilden/Aggregationsbeurteilung ändern[536]

Die linke Seite zeigt eine „Korrektur der aggregierten Werte“. Graue Felder werden automatisch befüllt. Die rechte Seite zeigt die anteilige Aggregation, wobei Risiko O mit 100% und P mit 400% für das Ausmaß und eine individuelle EW erfasst werden. Die zweite Alternative wird hier genutzt. Risiko I wird in Folge der Aggregationsauflösung als Einzelrisiko übernommen und auf null gesetzt, da es im Beispiel nicht mehr existiert. Das Risiko muss auf höheren Ebenen nicht betrachtet werden. Sobald alle Statusfelder grün sind, ist die „Bottom-Up-Aggregation“, für jedes Risiko und jede Chance, abgeschlossen. Das Ergebnis der Schritte zeigt Abbildung 81. Die Farbe der Zeilen assoziiert die genutzten Funktionen. Eine Ausbaustufe wäre, dass die letzte freigegebene Bottom-Up-Planung als Muster mit alten Werten geladen werden kann, damit nicht in jedem Zyklus alle Aggregationen neu gebildet werden müssen.

Neben dieser Möglichkeit muss auch eine Top-Down-Aggregation, ausgehend von jeder Einheit, möglich sein. Hierfür dient der in Abbildung 82 dargestellte Reiter.

In Abbildung 82 werden die Werte zum letzten freigegebenen Berichtszeitpunkt einer OE hier zum Q1 als Ausgangsbasis genommen. Für Q2 können die Werte gemäß den Funktionen aus dem Teilmodul „Bottom-Up-Aggregation“ verarbeitet werden. „Weitere Beurteilungen einblenden“ führt hier zur Anzeige weiterer Quartale. Da das kontinuierliche Arbeiten mit der IT-Lösung ermöglicht werden soll, müssen seit der letzten Freigabe erfolgte Änderungen und Ergänzungen auf untergeordneten Ebenen angezeigt werden. Dies erfolgt über das rote „i“, wobei Hinweise auf alle Änderungen gemeldet werden. Risiken müssen dafür bei Erfassung bzw. Änderung für weitere Ebenen sichtbar gemacht werden. Eine solche Information ist über Auswahl des „i“s bei Risiko F in Abbildung 82 eingeblendet. Aggregation bottom-up oder top-down sind alternativ je nach Vorgehen zu nutzen. Bei einer Bottom-Up-Aggregation werden nur seit der letzten Freigabe gemeldete Adhoc-Risiken über ein „i“ angezeigt.

[535] Eigene Darstellung.
[536] Eigene Darstellungen.

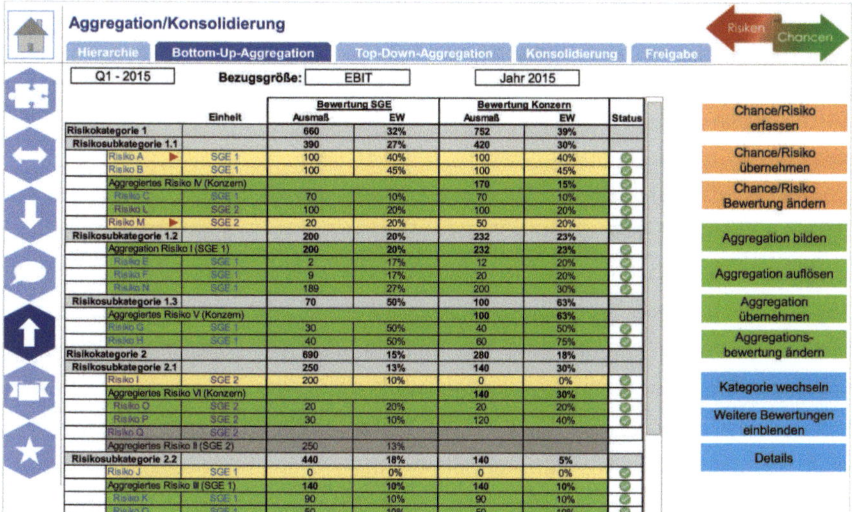

Abbildung 81: Szenario 2 – Ergebnis Bottom-Up-Aggregation[537]

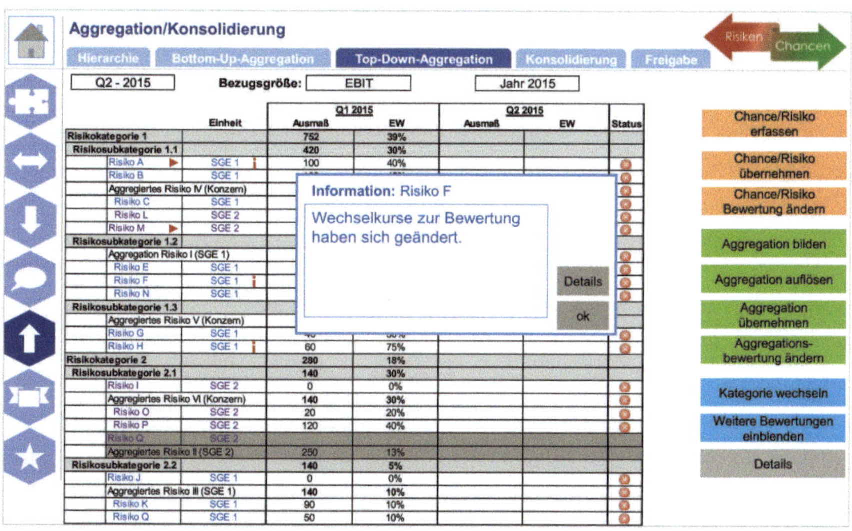

Abbildung 82: Szenario 2 – Ansicht Top-Down-Aggregation[538]

Die beiden Aggregationsreiter stehen inhaltlich für eine fachlich korrekte Aggregation, deren Entstehung anhand der Informationen belegbar ist. Im Reiter „Konsolidie-

---

537 Eigene Darstellung. Risiko R und S sind nicht im Sichtbereich und werden über scrollen erreicht.

538 Eigene Darstellung. Risiko R und S sind nicht im Sichtbereich und werden über scrollen erreicht.

rung“ wird die Zusammenführung und Gesamtkorrektur der Inhalte auf Einheitenebene (im Beispiel Konzernebene) vorgenommen.

Pro Kategorie und Subkategorie werden in der Konsolidierungsansicht zunächst automatisch Einschätzungen nach zu definierenden mathematischen Prinzipien bezogen auf die zugeordneten Wirkungen und Wahrscheinlichkeiten angegeben. Als Aggregationsmöglichkeit muss auf Subkategorienebene jedoch als Anforderung zusätzlich eine „Managementsetzung“ möglich sein, bspw. um mathematisch errechnete Werte zu „glätten“. Hintergrund der Überlegungen ist, dass alle Angaben zu einem bestimmten Grad ungewiss sind und z.B. eine mathematische Summierung und Mittelwertbildung dabei Scheingenauigkeit suggeriert. Zudem kann mathematisch ggf. die Zuordnung zur Unterteilung „gering, mittel und hoch“ erfolgen, ohne dass dies der Gesamteinschätzung der jeweiligen Organisationseinheit entspricht. Um notwendige Änderungen vorzunehmen und sicherzustellen, dass diese nachvollziehbar sind, werden die Informationen als Korrekturposten pro Subkategorie mitgeführt. Über die Konsolidierungslogik werden losgelöst von den belegbaren Aspekten Korrekturen auf Kategorienebene z.B. bei ungeraden Werten vorgenommen. Da diese Korrekturen jedoch ggf. auch inhaltstragend sein können, z.B. wenn eine Experteninformation ohne konkrete Risikomeldung hinzugezogen wird, ist eine Kommentierung der Werte notwendig. Wenn auf einer zuliefernden Ebene eine entsprechende kommentierte Änderung vorliegt, wird dies ebenfalls über ein „i“ symbolisiert.

Abbildung 83 zeigt eine zweigeteilte Maske für die Konsolidierung. Auf der linken Seite sind in einer Liste die Zulieferungen aller SGEen sowie die begründeten Bewertungsunterschiede auf Konzernebene, basierend auf der durchgeführten Aggregation bottom-up oder top-down, als „Differenz Konzern“ pro Subkategorie aufgeführt. Bei der Auswahl „Details“ können hier entweder die Sichten von SGE 1-4 oder der Konzern (siehe im Beispiel rechts) visualisiert werden. Es wird ein unabhängiges Zahlenbeispiel mit vier SGEen auf der linken Seite genutzt.[539] Auch in dieser Ansicht sind Auswahlmöglichkeiten für Berichtszeitpunkt, Bezugsgröße und Jahr vorhanden.

[539] Dies ist möglich, da die mathematische Nachvollziehbarkeit des Beispiels für die Evaluation der Visualisierungen und Anforderungen irrelevant ist.

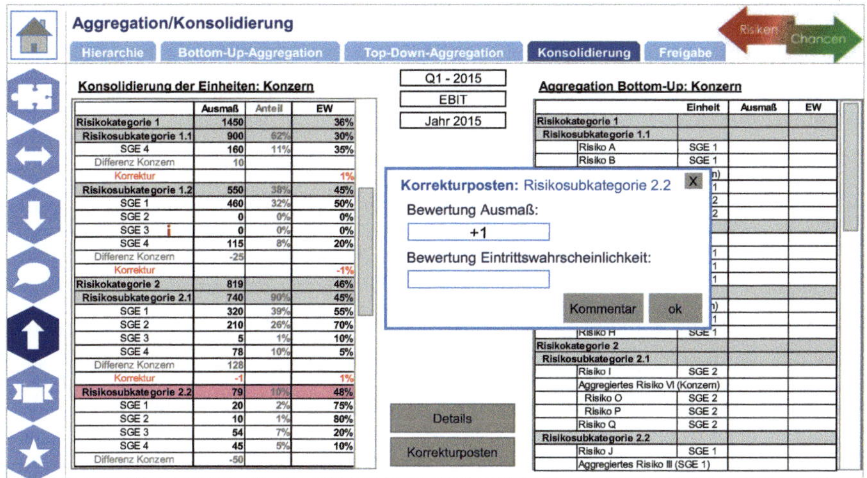

Abbildung 83: Szenario 2 – Verwendung von Korrekturposten[540]

Die zweite in dieser Maske hinterlegte Funktionalität betrifft die erläuterten Korrekturposten z.B. zur Darstellung korrigierter Werte aus Managementsicht. Diese Korrekturposten sind mit Auswahl einer Zeile (hier 2.2), in der eine anzupassende Subkategorie steht, ausführbar und bieten als Auswahlmöglichkeiten die Anpassung der Bewertung für Ausmaß und/oder EW. Die jeweilige Korrektur wird als Korrekturposten in der Ansicht ergänzt und solange mitgeführt, bis der Korrekturposten in einem erneuten Schritt verändert oder auf null korrigiert wird. Die Nutzung dieses Reiters dient vor der Freigabe der Korrektur von Werten, die pro Kategorie z.B. in eine Risk Map einfließen können. Abbildung 83 zeigt ein Beispiel der Definition eines solchen Postens und die erfolgten Veränderungen bei Subkategorie 1.1, 1.2 und 2.1.

Alle Aggregationsschritte stehen in Bezug zur Kategorie und Subkategorie und damit zum Chancen- und Risikokatalog. Dieser ist zusammen mit den weiteren ausgeführten Vorgaben in Kapitel 5.3.2 Basis dafür, dass das erläuterte Szenario abbildbar ist.

Wenn mehrere Bewertungen vorliegen, muss pro Risiko zunächst entschieden werden, welche Bewertung in die Aggregation eingeht. Gleiches gilt bei mehreren hinterlegten Szenariowerten. Hierbei kann entweder ein bestimmter oder je nach Vorgabe des KCRMs z.B. immer der „worst-case" einfließen. Bei einer Nutzung qualitativer

[540] Eigene Darstellung. Exemplarisch wird eine gewichtete EW ermittelt, basierend auf Anteilen des Ausmaßes pro (Sub-)Kategorie. Die Posten können über ein Vorzeichen positiv oder negativ wirken.

Bewertungen muss eine Bandbreite gemäß Klassendiagramm gewählt werden. Das Thema Reputation wird nicht in die Aggregation einbezogen, da die Reputationsthematik gemäß Maximalprinzip zu Kategorien gebündelt wird (siehe Kapitel 6.3).

6.3 Prototypisierung der Auswertungs-/Aufbereitungsfunktionalitäten

Im Folgenden werden neuartige Darstellungsarten prototypisch erarbeitet, die das Szenario des integrierten Steuerungscockpits für Chancen und Risiken und mehrere Wirkungsarten betreffen. Inhaltliche Beispiele sind losgelöst von den empirischen Stufen. Den Beispielen muss jeweils eine Abfrage des zu analysierenden Zeitraums vorangestellt werden, die hier nicht enthalten ist. Es werden die Inhalte des Moduls „Reputation" und anschließend des Moduls „Management Cockpit" erläutert.

Das entwickelte, reputationsspezifische Berichtsmedium im Modul „Reputation" setzt sich aus den erläuterten Informationen über Unternehmenswert und Anspruchsgruppe zusammen. Zur Darstellung wird ein Überwachungsraster gewählt, in das Themen, die im Konzern potentiell auftreten können, über eine Verbindung aus Anspruchsgruppe und betroffenem Unternehmenswert eingeordnet werden. Alle einem Unternehmenswert zugeordneten Bezugspunkte werden pro Anspruchsgruppe bzgl. ihrer Auswirkung einbezogen und hier gemäß Maximalprinzip die Gesamtausprägung vergeben. Wenn keine Bewertungen vorliegen, findet eine graue Einstufung statt. Die Übersicht ist erweiterbar und wird über die folgenden Ansichten exemplarisch konkretisiert. Eine Differenzierung zwischen Chancen- und Risikomeldungen ist ebenfalls enthalten.

Ein erstes Teilmodul bildet losgelöst vom Modul „Assessment" unterstützend die in Kapitel 6.1 erarbeiteten Erfassungsbedarfe für Reputationschancen und -risiken ab.

Den Einstieg in das Modul „Reputation" zeigt Abbildung 84 mit dem Rep-Kompass.

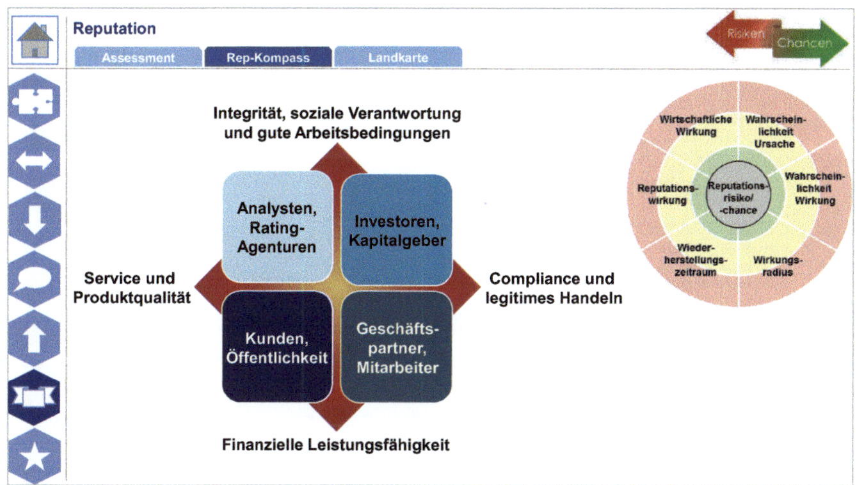

Abbildung 84: Szenario 3 – Einstieg Modul Reputation – Rep-Kompass[541]

Bei der Auswahl „Rep-Kompass" wird die Übersicht aus Abbildung 85 angezeigt.

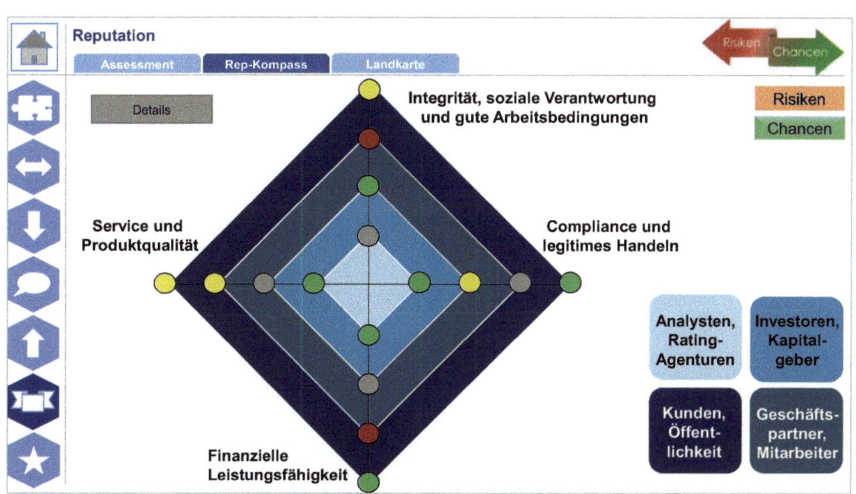

Abbildung 85: Szenario 3 – Rep-Kompass mit Bewertung[542]

Die zusammengefassten Bewertungen pro Anspruchsgruppe-Werte-Kombination sind an den Stellen hinterlegt, an denen die vier Wertelinien die Eckpunkte der Rauten, die farbig passend zu den Anspruchsgruppen markiert sind, treffen. Über die

[541] Eigene Darstellung.
[542] Eigene Darstellung.

Auswahl „Details" wird der Rep-Kompass in eine Matrixstruktur überführt, bei der die Bewertungsdimensionen pro Schnittpunkt sichtbar werden, siehe Abbildung 86.

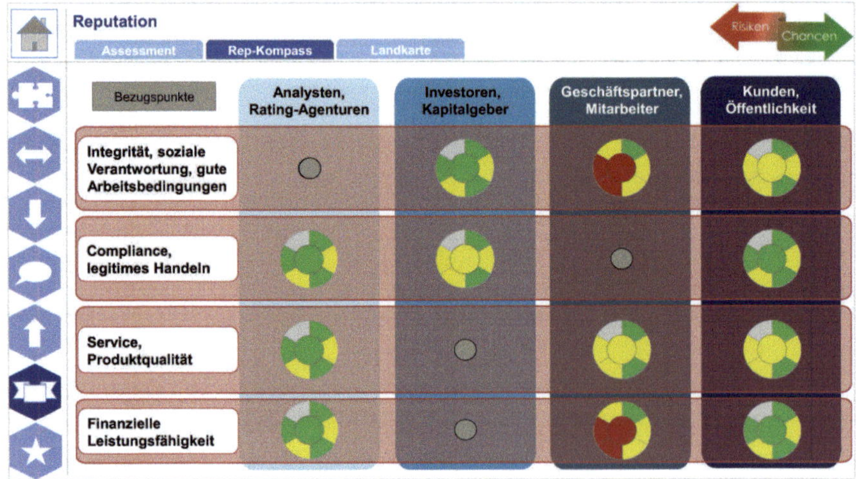

Abbildung 86: Szenario 3 – Rep-Kompass mit Bewertung inkl. Dimensionen[543]

Über die Auswahl „Bezugspunkte" werden die zugeordneten Bezugspunkte eingeblendet, siehe Abbildung 87. Über „Übersicht" wird auf die letzte Ansicht verlinkt.

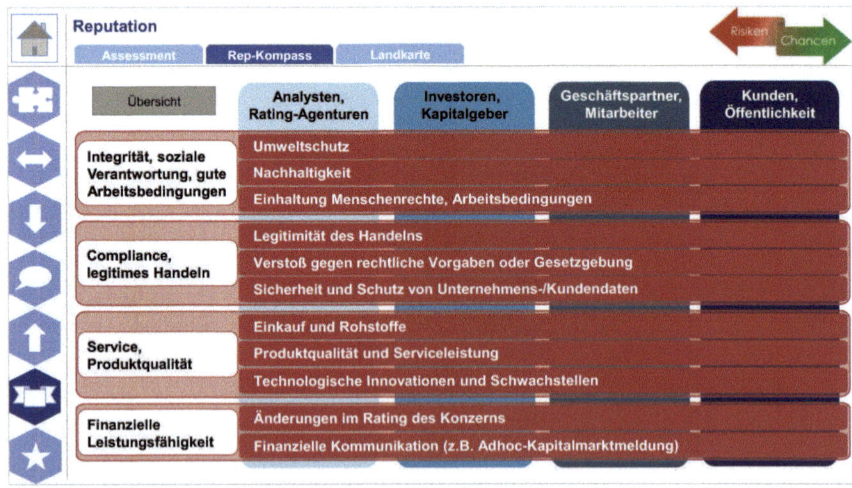

Abbildung 87: Szenario 3 – Aufgliederung der Bezugspunkte[544]

[543] Eigene Darstellung.
[544] Eigene Darstellung.

Die Ansicht wird über Auswahl eines Bezugspunkts in Abbildung 88 aufgeschlüsselt.

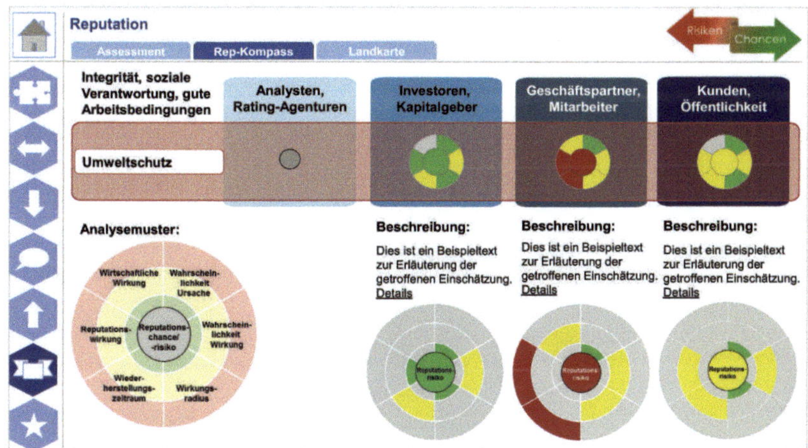

Abbildung 88: Szenario 3 – Bewertung eines Bezugspunkts[545]

Zur Ermöglichung einer mehrstufigen Informationsanalyse können auf Detailebene alle gemeldeten Einzelchancen oder -risiken unterhalb einer Bewertung angezeigt werden. Dieser Schritt ist bei Wahl einer Bewertung aus jeder der Ansichten heraus möglich. Beispielhaft zeigt Abbildung 89 die Bewertung des Werts „Integrität, etc." für „Investoren, Kapitalgeber" mit allen zu den Bezugspunkten gemeldeten Risiken.

Reputation

Assessment | Rep-Kompass | Landkarte

Risiken / Chancen

Integrität, soziale Verantwortung, gute Arbeitsbedingungen: Investoren, Kapitalgeber

Nr. / Titel	EW Ursache	EW Wirkung	Radius	Zeitraum	Rep-Wirkung	Fin-Wirkung
1. Ökologische Produkte	Low	Low	Low	Low	Low	
2. Gefährdung Umweltschutz	Low	Med.	Low	Med.	Low	
3. Arbeitsbed. Markt X	Low	Med.	Low	Med.	Low	
4. Nachhaltigk. Produkt X	Low	Low	Low	Med.	Low	
5. Weitere ...	Low	Med.	Low	Low	Low	

Detailinformation: Ökologische Produkte
Dies ist ein Beispieltext zur Erläuterung.

Bewertungspartner: Bewertung mit Investor Relations abgestimmt.

Meldende Einheit: (MU/STER)

Erfasser: Hr. Michael Muster

Kontakt: muster@konzern.de

Abbildung 89: Szenario 3 – Detailbewertung eines Einzelrisikos im Rep-Kompass[546]

545 Eigene Darstellung.

546 Eigene Darstellung; Reputationswirkung (hier: Rep-Wirkung): „repwirk_ausmaß_qual", finanzielle

Neben dem Teilmodul „Assessment“ für unterstützende Fragen und die Erfassung sowie dem Reiter „Rep-Kompass“, der auch für die Chancenseite nutzbar ist, gibt es die „Landkarte“ aus Abbildung 90 mit Differenzierung nach Chancen und Risiken.

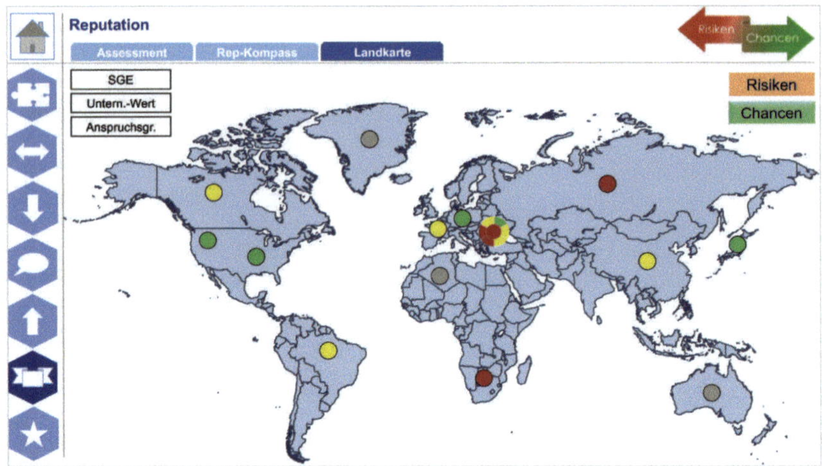

Abbildung 90: Szenario 3 – Ansicht Reputationsrisiken nach Regionen[547]

Hier werden Reputationsrisiken gemäß Regionen gruppiert. In Abbildung 91 sind Details zu einem Risiko eingeblendet, ggf. sind mehrere Anspruchsgruppen-Werte-Kombinationen pro Region auswählbar.

Abbildung 91: Szenario 3 – Detaillierte Bewertung Reputationsrisiko in Region[548]

Wirkung (hier: Fin-Wirkung): „finwirk_ausmaß_qual_brutto“.

547 Eigene Darstellung.

548 Eigene Darstellung.

Auch hierfür wird das Maximalprinzip zur Gesamteinstufung basierend auf der Zuordnung der OEen zu Ländern gewählt. Eine Aggregation gemäß Kapitel 6.2 wäre denkbar, erfordert in dieser Ansicht aber zusätzlich Verantwortliche pro Land oder Region. Als Prämisse werden alle untergeordneten OEen hier als Direktzulieferer für die Ebene betrachtet, aus deren Sicht analysiert wird. Nach diesem Prinzip ergibt sich auf Konzernebene eine Sicht auf alle gemeldeten Themen im Konzern. Für eine SGE werden alle Themen der jeweils untergeordneten OEen einbezogen. Bei Bedarf müssen Doppelmeldungen eliminiert werden. Optional kann als Ausbaustufe eine Detailliste zugehöriger Chancen oder Risiken pro Land oder Region ergänzt werden. Die aufgebauten Ansichten sind speziell auf die Reputationsthematik ausgerichtet und ermöglichen die Nutzung der in Kapitel 6.1 konzipierten Abläufe und adäquate Aufbereitung der erarbeiteten Informationen für die Diskussion im Management.

Der zweite Bereich der Prototypisierung in diesem Szenario betrifft das Modul „Management Cockpit“ mit den vier Teilmodulen „Priorisierung“, „Cockpit“, „ChaRM-Tacho“ und „Statusboard“. Aus den Teilmodulen werden beispielhafte Grafiken in der Einstiegsmaske (Abbildung 92) gezeigt, die Ansichten aus den Reitern assoziieren.

Im Reiter „Priorisierung“ des Prototyps wird die Klassifizierung strategisch relevanter Regionen, über eine Weltkarte visualisiert. In einem weiteren Schritt kann die Auswahl wichtiger Kategorien erfolgen, die dann z.B. betroffenen Gebieten oder Ländern zugewiesen werden. Hierüber kann der Steuerungsfokus auf Kategorien und/oder Regionen mit erwartetem hohen Chancen- oder Risikopotential gerichtet werden.

Abbildung 93 verdeutlicht die Einstufung der Chancen- und Risikoseite pro Region, wobei aufgrund der direkten Gegenüberstellung von Chancen und Risiken unterschiedliche Grün- und Rottöne gewählt werden. Eine dunklere Farbe steht für die jeweils stärke, erwartete Ausprägung der Chancen oder Risiken.

Dieser Bereich dient der Aufbereitung einer Managementeinschätzung und Priorisierung von Themen, um diese z.B. aktuell vorliegenden, dezentralen Chancen- oder Risikomeldungen gegenüber zu stellen. Dieser Vorschlag ist in Evaluationsgesprächen aufgekommen und wird aufgegriffen. Das Teilmodul eignet sich zudem für Prämissenvorgaben bzgl. einzelner Kategorien durch Spezialbereiche.[549]

[549] Im Klassendiagramm besteht eine Verbindung von kategoriebezogenem Indikator und Prämisse.

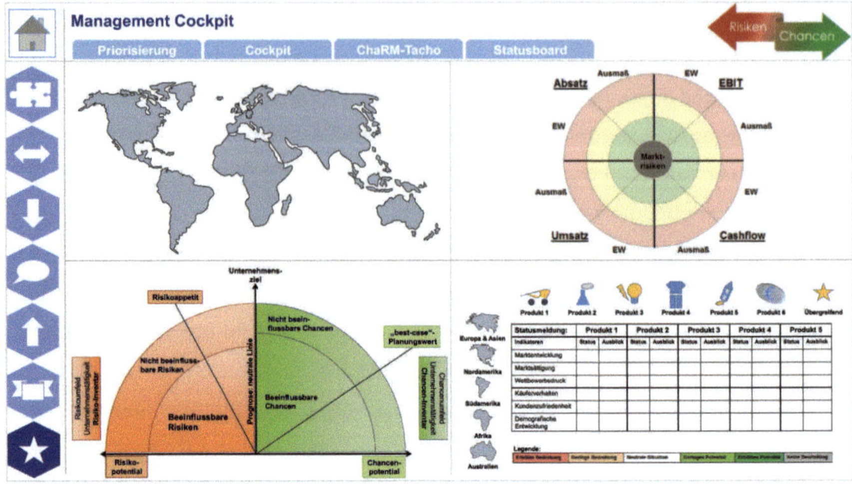

Abbildung 92: Szenario 3 – Einstieg Modul Management Cockpit[550]

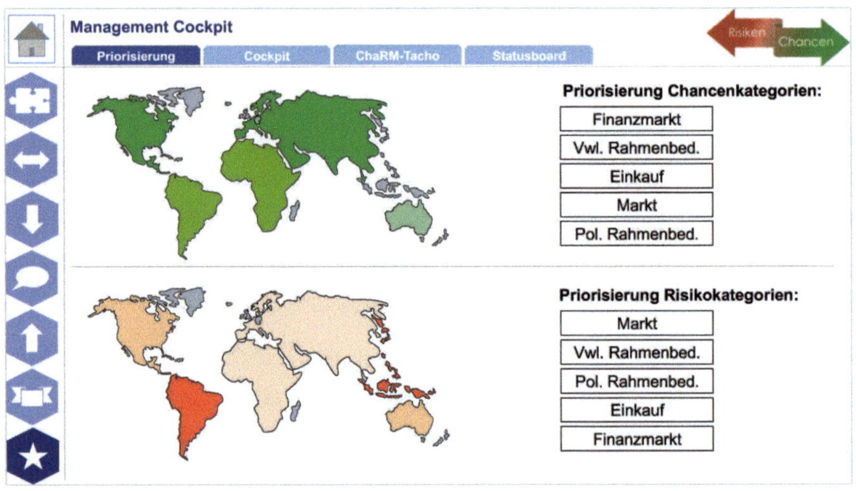

Abbildung 93: Szenario 3 – Priorisierung Chancen/Risiken pro Region/Kategorie[551]

Der zweite relevante Bereich des Moduls ist das „Cockpit". Zunächst muss die Einheit bestimmt werden, für die die Analyse erfolgt und dann eine einseitige oder integrierte Sicht auf Chancen und Risiken mit der Möglichkeit getrennter oder verrechneter Bewertungsgrößen pro Chance und Risiko gewählt werden. Es sind hier exemplarisch fünf Analysedimensionen angegeben, die gemäß dem Klassendiagramm erwei-

550 Eigene Darstellung.

551 Eigene Darstellung.

terbar sind und einzeln oder kombiniert ausgewählt werden können. Je nach Bedarf wird z.B. die Unterscheidung in Brutto- oder Nettogrößen mitgenutzt, um die Beeinflussbarkeit zu betrachten. Abbildung 94 zeigt die entworfene Auswahlmaske.

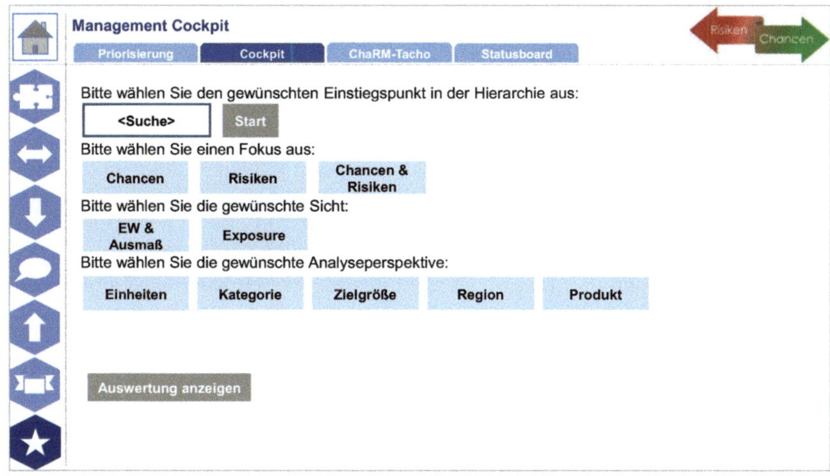

Abbildung 94: Szenario 3 – Cockpit: Auswahlfunktionalität[552]

Abbildung 95 zeigt Chancen nach Ausmaß und EW sowie bezogen auf Kategorien und Regionen bei eingeblendeter Managementpriorisierung aus Abbildung 93.

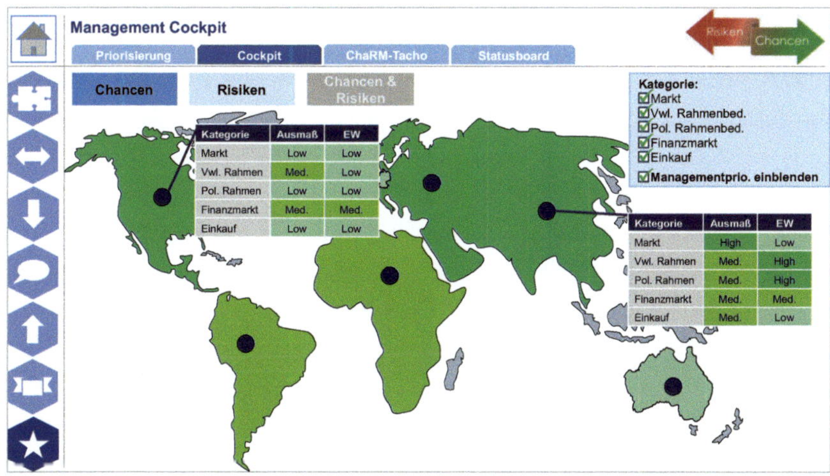

Abbildung 95: Szenario 3 – Cockpit: Chancen nach Kategorien und Region[553]

552 Eigene Darstellung.

553 Eigene Darstellung. Die Logik der Farbgebung der Bewertungen entspricht Abbildung 93. Aufgrund eingeblendeter Priorisierung können Chancen und Risiken nur separat analysiert werden.

Es ist ersichtlich, dass bei Auswahl eines Punktes die Ausprägungen je nach regionaler Zuordnung für die fünf Beispielkategorien angezeigt werden. Während für eine Region die Einzeleinschätzungen den Managementerwartungen weitgehend entsprechen, stellt sich aus Managementsicht die Chancensituation für die zweite betrachtete Region tendenziell höher dar, als auf Basis der dezentralen Meldungen. Die Ansicht wird, wie bereits erläutert, bei der Evaluierung angeregt. Eine Priorisierung der Kategorien kann ggf. regionenspezifisch als Ausbaustufe eingeblendet werden.

In Abbildung 96 werden Chancen und Risiken bezogen auf eine Kategorie und Region gegenübergestellt. Für diese Sicht wird das Exposure, hier z.B. ermittelt als Multiplikation von Ausmaß und EW pro Chancen- und Risikokategorie, genutzt. Eine Verrechnung von Chancen und Risiken ist nicht erlaubt, jedoch kann ein Vergleich von Chancen- und Risikoumfängen der Entscheidungsunterstützung dienen. Als Visualisierung wird ein an die Reputationslogik angelehntes Medium konstruiert, um eine einheitliche Logik zu nutzen, deren Darstellung im Folgenden weiter spezifiziert wird. Das Darstellungsmedium ist auch nur für die Chancen- oder Risikoseite anwendbar.

Es werden in Abbildung 97 drei Darstellungsformen und Prinzipien losgelöst von Realbeispielen visualisiert. Die linke Abbildung steht für eine Betrachtung der Marktrisiken aufgeteilt nach hier nicht beeinflussbarer (rot) EW und beeinflussbarem (grün) Ausmaß, die beide mit mittel (med./gelb) bewertet sind. Die zweite Darstellung stellt das Exposure für Risiken (rot) und Chancen (gelb) mit deren Beeinflussbarkeit gegenüber, wobei eine Beeinflussbarkeit durch eine beidseitige, einseitige oder keine Beeinflussung der Dimensionen über Maßnahmen bestimmt wird. Auf aggregierter Ebene ergibt sich die farbliche Einteilung indem der Anteil der Chancen und Risiken mit hinterlegten Maßnahmen betrachtet wird. In der dritten kreisförmigen Darstellung werden Marktrisiken mit EW und Ausmaß in Relation zu mehreren Bezugsgrößen integriert betrachtet, mit regelgesteuerter oder optional manuell möglicher Gesamteinschätzung in der Mitte der Darstellung (vgl. Abbildung 97).

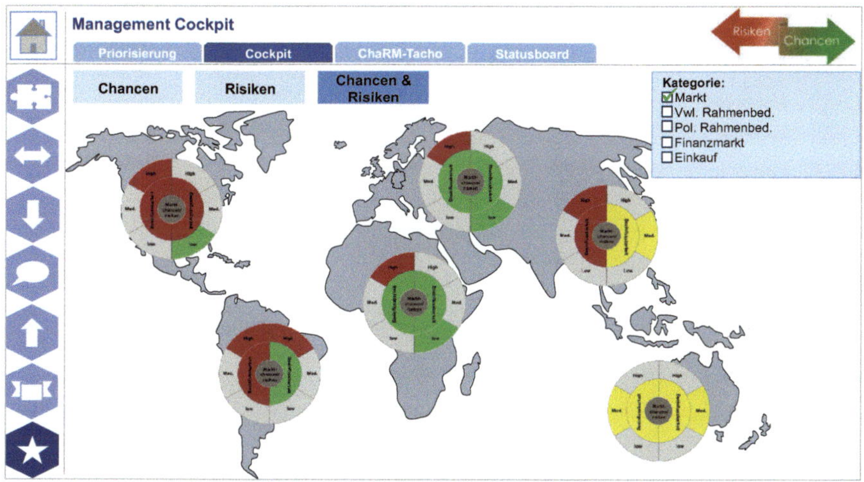

Abbildung 96: Szenario 3 – Cockpit: Chancen und Risiken nach Region[554]

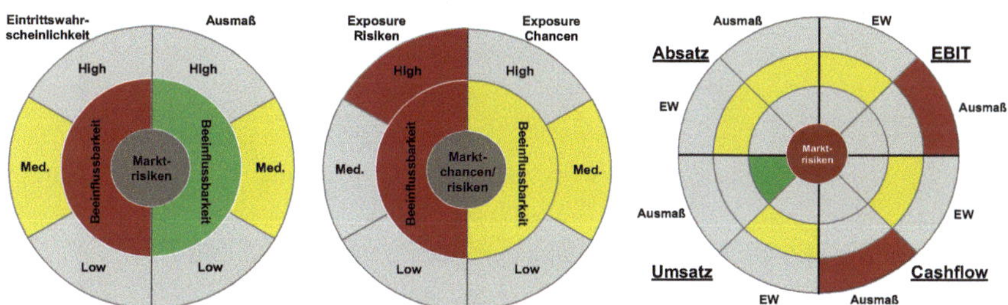

Abbildung 97: Szenario 3 – Darstellungsformen für eine/mehrere Wirkungen[555]

Der dritte Reiter des Prototyps steht für die Möglichkeit Chancen und Risiken in Relation zu einem Zielwert zu setzen. Hierbei kann eine Relation zum Risikoappetit einer Einheit hergestellt werden. Abbildung 98 zeigt dies beispielhaft als Balkengrafik.

Es werden hierin Bezugsgrößen, unabhängig von der Ausprägung des Zielwertes auf 100% nivelliert und davon ein Risikoappetit von im Beispiel 20% der jeweiligen Zielgröße abgetragen. Als schematische Analysedarstellung im Prototyp dient eine erarbeitete Tachodarstellung bezogen auf ein Ziel. Mit Hilfe dieses entwickelten „ChaRM-Tacho"s können Sichten ein- und ausgeblendet werden, z.B. Eintrittswahrscheinlichkeits- oder Ausmaßstufen oder die anteilige Beeinflussbarkeit der Themen.

[554] Eigene Darstellung. Das Darstellungsmedium für Bewertungen ist hierin schematisch enthalten.
[555] Eigene Darstellungen.

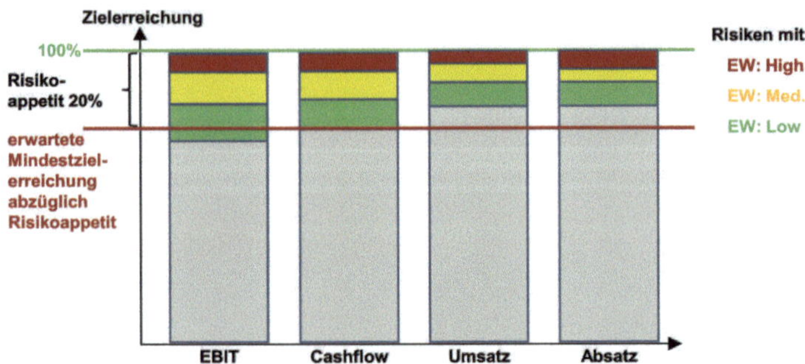

Abbildung 98: Szenario 3 – Risikoappetit bezogen auf mehrere Bezugsgrößen[556]

Die Darstellung des „ChaRM-Tacho"s wird in Abbildung 99 schematisch aufgezeigt.

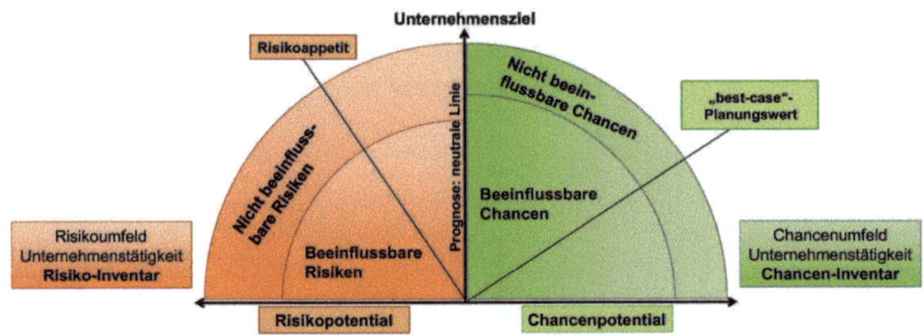

Abbildung 99: Szenario 3 – Chancen- und Risikopotential in Relation zum Ziel[557]

Abbildung 99 zeigt das Chancen- (rechts) und Risikopotential (links), das mit einer Zielsetzung verbunden ist. Die Mittellinie stellt den Zielwert dar. Die Abweichung davon bildet das Ausmaß des jeweiligen Chancen- oder Risikopotentials auf dem Halbkreis ab. Die horizontale Achse kann flexibel bspw. als Nulllinie oder Hälfte des Zielwerts festgelegt werden. Abbildung 100 visualisiert ein Beispiel.

Es wird der Ziel-EBIT und das zugehörige Chancen- und Risikoportfolio zum aktuellen Zeitpunkt eingeteilt nach EW und Ausmaß gezeigt. Chancen- und Risikopotential sollten in einer ausgewogenen Planung auf ein Unternehmensziel hin gleichgewichtet sein. Daher wird hier die horizontale Achse als Nulllinie auf der Risikoseite und als Verdopplung des Zielwerts auf der Chancenseite festgelegt. Über die Abbildung der gemeldeten Chancen und Risiken kann die in den Interviews geforderte Ausgewo-

[556] Eigene Darstellung. Das Übertreffen des Ziels ist der „best-case"-Planungswert z.B. inkl. realisierbarer oder beeinflussbarer Chancen. Dieser ist aus Gründen der Übersichtlichkeit hier nicht enthalten.

[557] Eigene Darstellung.

genheit überprüft werden. Abbildung 100 zeigt zudem einen definierbaren Risikoappetit, der bspw. aus Sicht der Konzernleitung nicht überschritten werden soll, und einen „best-case"-Planungswert, der als die im besten Fall erreichbare Zielsetzung angesehen wird. Über eine anteilige Ermittlung der Chancen und Risiken mit hoher, mittlerer und niedriger EW sind die Relationen zum Risikoappetit und „best-case"-Planungswert ablesbar. Ziel des RMs ist es u.a. die beeinflussbaren Risiken in wirtschaftlichem Maße zu minimieren und nicht-beeinflussbare Risiken, z.B. über Versicherungen, zu verringern. Auf der Chancenseite sind realisierbare Chancen relevant, wobei hier beeinflussbare Chancen mit Hilfe der Maßnahmen des ChMs zu einer Verschiebung des Zielpfeils in Chancenrichtung führen können. Zusätzlich kann zwischen einer Brutto- und Nettobetrachtung der Dimensionen Ausmaß und EW von Chancen und Risiken, unter Einbeziehung der Maßnahmen für die Nettobetrachtung, unterschieden werden. Dies zeigt die Ansicht mit Fokus auf die Beeinflussbarkeit (Radius) in Abbildung 101. Maßnahmen können eingeblendet werden.

Die Ansicht kann zur Unterstützung einer Entscheidung umfunktioniert werden, indem mit Projekten oder Entscheidungen verbundene Chancen und Risiken abgetragen werden. Es könnte auch die Einschränkung auf Kategorien ermöglicht werden.

Die letzte betrachtete Ansicht, die im Prototyp erarbeitet wird, ist das „Statusboard", bestehend aus Indikatorstatusmeldungen. In der Konzeption sind bestimmte Annahmen definiert worden, dazu gehört, dass die Indikatoren hier auf bestimmten Subkategorien des Katalogs aufsetzen und eine Abfrage pro Einheit losgelöst von gültigen Berichtszeitpunkten und zugehörigen Chancen und Risiken erfolgt. Es wird hierin also der Ist-Zustand eines Indikators abgebildet. Um keine Verrechenbarkeit von Chancen und Risiken zu suggerieren, sondern einen aktuellen „Status" und „Ausblick" für den kommenden Zeitraum erhalten zu können, werden die beispielhaften Ausprägungen „erhöhte Bedrohung", „geringe Bedrohung", „neutrale Situation", „geringes Potential" und „erhöhtes Potential" pro Indikator gewählt. Dabei ist die neutrale Situation als Nulllinie zu betrachten. Abbildung 102 enthält ein Beispiel des Teilmoduls „Statusboard" aus dem Prototyp.

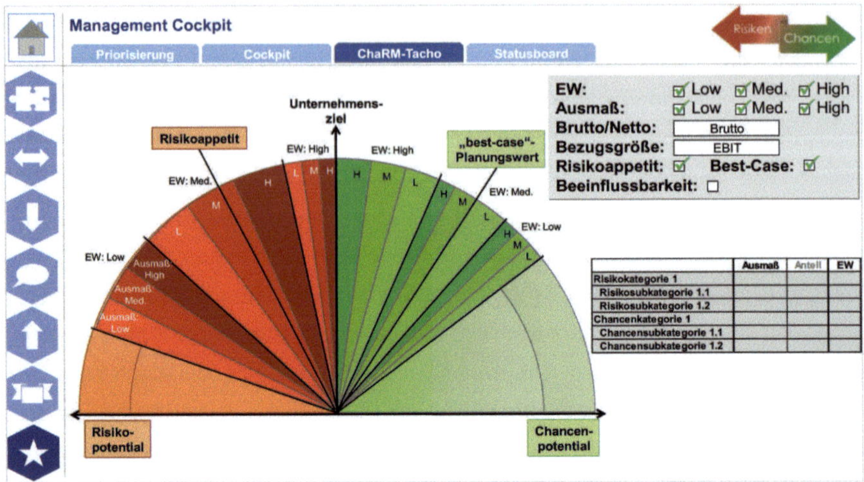

Abbildung 100: Szenario 3 – ChaRM-Tacho: Chancen- und Risikopotential[558]

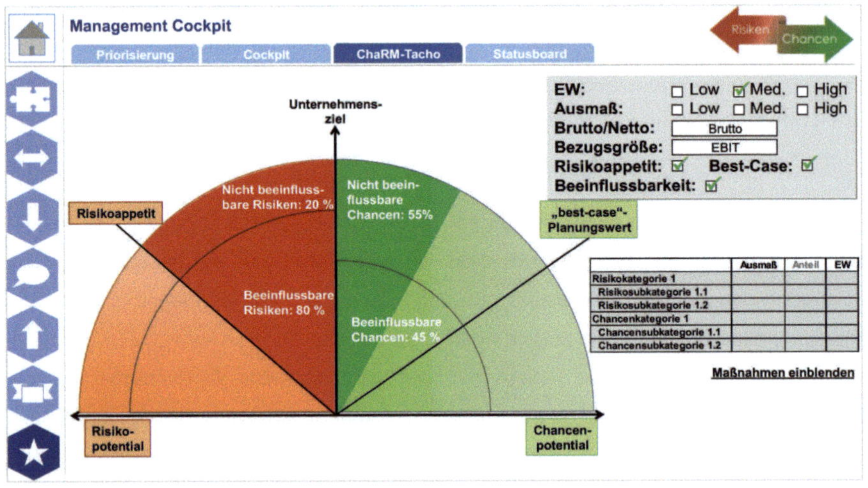

Abbildung 101: Szenario 3 – ChaRM-Tacho: Betrachtung der Beeinflussbarkeit[559]

[558] Eigene Darstellung.

[559] Eigene Darstellung. In der Liste auf der rechten Seite können die zur Auswahl passenden Informationen über Ausmaß und EW z.B. pro Kategorie eingeblendet werden. Da die Achsen nicht beschriftet sind, wird kein Zahlenbeispiel genannt. Die Beispiele in Abbildung 100 und 101 sind unabhängig voneinander gewählt worden. Eine Brutto- und Nettounterteilung könnte auch getrennt für EW und Wirkung erfolgen.

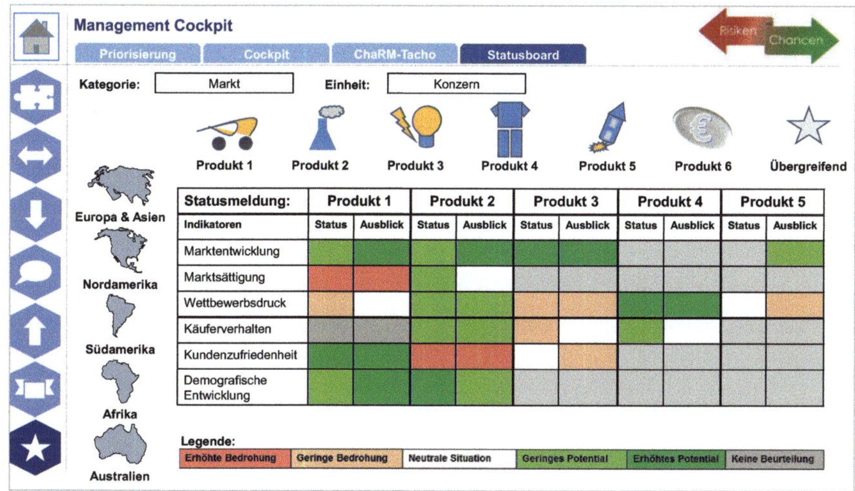

Abbildung 102: Szenario 3 – Statusboard: Produktübergreifende Ansicht[560]

Über die Ausprägung „Keine Beurteilung" kann z.B. ein nicht-beurteilbarer Indikator aus Sicht einer OE gekennzeichnet werden. Es kann bezogen auf die Indikatoren hier entweder eine regionale Bewertung und/oder eine produktbezogene Bewertung hinterlegt werden. Dabei soll eine Gesamtaussage losgelöst von Prämissen, der Planung und zugehörigem Anspannungsgrad[561] hinterlegt werden können. Es kann folglich dem planungsbezogenen Bild die Ist-Situation gegenübergestellt werden. Die Indikatorsicht wird daher als Früherkennungssystem verstanden. Die jeweilige Ausblick-Spalte trägt hierzu ebenfalls bei. Übergeordnete Einheiten müssen das Statusbild von Untereinheiten ansehen können, eine Aggregation erfolgt jedoch nicht. Statusmeldungen bei Indikatoren können jederzeit aktualisiert werden. Es findet keine „Null-Setzung" statt, sondern das fortlaufende Bild wird protokolliert. Die Eingaben für die Statusmeldungen wären bspw. über Schieberegler visualisierbar, werden im Prototyp aber nicht mit abgebildet, da sie die Erfassung betreffen. Bei Bedarf können in Folge von bestimmten Änderungen des Indikatorstatus oder Ausblicks Meldungen an übergeordnete Einheiten erfolgen. Für verteilte Einschätzungen in dezentralen Einheiten und zentralen Bereichen, die die jeweilige Konzernsicht auf den Indikator beisteuern können, wird über das Statusboard eine integrierte Darstel-

[560] Eigene Darstellung.

[561] Es kann somit z.B. ein Indikator für die Marktentwicklung auf einem neutralen Niveau sein, obwohl viele Marktrisiken gemeldet werden. Eine Erklärung dafür wäre z.B. eine angespannte Planung, der als Prämisse eher die Erwartung positiver Marktentwicklung und folglich die Erreichung vieler Chancen zugrunde liegt.

lung ermöglicht, in der die Informationen für das Management aufbereitet werden können. Es sind bspw. Status denkbar, die pro Region oder SGE erfasst oder als generelle Einschätzungen über das Umfeld des Konzerns von zentralen Bereichen eingestuft werden. Dafür sind im „Statusboard" u.a. die Dimensionen Organisationseinheit, Kategorie, Region, Produkt und produktunabhängige Indikatoren verarbeitet. Das Modul ist so gestaltet, dass die Informationen bei Auswahl einer oder mehrerer Ausprägungen entsprechend aufbereitet werden. Die Auswahl „Übergreifend" steht für die produktunabhängig beurteilten Indikatoren. Eine Sicht nach SGEen ist auch denkbar. Die Vielseitigkeit der Beispiele verdeutlicht, dass die Lösungsausgestaltung unter Einbeziehung der erhobenen Ausgangssituationen aller in die empirische Untersuchung einbezogenen Konzerne erfolgt ist. Das „Statusboard" ist in Abbildung 102 für die Kategorie „Markt" anhand beispielhafter Indikatoren regionenübergreifend mit Ausprägungen für Produkte eins bis fünf visualisiert. Über die Indikatorlogik werden folglich nicht zusätzliche Facetten oder Unternehmenskennzahlen[562] abgefragt, sondern die Perspektive auf bestehende Kategorien gewechselt, um Status und Ausblick zu erheben.

Die vorgestellten, prototypisch erarbeiteten Ansichten des Moduls „Management Cockpit" können beliebig ausgebaut und modifiziert werden, z.B. können Sichten nach Wertschöpfungsstufen, Produkten, Regionen und Kategorien aus- und aufgebaut oder Vergleiche zwischen OEen durchgeführt werden. Hierin könnten z.B. Chancen- und Risikoumfang von OEen verglichen, oder Produkte nach Land analysiert werden. Für die Ansichten sind ggf. Exportmöglichkeiten zur Analyse notwendig.

Die Ansichten müssen in einer optionalen Auswahl zusätzlich so ausgestaltet werden, dass sie dem Anspruch der Barrierefreiheit genügen. Zur Bedienung der Funktionalitäten der Teilmodule „Rep-Kompass" und „Landkarte" des Moduls „Reputation" und für das gesamte Modul „Management Cockpit" wird der, in Kapitel 5.2 nicht weiter spezifizierte, UC „Management Cockpit bedienen" verwendet.

[562] Vgl. bspw. Keitsch (2007), S. 222ff.

6.4 Evaluation des Prototyps

„Science begins with observation and must ultimately return to observation for its final validation.“[563] Mit diesem Zitat wird die Verbindung zwischen den Forschungsmethoden zur Erarbeitung der konzernübergreifenden Anforderungen für eine IT-Unterstützung des ChaRMs, die auf KCRM-Bedarfe fokussiert ist, und der Evaluierung der Ergebnisse im Anwendungsfall hergestellt. Die erarbeiteten Masken und Ansichten basieren auf Teilen der erhobenen 70 Anforderungen aus Kapitel 5.2. Tabelle 22 stellt zunächst generisch dar, inwieweit die Inhalte der erarbeiteten Anforderungen mit ggf. zugehörigen UCs in den Konzeptionskapiteln 5.3.1 bis 5.3.3 für Kollaboration (hier: K), Prozesssteuerung (P) und Auswertung (A) sowie im Prototyp in Kapitel 6 thematisiert werden. Ein „✓“ symbolisiert die Adressierung und eine graue Markierung steht für keine Adressierung. Die weder in der Konzeption noch im Prototyp spezifizierten Anforderungen aus dem in Kapitel 5 beschriebenen Ordnungsrahmen besitzen entweder einen administrativen Charakter oder sind nicht speziell für die Konzeptionsschwerpunkte und die zugehörigen Prototypszenarien notwendig.

Nr.	Anforderungen	K	P	A	Prototyp
	Funktionale Anforderungen: UC-Diagramm Teil 1[564]				
1	An der IT-Lösung anmelden (Muss)				
2	Chance oder Risiko erfassen, verwalten und auswerten (Muss)	✓			✓
3	Chance oder Risiko bewerten (Muss)	✓			✓
4	Adhoc-Risiko melden (Muss)		✓	✓	
5	Maßnahme erfassen und verwalten (Muss)	✓			
6	Maßnahme beurteilen (Muss)	✓			
7	Maßnahmen auswerten/überwachen (Muss)			✓	
8	Dokument anfügen (Kann)				
9	Objekte anzeigen/drucken (Muss)				✓
	Funktionale Anforderungen: UC-Diagramm Teil 1 (Forts.)				
10	Objekte verknüpfen, Objektverknüpfungen verwalten und auswerten (Muss)	✓	✓	✓	✓
11	Objekte importieren (Muss)				
12	Objekte exportieren (Muss)				
13	Wesentlichkeitsgrenzen nutzen (Muss)		✓		
14	Chancen und Risiken freigeben (Muss)	✓	✓		
15	Änderungen nachverfolgen (Muss)		✓		✓
	Funktionale Anforderungen: UC-Diagramm Teil 2				
16	Ursachen und Wirkungen erfassen und nutzen (Muss)	✓	✓		✓
17	Ursachen und Wirkungen auswerten (Muss)			✓	✓
18	Ursachen zuweisen und prüfen mit Ursachen-/Austauschpool (Muss)	✓			✓
19	Top-Down-Ursachen nutzen für steuerungsrelevante Themen (Muss)	✓		✓	✓
20	Objekte zuweisen (Muss)	✓	✓		✓
21	Negativmeldung erstellen (Muss)	✓			✓
22	Szenarien, Indikatoren und Treiber definieren und nutzen (Muss)	✓	✓	✓	✓
23	Ursache außerhalb der IT-Lösung erfassen (Kann)				

563 Goode und Hatt (1952), S. 119 zitiert nach: Atteslander (2010), S. 26.

564 Sie werden adressiert, da Erweiterungen dieser Funktionen zur spezifischen Nutzung nötig sind.

Nr.	Anforderungen	K	P	A	Prototyp
24	Assessment anlegen, verwalten und ausführen (Muss)		✓		
25	Wirksamkeitsassessments nutzen (Muss)				
26	Chancen oder Risiken für Berichtszwecke zuordnen/zuweisen (Kann)	✓			
27	Chancen und Risiken freigeben mittels Vier-Augen-Prinzip (Muss)	✓	✓		
28	Chancen, Risiken oder Einheiten zurücksetzen (Kann)				
29	Aggregationen und Aggregationssichten nutzen (Muss)		✓		✓
30	Aggregationen bewerten und Aggregationsmethoden nutzen (Muss)		✓		✓
	Funktionale Anforderungen: UC-Diagramm Teil 3				
31	Chancen-Risiko-Strategie anlegen und verwalten (Muss)			✓	
32	Hierarchie und Einheiten anlegen und verwalten (Muss)		✓		
33	Rollenkonzept pflegen (Muss)				
34	Person/Berechtigungen verwalten und überwachen (Muss)		✓		
35	Administrative Objekte/Analyseobjekte anlegen und verwalten (Muss)	✓			
36	Wirkungsarten anlegen/verwalten (Muss)		✓		
37	Prämissen einstellen (Muss)	✓	✓	✓	
38	Berichtszeitpunkt/-kette definieren (Muss)		✓		
39	Berichtsstand archivieren (Muss)		✓		
40	System öffnen und schließen (Muss)				
41	Chancen- und Risikokatalog pflegen (Muss)		✓		
42	Qualitätsprüfungen anlegen, verwalten und nutzen (Kann)				
43	Umfang Identifikation/Bewertung pflegen (Muss)		✓		
44	Einheiten informieren (Muss)				✓
45	Auswertungen nutzen (Muss)			✓	✓
46	Individualberichte erzeugen und verwenden (Muss)				
47	Standardberichte erzeugen und verwenden (Muss)				
48	Management Cockpit/Statusboard verwalten und verwenden (Muss)			✓	✓
49	Datenimport und -export ermöglichen (Muss)				
	Nicht-funktionale Anforderungen				
50	Nutzbarkeit der IT-Lösung für kontinuierliches ChaRM (Muss)		✓		✓
51	Abbildbarkeit der Gegebenheit des Unternehmens (Muss)		✓		✓
52	Multidimensionales Datenmodell und Historisierung (Muss)	✓	✓	✓	✓
53	Nachvollziehbarkeit, Aktualität und Konsistenz Daten (Muss)		✓		✓
54	Flexibilität und Erweiterbarkeit (Muss)		✓		✓
55	Pflegbarkeit (Muss)		✓		
56	Modulare Systemarchitektur (Muss)				✓
57	Weltweite Verfügbarkeit ohne lokale Installation (Muss)				
58	Mehrsprachigkeit (Muss)				
59	Mehrwährungsfähigkeit (Muss)				
60	Multi-User-Fähigkeit (Muss)				
61	Mandantenfähigkeit (Muss)				
62	Performance (Muss)				
63	Skalierbarkeit (Muss)				
64	Verfügbarkeit, Stabilität und Zuverlässigkeit (Muss)				
65	Gewährleistung der Informationssicherheit und Zugriffsrechte (Muss)				
66	Kommunikationsfähigkeit (Kann)	✓	✓	✓	✓
67	Benutzerfreundliche und intuitive Benutzeroberfläche (Muss)				✓
68	Administrations- und administrative Gesamtsichten (Muss)				✓
69	Personalisierbarkeit (Kann)				
70	Nutzbarkeit für mobile Endgeräte (Kann)				✓

Tabelle 22: Thematisierung der Anforderungen in Konzeption und Prototyp

Ziel der Evaluation im Anwendungsfall ist die erweiterte Anforderungsaufnahme in Bezug auf das fachliche Rahmenkonzept zur Sicherstellung des richtigen Verständnisses und der Plausibilisierung der erhobenen Anforderungen an die IT-Lösung.

Zur Diskussion der Konzeptionsergebnisse ist es notwendig die in der Forschungsfrage enthaltene Forderung nach einer zielgerichteten IT-Unterstützung des ChaRMs für das KCRM aufzugreifen, wobei hier zielgerichtet über Unterstützung der KCRM-Aufgaben und -Tätigkeiten, Unterstützung des KCRM-Prozesses sowie die Erfüllung erarbeiteter Anforderungen definiert wird. Für die Durchführung der Evaluation anhand des horizontalen Prototyps werden vier Personen im Anwendungsfall, davon zwei Ansprechpartner des KCRMs und zwei Führungskräfte, die zur in der Case-Study befragten Management-Sicht gehören, einbezogen. Der Fokus auf KCRM- und Management-Sicht ist über die Forderung der Erfüllung der KCRM-Bedarfe begründbar, die in erster Linie durch das KCRM selbst oder deren Informationsabnehmer, folglich das Management, definiert werden. Für die Evaluation werden die Personen in Einzelgesprächen von ca. zweieinhalb Stunden durch den Prototyp geführt. Bei Anpassungsvorschlägen werden ggf. iterative Schleifen durchgeführt, bis die Anforderungen erfüllt sind. Durch die Iterationsschleifen können auch innovative Darstellungsformen aufgebaut und überprüft werden. Die Ergebnisse aus den Gesprächen sind bei Modifikationsbedarf entwickelter Ansichten und Abläufe bereits in den Prototyp eingeflossen oder werden hier als Erweiterungsmöglichkeiten für Ausbaustufen erläutert. Auf die Betrachtung konzernspezifischer Themen im Case wird zugunsten des generischen Ansatzes verzichtet. Pro Szenario werden Antworten auf folgende Fragen, zur Prüfung der Anforderungserfüllung und -spezifikation protokolliert:

1. Inwieweit sind die Anforderungen und konzeptionellen Hintergründe aus Ihrer Sicht über das Szenario abgebildet? (mit Begründung)
2. Entspricht die Darstellung im Prototyp Ihren Erwartungen? (mit Begründung)
3. Welche Verbesserungspotentiale sind aus Ihrer Sicht bezogen auf das Szenario möglich und welche weiterführenden Fragestellungen ergeben sich?

Das Szenario eins wird von allen befragten Personen für gut befunden. Insbesondere die Hilfestellung durch das Zusammenspiel aus Newsbereich und Aufgabenliste, die Zuweisungsfunktion zur ggf. mehrfachen Informationsweitergabe, die Unterstützung über vordefinierte Abläufe als Workflow und die Kombination der Bewertung verschiedener Wirkungsarten werden positiv hervorgehoben, ebenso die Trennung der Darstellung finanzieller und reputationsbezogener Themen. Im Sinne der Nutzbarkeit werden die Workflow-Abläufe befürwortet. Die Erwartungen in Bezug auf inhaltliche Anforderungen, intuitive Verständlichkeit, Motivation zur Verwendung und die Darstellung sind erfüllt. Folgende Hinweise werden im Rahmen der Evaluierung als weitere Bedarfe genannt:

- Möglichkeit eine Bewertung ablehnen zu können,
- Möglichkeit Bewertungspartnerschaftsrückläufe durch die auffordernde Einheit mathematisch auf unterschiedliche Arten zu einer Gesamtbewertung zu bündeln,
- Möglichkeit ein Pflichtrückmeldedatum zu hinterlegen,
- Möglichkeit beschreibende Felder zur Kommentierung zu berücksichtigen,
- Möglichkeit der Einbeziehung abgegebener Bewertungen in das Berichtswesen von Partnereinheiten zusätzlich zur eigenen Chancen- und Risikosituation und
- Möglichkeit zur Zusammenführung ggf. abweichender Bewertungen.

Die ersten beiden Hinweise sind im Prototyp bereits vorgesehen. Ein Pflichtrückmeldedatum und Kommentierungen können gemäß Klassendiagramm genutzt werden. Die letzten beiden Punkte sind bei der Aggregation (zweites Szenario) bereits einblendbar, die umfassende Berücksichtigung kann jedoch ausgebaut werden.

Bezüglich des zweiten Szenarios sind die Erwartungen zum Funktionsumfang vollumfänglich erfüllt. Das Szenario wird daher ebenfalls von allen vier Befragten der KCRM- und Management-Sicht befürwortet. Insbesondere die Darstellung in der Hierarchie wird als sehr hilfreich angesehen, wobei diese ggf. aufgrund der Komplexität von Konzernen schwer in einer Ansicht darstellbar ist.

Über die definierten Inhalte im Szenario ist eine genaue, übersichtliche und nachvollziehbare Dokumentation der Bewertungs- und Aggregationsschritte aus Sicht des KCRMs möglich. Die Trennung in Bottom-Up- und Top-Down-Variante wird als hilfreich angesehen, da sie die umfassende Erhebung der Situation sowie eine kurzfristige Aktualisierung ausgehend von beliebigen Hierarchiestufen ermöglicht.

Folgende Hinweise werden im Rahmen der Evaluation darüber hinaus gegeben:

- Bei einer Umsetzung muss sichergestellt sein, dass durch die Änderung einer Bewertung eines Einzelrisikos oder einer Aggregation auf übergeordneter Ebene keine Informationen aus hierarchisch untergeordneten Einheiten verloren gehen.
- Über die Möglichkeit auf einer bestehenden Aggregationssicht aufzusetzen, wäre der Arbeitsaufwand für Anwender verringerbar. Eine Mehrfachübernahme von Einzelpositionen in den Aggregationsreitern könnte hier ebenfalls unterstützen.

- Mit Funktionalitäten zum Ein- und Ausblenden von Chancen und Risiken unterhalb von Kategorien oder von, bei einer Deaggregation entstehenden, „leeren Hülsen" für die Verlaufsansicht, kann die Übersichtlichkeit verbessert werden.
- Bei der Aggregation müssen mehrere Bezugsgrößen auswählbar sein oder bei der Aggregation über Jahre, die Bewertung nach Jahren spezifiziert werden.

Die beiden erstgenannten Hinweise sind über die Historisierung und die Nutzung von Aggregationssichten prinzipiell vorgesehen, aber nicht im Prototyp visualisiert. Die Auswahl von Bezugsgrößen ist gemäß Kapitel 6.2 bereits möglich.

In Bezug auf das dritte Szenario ist die Bewertung ebenfalls positiv. Alle vier Teilnehmer haben die Anforderungen als umfassend erfüllt bezeichnet und die neuartigen Überblicks- und Detaildarstellungen insbesondere im Hinblick auf Vielfalt und Kombination für gut befunden. Da für dieses Szenario insbesondere die Management-Sicht relevant ist, erfolgt eine separierte Beschreibung der beiden Sichten.

Aus KCRM-Sicht ist mit dem Prototyp ein breites Spektrum an Berichtsmöglichkeiten und ein großer Darstellungs- und Funktionsumfang über Detailsichten und das „Management Cockpit" gegeben. Insbesondere die Landkartendarstellungen und die reputationsspezifische Aufbereitung der Inhalte werden als hilfreich bezeichnet. Gewählte Gewichtungslogiken müssen zur Anwendung der gestalteten Berichtsmedien ggf. unternehmensindividuell angepasst werden. Als Verbesserungen werden eine kontrastreichere farbliche Abstufung der Bewertungsaspekte sowie die Möglichkeit der Gegenüberstellung von Informationen aus dem Teilmodul „Priorisierung" und der Cockpit-Darstellung bezogen auf Regionen angeregt. Diese Hinweise sind bereits im Prototyp berücksichtigt.

Das „Statusboard" könnte zudem auch für Spezialbereiche zur Prämissendefinition genutzt werden. Der Mehrwert in der Nutzung von Informationen über die „Beeinflussbarkeit" in den Teilmodulen „Cockpit" und „ChaRM-Tacho" wird in einer Überwachbarkeit von Maßnahmen und deren Sichtbarmachung für das Management gesehen. Dies wird in beiden empirischen Stufen als Verbesserungspotential erkannt. Zudem wird hierüber die geforderte Diskussionsfähigkeit der Inhalte gestärkt. Damit alle Darstellungen genutzt werden könnten, müssten z.T. fachliche Erweiterungen bzw. Konkretisierungen in der Methodik erfolgen. Es müsste z.B. definiert werden, ab welchem Anteil an hinterlegten Maßnahmen auf Kategorie-Ebene von einer bestimmten Beeinflussbarkeitsstufe gesprochen werden soll.

Die für dieses Szenario fokussierte Management-Sicht ergänzt die KCRM-Sicht. Insbesondere die kompakten grafischen Visualisierungen in den Modulen „Reputation" und „Cockpit" sowie der „ChaRM-Tacho" werden als diskussionsfördernd hervorgehoben, da eine Grundaussage und farbliche Polarisierung abgebildet wird. Die Landkartenperspektive wird im Reputationskontext als relevant bezeichnet, da hierin regionale und konzernweite Wirkungen beachtet werden können. Die Berichtsdarstellungen und detaillierten Auswertungsmöglichkeiten qualifizieren die konzipierte IT-Lösung als adäquate Lösung, die Analyse und aktives Management ermöglicht sowie dezentrale Einheiten zu einer strukturierten Aufbereitung der Inhalte verpflichtet. Die insbesondere im dritten Szenario relevante Nutzung über mobile Anwendungsgeräte wird über die erarbeiteten Masken ebenfalls als gewährleistet angesehen.

Im Rahmen der Evaluation wird auf folgende Ausbaupotentiale hingewiesen:

- Das Teilmodul „Priorisierung" kann wie bereits aufgezeigt bspw. auch für Top-Down-Prämissen von Spezialbereichen, wie Volkswirtschaftliche oder Politische Rahmenbedingungen verwendet werden.
- Die Gegenüberstellung von „ChaRM-Tacho"s im Zeitverlauf würde es ermöglichen neben der Ausgewogenheit der Planung auch zu analysieren, ob für Kategorien bei denen im Jahresverlauf gemäß Planungsbezug ein Rückgang des Ausmaßes erwartet wird, ein passender Verlauf erkennbar ist.
- Abhängigkeiten bei Reputationsdimensionen könnten berücksichtigt werden.

Zwei sicherzustellende Aspekte kommen aus Management-Sicht hinzu:

- Aufgrund der komplexen Strukturierung von Konzernen ist zu prüfen, ob für Landkartenperspektive und „Statusboard" passende Ansprechpartner vorhanden sind.
- Die Beurteilung der Attribute zur „Beeinflussbarkeit" und die Indikatoren im „Statusboard" müssen handhabbar sein, weshalb hier zur Nutzung z.B. die Auswahl der passenden Indikatoren als fachliche Vorarbeit entscheidend ist.

Die Resonanz aus allen vier Evaluationsgesprächen ist positiv und die Anforderungen und Erwartungen an die IT-Lösung werden über die prototypische Modellierung erfüllt. Es besteht folglich die generelle Möglichkeit die implementierten Szenarien und das konzeptionierte Lösungsportfolio in die Praxis zu transferieren. Genannte Anpassungsbedarfe und Erweiterungen haben eine Verfeinerung der Anforderungen ergeben. Das Ziel, das mit der Prototypisierung als Werkzeug zur Anforderungsspezifikation verfolgt wird, ist folglich erreicht worden.

Tabelle 23 zeigt die Gegenüberstellung der in Kapitel 3.6 gebündelten Bedarfe mit deren Adressierung in OOA[565] („✓" steht für „einbezogen"), Konzept und Prototyp.

Anforderung/Bedarfe	OOA	adressiert in Konzept und Prototyp[566]
Verbesserungspotentiale Prozess und IT (Case-Study)		
I. Strategie und Steuerung	✓	Steuerung KCRM-Prozess (5.3.2 – Vorgabe einer anzuwendenden Strategie), Auswertung/Aufbereitung durch KCRM (5.3.3), Prototyp Szenario 3 (6.3)
II. Methodik und Prozessgestaltung	✓	Insbesondere in Steuerung KCRM-Prozess (5.3.2), Prototyp Szenario 2 (6.2)
III. Organisation und Koordination	✓	Kollaboration im KCRM-Prozess (5.3.1), Prototyp Szenario 1 (6.1)
IV. Einbindung angrenzender Themenfelder	✓	Kollaboration im KCRM-Prozess (5.3.1), Prototyp Szenario 1 (6.1)
V. Analyse und Konzernberichterstattung	✓	Auswertung/Aufbereitung durch KCRM (5.3.3), Prototyp Szenario 3 (6.3)
VI. Gestaltung der IT-Unterstützung (hier Fokus: Technische Basis und Aufbau)	✓	Insbesondere in Prototyp Szenario 1-3 (6.1-6.3) (z.B. Informationssystem für Management, Sichten, benutzerfreundlich, Workflow)

Tabelle 23: Abgleich Bedarfe Case-Study mit erarbeiteter Lösung[567]

Einen detaillierten Abgleich mit den Einzelanforderungen enthält Anhang G. Die Realisierung der konzeptionierten Inhalte und prototypisierten Funktionalitäten erfordern eine weitere technische Spezifikation, um alle funktionalen und nicht-funktionalen Anforderungen zu erfüllen. Diese ist allerdings nicht Teil dieser Arbeit.

Da der Fokus der Arbeit und damit der erarbeiteten Szenarien auf der Unterstützung des KCRMs liegt, werden von den Ansprechpartnern keine weiteren chancen- oder risikospezifischen Unterschiede bezogen auf die Szenarien gefordert. Aufgrund des konzernweiten Einsatzes sind ein zentraler und dezentraler Mehrwert wichtig, um die Generierung der aus KCRM- und Management-Sicht relevanten Informationen sowie die zentrale und dezentrale Nutzung des Systems zu unterstützen. Die gemäß Prototyp gestaltete Oberfläche kann zudem die Basis für eine mobile Nutzung bilden.

[565] OOA steht hier für statisches und dynamisches Modell sowie nicht-funktionale Anforderungen.
[566] Die Adressierung erfolgt ganz oder teilweise. Es werden zudem hier die Kapitel genannt.
[567] Details Anhang G. Die Abdeckung wird im Case diskutiert.

6.5 Diskussion der Ergebnisse und weiterer Forschungsbedarf

Dieses Kapitel dient der Gegenüberstellung der, über den Case hinaus, im Rahmen dieser Arbeit erhobenen Anforderungen und Bedarfe mit der konzipierten und prototypisierten IT-Lösung. Zur Ausweitung der Perspektive vom Case, der gemäß den Kriterien in Kapitel 4.1 mit den weiteren einbezogenen Konzerne vergleichbar ist, auf die Überprüfung der generellen Anwendbarkeit des Ordnungsrahmens und der generisch konzeptionierten und prototypisierten Lösung wird zunächst ein Abgleich mit den in den Experteninterviews der zweiten empirischen Stufe erkannten Verbesserungspotentialen vorgenommen. Der Abgleich beginnt mit einer Referenz auf die in Kapitel 4.3.2 erarbeiteten, gebündelten Tätigkeiten des KCRMs. Diese basieren auf den Zielen des ChaRMs und daraus abgeleiteten Aufgaben des KCRMs. Die relevanten prozessualen und technischen Verbesserungspotentiale aus den Abbildungen 34 und 39 der Expertenbefragung werden zudem aufgegriffen, wobei die Bündelung der technischen Potentialbereiche aus Tabelle 19 genutzt wird.

Tabelle 24 visualisiert die Zusammenführung der erarbeiteten Inhalte, mit deren Abdeckung über OOA, Konzept und Prototyp. Gemäß der Herleitung in Kapitel 4.4 und der Einleitung zu Kapitel 5 adressieren Prototyp und Konzeption über den Case hinaus die erhobenen Bedarfe. Die Beurteilung der konzeptionierten Lösung in Bezug zum aufgezeigten Lösungsspektrum in der Einleitung zu Kapitel 5 enthält Anhang G.

Anforderung/Bedarfe	OOA	adressiert in Konzept und Prototyp[568]
Aufgaben KCRM (Kapitel 4.3.2 Gruppierung von Case-Study & Experteninterviews)		
Prozesssteuerung und -koordination, Monitoring i.w.S.	✓	Kollaboration im KCRM-Prozess, Steuerung KCRM-Prozess, Prototyp Szenario 1 und 2
Konsolidierung	✓	Steuerung KCRM-Prozess, Prototyp Szenario 2
Analyse und Monitoring i.e.S. & Reporting	✓	Auswertung/Aufbereitung durch KCRM, Prototyp Szenario 3
Verbesserungspotentiale (Prozess): Expertenbefragung		
Entscheidungsunterstützung/Steuerung	✓	Auswertung/Aufbereitung durch KCRM, Prototyp Szenario 3
Methodik/Prozess	✓	Steuerung KCRM-Prozess, Prototyp Szenario 2
Schnittstellen	✓	Kollaboration im KCRM-Prozess, Prototyp Szenario 1
Kultur/Bewusstsein		Ggf. Kollaboration im KCRM-Prozess, (Beeinflussbarkeit durch IT nicht Teil der Untersuchung in dieser Arbeit)

[568] Die Adressierung erfolgt ganz oder teilweise.

Anforderung/Bedarfe	OOA	adressiert in Konzept und Prototyp[568]
Gesetzgebung/Standards	✓	Siehe Abgleich in Tabelle 25
Datenqualität	✓	(Überprüfung ist unternehmensspezifisch)
Verbesserungspotentiale (IT): Expertenbefragung		
Identifikation & Bewertung (für Zusammenarbeit), Vernetzung, Kommunikation, Schnittstellen	✓	Kollaboration im KCRM-Prozess, Prototyp Szenario 1
Dezentraler Prozess, Identifikation & Bewertung (für benötigte Vorgaben), Semantik (z.B. Aggregation), Historische Daten	✓	Aus Vorgabensicht in: Steuerung KCRM-Prozess,[569] Prototyp Szenario 2 (z.B. Aggregation)
Analyse, Ergebnistypen, Frühwarnsystem, Maßnahmen	✓	Auswertung/Aufbereitung durch KCRM, Prototyp Szenario 3 (außer Maßnahmen)

Tabelle 24: Abgleich Bedarfe empirische Untersuchung mit erarbeiteter Lösung

Die Schwerpunktbereiche der Konzeption können auch in Beziehung zu den Zielen und Formen von IT-Lösungen in *Ergebnis E-15* in Kapitel 4.4 bei konzernweiter Nutzung gesetzt werden. Ein Inventar, das der strukturierten Sammlung von Chancen- und Risikoinformationen dient, kann dabei über eine durchgängige Betrachtung der Ursachen- und Wirkungssicht und die Nutzung dieser Informationen im Rahmen eines Austauschpools erweitert werden. Über das Prinzip der Partnerschaften können die jeweils adäquaten Bereiche zur Identifikation und Bewertung einbezogen werden. Für die Gesetzeserfüllung wird dabei ein einheitlich nach Ursache und Wirkung strukturiertes Chancen- oder Risikoinventar unter Ermöglichung der Zusammenarbeit aufgebaut. Für ein transparentes Bild in einem Berichtssystem ist bei einer konzernweiten Lösung eine Informationszusammenführung notwendig. Über prozesssteuernde Vorgaben können dabei neben Kollaborationsmöglichkeiten z.B. auch Workflowprozesse strukturiert werden. Mit der Aggregations- und Konsolidierungslogik kann, unabhängig von Zusammenfassung, Bewertung und Re-Bewertung über mehrere Ebenen, die Transparenz im System unterstützt werden. Für ein Managementsystem kann zudem eine meldungsbasierte Früherkennung über die Verbindung aus Chancen-, Risiko- und Statusmeldungen sinnvoll sein. Diese Überlegungen zur Erweiterung bestehender Lösungsformen über Inhalte des Ordnungsrahmens werden in Abbildung 103 vereinigt, sind aber nicht Teil des Forschungsgegenstands.

569 Zur Hinterlegung von Informationen über Eintritte als historische Daten siehe auch Klassendiagramm (Kapitel 5.1).

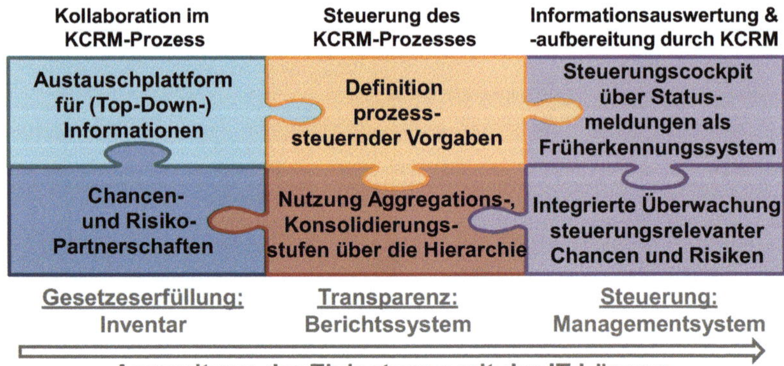

Abbildung 103: Verknüpfung Bestandteile konzipierte Lösung mit Lösungsformen[570]

Wie die Ausführungen zeigen sind entweder Teile der Ergebnisse zur Erweiterung bestehender Lösungen oder das Gesamtkonstrukt unter Nutzung von Synergieeffekten anwendbar. Über die Implementierung der Inhalte des Ordnungsrahmens und damit des erarbeiteten Informationsbedarfs im Klassendiagramm (statisches Modell), der UCs (dynamisches Modell) als Funktionalitäten mit Fokus auf die erhobenen Bedarfe und der in Kapitel 5 und 6 erarbeiteten und prototypisierten Bereiche entsteht eine umfassende IT-Unterstützung für das KCRM im Kontext eines konzernweiten ChaRMs. Mittels konzernweiter Implementierung können auf allen Ebenen erfasste Inhalte mit Einschätzungen von KCRM und Management konfrontiert werden.

Die in der Arbeit erhobenen Anforderungen im Rahmen der Untersuchung von Gesetzen und Standards (Kapitel 2.2) sowie die aus der Literatur ableitbaren IT-Anforderungen (Kapitel 2.4) werden hier ebenfalls aufgegriffen. Den Abgleich mit OOA, Konzept und Prototyp enthält Tabelle 25.

Anforderung/Bedarfe	OOA	adressiert in Konzept und Prototyp[571]
Kapitel 2.2: Gesetze und Standards		
Hinterlegen von Basisinformationen u.a. Strategie, Ziele, Planungen, Prämissen	✓	Steuerung KCRM-Prozess, Auswertung/Aufbereitung durch KCRM, Prototyp Szenario 3
Ermöglichen der Erstellung eines Inventars mit Informationsbedarf bezogen auf Ursache und Wirkung für turnusmäßiges ChaRM und Adhoc-Meldungen	✓	Kollaboration im KCRM-Prozess, Prototyp Szenario 1, (Adhoc: Steuerung KCRM-Prozess und Auswertung/Aufbereitung durch KCRM)
Umfassende Einbeziehung der Organisation für Aggregation, Erstellung eines	✓	Kollaboration im KCRM-Prozess, Steuerung KCRM-Prozess,

[570] Eigene Darstellung. Für Details zu den drei Lösungsformen der IT-Unterstützung siehe Kapitel 4.4.
[571] Die Adressierung erfolgt ganz oder teilweise.

Anforderung/Bedarfe	OOA	adressiert in Konzept und Prototyp[571]
Gesamtbilds, Berichtswesen und revisionssichere Dokumentation		Auswertung/Aufbereitung durch KCRM, Prototyp Szenario 1 bis 3
Nutzung der IT-Lösung als Frühwarninstrument	✓	Auswertung/Aufbereitung durch KCRM, Prototyp Szenario 3
Abdeckung des Chancenmanagements mit der IT-Unterstützung	✓	Übergreifend in Konzept und Prototyp
Spezielle Funktionalitäten für Schnittstellen, Rückschau, Wirksamkeitsprüfung etc.	✓	Kollaboration im KCRM-Prozess (für Schnittstellenbereiche), Steuerung KCRM-Prozess (für historische Daten und Assessments), Prototyp Szenario 1 (Beispiel Reputation)
Kapitel 2.4: Anforderungen Literatur		
Unterstützung dezentraler Tätigkeiten	✓	Kollaboration im KCRM-Prozess (z.B. verteilte Erfassung Partnerschaften), Steuerung KCRM-Prozess (z.B. Aggregation), Auswertung/Aufbereitung durch KCRM (dezentral freigegebene Funktionen – Services), Prototyp Szenario 1 bis 3
Unterstützung zentraler Tätigkeiten	✓	Kollaboration im KCRM-Prozess, Steuerung KCRM-Prozess, Auswertung/Aufbereitung durch KCRM, Prototyp Szenario 1 bis 3
Abbildung der Unternehmensorganisation und fachlichen Beziehungen (z.B. ChM)	✓	Kollaboration im KCRM-Prozess (z.B. für Zusammenarbeit), Steuerung KCRM-Prozess (z.B. zur Abbildung der Organisation), ChM: Übergreifend in Konzept und Prototyp, Prototyp Szenario 1 bis 3
Technische Anforderungen	✓	Prototyp soweit Oberfläche betroffen (z.B. modular, benutzerfreundlich)

Tabelle 25: Abgleich Gesetze/Standards/Literatur mit erarbeiteter Lösung

Die durchgeführten Abgleiche zeigen, dass die Inhalte aller Analysen im Rahmen dieser Dissertation über die OOA, Konzeption und den Prototypen adressiert werden und folglich aus Sicht des KCRMs eine umfangreiche IT-Unterstützung des ChaRMs durch die erarbeitete Lösung möglich ist. Der Einsatz der konzipierten IT-Lösung entbehrt aber nicht des gewissenhaften Arbeitens der Personen, die das ChaRM durchführen und verantworten.

Um die Übertragbarkeit der Lösung auf andere Konzerne zu beurteilen, werden nun Grenzen der konzipierten Lösungen und Potentiale für weiteren Forschungsbedarf aufgezeigt. Hierbei ist die Reichweite der Lösung relevant.[572] Die Evaluationsergebnisse verdeutlichen aus Sicht der Autorin die Anwendbarkeit für den Case. Über die branchenübergreifende Erhebung der Rahmenbedingungen und Anforderungen,

[572] Bezogen auf das ChM wurden Teile der Arbeit über einen Beitrag im Rahmen einer internationalen, wissenschaftlichen Tagung für Wirtschaftsinformatik bereits vor Fachpublikum diskutiert. Dies ist an entsprechenden Stellen hervorgehoben.

basierend auf den Experteninterviews in mit dem Case vergleichbaren Konzernen, wird die grundsätzliche Übertragbarkeit der Lösungsinhalte angestrebt. Durch die Orientierung der Konzeption an erhobenen, übergreifenden Bedarfen und dem BR sind die Übertragung der Inhalte und die Gültigkeit des Ordnungsrahmens bis zu einem gewissen Grad möglich. Die Übertragbarkeit der Lösung auf weitere Konzerne, z.B. mit Branchenschwerpunkt im Finanzbereich,[573] muss im Einzelfall anhand von Rahmenbedingungen geprüft und die Lösung ggf. angepasst werden.

Die Generalisierbarkeit unterliegt aufgrund der Restriktionen im Rahmen der Definition des Forschungsgegenstands Limitationen, da der Betrachtungsfokus auf Konzerne, deutsche Gesetzgebung und auf keine spezifischen Kategorien oder Branchen ausgerichtet ist. Prinzipiell ist daher in den Bereichen, die in dieser Arbeit abgegrenzt sind, weiterer Forschungsbedarf erkennbar. Beispiele für diesen Forschungsbedarf sind die Übertragbarkeit der Ergebnisse auf weitere Unternehmen, die Erarbeitung von Bedarfsprofilen unterschiedlicher Konzerntypen oder die Prüfung der Inhalte unter Einbeziehung internationaler Gesetzgebung. Auch Verbindungsmöglichkeiten mit den erarbeiteten, angrenzenden Bereichen können näher untersucht werden. Weitere Forschungsmöglichkeiten können die Verbindung zwischen konzernweiten IT-Lösungen und Speziallösungen bzw. IT-Lösungen des dezentralen ChaRMs betreffen. Eine Spezialisierung des Ordnungsrahmens auf Kategorien, wie z.B. Projektchancen und -risiken oder strategische Chancen und Risiken ist ebenfalls möglich. Auch eine Untersuchung von Branchenunterschieden im Gegensatz zu dem verfolgten, übergreifenden Ansatz und das Fokussieren auf einen von der KCRM-Sicht abweichenden Blickwinkel können weitere Erkenntnisse über die IT-Unterstützung ergeben. Ansätze für die Nutzung historischer Daten sowie die Einflussnahme einer IT-Lösung auf die Risikokultur sind diskutierbar. Aufbauend auf den erarbeiten Inhalten ist die Überprüfung von Architekturvarianten in Forschungsarbeiten ebenfalls denkbar.

[573] Die betrachteten Konzerne aus der Branche „Erbringung von Finanz- und Versicherungsdienstleistungen" werden losgelöst von branchenspezifischen Vorgaben einbezogen.

7. Schlussbetrachtung und Fazit

„Inmitten der Schwierigkeiten liegt die Möglichkeit."[574] (Albert Einstein)

Die Zielsetzung, die mit dem ChaRM und mit dessen konzernweiter Ausprägung verfolgt wird, ist die Erstellung eines ganzheitlichen Bildes über bestehende Chancen (Möglichkeiten) und Risiken (Schwierigkeiten). Ein erfolgreiches ChaRM ermöglicht das rechtzeitige Erkennen und die korrekte Bewertung von Chancen und Risiken, schafft Akzeptanz für risikobewusstes, unternehmerisches Handeln und unterstützt das Management über Informationsversorgung dabei Entscheidungen zum Wohle des Unternehmens treffen zu können. Als Erfolgsfaktoren eines guten ChaRMs werden in dieser Arbeit zudem z.B. dessen Verständlichkeit, die Integration der Chancen- und Risikoperspektive zu einem ganzheitlichen Konstrukt, die Verknüpfung mit Unternehmensprozessen sowie die Nutzung der Ergebnisse als Diskussionsbasis hervorgehoben.[575] Diese Aspekte können durch eine IT-Lösung beeinflusst werden, wenn die Entscheidungen zu deren Ausgestaltung und Fokussierung entsprechend getroffen werden. Dieser wissenschaftlichen Arbeit liegt dafür als Forschungsgegenstand die Entwicklung eines Rahmenkonzepts zur IT-basierten Unterstützung eines KCRMs zugrunde. Es werden dabei die Unterstützung des konzernweiten KCRM-Prozesses und der Aufgaben und Tätigkeiten der KCRM-Einheit fokussiert.

Der Forschungsgegenstand wird in dieser Dissertation über Forschungsteilfragen operationalisiert, mittels eines BRs strukturiert und über eine Literaturrecherche, eine Case-Study sowie eine konzern- bzw. branchenübergreifende Expertenbefragung untersucht. Die Case-Study bezieht sich auf einen vielschichtig untersuchten Konzern, um Ist- und Soll-Zustand von Prozess und IT-Lösung im Rahmen des ChaRMs zu erheben und die Inhalte des BRs zu plausibilisieren. Die Experteninterviews adressieren konzernübergreifende Bedarfe und Aspekte der Ausgestaltung einer unterstützenden IT-Lösung für das ChaRM aus Sicht des KCRMs und dienen der Überprüfung der Relevanz und Erweiterung erkannter Inhalte aus der Case-Study. Die im BR herausgearbeitete Unterteilung in KCRM- und dezentrale Tätigkeiten sowie damit verbundene IT-Bedarfe, erarbeitete Rahmenbedingungen und Voraussetzungen fließen stringent in die generische Konzeption ein. Dabei werden über eine OOA die Anforderungen der benötigten IT-Lösung mit in sich konsistentem statischen und

[574] Albert Einstein, Wissenschaftler.
[575] Vgl. Kapitel 4.3.1.

dynamischen Modell erarbeitet. Funktionsweisen und Abläufe bestimmter Schwerpunktbereiche, die sich aus den Untersuchungen ergeben, werden basierend auf diesen Modellen konzipiert und spezifiziert. Über die abschließende horizontale Prototypisierung der in der Konzeption herausgearbeiteten Schwerpunktbereiche, deren Evaluierung im Case sowie die Diskussion im Kontext aller in der Arbeit ermittelten Bedarfe, werden die Forschungsteilfragen umfassend beantwortet und alle Schritte des im Memorandum der gestaltungsorientierten Wirtschaftsinformatik geforderten Erkenntnisprozesses, bestehend aus Analyse, Entwurf, Evaluation und Diffusion, durchlaufen, wobei der letzte in die Erstellung dieser Dissertation mündet.

Der Lösungsanspruch gemäß Forschungsgegenstand und -lücke der Dissertation richtet sich primär auf die Anforderungen des KCRMs, für das über die Artefakte dieser Arbeit ein Wertbeitrag geschaffen wird. Ein Wert aus wissenschaftlicher Sicht besteht über die Adressierung der erkannten Lücken in Bezug auf Konzernspezifika sowie die KCRM-Sichtweise auf ChaRM und die IT-Lösung. Inhalte zur Unterstützung des dezentralen ChaRMs sind dabei Zusatzbestandteile, um im Rahmen eines konzernweiten Einsatzes die KCRM-relevanten Informationen zu generieren. Die Lösungskonzeption geht folglich über den definierten Forschungsgegenstand bzgl. eines Rahmenkonzepts zur IT-basierten Unterstützung des KCRMs hinaus.

Um über das ChaRM und die zugehörige IT-Lösung in Konzernen einen Wertbeitrag leisten zu können, muss berücksichtigt werden, dass alle Funktionalitäten, Ergebnisse und Darstellungen nur so gut sein können, wie die definierten fachlichen Vorgaben, der Umfang der Nutzung der IT-Lösung im Konzern sowie Quantität und Qualität erfasster Informationen. Die Lösung ermöglicht bei richtigem Einsatz Prozessverbesserungen und unterstützt bei der Erfüllung des geforderten Wertbeitrags.

Die in dieser Arbeit konzipierte IT-Lösung, als instanziierbares Gesamtkonstrukt bzw. Ordnungsrahmen, unterstützt die Charakteristika eines erfolgreichen ChaRMs über einen strukturierten, integrierten Aufbau, die Möglichkeit der Einbindung relevanter Bereiche und verständliche Darstellungen, die in der Evaluation als diskussionsförderlich anerkannt werden. Die Stärke des konzipierten Ansatzes ist zudem, dass über die Anwendung der Kollaborationsmöglichkeiten das Wissen aller betroffenen Personen im Konzern gebündelt werden kann. Die Konzeption der Bereiche Kollaboration, Prozesssteuerung und Auswertungs-/Aufbereitungsfunktionalitäten adressiert die erkannten KCRM-Bedarfe und deckt diese gemäß der Evaluation erfolgreich ab.

Das Konzept leistet damit einen Beitrag zur effektiven Unterstützung des KCRMs und zur Lösung der erkannten Forschungslücke dieser Dissertation.

Anhang

Anhang A: Vergleich unterschiedlicher Systematiken für das ChM

Im folgenden Abschnitt werden drei Systematiken für ChM verglichen. Hierzu gehören der RMA Standard und die Veröffentlichungen mit Chancenfokus von LÜCK und KAISER. Tabelle 26 enthält den Abgleich. Hellgraue Markierungen in den einzelnen Zeilen stehen für inhaltliche Gleichheit (mit Ausnahme der Zeile mit den Überschriften), dunkelgraue Markierungen für ähnliche Gestaltungen und weiße bzw. keine Markierungen für Schritte, die es nicht in allen Systematiken gibt.

RMA Standard:[576]	ChM nach Lück:[577]	ChM nach Kaiser:[578]
Ziele		Ziele der Unternehmung
	Formulierung Chancenstrategie	
	Festlegung Maßnahmen ChM	
Identifikation	Chancenidentifikation	Chancen-(Risiko)identifikation
	Chancenanalyse	
Bewertung	Chancenbewertung	Chancen-(Risiko)bewertung
Korrelation und Aggregation		
Handhabung Chancen: - Ergreifen - Kooperieren - Vergrößern - Belassen	Chancensteuerung: - Realisierung - Teilung - Entwicklung - Ignorierung	Chancen-(Risiko)steuerung: - Selbstnutzung - Teilung - Pflege - Ignorierung
Reporting Kontrolle	Darstellung Chancensituation	Chancen-(Risiko)controlling
	Vergleich Chancensituation & -strategie	

Tabelle 26: Vergleich unterschiedlicher Systematiken für das ChM[579]

Legende Farbgebung: Hellgrau = inhaltliche Gleichheit, Dunkelgrau = ähnliche Gestaltungen, Weiß = Schritte, die es nicht in allen Systematiken gibt.

Die Analyse der Ansätze zeigt, dass jede Systematik einen Schritt für Identifikation, Bewertung und Steuerung enthält, teilweise mit abweichender Benennung. Berichterstattung und Überwachung sind separat oder in einem Schritt möglich.

Die Prozesse gemäß RMA Standard und KAISER enthalten als Bezugspunkt für Chancen „Ziele".[580] Die Systematik nach LÜCK beginnt mit der Festlegung einer zur

[576] Vgl. RMA e.V. (2006), S. 15ff. Risiko- und Chancenmanagement Prozess.
[577] Vgl. Lück (2001), S. 2312ff. Regelkreislauf des Chancenmanagements.
[578] Vgl. Kaiser (2005), S. 318ff. Regelkreis des Chancen-Risikomanagementprozesses.
[579] In Anlehnung an Saitz u.a. (2015), S. 772. Die folgende Analyse ist auch Teil dieser Veröffentlichung. Zur besseren Übersicht wird hier auf die Nennung von Risikosteuerungsmaßnahmen verzichtet. Da die Chancenseite verglichen wird, stehen die Risikobegriffe bei KAISER in Klammern. Weitere Systematiken des ChMs in der Literatur sind ähnlich aufgebaut, vgl. z.B. Weber u.a. (2001), S. 52.
[580] Vgl. RMA e.V. (2006), S. 16 und Kaiser (2005), S. 346 und 351.

Unternehmensstrategie passenden Chancenstrategie, um das gewünschte Chancen-Risiko-Verhältnis zu definieren sowie eine Steuerung und Priorisierung von Chancen zu ermöglichen. Diese Strategie wird im letzten Schritt von LÜCK mit der bestehenden Chancensituation verglichen, um die Angemessenheit der Maßnahmen zu prüfen und ggf. die Strategie anzupassen. Neben der Chancenstrategie fordert LÜCK die Festlegung von Maßnahmen des ChMs, wozu hier z.B. methodische Vorgaben gehören. Über den Schritt Analyse ermöglicht LÜCK eine Unterteilung in Chancen, deren Realisierung beeinflussbar ist und nicht-beeinflussbare Chancen, deren Ergreifung außerhalb des Handlungsspielraums liegt, deren Einflussfaktoren aber zusätzlich zu überwachen sind.[581] Über Korrelation und Aggregation sollen gemäß RMA Abhängigkeiten zwischen Chancen sowie Chancen und Risiken betrachtet und die Zusammenfassung ermöglicht werden.[582] LÜCK erweitert die Betrachtung potentieller und bestehender Chancen um realisierte Chancen und eine Gesamtchancensicht mit Erträgen pro Unternehmensbereich.[583]

Als vom RM abweichende Steuerungsmaßnahmen werden z.B. die Realisation, Selbstnutzung und das Ergreifen von Chancen durch spezifische Handlungen genannt. Die Chancenteilung oder -kooperation dient der Chancenrealisierung unter Teilung des Chancen- und Risikopotentials. Diese Maßnahmenarten sind wirkungsbezogen, wohingegen Vergrößern oder Ignorieren ursachenbezogen sind. Pflege, Entwicklung oder Vergrößerung können Wahrscheinlichkeit oder Ausmaß steigern.[584]

JUNGE, der auf Überlegungen von LÜCK aufsetzt, führt neben Wahrscheinlichkeit und Ausmaß das binäre Kriterium „Vorhersagbarkeit" ein. Er zeigt zudem die Relevanz der Ursachen- und Wirkungssicht zur Steuerung im Rahmen des ChMs auf und erarbeitet Argumente bzgl. der Überlegung, ob das RM für das ChM gespiegelt oder parallel aufgebaut werden soll, ggf. unter Nutzung gleicher Ressourcen.[585] Die Erläuterungen in diesem Anhang werden in Kapitel 2.3 einbezogen.

---

[581] Vgl. Lück (2001), S. 2312ff. und Junge (2009), S. 10ff., der u.a. zwischen „chances" als „unsichere Ereignisse" und „opportunities" als „Glückstreffer" sowie Planungsunsicherheiten unterscheidet.

[582] Vgl. RMA e.V. (2006), S. 18 und Lück (2001), S. 2314; LÜCK ordnet dies der Chancensteuerung zu.

[583] Vgl. Lück (2001), S. 2314.

[584] Vgl. Lück (2001), S. 2314, Kaiser (2005), S. 350 und RMA e.V. (2006), S. 16 und 19.

[585] Vgl. Junge (2009), S. 10, 16ff. und 66ff. Analyseergebnisse werden in Kapitel 4.3.3 einbezogen.

Anhang B: Aufbereitung von Reputationssystematiken und -maßen

Folgende Erläuterungen sollen einen Einblick in Beispiele für bestehende Reputationssystematiken und -maße geben. SCHIERENBECK u.a. beziehen die Reputation auf Kompetenz, Integrität und Vertrauenswürdigkeit eines Unternehmens und geben als Treiber gesellschaftliche Anforderungen, finanzielle Performance, Qualität interner Prozesse und Kundenzufriedenheit an.[586] SCHWAIGER unterteilt Reputation in die Dimensionen Kompetenz und Sympathie. Als wesentliche, messbare Einflussgrößen werden Qualität und finanzielle Performance konstatiert sowie zusätzlich die Attraktivität des Unternehmens und das Thema Verantwortung. Diese Faktoren können in unterschiedlichem Wirkungszusammenhang zu Kompetenz und Sympathie stehen.[587] ROMEIKE u.a. greifen die Unterteilung von SCHWAIGER auf und betrachten Kompetenz als Fähigkeit des Unternehmens die ökonomisch definierte Erwartungshaltung zu erfüllen und Sympathie als Art und Weise, wie diese erfüllt wird. Sie erweitern die Facetten, ebenso wie WEIßENSTEINER, um „Innovationskraft".[588]

FOMBRUN ist Mitbegründer zwei bekannter Reputationsmaße. Das erste konkretisiert Reputation über die sechs Facetten emotionaler Anreiz (1), z.B. eine vertrauensvolle Einstellung zum Unternehmen, Produkt und Service (2), finanzielle Performance (3), Vision und Führungsverhalten (4), Arbeitsumgebung (5) und soziale Verantwortung (6). Das zweite enthält statt der ersten Dimension „Governance" und „Innovation" und umfasst vier emotionale Wahrnehmungsbereiche als operationalisierbare Stimmungsbilder über die Haltung einer Person ggü. dem Unternehmen. „Company Feeling" steht dabei für ein positives Gefühl, „Admire and Respect" beschreibt ein aufgrund seiner Eigenschaften bewundertes Unternehmen, „Company Confidence" drückt eine Vertrauenshaltung aus und „Overall Reputation" steht für einen zu achtenden, guten Ruf.[589] Ausweitungsmöglichkeiten wären bspw. „Transparenz der Kommunikation".[590]

Diese Facetten dienen als Ausgangsbasis für die Überlegungen in Kapitel 5.3.1, 6.1 und 6.3 zur Konzeption des Lösungsansatzes am Beispiel Reputation.

[586] Vgl. Schierenbeck u.a. (2004), S. 2 und S. 13f.
[587] Vgl. Schwaiger (2004), S. 58-68.
[588] Vgl. Romeike u.a. (2012), S. 21 und Weißensteiner (2014), S. 83.
[589] Vgl. Liehr u.a. (2009), S. 8, Ponzi u.a. (2011), S. 17ff., Ressel (2008), S. 4ff. und Schwaiger (2004), S. 55f. Die Ausführungen zu Facetten sind aus den in der Literatur enthaltenen Erläuterungen abgeleitet. Die Begriffe sind in Produkten z.T. umbenannt, siehe Reputation Institute (2014), URL siehe LitVZ.
[590] Vgl. Doorley und Garcia (2015), S. 20f. Für weitere Modelle vgl. z.B. Weißensteiner (2014), S. 54.

Anhang C: Anwendungsmöglichkeiten von BI-Lösungen im ChaRM-Kontext

Die **Verwendung von BI-Lösungen aus Fachsicht** kann in verschiedenen Umfängen erfolgen: von vordefinierten Berichtsmöglichkeiten, über fachbereichsbezogene Analyseverfahren, bereichsübergreifende Datennutzung und Informationszusammenführung für mehrdimensionale Sichten, bis hin zur erweiterten Entscheidungsunterstützung und Bereitstellung von Wissen zum richtigen Zeitpunkt.[591] Neben diesen stufenweisen Ausbaumöglichkeiten können dem RM-Prozess auch Begrifflichkeiten aus dem BI-Kontext zugeordnet werden. Zur Berichterstattung und Überwachung können z.B. Informationssysteme für das Management oder Dashboards genutzt werden. Der Ursachenanalyse können Methoden des Online Analytical Processing (OLAP) zur Adhoc-Analyse mehrdimensionaler Datenräume [592] dienen. Bei der Risiko- und Chancenidentifikation können bspw. Data-Mining-Methoden, die Verfahren zur Mustererkennung in Datenbeständen umfassen,[593] unterstützen.[594]

Ausgehend von **Nutzungsmöglichkeiten von BI-Anwendungssystemen**[595] können neben Berichtssystemen für das Standardreporting auch Frühwarn- oder Früherkennungssysteme die rechtzeitige Erkennung von Risiken und Chancen fördern. Analysesysteme mit OLAP- und Data-Mining-Funktionalitäten können ebenfalls genutzt werden. Berichtssysteme und verschiedene Arten von Analysesystemen können zu „generischen Basissystemen" zusammengefasst werden. RM-Systeme als IT-Systeme, zählen zu den „konzeptorientierten Systemen", die ein spezielles betriebswirtschaftliches Konzept umsetzen. Diese Systeme können die Funktionalitäten der generischen Basissysteme um kontextspezifische Funktionen erweitern. „Präsentations- und Zugangssysteme" dienen dem adäquaten Informationszugriff, z.B. über Management-Cockpits oder Dashboards.[596] Es werden in der Literatur zudem ein integrierter Datenbestand in Form eines Data Warehouse (DWH), OLAP-Analysen, z.B. zur Auswertung hierarchischer Dimensionsstrukturen und Data-Mining-Methoden als RM-Unterstützungsfunktionen genannt.[597] Bezogen auf das der Arbeit

[591] Vgl. Banham (2004), Hahnen (2008), jeweilige URL siehe LitVZ, Schulze und Dittmar (2007), S. 79ff. Die Einteilung orientiert sich an einem Reifegradmodell erstellt von einer Beratungsgesellschaft.

[592] Vgl. Kemper und Baars (2008), S. 14.

[593] Vgl. Kemper und Baars (2008), S. 5.

[594] Vgl. Freidank u.a. (2007), S. 1191.

[595] Definition vgl. Kemper u.a. (2010), S. 8f. und für Anwendungssystem Ferstl und Sinz (2008), S. 4.

[596] Vgl. Gluchowski und Kemper (2006), S. 16f. KEMPER u.a. greifen Teile der Detaillierung in neueren Veröffentlichungen auf, ohne Zuordnung des RMs, vgl. Kemper u.a. (2010), S. 87ff.

[597] Vgl. Gluchowski u.a. (2008), S. 247. Die Möglichkeit der Anwendung eines DWH für das RM wird auch in Veröffentlichungen ausgehend von der beschriebenen Fachseite genannt, vgl. bspw. Erben

zugrunde liegende BI-Verständnis können genannte Technologien und Anwendungen Schichten zugeordnet werden. Informationen aus Quellsystemen, z.B. operative bzw. dezentrale ChaRM-IT-Systeme, werden in der Datenbereitstellungsschicht in einen konsistenten Datenbestand, z.B. in ein DWH, überführt. DWH steht für eine themenorientierte, integrierte, zeitbezogene und non-volatile Datensammlung zur Managementunterstützung.[598] Über Document- oder Content-Management-Systeme können unstrukturierte Daten gespeichert werden. Für diese Arbeit könnten dies z.B. Zusatzinformationen anderer Bereiche sein. Analysesysteme gehören zur Schicht Informationsgenerierung/-distribution. Die oberste Schicht dient dem Informationszugriff.[599]

Damit kann eine BI-basierte Lösung im Sinn eines integrierten Gesamtansatzes als adäquater Lösungsweg zur Unterstützung eines ChaRMs genutzt werden, soweit ein entsprechender technischer Aufbau angestrebt wird.

---

und Romeike (2003), S. 283 und Pauli u.a. (2012), S. 23.

598 Vgl. Inmon (2005), S. 29, Kemper u.a. (2010), S. 10ff. und Kemper und Baars (2008), S. 5.

599 Vgl. Kemper u.a. (2010), S. 10ff. Spezielle Architekturvarianten und Ausgestaltungsformen stehen im Rahmen dieser Arbeit nicht im Fokus.

Anhang D: Interviewleitfäden im Rahmen der Case-Study

Die Fragebögen sind primär auf die RM-Seite des ChaRMs fokussiert, da hierzu im Case Erfahrungswerte bestehen. Es wird in den Fragen keine Trennung in dezentralen RM- und KCRM-Prozess vorgenommen, da dies eine spezifische Bezeichnung dieser Arbeit ist. Es wird daher generell vom RM-Prozess gesprochen. Die Informationen werden in der Analysephase entsprechend dem Bedarf der Arbeit aufbereitet.

Befragung der KCRM-Sicht

Der Fragebogen zur Erhebung der relevanten Informationen aus KCRM-Sicht wird in vier Fragenblöcke unterteilt, die die Rahmenbedingungen und Vorgaben an das RM sowie den zugehörigen Prozess und darauf aufbauend die Sichtweise auf die bestehende und geplante IT-Unterstützung beleuchten. Es werden jeweils Unterfragen einer übergreifenden Frage zugeordnet und deren Intention erläutert.[600]

1. Welche Rahmenbedingungen beeinflussen das Risiko- und Chancenmanagement?
   1.1. Wie werden die Begriffe Risiko und Chance definiert?
   1.2. Inwieweit ist der Ansatz für Risiken und Chancen integriert?
   1.3. Ist das Risikomanagement an einem Standard ausgerichtet?
   1.4. Welche Vorgaben beeinflussen die Betrachtung von Risiken und Chancen? Welche Determinanten entscheiden über deren Wesentlichkeit?
   1.5. In Relation zu welcher Basis werden Risiken und Chancen bestimmt?
   1.6. Was sind die wesentlichen Determinanten eines wirksamen ChaRMs?

Dieser Block erhebt Basisinformationen zum Verständnis der Rahmenbedingungen.

2. Wie sind das RMS und der RM-Prozess im Konzern ausgestaltet?
   2.1. Welches Ziel wird mit dem Risiko- und Chancenmanagement verfolgt?
   2.2. Welche Tätigkeiten sind im RM-Prozess notwendig? Wie laufen sie ab?
   2.3. Wie häufig läuft der RM-Prozess ab?
   2.4. Was sind die wesentlichen Aufgaben der KCRM-Einheit?
   2.5. Welche Adressaten hat das RM auf Konzernebene?
   2.6. Welchen Informationsbedarf hat der Adressatenkreis? Welches sind die konzernrelevanten Informationen? (z.B. DRS 20-Konformität)
   2.7. Wo werden die Informationen generiert und wie fließen sie in das RM ein?

[600] Die Fragen orientieren sich an dem Begriff „Risiko“ und werden bei allgemeinen Fragen auf Chancen ausgeweitet. Die Begriffswahl erfolgt passend zum Adressatenkreis, ggf. abweichend vom BR.

2.8. Wer steuert das RM? Mit welchen Größen erfolgt die Steuerung?
2.9. Welche Schwachstellen/Herausforderungen gibt es im RM-Prozess?
2.10. Welche Verbindungen existieren zu anderen Bereichen im Konzern?

Im zweiten Block wird die prozessuale Ausgestaltung, mit Fokussierung auf den RM-Prozess in dezentralen Einheiten und Aufgabenfelder der KCRM-Einheit, betrachtet. Zudem werden Abnehmerkreis und dessen Informationsbedarf erhoben. Prozessuale Herausforderungen stellen konzeptionelle Anknüpfungspunkte dar.

3. Wie beurteilen Sie die Unterstützung durch die bestehende IT-Lösung? (Ist)
   3.1. Haben Sie eine Individual- oder Standardlösung? Warum wurde diese Form der IT-Lösung gewählt? Welche Auswahlaspekte waren wesentlich/welche Funktionalitäten haben in verfügbaren Lösungen gefehlt?
   3.2. Wie sind die einzelnen Prozessphasen durch das IT-System unterstützt?
   3.3. Wird der RM-Prozess durch die IT-Lösung unterstützt oder bestimmt? Ist die IT-Unterstützung für den RM-Prozess durchgängig?
   3.4. Deckt die IT-Lösung das Risiko- und Chancenmanagement integriert ab?
   3.5. Gibt es für Konzern und zuliefernde Einheiten ein gemeinsames IT-System? Welchem Anwenderkreis steht das IT-System zur Verfügung?
   3.6. Beurteilen Sie den zur Verfügung stehenden Funktionsumfang als hilfreich? Welche Aufgaben der KCRM-Einheit sind nicht ausreichend abgebildet?
   3.7. Wo sehen Sie bei der IT-Lösung Probleme in der Unterstützung? Welche Funktionalitäten fehlen in der bisherigen Lösung?
   3.8. Welche technischen Verbesserungspotentiale bestehen für die IT-Lösung?

Der dritte Fragenblock bezieht sich auf die bestehende IT-Lösung, wobei zunächst geprüft wird, was für eine Lösung vorliegt und auf welche Prozessschritte die Unterstützung bezogen ist. Die Sicht ist hierbei nicht auf das KCRM beschränkt, da dieser Bereich auch methodische Vorgaben für dezentrale Bereiche definiert und für das Gesamtsystem verantwortlich ist. Über die Frage nach der Durchgängigkeit und Beeinflussungsrichtung zwischen Prozess und IT-Lösung soll deutlich gemacht werden, ob die IT-Lösung sich an den Bedürfnissen der Anwender orientiert und die Lösung als Hilfestellung zur Erfüllung des Pflichtprozesses betrachtet wird. Wie dieser Fragenblock zeigt, werden Fragestellungen z.T. aus mehreren Sichtweisen formuliert, um die Situation möglichst vollständig zu erfassen, z.B. zielen Fragen nach Problemen bei der bestehenden Lösung (3.7) und Potentialen (3.8) ggf. auf gleiche Themen ab, erfordern aber die Einnahme mehrerer Blickwinkel.

4. Welche Erwartungen haben Sie an die künftige IT-Lösung? (Soll)
   4.1. Welche Anforderungen stellen Sie grundsätzlich an die IT-Lösung?
   4.2. Welches sind die aus Sicht des KCRMs notwendigen Funktionalitäten?
   4.3. Wie kann das Chancenmanagement künftig unterstützt werden? Welche Faktoren sind aus einer integrierten Sicht notwendig?
   4.4. Welche Informationen müssen in die IT-Lösung einfließen? Existieren Informationsquellen, die an die IT-Lösung anbindbar sind?
   4.5. Welche Ergebnistypen müssen standardisiert oder flexibel aus dem System extrahierbar sein? Wie müssen diese ausgestaltet sein?
   4.6. Was sehen Sie als entscheidend an für die Umsetzung bzw. Einführung?
   4.7. Welche Themen wurden bisher vernachlässigt? Was wurde unterschätzt? Was würden Sie bei der Einführung einer neuen Lösung ändern?

Der vierte Block adressiert konkrete Anforderungen und Funktionalitäten, die das System erfüllen soll. Es werden die Perspektiven der Dateneingabe (Input) und Ergebnisextraktion (Output) einbezogen. Die letzten beiden Fragen beziehen sich neben dem „was" auch auf das „wie" in Bezug auf die Einführung einer IT-Lösung. Die Schwerpunkte der folgenden Fragebögen sind auf Teile des KCRM-Fragenumfangs gelegt, je nach Erfahrung mit und Nähe zu Prozess und IT-Lösung.

<u>Befragung der Management-Sicht</u>

Für die Management-Sicht wird ein Fragebogen erarbeitet, der auf deren Erwartungen an und Erfahrung mit dem RM-Prozess und falls möglich mit der IT-Lösung abzielt. Der Fragebogen unterteilt sich in fünf Hauptfragen mit Teilfragen.

1. Welches Ziel möchte das Management mit dem ChaRM erreichen?
   1.1. Wie beschreiben Sie die Risikostrategie oder -neigung des Konzerns? Gibt es eine formalisierte Risikostrategie?
   1.2. Welche Kriterien definieren ein strategisches Risiko? Wie wird mit strategischen Risiken umgegangen?

Diese Fragestellungen dienen der Erhebung der grundsätzlichen Erwartungshaltung sowie des Anspruchs, den das Management an das RM stellt. Zudem werden Hintergründe zu Risikostrategie und strategischen Risiken erfragt.

2. Welche Aufgaben muss das KCRM erfüllen?
   2.1. Welche Schwachstellen/Herausforderungen gibt es im RM-Prozess?
   2.2. Welche Faktoren machen ein gutes RM aus? Woran erkennen Sie es?
   2.3. Was muss zur Etablierung eines (integrierten) Risiko- und Chancenansatzes getan/verändert werden?

Bei diesen Fragen werden die KCRM-Tätigkeit und der RM-Prozess in den Vordergrund gerückt. Es soll damit geprüft werden, ob das KCRM bspw. als beratende und moderierende oder als steuernde Einheit betrachtet wird. Der Anspruch an das KCRM muss klar definiert sein, um eine passende IT-Lösung zu konzipieren. Zudem sollen soweit möglich der Erfolg des RMs über die Frage nach Faktoren und Messgrößen greifbar gemacht werden. Die letzte Frage adressiert die Verbindung von Risiko- und Chancenmanagement.

3. Welche Informationen aus dem RM sind konzernrelevant zur Steuerung?
   3.1. Welcher Informationsbedarf muss durch das RM-Berichtswesen gedeckt werden? Welche Ergebnistypen müssen an Abnehmer gegeben werden?
   3.2. Wann und bezogen auf welchen Zeitraum besteht der Informationsbedarf?
   3.3. Wie beurteilen Sie die Informationsqualität bestehender Informationen?
   3.4. Wofür werden die Informationen verwendet? Was wird häufig nachgefragt?

Dieser Abschnitt bezieht sich auf RM-Informationen, die den Abnehmern bereitgestellt werden. Der Informationsbedarf sollte der Informationsnachfrage entsprechen und sowohl Zeitpunkt als auch Qualität der Zulieferungen den Ansprüchen genügen, um diese z.B. zur Überwachung, Steuerung oder Frühwarnung verwenden zu können. Es soll ebenfalls untersucht werden, ob der Informationsbedarf standardisiert abgedeckt werden kann und inwieweit flexible Auswertungen notwendig sind.

4. Welche Form der IT-Unterstützung ist auf Management-Ebene denkbar?

Es ist zu prüfen, ob die Zielsetzung aus Frage eins und der Informationsbedarf aus Frage drei eine IT-Unterstützung für das Management erfordern, d.h. ob das

Management, über das Berichtswesen in Form von Standardberichten hinaus, technisch unterstützt selbst Auswertungen in der IT-Lösung durchführen möchte.

5. Was muss bei einer Überarbeitung bzw. Konzeption des Prozesses und der IT-Lösung aus Ihrer Sicht bedacht werden?
   5.1. Welche Themen sind bisher nicht ausreichend betrachtet?
   5.2. Welche Schnittstellen/Verbindungen zu anderen Bereichen sollen bestehen?

Der letzte Fragenblock beschäftigt sich mit generellen Hinweisen für die Konzeption. Hieraus können sich bspw. auch weitere sinnvolle Ansprechpartner für die Einbeziehung in die Befragung ergeben. Es wird zudem die Perspektive von RM auf andere Themengebiete ausgeweitet, um die Verknüpfung zu relevanten Bereichen sicherstellen zu können.

Befragung der Schnittstellen-Sicht

Die Befragung ist sowohl auf bestehende Kooperationen als auch auf weitere mögliche Zusammenarbeit ausgerichtet. Es soll die Zielsetzung des jeweiligen Bereichs in Bezug auf das RM bestimmt werden, um daraus abzuleiten, wie mit den Informationen im RM umgegangen werden kann. Hierfür werden folgende Fragen verwendet:

1. Welche Verbindungen bestehen zwischen Ihrem Bereich und dem RM?
2. Welches Ziel verfolgt Ihr Bereich mit dem RM?

Diese beiden Fragen erheben die bestehenden Verbindungen und deren fachliche Hintergründe in Bezug auf das RM.

3. Wie sieht der RM-Prozess in Ihrem Bereich aus? Wie ist die technische Unterstützung der Schnittstelle zum RM ausgestaltet?
   3.1. Wie läuft der Prozess zwischen Ihrem Bereich und dem RM ab?
   3.2. Worüber ist die Wesentlichkeit eines Risikos/einer Information definiert? Bei welcher Konstellation von Faktoren wird ein Risiko gemeldet?
   3.3. Welche Informationen werden in Ihrem Bereich für das RM generiert?
   3.4. Welche Informationen werden im RM-Prozess berichtet?
   3.5. Wie beurteilen Sie deren Informationsqualität?

Je nachdem, ob der befragte Bereich direkt in Prozess und IT-Lösung eingebunden ist oder ob Zulieferungen davon losgelöst erfolgen, ist Frage drei zu formulieren. Davon abhängig ist die Beurteilbarkeit der technischen Schnittstelle.

4. Wie kann die Zusammenarbeit zwischen den Bereichen künftig aussehen und die Unterstützung für Ihren Bereich verbessert werden?
   4.1. Wie definieren Sie darin die Aufgabe des KCRMs und welche Erwartungen stellen Sie an das KCRM?
   4.2. In welchen Bereichen sehen Sie prozessuale Herausforderungen?
   4.3. Wo sehen Sie Verbesserungspotentiale bezüglich der IT-Unterstützung?

Der vierte Block beschäftigt sich mit der Weiterentwicklung von Verbindungen. Es werden die Rolle des KCRMs konkretisiert sowie Verbesserungspotentiale erarbeitet.

Befragung der Zuliefer-Sicht

Der Fragebogen für die Befragung der Zuliefer-Sicht bzw. der dezentralen Risikomanager ist feiner untergliedert. Hierdurch soll die Erhebung und Analyse bestehender und benötigter, prozessualer und technischer Unterstützungsleistungen durch das KCRM und die IT-Lösung granular und umfassend erfolgen.

1. Wie ist Ihr Bereich strukturiert? Wie viele untergeordnete Einheiten gibt es?

Damit der Aufbau der IT-Lösung die Bedürfnisse und Besonderheiten der einzelnen SGEen abdecken kann, muss ein Grundverständnis für die Struktur der SGEen, Funktionen und Themengebiete aufgebaut werden.

2. Wie laufen die Phasen des RM-Prozesses ab?
   2.1. Welche Risiken werden auf Ihrer Ebene erfasst?
   2.2. Wie werden Risiken identifiziert und bewertet? Worüber definiert sich die Wesentlichkeit der Risiken? Wie wird entschieden was berichtet wird?
   2.3. Welche Informationen werden in Ihrem Bereich generiert/Ihrem Bereich zugeliefert? Woher stammen die Inhalte und wie wird Qualität sichergestellt?
   2.4. Wie werden Risiken aggregiert (Methodik/Vorgehen)?
   2.5. Wie werden bereichsübergreifend Informationen über Risiken ausgetauscht? Wie erfolgt die Kommunikation wenn Themen mehrere Bereiche treffen?
   2.6. Wie erfolgt die Steuerung der Risiken auf Ihrer Ebene?
   2.7. Wie werden die dokumentierten Maßnahmen überwacht?

2.8. Wie häufig läuft der RM-Prozess (inkl. Berichtswesen) ab?

2.9. Werden in Ihrem Bereich Erfahrungsdaten bzgl. eingetretener Risiken gesammelt und ausgewertet? Wie werden diese Informationen genutzt?

2.10. Welche Schwachstellen/Herausforderungen gibt es im RM-Prozess?

Die Abfragelogik für die Zuliefer-Sicht ist wesentlich detaillierter, als die der letzten beiden erläuterten Sichten, um damit auch das Potential des RMs und zugehöriger Informationen für das Management beurteilen zu können. Es werden hierbei zunächst die einzelnen Prozessschritte und deren Ist-Zustand im Konzern beleuchtet (Fragen 2.1 bis 2.4 und 2.6 bis 2.8). Je nachdem, ob die befragte Einheit auf unterster Ebene eine Ersterfassung durchführt, oder ob zugelieferte Risiken aggregiert und ggf. ergänzt werden müssen, lautet die Fragestellung unterschiedlich (siehe z.B. Frage 2.3). Frage 2.5 zielt auf die Ausweitung des Blickwinkels einer Einheit ab, indem mögliche Entwicklungen, die auf mehr als einen Bereich wirken können, betrachtet werden. Frage 2.8 stellt den kontinuierlichen RM-Gedanken dem zyklischen Reportingprozess gegenüber. Prinzipiell lässt sich die Korrektheit der Informationen erst im Nachgang, nach Eintritt oder endgültigem Nicht-Eintritt eines Risikos erkennen. Frage 2.9 prüft, ob eine ex post Betrachtung stattfindet. Über die Frage 2.10 werden Schwachstellen erfragt, die ggf. nicht bereits durch eine der Antworten auf die vorangegangenen Fragen erkennbar sind.

3. Wie erfolgt die Informationsweitergabe an Ihre Abnehmer?
   3.1. Welchen Informationsbedarf haben Sie für (aggregierte) Einschätzungen?
   3.2. Welcher Informationsbedarf besteht bei Ihren Abnehmern?
   3.3. Welche Informationen und Auswertungen werden bei Ihnen erstellt?

Auch hier besteht die Möglichkeit, dass es sich um eine Einheit, die auf ihrer Ebene Risiken erstmals erfasst, handelt. In diesem Fall ist die Überlegung, welche Informationen die jeweilige Führungskraft als Risikoverantwortlicher benötigt, interessant. Handelt es sich um eine übergeordnete Einheit, muss geprüft werden, welche Informationen für die aggregierte, ggf. zusammenfassende Einschätzung notwendig sind und welche Informationen weitergegeben werden. Zudem ist zu prüfen, ob neben bisher technisch aufbereiteten Informationen und unterstützten Auswertungen dezentral weitere Kennzahlen, Analysen oder Simulationen durchgeführt werden. Wenn hierbei ein gemeinsamer Bedarf aus mehreren Einheiten erkennbar ist, kann dieser Bedarf ggf. auch als Anforderung an die IT-Lösung definiert werden.

4. Wie beurteilen Sie die Unterstützung durch die bestehende IT-Lösung? (Ist)
   4.1. Welche Prozessschritte sind aus Ihrer Sicht gut unterstützt?
   4.2. Sind parallele/weitere IT-Lösungen in Ihrem Bereich im Einsatz?
   4.3. Welche Prozessschritte sind nicht ausreichend unterstützt?
   4.4. Welche Schwachstellen/Verbesserungspotentiale gibt es in der IT-Lösung?
   4.5. Welche Funktionalitäten vermissen Sie? Was sind die größten Kritikpunkte?
   4.6. Wie ist die organisatorische Struktur Ihrer Einheit in der Lösung abgebildet?
   4.7. Inwieweit sind flexible Analysen möglich und werden diese genutzt?
   4.8. Inwieweit können Sie das System als integrierte Plattform zur Sammlung risiko- und chancenrelevanter Daten nutzen?
   4.9. Unterstützt Sie die bestehende Lösung bei der Abdeckung des Informationsbedarfs Ihrer Führungskräfte und der Steuerung der Risiken?

Dieser Fragenblock beschäftigt sich mit der Passgenauigkeit der bestehenden IT-Lösung für die Bedürfnisse der befragten Einheit und mit der Anwendbarkeit für das RM. Die Fragen zur Unterstützung der Prozessschritte erfordern eine übergreifende Denkweise bzgl. bestehender Probleme, daher werden zusätzlich Zwischenfragen nach möglichen parallelen bzw. weiteren IT-Lösungen gestellt. Prinzipiell soll auch für dezentrale Einheiten ein Nutzen durch die Verwendung der IT-Lösung entstehen.

5. Welche Erwartungen haben Sie an die künftige IT-Lösung? (Soll)
   5.1. Welche Anforderungen stellen Sie an eine künftige IT-Lösung?
   5.2. Welches sind die für Sie notwendigen Funktionalitäten?
   5.3. Welcher Bedarf besteht im Bereich der flexiblen Auswertungen?
   5.4. Welchen Bedarf haben Sie zur Unterstützung des Chancenmanagements?
   5.5. Existieren Informationsquellen, die an die IT-Lösung anbindbar sind?

Die Erwartungen an die IT-Lösung umfassen Fragen, die deren künftige Ausgestaltung betreffen. Hierbei soll möglichst uneingeschränkt der Bedarf erfasst werden.

6. Wodurch zeichnet sich ein gutes RM aus?
7. Was sehen Sie als entscheidend an für die Konzeption und Umsetzung eines integrierten Risiko- und Chancenmanagementsystems? Welche Erwartungen haben Sie an das KCRM?

Die letzten zwei Fragestellungen sollen generell Möglichkeiten zur Sicherstellung der Akzeptanz des Risiko- und Chancenmanagements erfassen und die zuliefernden Bereiche im Sinne eines Mitspracherechts in die Konzeption einbeziehen.

Abbildung 104 verbindet die Analysedimensionen (Kapitel 3.2) mit den Fragen.

I. Vorgaben	Fragen
KCRM-Sicht	1
Management-Sicht	1.1 und 1.2
Schnittstellen-Sicht	1
Zuliefer-Sicht	1

II. Zielsetzung	Fragen
KCRM-Sicht	1.2, 1.7
Management-Sicht	1
Schnittstellen-Sicht	2
Zuliefer-Sicht	6

III. Aufgaben	Fragen
KCRM-Sicht	2.3
Management-Sicht	2
Schnittstellen-Sicht	4.1
Zuliefer-Sicht	ggf. 7

IV. Prozess (Ist)	Fragen
KCRM-Sicht	2.1 bis 2.7, 2.9
Management-Sicht	3
Schnittstellen-Sicht	3
Zuliefer-Sicht	2.1 bis 2.9, 3

V. IT-Lösung (Ist)	Fragen
KCRM-Sicht	3
Management-Sicht	ggf. 4
Schnittstellen-Sicht	3
Zuliefer-Sicht	4

VI. Prozess (Soll)	Fragen
KCRM-Sicht	2.8
Management-Sicht	2.1, 5
Schnittstellen-Sicht	4.2
Zuliefer-Sicht	2.10, ggf. 7

VII. IT-Lösung (Soll)	Fragen
KCRM-Sicht	4
Management-Sicht	4, 5
Schnittstellen-Sicht	4.3
Zuliefer-Sicht	5, ggf. 7

Abbildung 104: Analysedimensionen und zugehörige Fragestellungen[601]

Die Leserichtung ist ausgehend von der Mitte im Uhrzeigersinn. Neben der Visualisierung der Analysedimensionen verbindet Abbildung 104 über die Tabellen die Fragebögen mit den Analysedimensionen. Wenn in den Tabellen die Teilfragen der übergeordneten Fragestellungen nicht explizit genannt sind, zählen sie in die übergeordnete Fragestellung mit hinein. Die Farbwahl der Analysedimensionen kennzeichnet die Zusammengehörigkeit der Dimensionen z.B. zu Ist- oder Soll-Zustand. Für die Dimensionen Zielsetzung und Aufgaben ist der gleiche Farb- bzw. Grauton gewählt, da die beiden Dimensionen aufeinander abgestimmt werden müssen.

[601] Eigene Darstellung. Die Fragenzuordnung ist aufgrund des Antwortverhaltens im Rahmen der Erhebung nicht überschneidungsfrei. Die Gruppierung wird mit dem Antwortverhalten abgeglichen.

Anhang E: Inhaltsanalyse von Dokumentationen im Rahmen der Case-Study

Dieses Kapitel enthält die einbezogenen, methodischen und technischen Erläuterungen, die in die Aufbereitung der Ergebnisse in Kapitel 3 einfließen. Die Dokumentationen werden nach den in Kapitel 3.1 beschriebenen Methoden analysiert.

Die verfügbaren Dokumentationsumfänge umfassen mehrere thematische Bereiche und werden zur Vorbereitung oder im Nachgang an die Gespräche bereitgestellt:

1. **Berichtsprodukte:** Hierzu zählen die regulären Berichtsergebnisse des RMs auf Konzernebene sowie Sonderauswertungen.
2. **Dokumentation des RMs:** Diese umfasst das aktuelle RM-Handbuch, mit zugehörigen Detaillierungen, wie z.B. Katalog und Rollenkonzept.
3. **Dokumentation des IT-Systems:** Diese beinhaltet die gültige Dokumentation der bestehenden IT-Lösung, zur Erläuterung der Funktionalitäten im IT-System, sowie die Schulungsunterlagen des Systems.
4. **Protokollierung der RM-Systementwicklung:** Hierunter fallen alle Dokumentationsschritte der Entwicklung und Weiterentwicklung der IT-Lösung des RMs mit fachlichen und technischen Konzepten der vorangegangenen und aktuellen Versionen der IT-Lösung.
5. **Berichtsprodukte und Dokumentationen aus bestehenden Schnittstellen-Bereichen des RMs:** Hierzu zählen relevante Berichte und Dokumentationen.
6. **Informationen aus Foren:** Hierzu gehören Beitragsbände von RM-Foren.

Anhang F: Attribute des Klassendiagramms

Dieser Anhang enthält in Tabelle 27 die Attributliste passend zum Klassendiagramm in Kapitel 5.1. Die Statusattribute dienen der Kennzeichnung der aktiven Nutzung im System oder Historisierung sowie ggf. einer zusätzlichen, fachlichen Unterteilung der Objekte einer Klasse. Wenn von einem Attribut eines Objekts auf ein anderes Objekt referenziert werden soll, wird der Primärschlüssel des referenzierten Objekts hinterlegt. Wenn mehrere gültige Objekte bestehen, muss es technisch eine Tabelle mit möglichen Kombinationen geben.

Nr.	Klasse	Attribut	Bedeutung
1	Rolle	rolle_id	ID Rolle
2	Rolle	rolle_name	Name Rolle
3	Rolle	rolle_status	Status Rolle
4	Berechtigung	berechtigung_id	ID Berechtigung
5	Berechtigung	berechtigung_name	Name Berechtigung
6	Berechtigung	berechtigung_status	Status Berechtigung
7	Person	person_id	ID Person
8	Person	person_name	Name Person
9	Person	person_vorname	Vorname Person
10	Person	person_telefon	Telefonnummer Person
11	Person	person_mail	Mailadresse Person
12	Person	person_status	Status Person z.B. aktiv/inaktiv/gesperrt/etc.
13	Organisationseinheit	einheit_id	ID OE
14	Organisationseinheit	einheit_kuerzel	Kürzel OE
15	Organisationseinheit	einheit_name	Name OE
16	Organisationseinheit	einheit_waehrung	Währung, in der Chancen und Risiken erfasst werden
17	Organisationseinheit	einheit_status	Status der Einheit in Bezug zur Hierarchie
18	Organisationseinheit	einheit_risikowert	Zentral ermittelter Risikowert, der pro Einheit hinterlegt wird[602]
19	Organisationseinheit	einheit_berichtsscope	Kennzeichen zur Einbindung oder Herausnahme der OE aus der Hierarchie und Aggregation
20	Hierarchie	hierarchie_id	ID Hierarchie
21	Hierarchie	hierarchie_status	Status der Hierarchie, trennt die gültige Hierarchie und die Vorversionen
22	Währung	waehrung_id	ID Währung
23	Währung	waehrung_name	Name Währung
24	Währung	waehrung_zielwaehrung	Name Zielwährung
25	Währung	waehrung_umrechnungskurs	Kurs mit dem die Währung in die Zielwährung umzurechnen ist
26	Währung	waehrung_status	Status des Kurses
27	Land	land_id	ID Land
28	Land	land_name	Name Land
29	Land	land_risikowert	Zentral ermittelter Risikowert, der pro Land hinterlegt wird
30	Land	land_chancenwert	Zentral ermittelter Chancenwert, der pro Land hinterlegt wird
31	Land	land_status	Status Land
32	Region	region_id	ID Region
33	Region	region_name	Name Region

[602] Ein Chancenwert pro Organisationseinheit wird nicht hinterlegt, da das Chancenpotential hier nur pro Region oder Land ermittelt wird.

Nr.	Klasse	Attribut	Bedeutung
34	Region	region_sge	SGE, für die die regionale Unterteilung gültig ist
35	Region	region_risikowert	Zentral ermittelter Risikowert, der pro Region hinterlegt wird
36	Region	region_chancenwert	Zentral ermittelter Chancenwert, der pro Region hinterlegt wird
37	Region	region_status	Status Region
38	Ursachenpool	pool_id	ID Pool
39	Ursachenpool	pool_name	Name Pool
40	Ursachenpool	pool_status	Status Pool
41	Aufgabenliste	liste_id	ID Aufgabenliste
42	Aufgabenliste	liste_name	Name der Liste bezogen auf eine Einheit
43	Aufgabenliste	liste_neu	Kennzeichen, dass der Liste seit dem letzten Aufruf neue Einträge zugewiesen wurden
44	Aufgabenliste	liste_status	Status Liste
45	Ursache	ursache_id	ID Ursache
46	Ursache	ursache_titel	Titel Ursache
47	Ursache	ursache_beschreibung	Beschreibung Ursache
48	Ursache	ursache_pool	Kennzeichen, ob eine Ursache Teil des Pools ist
49	Ursache	ursache_auspraegung_r	Kennzeichen, ob aus der Ursache ein Risiko erwartet wird
50	Ursache	ursache_auspraegung_c	Kennzeichen, ob aus der Ursache eine Chance erwartet wird
51	Ursache	ursache_topkennzeichen	Kennzeichen, zur Markierung von Top-Down-Ursachen
52	Ursache	ursache_rueckmeldedat	Datum, bis zu dem zugewiesene Ursache bearbeitet sein muss
53	Ursache	ursache_vorgabe_ew_best	Möglichkeit der Hinterlegung eines Szenarios für eine (zu prüfende Top-Down-)Ursache: EW „best-case"
54	Ursache	ursache_vorgabe_ew_realistic	Szenario (Top-Down-)Ursache: EW „realistic-case"
55	Ursache	ursache_vorgabe_ew_worst	Szenario (Top-Down-)Ursache: EW „worst-case"
56	Ursache	ursache_status_erfasser	Status, der Ursache aus Sicht des Erfassers
57	Ursache	ursache_status_adressat	Status, der Ursache aus Sicht des Adressaten
58	Ursache	ursache_status_pool	Status der Ursache im Pool
59	Ursache	ursache_zuweisungszaehler	Anzahl an Einheiten, denen die Ursache zugewiesen ist
60	Chance_Risiko	cr_id	ID Chance/Risiko
61	Chance_Risiko	cr_auspraegung	Kennzeichen zur Trennung von Chancen und Risiken
62	Chance_Risiko	cr_titel	Titel Chance/Risiko
63	Chance_Risiko	cr_beschreibung	Beschreibung Chance/Risiko
64	Chance_Risiko	cr_sonderthema	Kennzeichnung von Chancen/ Risiken, die zu keiner definierten Kategorie passen
65	Chance_Risiko	cr_bewertungsart	Unterscheidung qualitativer oder quantitativer Betrachtung (Gesamtsicht auf Chance/Risiko)
66	Chance_Risiko	cr_zeitraum	Unterscheiden des Betrachtungshorizonts zwischen kurz-, mittel- und langfristig
67	Chance_Risiko	cr_status	Status Chance/Risiko
68	Chance_Risiko	cr_bezug_plan_ereignis	Kennzeichen zur Trennung von Chance/Risiko bezogen auf geplante Ziele oder planungsunabhängige Ereignisse
69	Chance_Risiko	cr_ew_quant_brutto	EW quantitativ (Brutto)

Nr.	Klasse	Attribut	Bedeutung
70	Chance_Risiko	cr_ew_quant_netto	EW quantitativ (Netto)
71	Chance_Risiko	cr_ew_qual_brutto	EW qualitativ (Brutto)
72	Chance_Risiko	cr_ew_qual_netto	EW qualitativ (Netto)
73	Chance_Risiko	cr_ew_bandbreite_von	Hinterlegung einer Bandbreite als Bewertung (Von)
74	Chance_Risiko	cr_ew_bandbreite_bis	Hinterlegung einer Bandbreite als Bewertung (Bis)
75	Chance_Risiko	cr_berichtswuerdig	Kennzeichnung zur Meldung von Chancen/Risiken an höhere Ebenen, auch wenn sie unterhalb der WK-Grenze liegen
76	Chance_Risiko	cr_beeinflussbar_gesamt	Kennzeichen zur Beeinflussbarkeit von Chance/Risiko, EW und/oder Ausmaß
77	Chance_Risiko	cr_beeinflussbar_ew	Kennzeichen zur Beeinflussbarkeit von Chance/Risiko, bezogen auf die EW
78	Chance_Risiko	cr_beeinflussbar_beschreibung	Erklärung zur Beurteilung der Beeinflussbarkeit
79	Chance_Risiko	cr_weitere_kennzeichen	Hinterlegen von weiteren systematisierenden Kennzeichen
80	Chance_Risiko	cr_turnus	Turnus, in dem Chance/Risiko überprüft werden muss
81	Chance_Risiko	cr_sichtbar	Kennzeichen zur Sichtbarmachung des Objekts auf übergeordneter Ebene (Freigabe Einzelchance/-risiko)
82	Chance_Risiko	cr_adhockennzeichen	Kennzeichen zur Markierung „adhoc" zu meldender Risiken (prinzipiell für Chancen möglich)
83	Chance_Risiko	cr_abwahlkennzeichen	Kennzeichen zur Markierung abgewählter Chancen/Risiken
84	Chance_Risiko	cr_abwahlgrund	Begründung der Abwahl
85	Chance_Risiko	cr_abwahldatum	Datum der Abwahl
86	Chance_Risiko	cr_kommentar	Möglichkeit der Kommentierung der Informationen
87	Prämisse	praemisse_id	ID Prämisse
88	Prämisse	praemisse_name	Name Prämisse
89	Prämisse	praemisse_beschreibung	Inhalt der Prämisse, z.B. textuelle Beschreibung zur volkswirtschaftlichen Lage eines Landes
90	Prämisse	praemisse_wert	Wert der Prämisse, z.B. bei Rohstoffpreisprämissen
91	Prämisse	praemisse_status	Status Prämisse (z.B. gültig)
92	Berichtszeitpunkt	bzeitp_id	ID Berichtszeitpunkt
93	Berichtszeitpunkt	bzeitp_name	Name Berichtszeitpunkt (z.B. Q1 - 2015)
94	Berichtszeitpunkt	bzeitp_status	Status Berichtszeitpunkt (aktiv, geschlossen)
95	Berichtszeitpunkt	bzeitp_jahr	Jahr Berichtszeitpunkt
96	Berichtszeitpunkt	bzeitp_quartal	Quartal Berichtszeitpunkt
97	Berichtszeitpunkt	bzeitp_datum	Abgabedatum gesamt
98	Negativmeldung	negativmeldung_id	ID Negativmeldung
99	Negativmeldung	negativmeldung_cr	Kennzeichen Negativmeldung für Chancen und/oder Risiken
100	Negativmeldung	negativmeldung_grund	Grund, warum es zum Zeitpunkt keine Chancen/Risiken gibt
101	Negativmeldung	negativmeldung_status	Status Negativmeldung
102	CR_Strategie	crstrateg_id	ID Chancen-Risiko-Strategie
103	CR_Strategie	crstrateg_qual_quant	Art qualitativ/quantitativ
104	CR_Strategie	crstrateg_zielwert	Zielwert für eine Zielgröße
105	CR_Strategie	crstrateg_grenze_erfass_r	Grenze, ab der die Erfassung von Risiken gefordert wird

Nr.	Klasse	Attribut	Bedeutung
106	CR_Strategie	crstrateg_wk_grenze_melde_r	WK-Grenze, ab der die Meldung von Risiken gefordert wird
107	CR_Strategie	crstrateg_grenze_erfass_c	Grenze, ab der die Erfassung von Chancen gefordert wird
108	CR_Strategie	crstrateg_wk_grenze_melde_c	WK-Grenze, ab der die Meldung von Chancen gefordert wird
109	CR_Strategie	crstrateg_bandbreite_min	Bandbreite minimal akzeptierter Zielwert (Risikoappetit)
110	CR_Strategie	crstrateg_bandbreite_max	Bandbreite maximal zu erwartender Zielwert (bester Fall)
111	CR_Strategie	crstrateg_anteil_min	Anteil (%) minimaler, akzeptierter Zielwert (Risikoappetit)
112	CR_Strategie	crstrateg_anteil_max	Anteil (%) maximaler, im besten Fall zu erwartender Zielwert
113	CR_Strategie	crstrateg_status	Status Chancen-Risiko-Strategie
114	Entscheidung_Projekt	entschprojekt_id	ID Entscheidung/Projekt
115	Entscheidung_Projekt	entschprojekt_name	Name Entscheidung/Projekt
116	Entscheidung_Projekt	entschprojekt_beschreibung	Beschreibung Entscheidung/ Projekt
117	Entscheidung_Projekt	entschprojekt_status	Status Entscheidung/ Projekt (z.B. Phase)
118	Ziel_Strategie	zielstrategie_id	ID Ziel/Strategie
119	Ziel_Strategie	zielstrategie_name	Name Ziel/Strategie
120	Ziel_Strategie	zielstrategie_beschreibung	Beschreibung Ziel/Strategie
121	Ziel_Strategie	zielstrategie_status	Status Ziel/Strategie
122	Produkt	produkt_id	ID Produkt
123	Produkt	produkt_name	Name Produkt
124	Produkt	produkt_beschreibung	Beschreibung Produkt
125	Produkt	produkt_status	Status Produkt
126	Produktgruppe	produktgr_id	ID Produktgruppe
127	Produktgruppe	produktgr_name	Name Produktgruppe
128	Produktgruppe	produktgr_beschreibung	Beschreibung Produktgruppe
129	Produktgruppe	produktgr_status	Status Produktgruppe
130	Prozess	prozess_id	ID Prozess
131	Prozess	prozess_name	Name Prozess
132	Prozess	prozess_beschreibung	Beschreibung Prozess
133	Prozess	prozess_status	Status Prozess
134	Änderungsprotokoll	protokoll_id	ID Änderungsprotokoll
135	Änderungsprotokoll	protokoll_anzahl	Anzahl der zugehörigen Änderungsbeschreibungen
136	Änderungsprotokoll	protokoll_status	Status Protokoll
137	Änderungsbeschreibung	aenderung_id	ID Änderungsbeschreibung
138	Änderungsbeschreibung	aenderung_objekt_von_klasse	Referenz auf Objekt von Klasse zu dem eine Änderung gehört
139	Änderungsbeschreibung	aenderung_attribut	Attribut des Objekts dessen Änderung dokumentiert wird
140	Änderungsbeschreibung	aenderung_inhalt_alt	Bestehender Inhalt des Attributs
141	Änderungsbeschreibung	aenderung_inhalt_neu	Neuer Inhalt des Attributs
142	Änderungsbeschreibung	aenderung_kommentar	Kommentierung der Änderung
143	Änderungsbeschreibung	aenderung_status	Status Änderung
144	Anhangliste	anhangliste_id	ID Anhangliste
145	Anhangliste	anhangliste_anzahl	Anzahl zugehöriger Anhänge
146	Anhangliste	anhangliste_status	Status Anhangliste
147	Anhang	anhang_id	ID Anhang
148	Anhang	anhang_objekt_von_klasse	Referenz auf Objekt von Klasse zu dem ein Anhang gehört
149	Anhang	anhang_name	Name Anhang
150	Anhang	anhang_datei	Inhalt des Anhangs
151	Anhang	anhang_status	Status Anhang
152	Kategorie	kategorie_id	ID Kategorie
153	Kategorie	kategorie_name	Name Kategorie
154	Kategorie	kategorie_cr	Kennzeichen zur Trennung Chancen- oder Risikokategorie
155	Kategorie	Kategorie_status	Status Kategorie

Nr.	Klasse	Attribut	Bedeutung
156	Katalog	katalog_id	ID Katalog
157	Katalog	katalog_name	Name Katalog
158	Katalog	katalog_status	Status Katalog
159	Assessment	assessment_id	ID Assessment
160	Assessment	assessment_name	Name Assessment
161	Assessment	assessment_art	Kennzeichnung z.B. für Identifikation, Bewertung, Wirksamkeit
162	Assessment	assessment_status	Status Assessment
163	Frage	frage_id	ID Frage
164	Frage	frage_beschreibung	Fragestellung, die zu einem Assessment gehört
165	Frage	frage_status	Status Frage
166	Antwortauswahl	antwort_id	ID Antwortauswahl
167	Antwortauswahl	antwort_auspraegung	Inhalt/Ausprägung der Antwort
168	Antwortauswahl	antwort_status	Status Antwortauswahl
169	Indikator	indikator_id	ID Indikator
170	Indikator	indikator_pflicht	Pflicht- oder Wahlbewertung des Indikators
171	Indikator	indikator_aktueller_status	Bewertung des Status eines kategorienbezogenen Indikators
172	Indikator	indikator_ausblick	Bewertung Ausblick bezogen auf den Status des Indikators
173	Indikator	indikator_bemerkung	Kommentierung Indikator
174	Indikator	indikator_status	Status Indikator
175	Wirkung	wirkung_id	ID Wirkung
176	Wirkung	wirkung_beschreibung	Beschreibung Wirkung
177	Wirkung	wirkung_eintritt	Kennzeichen zur Markierung des Chancen-/Risikoeintritts
178	Wirkung	wirkung_anteileintritt	Anteil eingetretenes Ausmaß
179	Wirkung	wirkung_beeinflussbar	Beeinflussbarkeit Ausmaß
180	Wirkung	wirkung_gesamt	Aufsummierte/Gesamt-Wirkung
181	Wirkung	wirkung_rueckmeldedat	Datum, bis wann eine zur Bewertung weitergegebene Wirkung beurteilt werden muss
182	Wirkung	wirkung_status	Status Wirkung (Kennzeichen zur Sichtbarmachung des Objekts bei zugewiesener Wirkung)
183	Finanzielle_Wirkung	finwirk_ausmaß_quant_brutto	Quantitative Bewertung der finanziellen Wirkung ohne Maßnahmen (Brutto)
184	Finanzielle_Wirkung	finwirk_ausmaß_quant_netto	Quantitative Bewertung der finanziellen Wirkung nach Maßnahmen (Netto)
185	Finanzielle_Wirkung	finwirk_ausmaß_qual_brutto	Qualitative Bewertung der finanziellen Wirkung ohne Maßnahmen (Brutto)
186	Finanzielle_Wirkung	finwirk_ausmaß_qual_netto	Qualitative Bewertung der finanziellen Wirkung nach Maßnahmen (Netto)
187	Finanzielle_Wirkung	finwirk_haeufigkeit	Häufigkeit des erwarteten Eintritts (z.B. ohne Planungsbezug)
188	Finanzielle_Wirkung	finwirk_eintrittsfall	Erwartete finanzielle Wirkung bei einem Eintrittsfall, bezogen auf finwirk_haeufigkeit
190	Finanzielle_Wirkung	finwirk_begruendung	Begründung der Auswirkung
191	Reputations_Wirkung	repwirk_radius	Wirkungsradius Reputation
192	Reputations_Wirkung	repwirk_wahrscheinlichkeit	Wahrscheinlichkeit der Wirkung auf die Reputation
193	Reputations_Wirkung	repwirk_ausmaß_qual	Bewertung des Ausmaßes
194	Reputations_Wirkung	repwirk_wiederherstellungszeit	Erwarteter Zeitraum der (Wieder-) Herstellung der Reputation
195	Reputations_Wirkung	repwirk_begruendung	Begründung der Auswirkung
196	Ziel_Strategie_Wirkung	zielwirk_bearbeitungszeit	Bearbeitungszeit des Managements bezogen auf die Wirkung

Nr.	Klasse	Attribut	Bedeutung
197	Ziel_Strategie_Wirkung	zielwirk_ausmaß_qual	Bewertung des Ausmaßes
198	Ziel_Strategie_Wirkung	zielwirk_begruendung	Begründung der Bewertung
199	Bezugsgröße_Bezugspunkt	bezugsgr_pkt_id	ID Bezugsgröße/-punkt
200	Bezugsgröße_Bezugspunkt	bezugsgr_pkt_name	Name finanzieller Bezugsgröße oder Bezugspunkt in Relation zu Unternehmenswert
201	Bezugsgröße_Bezugspunkt	bezugsgr_pkt_qual_quant	Qualitative/quantitative Größe
202	Bezugsgröße_Bezugspunkt	bezugsgr_pkt_status	Status Bezugsgröße/-punkt
203	Unternehmenswert	wert_id	ID Unternehmenswert
204	Unternehmenswert	wert_name	Name Unternehmenswert
205	Unternehmenswert	wert_status	Status Unternehmenswert
206	Anspruchsgruppe	anspgr_id	ID Anspruchsgruppe
207	Anspruchsgruppe	anspgr_name	Name Anspruchsgruppe
208	Anspruchsgruppe	ansprg_status	Status Anspruchsgruppe
209	Bewertung	bewertung_id	ID der Bewertung
210	Bewertung	bewertung_objekt_von_klasse	Referenz auf Objekt: Auswahl Risiko_Chance (wegen EW), Ursache (wegen Negativmeldung), Wirkung, Treiber, Aggregation, Aggregationskriterium (wegen Korrekturposten)
211	Bewertung	bewertung_attribut	Zu bewertendes Attribut
212	Bewertung	bewertung_zeitraum	Zeitraum auf den sich die Bewertung bezieht
213	Bewertung	bewertung_ist_plan	Kennzeichen zur Trennung ob Bewertung bezogen auf Ist-Zeitpunkt oder mit Planbezug
214	Bewertung	bewertung_quant_qual	Trennung quantitative und qualitative Bewertung
215	Bewertung	bewertung_auspraegung	Hinterlegung eines einzelnen Wertes als Bewertung
216	Bewertung	bewertung_bandbreite_von	Hinterlegung einer Bandbreite als Bewertung (Von)
217	Bewertung	bewertung_bandbreite_bis	Hinterlegung einer Bandbreite als Bewertung (Bis)
218	Bewertung	bewertung_negativmeldung	Hinterlegen einer Ursache-Negativmeldung
219	Bewertung	bewertung_korrekturposten	Hinterlegen Korrekturposten für ein Aggregationskriterium
220	Bewertung	bewertung_kommentar	Kommentar der Bewertung, z.B. Bezug zu Szenario
221	Bewertung	bewertung_veraenderung	Bewertung einer Veränderung
222	Bewertung	bewertung_kommentar_veraenderung	Kommentar einer Veränderung
223	Bewertung	bewertung_tendenz	Tendenz bezogen auf Bewertung
224	Bewertung	bewertung_status	Status Bewertung
225	Treiber	treiber_id	ID Treiber
226	Treiber	treiber_name	Name Treiber
227	Treiber	treiber_beschreibung	Beschreibung Treiber
228	Treiber	treiber_bewertung	Bewertung Treiber
229	Treiber	treiber_status	Status Treiber
230	Szenario	szenario_id	ID Szenario
231	Szenario	szenario_best	Szenario "best-case"-Wert
232	Szenario	szenario_realistic	Szenario "realistic-case"-Wert
233	Szenario	szenario_worst	Szenario "worst-case"-Wert
234	Szenario	szenario_fuehrend	Führender Wert für Aggregation
235	Szenario	szenario_status	Status Szenario
236	Zeitraum	zeitraum_id	ID Zeitraum
237	Zeitraum	zeitraum_jahr	Angabe betrachtetes Jahr
238	Zeitraum	zeitraum_zeitpunkt	Konkretisierung des Zeitpunkts
239	Zeitraum	zeitraum_status	Status Zeitraum
240	Berichtskette	berichtskette_id	ID Berichtskette
241	Berichtskette	berichtskette_wk_grenze_ew_r	Gültige WK-Grenze für Dimension EW (Risikoseite)

Nr.	Klasse	Attribut	Bedeutung
242	Berichtskette	berichtskette_wk_grenze_ew_c	Gültige WK-Grenze für Dimension EW (Chancenseite)
243	Berichtskette	berichtskette_status	Status Berichtskette
244	Aggregation	aggregation_id	ID Aggregation
245	Aggregation	aggregation_titel	Titel Aggregation
246	Aggregation	aggregation_beschreibung	Beschreibung Aggregation
247	Aggregation	aggregation_methode	Auswahl Art der Zusammenfassung z.B. „Korrektur Einzelwerte"
248	Aggregation	aggregation_ew	EW auf aggregierter Ebene
249	Aggregation	aggregation_ausmaß	Ausmaß auf aggregierter Ebene
250	Aggregation	aggregation_status	Status Aggregation
251	Aggregationskriterium	akriterium_id	ID Aggregationskriterium
252	Aggregationskriterium	akriterium_name	Name Aggregationskriterium
253	Aggregationskriterium	akriterium_status	Status Aggregationskriterium
254	Aggregationssicht	asicht_id	ID Aggregationssicht
255	Aggregationssicht	asicht_name	Name Aggregationssicht
256	Aggregationssicht	asicht_status	Status Aggregationssicht
257	Maßnahme	maßnahme_id	ID Maßnahme
258	Maßnahme	maßnahme_name	Name Maßnahme
259	Maßnahme	maßnahme_typ	Kennzeichen proaktiv/reaktiv
260	Maßnahme	maßnahme_steuerungsmethode	Auswahl Steuerungsmethode
261	Maßnahme	maßnahme_beschreibung	Beschreibung der Maßnahme, z.B. ob EW oder Ausmaß verändert werden
262	Maßnahme	maßnahme_schrittanzahl	Anzahl Maßnahmenschritte
263	Maßnahme	maßnahme_phase	Phase, in der Maßnahme ist
264	Maßnahme	maßnahme_plan_von	Beginndatum der Maßnahme
265	Maßnahme	maßnahme_plan_bis	Enddatum der Maßnahme
266	Maßnahme	maßnahme_status	Status Maßnahme
267	Maßnahme	maßnahme_kommentar	Kommentierung der Maßnahme
268	Maßnahme	maßnahme_versichert	Kennzeichen für versicherte Maßnahmen
269	Maßnahme	maßnahme_versicherungsnr	Angabe Versicherungsnummer
270	Maßnahme	maßnahme_versicherungssumme	Angabe Versicherungssumme
271	Maßnahme	maßnahme_rueckmeldedat	Datum, bis wann eine weitergegebene Maßnahme zurückgemeldet werden muss
272	Maßnahmenschritt	mschritt_id	ID Maßnahmenschritt
273	Maßnahmenschritt	mschritt_name	Name Maßnahmenschritt
274	Maßnahmenschritt	mschritt_beschreibung	Beschreibung Maßnahmenschritt
275	Maßnahmenschritt	mschritt_checkpoint	Checkpoint Maßnahmenschritt
276	Maßnahmenschritt	mschritt_fertigstellungsgrad	Prozentualer Fertigstellungsgrad
277	Maßnahmenschritt	mschritt_wirkungsgrad	Grad, wie stark die Maßnahme die jeweilige Größe beeinflusst
278	Maßnahmenschritt	mschritt_bedingungen	Voraussetzungen für Umsetzung Maßnahmenschritt
279	Maßnahmenschritt	mschritt_kosten	Kosten des Maßnahmenschritts
280	Maßnahmenschritt	mschritt_plan_von	Beginndatum Maßnahmenschritt
281	Maßnahmenschritt	mschritt_plan_bis	Enddatum Maßnahmenschritt
282	Maßnahmenschritt	mschritt_status	Status Maßnahmenschritt
283	Neuigkeit	neuigkeit_id	ID Neuigkeit
284	Neuigkeit	neuigkeit_inhalt	Inhalt Neuigkeit
285	Neuigkeit	neuigkeit_status	Status Neuigkeit

Tabelle 27: Attributliste des Klassendiagramms

Anhang G: Abdeckungsgrad erhobener Anforderungen

Im Folgenden wird der Umfang der Abdeckung der in Kapitel 3.6 definierten Bedarfe über die in Kapitel 5 und 6 konzeptionierten und prototypisierten Aspekte detaillierter untersucht, um aufzuzeigen inwieweit die Bedarfe des Anwendungsfalls über die erarbeitete IT-Rahmenkonzeption fokussiert werden. Hierfür wird pro Potential eine Stufe zwischen „indirekt" (indirekt)[603], „betrachtet im statischen oder dynamischen Modell inkl. nicht-funktionaler Anforderungen" (OOA), „konzeptionierter Schwerpunktbereich" (Konzept) und „Einbeziehung in den Prototyp" (Prototyp) festgelegt. Die Beurteilung in der dritten Spalte der Tabelle findet auf granularer Ebene statt.

Nr.	Verbesserungspotentiale und Anforderung an die IT-Lösung	adressiert in[604]
I. Strategie und Steuerung		siehe Details
1	**Aufbau IT-basierte Chancen-Risiko-Strategie sowie strategisches ChaRM**	siehe Details
1a	Hinterlegung und Verwendung einer Chancen-Risiko-Strategie	OOA, Konzept, Prototyp
1b	Abbildung eines strategischen ChaRMs in der IT-Lösung	OOA
1c	Abbildung des langfristigen Fokus des ChaRMs in der IT-Lösung	OOA
1d	Verknüpfung operativer (kurzfristiger), langfristiger, strategischer Fokus	OOA
2	**Ermöglichen der Entscheidungsunterstützung durch das ChaRM**	siehe Details
2a	Ermittlung steuerungsrelevanter Informationen	OOA, Konzept, Prototyp
2b	Aufbau Perspektiven und Analyse von Chancen- und Risikoentwicklung	OOA, Prototyp
2c	Ermöglichen Überwachung von Entwicklungen und Maßnahmen	OOA, Konzept
2d	Überwachung der Ausgewogenheit der Planung	OOA, Konzept, Prototyp
3	**Definition und Integration eines Chancenmanagement**	OOA, Konzept, Prototyp
II. Methodik und Prozessgestaltung		siehe Details
4	**Erweiterung des Fokus bei finanziellen und nicht-finanziellen Themen**	siehe Details
4a	Abbildung mehrerer Bezugsgrößen und nicht-finanzieller Wirkungskategorien	OOA, Konzept, Prototyp
4b	Erweiterung des Reputationschancen- und -risikomanagementprozesses	OOA, Konzept, Prototyp
4c	Abbildung einer Projekt- und Prozessperspektive	OOA
5	**Einsteuerung von Top-Down-Informationen oder -Vorgaben**	OOA, Konzept, Prototyp
6	**Schaffung von Transparenz bei der Aggregation über den Gesamtkonzern**	OOA, Konzept, Prototyp
7	**Unterstützung einer einheitlichen Identifikation**	siehe Details
7a	Aufbau eines Self-Assessments	OOA, Konzept
7b	Abbildung eines vordefinierten Katalogs	OOA, Konzept
7c	Hinterlegung von Indikatoren zur Früherkennung	OOA, Konzept, Prototyp
7d	Nutzung von Negativmeldungen	OOA, Konzept, Prototyp
7e	Abbildung verbundener/vernetzter Chancen und Risiken	OOA, Konzept, Prototyp
8	**Unterstützung einer einheitlichen Bewertung**	siehe Details
8a	Verwendung eines Szenariomodells: „best-"/„realistic-"/„worst-case"	OOA, Konzept
8b	Betrachtung von Chancen und Risiken	OOA, Konzept, Prototyp
8c	Trennung in beeinflussbare/nicht-beeinflussbare Chancen und Risiken	OOA, Konzept, Prototyp
9	**Standardisierte Maßnahmenerhebung und -abbildung**	OOA, Konzept
10	**Ermöglichen der Nachverfolgung von Chancen, Risiken und Maßnahmen**	OOA, Konzept
11	**Ermöglichen der Nachvollziehbarkeit des Chancen- und Risikoeintritts**	OOA
12	**Überführung von Adhoc-Risikomeldungen in kontinuierlichen Prozess**	OOA, Konzept
13	**Ermöglichen von flexiblen Prozessumfängen (bzgl. Abfrageumfang, Freigabe)**	Auswahl Services (Konzept)/Module (Prototyp)
14	**Unterstützung der Wirksamkeitsprüfung**	OOA
III. Organisation und Koordination		siehe Details
15	**Verbinden von Informationen mehrerer Ansprechpartner**	OOA, Konzept, Prototyp
16	**Aufbau Vier-Augen-Prinzip operativer Bereich und Finanzbereich**	OOA, Konzept, Prototyp
17	**Abbildung Verbundchancen und -risiken, die mehrere Einheiten betreffen**	OOA, Konzept, Prototyp
18	**Abbildung der Organisationsstruktur (Komplexität, Flexibilität)**	OOA, Konzept, Prototyp

[603] Ausprägung für die Bewertung in Tabelle 28.
[604] Die Adressierung erfolgt ganz oder teilweise.

Nr.	Verbesserungspotentiale und Anforderung an die IT-Lösung	adressiert in[604]
19	**Aufbau einer Wissensplattform über relevante Informationen**	siehe Details
19a	Aufbau einer auswertbaren Datensammlung über Vergangenheitsdaten	OOA
19b	Erfassung und Auswertbarkeit eingetretener Chancen- und Risikofälle	OOA
20	**Aufbau einer Austausch- und Kollaborationsplattform**	siehe Details
20a	Etablierung Kommunikationsforum für fachlichen/methodischen Austausch	OOA, Konzept, Prototyp
20b	Ermöglichung von Rückkopplungs-/Feedback-Prozessen	OOA, Konzept, Prototyp
IV. Einbindung angrenzender Themenfelder		siehe Details
21	**Verbesserung der Anbindung Themenfelder mit direkter Verbindung**	OOA, Konzept
22	**Verbesserung der Anbindung Themenfelder mit indirekter Verbindung**	OOA, Konzept, Prototyp
V. Analyse und Konzernberichterstattung		siehe Details
23	**Ermöglichen standardisiertes und flexibles Regel- sowie Adhoc-Berichtswesen**	OOA, Konzept, Prototyp
24	**Aufbau von Möglichkeiten zur Plausibilisierung zugelieferter Daten**	OOA
25	**Aufbau von flexiblen Analysen und Perspektiven auf den Datenbestand**	OOA, Prototyp
26	**Erweiterung des thematischen Fokus des Berichtswesens**	OOA, Konzept, Prototyp
VI. Gestaltung der IT-Unterstützung (Fokus: Technische Basis und Aufbau)		siehe Details
27	**Aufbau einer Administrationssicht und arbeitsunterstützender Gesamtsichten**	OOA, Konzept, Prototyp
28	**Ausbau und Unterstützung des automatisierten Workflows**	OOA, Konzept, Prototyp
29	**Aufbau eines Systems zum kontinuierlichen Melden von Chancen und Risiken**	OOA, Konzept
30	**Unterstützung dezentrales ChaRM, KCRM-Prozess und KCRM-Tätigkeiten**	OOA, Konzept
31	**Nutzung der IT-Lösung als Informationssystem für das Management**	OOA, Konzept, Prototyp
32	**Sicherstellen von technischen Schnittstellen**	siehe Details
32a	Aufbau von Input-Schnittstellen	OOA
32b	Aufbau von Output-Schnittstellen	OOA
32c	Aufbau Schnittstellen zu Kommunikationsmedien	Indirekt über Kommunikation im System
33	**Umsetzung effizienzsteigernder Maßnahmen für Systemnutzer**	siehe Details
33a	Aufbau einer klaren und strukturierten Informationsabfrage	OOA, Konzept, Prototyp
33b	Nutzung von Möglichkeiten zur Fortschreibung von Informationen	OOA
33c	Verbesserung Benutzerfreundlichkeit und Personalisierbarkeit	OOA, Prototyp
33d	Überarbeitung des Datenmodells u.a. zur Performancesteigerung	OOA

Tabelle 28: Einbeziehung Verbesserungspotentiale in die erarbeitete Lösung[605]

[605] Die Beurteilung der Adressierung findet jeweils auf der untersten Granularitätsstufe statt.

Tabelle 29 betrachtet die Ausprägung der konzeptionierten Schwerpunktbereiche in Relation zu dem aus den Interviews analysierten, technischen Lösungsspektrum.

BR-Inhalt	Dimension	Ausprägung bezogen auf konzeptionierte Bereiche
Existenz System	Anzahl	Ein System für die KCRM-Einheit und den KCRM-Prozess, ggf. mit weiteren IT-Lösungen des dezentralen ChaRMs
Chance/Risiko	Abdeckung	Chancen und Risiken
Dezentraler Prozess	Abdeckung	Unterstützt durch IT (Inhalt OOA), Prozessschritte für ChaRM über Services nutzbar
Identifikation/ Bewertung	Identifikation	Austauschpool und Chancen- und Risikokatalog
	Bewertung	Methodik für Partnerschaften zur Bewertung
Ergebnistypen	Erstellungsgrad	Darstellungsmedien für Ergebnistypen
Frühwarnsystem	Nutzung	Funktionalität in Form von Statusboard
Maßnahmen	Nutzung	Unterstützt durch IT (Inhalt OOA)
Organisation und Anwender	Verbreitung	Nutzung des Systems im gesamten Konzern
	Tiefe	K + n
Vernetzung	Ausprägung	Geteilte Erfassung über Kollaborationsfunktionalitäten
Kommunikation	Unterstützung	Austauschpool und Partnerschaften
Schnittstellen	Weitere Systeme	Unterstützt durch IT (Inhalt OOA)
Semantik	Datenqualität	Unterstützt durch IT (Inhalt OOA)
	Aggregation	Aggregation top-down und bottom-up sowie Konsolidierung
Historische Daten	Historisierung	Unterstützt durch IT (Inhalt OOA)
	Als Infoquelle	Unterstützt durch IT (Inhalt OOA)
Analyse	Möglichkeiten	Darstellungsmedien und Analysesichten (z.B. Cockpit)

Tabelle 29: Bewertung Lösungsspektrum für die erarbeitete Lösung

Literaturverzeichnis

Ahrendts, F. und Marton, A. (2008), IT-Risikomanagement leben!, Wirkungsvolle Umsetzung für Projekte in der Softwareentwicklung, Berlin und Heidelberg 2008

Albrecht, P. (1998), Auf dem Weg zu einem holistischen Risikomanagement?, in: Albrecht, P. (Hrsg., 1998), Nr. 110

Albrecht, P. (Hrsg., 1998), Mannheimer Manuskripte zu Risikotheorie, Portfolio Management und Versicherungswirtschaft, Mannheim 1998

Amtsblatt der Europäischen Gemeinschaften (Hrsg., 2001), Verordnung (EG) Nr. 2157/2001 des Rates vom 08. Oktober 2001 über das Status der Europäischen Gesellschaft (SE), Nr. L294/1, Auf den Seiten der EUR-Lex, http://eur-lex.europa.eu/Lex UriServ/LexUriServ.do?uri=OJ:L:2001:294:0001:0021:de:PDF, Stand: 10.11.2001

Arbeitskreis Externe und Interne Überwachung der Unternehmung der Schmalenbach-Gesellschaft für Betriebswirtschaft e.V. (Hrsg., 2011), Überwachung der Wirksamkeit des internen Kontrollsystems und des Risikomanagementsystems durch den Prüfungsausschuss – Best Practice, in: Der Betrieb, 64, 2011, 38, S. 2101-2105

Atkins, D., Bates, I. und Drennan, L. (2006), Reputational Risk, A question of trust, London 2006

Atteslander, P. (2010), Methoden der empirischen Sozialforschung, 13. Auflage, Berlin 2010

Austrian Standards Institute (Hrsg., 2010), ONR 49000, Risikomanagement für Organisationen und Systeme, Begriffe und Grundlagen, Umsetzung von ISO 31000 in die Praxis, Wien 2010

Balboni, B. (2008), Perceived corporate credibility as the emergent property of corporate reputation's transmission process, Arbeitspapier der Universität Modena und Reggio Emilia, Modena 2008

Balmer, J. M. T. und Greyser, S. A. (Hrsg., 2003), Revealing the corporation, Perspectives on identity, image, reputation, corporate branding, and corporate level management, London 2003

Balzert, H. (2005), Lehrbuch der Objektmodellierung, Analyse und Entwurf mit der UML 2, 2. Auflage, München 2005

Balzert, H. (2008), Lehrbuch der Softwaretechnik: Softwaremanagement, 2. Auflage, Heidelberg 2008

Balzert, H. (2010), UML 2 kompakt mit Checklisten, 3. Auflage, Heidelberg 2010

Balzert, H. (2011), Lehrbuch der Softwaretechnik, Entwurf, Implementierung, Installation und Betrieb, 3. Auflage, Heidelberg 2011

Banham, R. (2004), Enterprising Views of Risk Management, Businesses can use ERM to manage a wide variety of risks., Auf den Seiten des Journal of Accountancy, http://www.journalofaccountancy.com/Issues/2004/Jun/EnterprisingViewsOfRiskManagement.htm, Stand: 01.06.2004

Bank Verlag GmbH (Hrsg., o.J.), Risiko Manager – Fachzeitschrift für Risiko-Experten, Köln o.J.

Bauhofer, B. und Neubert, M. (2012), Wie gut ist mein Ruf?, Die besten Strategien für eine gute Reputation, Offenbach 2012

Bea, F. X. und Haas, J. (2013), Strategisches Management, 6. Auflage, Konstanz und München 2013

Becker, J., Krcmar, H. und Niehaves, B. (Hrsg., 2009), Wissenschaftstheorie und gestaltungsorientierte Wirtschaftsinformatik, Heidelberg 2009

Becker, W. und Ulrich, P. (2010), Corporate Governance und Controlling – Begriffe und Wechselwirkungen, in: Keuper, F. und Neumann, F. (Hrsg., 2010), S. 3-28

Beinert, C. (2003), Bestandsaufnahme Risikomanagement, in: Reichling, P. (Hrsg., 2003), S. 21-41

Bernstein, P. L. (1997), Wider die Götter, Die Geschichte von Risiko und Risikomanagement von der Antike bis heute, München 1997

BilMoG (2009), Bundesgesetzblatt Nr. 27 – Teil 1, Gesetz zur Modernisierung des Bilanzrechts (BilMoG), Bonn 2009

BilReG (2004), Bundesgesetzblatt Nr. 65 – Teil 1, Gesetz zur Einführung internationaler Rechnungslegungsstandards und zur Sicherung der Qualität der Abschlussprüfung (Bilanzrechtsreformgesetz – BilReg), Bonn 2004

Böing, C., Kaiser, T. und Schäl, I. (2007), Methoden zum Management von Reputationsrisiken, in: Kaiser, T. (Hrsg., 2007), S. 229-241

Bogner, A., Littig, B. und Menz, W. (Hrsg., 2009), Experteninterviews, Theorien, Methoden, Anwendungsfelder, 3. Auflage, Wiesbaden 2009

Bonini, S., Court, D. und Marchi, A. (2009), Rebuilding corporate reputations, A perfect storm has hit the standing of big business. Companies must step up their reputation-management efforts in response., McKinsey Quaterly, Auf den Seiten der McKinsey & Company, http://www.mckinsey.de/insights/corporate_social_responsibility/rebuilding_corporate_reputations, Stand: Juni 2009

Braun, H. (1984), Risikomanagement – Eine spezifische Controllingaufgabe, Diss. an der Universität Stuttgart, Darmstadt 1984

Brauweiler, H.-C. (2015), Risikomanagement in Unternehmen, Ein grundlegender Überblick für die Management-Praxis, Wiesbaden 2015

Brüheim, A. und Schmiemann, T. (2013), Risk-Controlling und Wertorientiertes Management, Chance und Risiko in einer globalen Wirtschaft, in: Tectumverlag (Hrsg., 2013), Reihe: Wirtschaftswissenschaften, Band 71, Marburg 2013

Brühwiler, B. (2003), Risk Management als Führungsaufgabe, Methoden und Prozesse der Risikobewältigung für Unternehmen, Organisationen, Produkte und Projekte, Bern, Stuttgart und Wien 2003

Brühwiler, B. und Romeike, F. (2010), Praxisleitfaden Risikomanagement, ISO 31000 und ONR 49000 sicher anwenden, Berlin 2010

Brünger, C. (2010), Erfolgreiches Risikomanagement mit COSO ERM, Empfehlungen für die Gestaltung und Umsetzung in der Praxis, Berlin 2010

Bundesanstalt für Finanzdienstleistungsaufsicht (BaFin) (Hrsg., 2009), Rundschreiben 3/2009, Aufsichtsrechtliche Mindestanforderungen an das Risikomanagement (MaRisk VA), Bonn 2009

Bundesanstalt für Finanzdienstleistungsaufsicht (BaFin) (Hrsg., 2012), Rundschreiben 10/2012 (BA) vom 14.12.2012, An alle Kreditinstitute und Finanzdienstleistungsinstitute in der Bundesrepublik Deutschland, Mindestanforderungen an das Risikomanagement – MaRisk, Bonn 2012

Bundesanzeiger Verlag (Hrsg., 2012), Bundesanzeiger, Köln 2012

Bundesministerium der Justiz (Hrsg., 2011), Standardisierungsvertrag, Auf den Seiten des Deutsches Rechnungslegungs Standards Committee e.V., http://www.drsc.de/docs/drsc/standardisierungsvertrag/111202_SV_BMJ-DRSC.pdf, Stand: 02.12.2011

Bundesministerium der Justiz (Hrsg., 2012), Bekanntmachung des Deutschen Rechnungslegungs Standards Nr. 20, in: Bundesanzeiger, 04.12.2012, S. 1-28

Burger, A. und Buchhart, A. (2002), Risiko-Controlling, München 2002

Burnard, P. (1991), A method of analysing interview transcripts in qualitative research, in: Nurse Education Today, 11, 1991, 6, S. 461-466

C.H.Beck oHG (Hrsg., 2011), Controlling – Zeitschrift für erfolgsorientierte Unternehmenssteuerung, München 2011

Chamoni, P. und Gluchowski, P. (Hrsg., 2007), Analytische Informationssysteme, Business Intelligence-Technologien und -Anwendungen, 3. Auflage, Berlin, Heidelberg und New York 2007

Clifford Chance (Hrsg., 2014), View from the top: A board-level perspective on current business risks (Including Analysis from The Economist Intelligence Unit), Auf den Seiten von Clifford Chance, http://www.cliffordchance.com/content/dam/clifford chance/Thought_Leadership/GRR_2014_report.pdf, Stand: 20.05.2014

Committee of Sponsoring Organizations of the Treadway Commission (COSO) (Hrsg., 2006), Unternehmensweites Risikomanagement - Übergreifendes Rahmenwerk, Zusammenfassung, Jersey 2004 – Übersetzt durch Deutsches Institut für Interne Revision e.V., Auf den Seiten des COSO, http://www.coso.org/documents/ COSO_ERM_ExecutiveSummary_German.pdf, Stand: 21.12.2006

Committee of Sponsoring Organizations of the Treadway Commission (COSO) (Hrsg., 2011), Internal Control – Integrated Framework, Draft for Information only, Auf den Seiten des COSO, http://www.coso.org/documents/990025P_Executive_Summary_final_may20_e.pdf, Stand: 20.03.2012

Cottin, C. und Döhler, S. (2009), Risikoanalyse, Wiesbaden 2009

Degele, N., Dries, C. und Schirmer, D. (Hrsg., 2009), Basiswissen Soziologie, Paderborn 2009

Deloitte Touche Tohmatsu Limited (Hrsg., 2014), 2014 global survey on reputation risk, Reputation@Risk, Auf den Seiten der Deloitte Touche Tohmatsu Limited, http://www2.deloitte.com/content/dam/Deloitte/global/Documents/Governance-Risk-Compliance/gx_grc_Reputation@Risk%20survey%20report.pdf, Stand: 24.10.2014

Denk, R. und Exner-Merkelt, K. (Hrsg., 2005), Corporate Risk Management, Unternehmensweites Risikomanagement als Führungsaufgabe, Wien 2005

Denk, R., Exner-Merkelt, K. und Ruthner, R. (Hrsg., 2008), Corporate Risk Management, Unternehmensweites Risikomanagement als Führungsaufgabe, 2. Auflage, Wien 2008

Deutsche Bibelgesellschaft (Hrsg., 1996), Die Bibel, nach der Übersetzung Martin Luthers mit Apokryphen und Informationsseiten rund um die Bibel, Stuttgart 1996

Deutsche Börse Group (Hrsg., 2013), Leitfaden zu den Aktienindizes der Deutschen Börse, Auf den Seiten der Deutschen Börse Group, http://www.dax-indices.com/DE/MediaLibrary/Document/Equity_L_6_23_d.pdf, Stand: 26.11.2013

Deutsche Gesellschaft für Risikomanagement e.V. (Hrsg., 2008), Risikoaggregation in der Praxis, Beispiele und Verfahren aus dem Risikomanagement von Unternehmen, Berlin und Heidelberg 2008

Deutscher Bundestag (Hrsg., 2014), Artikelgesetz, Auf den Seiten des Deutschen Bundestags, https://www.bundestag.de/service/glossar/A/artikelgesetz/245330, Zugriff am 06.08.2014

Deutscher Fachverlag GmbH (Hrsg., o.J.), Betriebs-Berater, Frankfurt am Main o.J.

Deutsches Institut für Interne Revision e.V. (DIIR) (Hrsg., 2003), IIR Revisionsstandard Nr. 2, Prüfung des Risikomanagement durch die Interne Revision, Auf den Seiten des Deutschen Instituts für Interne Revision, http://www.diir.de/fileadmin/downloads/allgemein/Revisionsstandard_Nr._2.pdf, Stand: 31.01.2003

Deutsches Institut für Interne Revision e.V. (DIIR) (Hrsg., 2004), Zeitschrift Interne Revision, Fachzeitschrift für Wissenschaft und Praxis, Frankfurt 2004

Deutsches Institut für Interne Revision e.V. (DIIR) (Hrsg., 2008), Interne Revision aktuell: Berufsstand 07/08: Prüfungsansätze und -methoden, Berlin 2008

Deutsches Institut für Interne Revision e.V. (DIIR) (Hrsg., 2014), DIIR Revisionsstandard Nr. 2, Prüfung des Risikomanagement durch die Interne Revision, Auf den Seiten des DIIR, http://www.diir.de/fileadmin/fachwissen/standards/downloads/Revisionsstandard_Nr._2.pdf, Stand: 14.07.2014

Deutsches Rechnungslegungs Standards Committee e.V. (DRSC) (Hrsg., 2010a), Deutscher Rechnungslegungs Standard Nr. 5 (DRS 5) Risikoberichterstattung, Berlin 2010

Deutsches Rechnungslegungs Standards Committee e.V. (DRSC) (Hrsg., 2010b), Deutscher Rechnungslegungs Standard Nr. 15 (DRS 15) Lageberichterstattung, Berlin 2010

Deutsches Rechnungslegungs Standards Committee e.V. (DRSC) (Hrsg., 2012), Deutscher Rechnungslegungs Standard Nr. 20 (DRS 20) Konzernlagebericht, Berlin 2012

Deutsches Rechnungslegungs Standards Committee e.V. (DRSC) (Hrsg., 2013), Gegenüberstellung DRS 20 und DRS 15, DRS 5, DRS 5-10, DRS 5-20, Berlin 2013

Diederichs, M. (2010), Risikomanagement und Risikocontrolling, Risikocontrolling – ein integrierter Bestandteil einer modernen Risikomanagement-Konzeption, 2. Auflage, München 2010

Doorley, J. und Garcia, H. F. (2015), Reputation Management, The Key to Successful Public Relations and Corporate Communication, 3. Auflage, New York 2015

Duden (Hrsg., 2015a), Heuristik, Auf den Seiten der Bibliographisches Institut GmbH, http://www.duden.de/rechtschreibung/Heuristik, Zugriff am 25.05.2015

Duden (Hrsg., 2015b), empirisch, Auf den Seiten der Bibliographisches Institut GmbH, http://www.duden.de/rechtschreibung/empirisch, Zugriff am 31.05.2015

Duden (Hrsg., 2015c), Management, Auf den Seiten der Bibliographisches Institut GmbH, http://www.duden.de/rechtschreibung/Management, Zugriff am 25.05.2015

Duden (Hrsg., 2015d), Aggregation, Auf den Seiten der Bibliographisches Institut GmbH, http://www.duden.de/rechtschreibung/Aggregation, Zugriff am 11.02.2015

Duden (Hrsg., 2015e), Konsolidierung, Auf den Seiten der Bibliographisches Institut GmbH, http://www.duden.de/rechtschreibung/Konsolidierung, Zugriff am 25.05.2015

Duden (Hrsg., 2015f), Indikator, Auf den Seiten der Bibliographisches Institut GmbH, http://www.duden.de/rechtschreibung/Indikator, Zugriff am 11.02.2015

Duden (Hrsg., 2015g), Reputation, Auf den Seiten der Bibliographisches Institut GmbH, http://www.duden.de/rechtschreibung/Reputation, Zugriff am 31.05.2015

Ebert, C. (2005), Systematisches Requirements Management, Anforderungen ermitteln, spezifizieren, analysieren und verwalten, Heidelberg 2005

Eccles, R. G., Newquist, S. C. und Schatz, R. (2007), Reputation and its Risks, Auf den Seiten der Harvard Business Review, https://hbr.org/2007/02/reputation-and-its-risks, Zugriff am 25.05.2015

Economist Intelligence Unit (Hrsg., 2005a), The Economist Corporate Risk Barometer 2005, London 2006

Economist Intelligence Unit (Hrsg., 2005b), Reputation: Risk of risks, White Paper, Auf den Seiten der Economist Intelligence Unit, http://www.eiu.com/report_dl.asp?mode=fi&fi=1552294140.PDF, Stand: 06.03.2006

Eisenegger, M. (2005), Reputation in der Mediengesellschaft, Konstitution – Issues Monitoring – Issues Management, Wiesbaden 2005

Eisenegger, M. und Künstle, D. (2003), Reputation und Wirtschaft im Medienzeitalter, in: Die Volkswirtschaft, 3, 2003, 11, S. 58-62

Ekkenga, J. und Kramer, A. (2011), Compliance-Risikoanalyse: Nutzen, Umsetzung und Integration in das RM-System, in: Klein, A. (Hrsg., 2011), S. 113-134

Elfgen, R. (2002), Aufgaben und Instrumente des strategischen Risikomanagements, in: Hölscher, R. und Elfgen, R. (Hrsg., 2002), S. 205-223

Elsevier Inc. (Hrsg., 1991), Nurse Education Today, 1991

Enste, D. H. (2010), Moralische Risiken – Mit Ordnungs-, Unternehmens- und Individualethik Krisen bewältigen und vermeiden, in: Keuper, F. und Neumann, F. (Hrsg., 2010), S. 213-236

Erben, R. F. (2008), Lessons Learned: Kritische (Miss-)Erfolgsfaktoren im Chancen- und Risikomanagement – Swissair vs. Ryanair, in: Kalwait, R., Meyer, R., Romeike, F., Schellenberger, O. und Erben, R. F. (Hrsg., 2008), S. 221-249

Erben, R. F. und Pauli, M. (2015), IT-gestütztes Risikomanagement mit Hilfe von Risikomanagementinformationssystemen, in: Gleißner, W. und Romeike, F. (Hrsg., 2015), S. 819-842

Erben, R. F. und Romeike, F. (2002), Risk-Management-Informationssysteme – Potentiale einer umfassenden IT-Unterstützung des Risk Managements –, in: Pastors, P. M. und Institut für angewandte Kybernetik und interdisziplinäre Systemforschung PIKS (Hrsg., 2002), S. 551-579

Erben, R. F. und Romeike, F. (2003), Risikoreporting mit Unterstützung von Risk Management-Informationssystemen (RMIS), in: Romeike, F. und Finke, R. B. (Hrsg., 2003), S. 275-297

Ettenson, R. und Knowles, J. (2008), Don't Confuse Reputation With Brand, in: MIT Sloan Management Review, 49, 2008, 2, S. 19-21

Europäische Union (Hrsg., 2006), Richtlinie 2006/43/EG des Europäischen Parlaments und des Rates, vom 17. Mai 2006, über Abschlussprüfungen von Jahresabschlüssen und konsolidierten Abschlüssen, zur Änderung der Richtlinien 78/660/EWG und 83/349/EWG des Rates und zur Aufhebung der Richtlinie 84/253/EWG des Rates, Straßburg 2006

European Commission (Hrsg., 2008), Statistische Systematik der Wirtschaftszweige in der Europäischen Gemeinschaft, Rev. 2 (2008), Auf den Seiten der Europäischen Kommission, http://ec.europa.eu/eurostat/ramon/nomenclatures/index.cfm?TargetUrl=LST_NOM_DTL&StrNom=NACE_REV2&StrLanguageCode=DE&IntPcKey=&StrLayoutCode=HIERARCHIC&IntCurrentPage=1, Zugriff am 25.05.2015

European Commission (Hrsg., 2015), Glossar: Statistische Systematik der Wirtschaftszweige in der Europäischen Gemeinschaft (NACE), Auf der Seite der Europäischen Kommission, http://ec.europa.eu/eurostat/statistics-explained/index.php/Glossary:Statistical_classification_of_economic_activities_in_the_European_Community_(NACE)/de, Zugriff am 23.03.2015

Feagin, J. R., Orum, A. M. und Sjoberg, G. (Hrsg., 1991), A Case for the Case Study, Chapel Hill und London 1991

Ferstl, O. K. und Sinz, E. J. (2008), Grundlagen der Wirtschaftsinformatik, 6. Auflage, München 2008

Fiege, S. (2006), Risikomanagement- und Überwachungssystem nach KonTraG, Prozess, Instrumente, Träger, Diss. an der Technischen Universität Berlin, Wiesbaden 2006

Flick, U. (2009), Sozialforschung, Methoden und Anwendungen, Ein Überblick für die BA-Studiengänge, Reinbek bei Hamburg 2009

Fombrun, C. J. und Rindova, V. (1996), Who's Tops and Who Decides? The Social Construction of Corporate Reputations, Working Paper an der New York University, Stern School of Business, New York 1996

Fombrun, C. J. und Van Riel, C. (1997), The Reputational Landscape, in: Corporate Reputation Review, 1, 1997, 1, S. 5-13

Form, S. (2005), Chancen- und Risiko-Controlling, Erklärungsansatz zur Wirkungsweise von Chancen und Risiken im Controlling sowie dem unternehmensspezifischen Aufbau seiner Instrumente, Frankfurt am Main 2005

Forrester Research, Inc. (Hrsg., 2014a), The Forrester Wave™: Governance, Risk, And Compliance Platforms, Q1 2014, Auf den Seiten der Forrester Research, Inc., http://www.forrester.com/The+Forrester+Wave+Governance+Risk+And+Compliance +Platforms+Q1+2014/fulltext/-/E-RES106501?isTurnHighlighting=false&highlight Term=forrester%20wave%20grc, Stand: 27.01.2014

Forrester Research, Inc. (Hrsg., 2014b), Fact Sheet, Auf den Seiten der Forrester Research, Inc., https://www.forrester.com/staticassets/marketing/about/Fact_Sheet .pdf, Stand: 07.03.2014

Forschungszentrum Risikomanagement (Hrsg., 2014), Projekte des Forschungszentrums Risikomanagement, Auf den Seiten der Universität Würzburg, http://www.fzrm.uni-wuerzburg.de/projekte/, Zugriff am 18.08.2014

Frank, U. (2000), Evaluation von Artefakten in der Wirtschaftsinformatik, in: Häntschel, I. und Heinrich, L. J. (Hrsg., 2000), S. 35-48

Frankfurter Allgemeine Zeitung GmbH (Hrsg., o.J.), Frankfurter Allgemeine Zeitung, Frankfurt am Main o.J.

Freidank, C.-C., Lachnit, L. und Tesch, J. (Hrsg., 2007), Vahlens Großes Auditing Lexikon, München 2007

Freidank, C.-C. und Mayer, E. (Hrsg., 2003), Controlling-Konzepte, Neue Strategien und Werkzeuge für die Unternehmenspraxis, 6. Auflage, Wiesbaden 2003

Frenkel, M., Hommel, U. und Rudolf, M. (Hrsg., 2005), Risk Management, Challenge and Opportunity, 2. Auflage, Heidelberg 2005

Frese, E. (2005), Grundlagen der Organisation, Entscheidungstheoretisches Konzept der Organisationsgestaltung, 9. Auflage, Wiesbaden 2005

Friedrichs, J. (1990), Methoden empirischer Sozialforschung, 14. Auflage, Wiesbaden 1990

Frost, J., Morner, M. und Glock, Y. (2010), Von der Organisations- zur Ressourcenperspektive: Auf dem Weg zur Mehrwertschaffung, in: Frost, J. und Morner, M. (Hrsg., 2010), S. 31-76

Frost, J. und Morner, M. (Hrsg., 2010), Konzernmanagement, Strategien für Mehrwert, Wiesbaden 2010

Füser, K. Dörr, M., Stetter, T. und Fischer, K. (2008a), Reputationsrisiken im Risikomanagement (Teil 1) Einbeziehung der Reputationsrisiken in ein präventives Risikomanagement, in: Risiko Manager, 2008, 18, Auf den Seiten der German Business Information (GBI)-Genios Deutsche Wirtschaftsdatenbank GmbH, https://gos.cir-mcs.e.corpintra.net/document/RISK__bankv_rm_0818003, Stand: 03.09.2008

Füser, K. Dörr, M., Stetter, T. und Fischer, K. (2008b), Reputationsrisiken im Risikomanagement (Teil 2) Messung und Quantifizierung von Reputationsrisiken, in: Risiko Manager, 2008, 19, Auf den Seiten der GBI-Genios Deutsche Wirtschaftsdatenbank GmbH, http://gos.cir-mcs.e.corpintra.net/document/RISK__bankv_rm_0819004, Stand: 17.09.2008

Gadatsch, A. (2012), Grundkurs Geschäftsprozess-Management, Methoden und Werkzeuge für die IT-Praxis: Eine Einführung für Studenten und Praktiker, 7. Auflage, Wiesbaden 2012

Gartner, Inc. (Hrsg., 2013), Magic Quadrant for Enterprise Governance, Risk and Compliance Platforms, Auf den Seiten der Gartner, Inc., https://www.gartner.com/doc/2595717/magic-quadrant-enterprise-governance-risk, Stand: 24.09.2013

Gartner, Inc. (Hrsg., 2014a), Opportunity Management System, Auf den Seiten der Gartner, Inc., http://www.gartner.com/it-glossary/oms-opportunity-management-system, Zugriff am 16.06.2014

Gartner, Inc. (Hrsg., 2014b), About Gartner, Auf den Seiten der Gartner, Inc., http://www.gartner.com/technology/about.jsp, Zugriff am 23.11.2014

Gartner, Inc. (Hrsg., 2014c), Magic Quadrant for Operational Risk Management, Auf den Seiten der Gartner, Inc., https://www.gartner.com/doc/2945617/magic-quadrant-operational-risk-management, Stand: 15.12.2014

Garz, D. und Kraimer, K. (Hrsg., 1991), Qualitativ-empirische Sozialforschung, Konzepte, Methoden, Analysen, Wiesbaden 1991

Gleißner, W. (2005), Value-based Corporate Risk Management, in: Frenkel, M., Hommel, U. und Rudolf, M. (Hrsg., 2005), S. 479-494

Gleissner, W. (2007), Analyse und Bewältigung strategischer Risiken, in: Kaiser, T. (Hrsg., 2007), S. 65-95

Gleißner, W. (2015), Planungssicherheit, erwartungstreue Planung und die Grundsätze ordnungsgemäßer Planung, in: Gleißner, W. und Romeike, F. (Hrsg., 2015), S. 591-608

Gleißner, W., Mott, B. P. und Romeike, F. (2015), Die Organisation von Risikomanagementsystemen, in: Gleißner, W. und Romeike, F. (Hrsg., 2015), S. 563-589

Gleißner, W. und Romeike, F. (2005a), Risikomanagement, Umsetzung – Werkzeuge – Risikobewertung, München 2005

Gleißner, W. und Romeike, F. (2005b), Anforderungen an die Softwareunterstützung für das Risikomanagement, in: Zeitschrift für Controlling & Management, 49, 2005, 2, S. 154-164

Gleißner, W. und Romeike, F. (2008), Integriertes Chancen- und Risikomanagement: Verknüpfung mit strategischer Planung, wertorientierter Unternehmenssteuerung und Controlling, in: Kalwait, R., Meyer, R., Romeike, F., Schellenberger, O. und Erben, R. F. (Hrsg., 2008), S. 195-220

Gleißner, W. und Romeike, F. (2015a), Grundlagen des Risikomanagements, in: Gleißner, W. und Romeike, F. (Hrsg., 2015), S. 19-43

Gleißner, W. und Romeike, F. (2015b), Anforderungen und Grundlagen der Risikomanagement-IT-Systeme, in: Gleißner, W. und Romeike, F. (Hrsg., 2015), S. 803-818

Gleißner, W. und Romeike, F. (Hrsg., 2015), Praxishandbuch Risikomanagement, Konzepte – Methoden – Umsetzung, Berlin 2015

Gluchowski, P., Gabriel, R. und Dittmar, C. (2008), Management Support Systeme und Business Intelligence, Computergestützte Informationssysteme für Fach- und Führungskräfte, 2. Auflage, Berlin und Heidelberg 2008

Gluchowski, P. und Kemper, H.-G. (2006), Quo Vadis Business Intelligence?, Aktuelle Konzepte und Entwicklungstrends, in: BI-Spektrum, 1, 2006, 1, S. 12-19

Götte, S. (Hrsg., 2009), Konstanzer Managementschriften, München 2009

Götze, U., Henselmann, K. und Mikus, B. (Hrsg., 2001), Risikomanagement, Heidelberg 2001

Goode, W. H. und Hatt, P. K. (1952), Methods in Social Research, New York 1952

Gräf, J. (2011), Risikomanagement: Umsetzung und Integration in das Führungssystem, in: Klein, A. (Hrsg., 2011), S. 51-73

Grechenig, T., Bernhart, M., Breiteneder, R. und Kappel, K. (2010), Softwaretechnik, Mit Fallbeispielen aus realen Entwicklungsprojekten, München 2010

Haas, M. (2007), Definition und Abgrenzung der Risikoarten, in: Kaiser, T. (Hrsg., 2007), S. 11-20

Hachmeister, D. (Hrsg., 2004), Zeitschrift für Controlling & Management, Risikomanagement und Risikocontrolling, Sonderheft 3, Wiesbaden 2004

Häntschel, I. und Heinrich, L. J. (Hrsg., 2000), Evaluation und Evaluationsforschung in der Wirtschaftsinformatik, München und Wien 2000

Hahne, M. (2014), Modellierung von Business-Intelligence-Systemen, Leitfaden für erfolgreiche Projekte auf Basis flexibler Data-Warehouse-Architekturen, Heidelberg 2014

Hahnen, F. (2008), Integrierte Lösungen statt Provisorien, Business Intelligence auf dem Weg zur integrierten Echtzeit-Informationsbasis für das Risikomanagement, in: Risiko Manager, 2008, 18, Auf den Seiten der GBI-Genios Deutsche Wirtschaftsdatenbank GmbH, https://gos.cir-mcs.e.corpintra.net/document/RISK__bankv_rm_0818004, Stand: 03.09.2008

Halek, P. H. (2004), Chancenmanagement-Audit, Das unternehmerische Chancenmanagement auf dem Prüfstand, in: Zeitschrift Interne Revision, 39, 2004, 5, S. 190-195

Handelsblatt Fachmedien GmbH (Hrsg., o.J.), Der Betrieb, Düsseldorf o.J.

Harrant, H. und Hemmrich, A. (2004), Risikomanagement in Projekten, München und Wien 2004

Helm, S. (2011), Corporate Reputation: An Introduction to a Complex Construct, in: Helm, S., Liehr-Gobbers, K. und Storck, C. (Hrsg., 2011), S. 3-16

Helm, S., Liehr-Gobbers, K. und Storck, C. (Hrsg., 2011), Reputation Management, Berlin und Heidelberg 2011

Hempel, M. und Offerhaus, J. (2008), Risikoaggregation als wichtiger Aspekt des Risikomanagements, in: Deutsche Gesellschaft für Risikomanagement e.V. (Hrsg., 2008), S. 3-13

Herczeg, M. (2014), Prozessführungssysteme, Sicherheitskritische Mensch-Maschine-Systeme und interaktive Medien zur Überwachung und Steuerungen von Prozessen in Echtzeit, München 2014

Herzwurm, G. und Pietsch, W. (2009), Management von IT-Produkten, Geschäftsmodelle, Leitlinien und Werkzeugkasten für softwareintensive Systeme und Dienstleistungen, Heidelberg 2009

Hillson, D. (2004), Effective Opportunity Management for Projects, Exploiting Positive Risks, New York 2004

Hilz-Ward, R. M. und Everling, O. (Hrsg., 2009), Risk Performance Management, Chancen für ein besseres Rating, Wiesbaden 2009

Hölscher, R. (2002), Von der Versicherung zur integrativen Risikobewältigung: Die Konzeption eines modernen Risikomanagements, in: Hölscher, R. und Elfgen, R. (Hrsg., 2002), S. 3-31

Hölscher, R. (2006), Aufbau und Instrumente eines integrativen Risikomanagements, in: Schierenbeck, H. (Hrsg., 2006), S. 341-399

Hölscher, R. und Elfgen, R. (Hrsg., 2002), Herausforderung Risikomanagement, Identifikation, Bewertung und Steuerung industrieller Risiken, Wiesbaden 2002

Hoffmann, K. (1985), Risk-Management – Neue Wege in der betrieblichen Risikopolitik, Karlsruhe 1985

Horváth, P. (2011), Controlling, in: Vahlens Handbücher der Wirtschafts- und Sozialwissenschaften, 12. Auflage, München 2011

Horváth, P., Reichmann, T., Baumöl, U., Hoffjan, A., Möller, K. und Pedell, B. (2011), Controlling – Zeitschrift für erfolgsorientierte Unternehmenssteuerung, München 2011

Hüttl, M. (2005), Der gute Ruf als Erfolgsgröße, Profitieren Sie von Ihrem Ansehen!, Berlin 2005

Inmon, W. H. (2005), Building the Data Warehouse, 4. Auflage, Indianapolis 2005

Institut der Betriebswirtschaft an der Hochschule St. Gallen (Hrsg., 1984), Schriftenreihe Unternehmung und Unternehmensführung, Bern und Stuttgart 1984

Institut der Niedersächsischen Wirtschaft e.V. und PwC Deutsche Revision (Hrsg., 2000), Entwicklungstrends des Risikomanagements von Aktiengesellschaften in Deutschland, Hannover 2000

Institut der Wirtschaftsprüfer (IDW) in Deutschland e.V. (Hrsg., 2000), IDW Prüfungsstandard: Die Prüfung des Risikofrüherkennungssystems nach § 317 Abs. 4 HGB (IDW PS 340), Düsseldorf 2000

Institute of Electric and Electronic Engineers (Hrsg., 1990), IEEE Standard Glossary of Software Engineering Terminology (IEEE 610.12-1990), New York 1990

Institutional Investor, Inc. (Hrsg., 2001), Bank Accounting & Finance, o.O. 2001

International Organization for Standardization (ISO) (Hrsg., 2009), International Standard, ISO 31000:2009, Risk management – Principles and guidelines, Management du risque – Principes et lignes directrices, Final Draft, Genf 2009

Junge, P. (2009), Strategic Opportunity Management, Research Paper, in: Götte, S. (Hrsg., 2009), Konstanzer Managementschriften, Band 6, München 2009

Kahnemann, D. und Tversky, A. (Hrsg., 2000), Choices, Values, and Frames, 3. Auflage, Cambridge 2000

Kaiser, K. (2005), Erweiterung der zukunftsorientierten Lageberichterstattung: Folgen des Bilanzrechtsreformgesetzes für Unternehmen, in: Der Betrieb, 58, 2005, 7, S. 345-354

Kaiser, T. (Hrsg., 2007), Wettbewerbsvorteil Risikomanagement, Erfolgreiche Steuerung der Strategie-, Reputations- und operationellen Risiken, Berlin 2007

Kajüter, P. (2012), Risikomanagement im Konzern, Eine empirische Analyse börsennotierter Aktienkonzerne, München 2012

Kajüter, P. (2015), Besonderheiten des Risikomanagements im Konzern, in: Gleißner, W. und Romeike, F. (Hrsg., 2015), S. 609-628

Kalwait, R. (2008), Rechtliche Grundlagen im Risikomanagement, in: Kalwait, R., Meyer, R., Romeike, F., Schellenberger, O. und Erben, R. F. (Hrsg., 2008), S. 93-152

Kalwait, R., Meyer, R., Romeike, F., Schellenberger, O. und Erben, R. F. (Hrsg., 2008), Risikomanagement in der Unternehmensführung, Wertgenerierung durch chancen- und kompetenzorientiertes Management, Weinheim 2008

Kaninke, M. (2004), Analyse strategischer Risiken, Diss. an der Universität Siegen, Frankfurt am Main 2004

Keitsch, D. (2007), Risikomanagement, Stuttgart 2007

Kelle, U. (2008), Die Integration qualitativer und quantitativer Methoden in der empirischen Sozialforschung, Theoretische Grundlagen und methodologische Konzepte, 2. Auflage, Wiesbaden 2008

Kemper, H.-G., Baars, H. und Mehanna, W. (2010), Business Intelligence – Grundlagen und praktische Anwendungen, 3. Auflage, Wiesbaden 2010

Kemper, H.-G., Pedell, B. und Schäfer, H. (Hrsg., 2011), Management vernetzter Produktionssysteme, Innovation, Nachhaltigkeit und Risikomanagement, München 2011

Kemper, H.-G. und Baars, H. (2008), Business Intelligence, Arbeits- und Übungsbuch, Wiesbaden 2008

Kenneth, C. L., Laudon, J. P. und Schoder, D. (2010), Wirtschaftsinformatik, Eine Einführung, 2. Auflage, München 2010

Keuper, F. und Neumann, F. (Hrsg., 2010), Corporate Governance, Risk Management und Compliance, Innovative Konzepte und Strategien, Wiesbaden 2010

Kilian, D., Mirski, P., Hauser, M. und Weigl, M. (2008), Projektmanagement, Praxis, Theorie, Werkzeuge, Wien 2008

Kirsch, H.-J. und Dettenrieder, D. (2014), Die Abbildung von Risiken und Chancen in der Finanzberichterstattung, in: Knoll, T. und Degen, B. (Hrsg., 2014), S. 87-121

Klein, A. (Hrsg., 2011), Risikomanagement und Risiko-Controlling, Freiburg 2011

Knight, F. H. (1967), Risk, uncertainty and profit, 2. Auflage, New York 1967

Knoll, T. und Degen, B. (Hrsg., 2014), Praxis des Risikomanagements, Moderne Instrumente in der Unternehmenssteuerung, Stuttgart 2014

Köhler, R. (Hrsg., 1977), Empirische und handlungstheoretische Forschungskonzeption in der Betriebswirtschaftslehre, Stuttgart 1977

Köhne, M. F. (2007), Risikoartenübergreifende Steuerung in Industrieunternehmen, in: Kaiser, T. (Hrsg., 2007), S. 307-325

Königs, H.-P. (2006), IT-Risiko-Management mit System, Von den Grundlagen bis zur Realisierung – Ein praxisorientierter Leitfaden, 2. Auflage, Wiesbaden 2006

KonTraG (1998), Bundesgesetzblatt Nr. 24 – Teil 1, Gesetz zur Kontrolle und Transparenz im Unternehmensbereich (KonTraG), Bonn 1998

KPMG International Cooperative (Hrsg., 2012), Accounting Insights, DRS 20 – Konzernlagebericht, Auf den Seiten der KPMG AG, http://www.kpmg.de/docs/Accounting_Insights_DRS20_sec.pdf, Stand: 19.12.2012

KPMG International Cooperative (Hrsg., 2013), Auf einen Blick: DRS 20 – Die Neuregelung zur Konzernlageberichterstattung, Auf den Seiten der KPMG AG, http://www.kpmg.de/docs/IFRS_DRS20__260213_sec_final.pdf, Stand: 27.02.2013

Kromrey, H. (2009), Empirische Sozialforschung, Modelle und Methoden der standardisierten Datenerhebung und Datenauswertung, mit ausführlichen Annotationen aus der Perspektive qualitativ-interpretativer Methoden von Jörg Strübing, 12. Auflage, Stuttgart 2009

Krystek, U. und Müller-Stewens, G. (1993), Frühaufklärung für Unternehmen, Identifikation und Handhabung zukünftiger Chancen und Bedrohungen, Stuttgart 1993

Kubicek, H. (1977), Heuristische Bezugsrahmen und heuristisch angelegte Forschungsdesigns als Elemente einer Konstruktionsstrategie empirischer Forschung, in: Köhler, R. (Hrsg., 1977), S. 3-36

Kuckartz, U. (2010), Einführung in die computergestützte Analyse qualitativer Daten, 3. Auflage, Wiesbaden 2010

Küpper, H.-U. (2005), Controlling, Konzeption, Aufgaben, Instrumente, 4. Auflage, Stuttgart 2005

Lachnit, L. und Müller, S. (2003), Integrierte Erfolgs-, Bilanz- und Finanzrechnung als Instrument des Risikocontrolling, in: Freidank, C.-C. und Mayer, E. (Hrsg., 2003), S. 563-586

Lachnit, L. und Müller, S. (2006), Unternehmenscontrolling, Managementunterstützung bei Erfolgs-, Finanz-, Risiko- und Erfolgspotentialsteuerung, Wiesbaden 2006

Lamnek, S. (1993), Qualitative Sozialforschung, Band 2, Methoden und Technik, 2. Auflage, Weinheim 1993

Lange, K. W. und Wall, F. (Hrsg., 2001), Risikomanagement nach dem KonTraG – Aufgaben und Chancen aus betriebswirtschaftlicher und juristischer Sicht –, München 2001

Laux, C. (2005), Integrating Corporate Risk Management, in: Frenkel, M., Hommel, U. und Rudolf, M. (Hrsg., 2005), S. 437-453

Liehr, K., Peters, P. und Zerfaß, A. (2009), Reputationsmessung: Grundlagen und Verfahren, Auf den Seiten der Universität Leipzig, Institut für Kommunikations- und Medienwissenschaft, http://www.communicationcontrolling.de/fileadmin/communicationcontrolling/pdf-dossiers/communicationcontrollingde_Dossier1_Reputationsmessung_April2009 _o.pdf, Stand: 17.05.2009

Lies, J. (2014), Reputationsmanagement, Auf den Seiten des Gabler Wirtschaftslexikons der Springer Fachmedien Wiesbaden GmbH, http://wirtschaftslexikon.gabler.de/Archiv/569790/reputationsmanagement-v7.html, Zugriff am 18.03.2014

Lister, M. (2006), Konzeptionelle Basis des wertorientierten Risk Controlling, in: Schierenbeck, H. (Hrsg., 2006), S. 295-339

Lück, W. (2001), Chancenmanagementsystem – neue Chance für Unternehmen, in: Betriebs-Berater, 56, 2001, 45, S. 2312-2315

Lück, W. (2002), Der Umgang mit unternehmerischen Risiken, Die neue Disziplin Chancenmanagement / Kompendium der neuen BWL, in: Frankfurter Allgemeine Zeitung, 54, 2002, 29, S. 23

Luhmann, N. (1980), Gesellschaftsstruktur und Semantik, in: Suhrkamp Verlag AG (Hrsg., 1980), Band 1, Frankfurt am Main 1980

Martin, T. A. und Bär, T. (2002), Grundzüge des Risikomanagements nach KonTraG, München 2002

Massachusetts Institute of Technology (Hrsg., 2008), MIT Sloan Management Review, Cambridge 2008

Mayring, P. (1990), Einführung in die qualitative Sozialforschung, Eine Anleitung zu qualitativem Denken, München 1990

Mayring, P. (2008), Qualitative Inhaltsanalyse, Grundlagen und Techniken, 10. Auflage, Weinheim und Basel 2008

Meier, P. (2011), Risikomanagement nach der internationalen Norm ISO31000:2009, Konzept und Umsetzung im Unternehmen, Renningen 2011

Meletiadou, A., Müller, S. und Grimm, R. (2009), Anforderungsanalyse für Risk-Management-Informationssysteme (RMIS), Arbeitsbericht aus dem Fachbereich Informatik, Auf den Seiten der Universität Koblenz, http://www.uni-koblenz.de/~fb4reports/2009/2009_03_Arbeitsberichte.pdf, Stand: 18.02.2009

Mertens, P., Bodendorf, F., König, W., Picot, A., Schumann, M. und Hess, T. (Hrsg., 2010), Grundzüge der Wirtschaftsinformatik, 10. Auflage, Berlin und Heidelberg 2010

Meuser, M. und Nagel, U. (1991), ExpertInneninterviews – vielfach erprobt, wenig bedacht. Ein Beitrag zur qualitativen Methodendiskussion, in: Garz, D. und Kraimer, K. (Hrsg., 1991), S. 441-471

Meyer, R. (2008a), Die Entwicklung des betriebswirtschaftlichen Risiko- und Chancenmanagements, in: Kalwait, R., Meyer, R., Romeike, F., Schellenberger, O. und Erben, R. F. (Hrsg., 2008), S. 23-60

Meyer, R. (2008b), Chancen/Risikomanagement- und Controlling-Organisation, in: Kalwait, R., Meyer, R., Romeike, F., Schellenberger, O. und Erben, R. F. (Hrsg., 2008), S. 337-364

Mikus, B. (2001), Risiken und Risikomanagement – ein Überblick, in: Götze, U., Henselmann, K. und Mikus, B. (Hrsg., 2001), S. 3-28

Müller-Stewens, G. (2014), Operative Planung, Auf den Seiten des Gabler Wirtschaftslexikons der Springer Fachmedien Wiesbaden GmbH, http://wirtschaftslexikon .gabler.de/Archiv/4389/operative-planung-v8.html, Zugriff am 16.06.2014

Nöcker, R. (2005), Stiefmütterliches Risikomanagement, in: Frankfurter Allgemeine Zeitung, 57, 2005, 194, S. 20

Ocker, D. (2010), Unscharfe Risikoanalyse strategischer Ereignisrisiken, Diss. an der Europa-Universität Frankfurt (Oder), Frankfurt am Main 2010

Oehler, A. und Unser, M. (2002), Finanzwirtschaftliches Risikomanagement, 2. Auflage, Berlin und Heidelberg 2002

Österle, H., Becker, J., Frank, U., Hess, T., Karagiannis, D., Krcmar, H., Loos, P., Mertens, P., Oberweis, A. und Sinz, E. J. (2010), Memorandum zur gestaltungsorientierten Wirtschaftsinformatik, in: Österle, H., Winter, R. und Brenner, B. (Hrsg., 2010), S. 1-6

Österle, H., Winter, R. und Brenner, B. (Hrsg., 2010), Gestaltungsorientierte Wirtschaftsinformatik: Ein Plädoyer für Rigor und Relevanz, St. Gallen 2010

Oesterreich, B. und Bremer, S. (2009), Analyse und Design mit UML 2.3, Objektorientierte Softwareentwicklung, 9. Auflage, München 2009

Olsen, D. L. und Wu, D. (Hrsg., 2008), New Frontiers in Enterprise Risk Management, Berlin und Heidelberg 2008

Olsen, D. L. und Wu, D. (2010), Enterprise Risk Management Models, Berlin und Heidelberg 2010

Orum, A. M., Feagin, J. R. und Sjoberg, G. (1991), Introduction: The Nature of the Case Study, in: Feagin, J. R., Orum, A. M. und Sjoberg, G. (Hrsg., 1991), S. 1-26

Paetzmann, K. (2008), Corporate Governance, Strategische Marktrisiken, Controlling, Überwachung, Berlin und Heidelberg 2008

Palgrave Macmillian Journals (Hrsg., o.J.), Corporate Reputation Review, London o.J.

Pastors, P. M. und Institut für angewandte Kybernetik und interdisziplinäre Systemforschung PIKS (Hrsg., 2002), Risiken des Unternehmens – vorbeugen und meistern –, München und Mering 2002

Pauli, M., Albrecht, C. und Hoffknecht, M. (2012), Risikomanagement-Informationssysteme, IT-Unterstützung für das unternehmensweite Risikomanagement, 2. Auflage, Köln 2012

Pauli, M. und Albrecht, C. (2014), Wachsende Bedeutung der Risikoberichterstattung in Konzernen durch DRS 20, in: Betriebs-Berater, 69, 2014, 20, S. 1195-1199

Pedell, B. (2004), Risikointerdependenzen als Ansatzpunkt für Aufgaben und Instrumente des Risikocontrolling, in: Zeitschrift für Controlling & Management, 48, 2004, Sonderheft 3, S. 4-11

Pedell, B. und Pflüger, T. (2011), Kosten- und Resilienzmanagement in Wertschöpfungsnetzwerken, in: Kemper, H.-G., Pedell, B. und Schäfer, H. (Hrsg., 2011), S. 227-241

Pedell, B. und Seidenschwarz, P. (2011), Resilienzmanagement, in: Controlling, 23, 2011, 3, S. 152-158

Pepels, W. (2005), Grundlagen der Unternehmensführung, Strategie – Stellgrößen – Erfolgsfaktoren – Implementierung, München 2005

Perridon, L. und Steiner, M. (2004), Finanzwirtschaft der Unternehmung, in: Vahlens Handbücher der Wirtschafts- und Sozialwissenschaften, 13. Auflage, München 2004

Perspective Publishing Limited (Hrsg., 2014), Risk Software Report 2014, Auf den Seiten der Perspective Publishing Limited (Magazine Continuity Insurance & Risk (CIR)), http://www.cirmagazine.com/pdfs/RiskSoftwareReport2014.pdf, Stand: 17.01.2014

Peter Lang Publishing Group (Hrsg., 2005), Europäische Hochschulschriften, Frankfurt am Main 2005

Pfohl, H.-C. (2002), Risiken und Chancen: Strategische Analyse in der Supply Chain, in: Pfohl, H.-C. (Hrsg., 2002), S. 1-56

Pfohl, H.-C. (Hrsg., 2002), Risiko- und Chancenmanagement in der Supply Chain, proaktiv – ganzheitlich – nachhaltig, Berlin 2002

Picot, A., Reichwald, R. und Wigand, R. T. (2008), Information, Organization and Management, Berlin und Heidelberg 2008

Plamper, H. (2010), Governance, Risk Management und Compliance – Was benötigt der Staat zur Krisenbewältigung?, in: Keuper, F. und Neumann, F. (Hrsg., 2010), S. 119-140

Plaschke, F., Rodt, M., Pidun, U. und Günther, F. (2013), The Art of Risk Management, Auf den Seiten der Boston Consulting Group, https://www.bcgperspectives.com/content/articles/financial_management_art_of_risk_management/, Stand: 17.04.2013

Pohl, K. (2008), Requirements Engineering, Grundlagen, Prinzipien, Techniken, 2. Auflage, Heidelberg 2008

Pohl, K. und Rupp, C. (2011), Basiswissen Requirements Engineering, Aus- und Weiterbildung zum >>Certified Professional for Requirements Engineering<<, 3. Auflage, Heidelberg 2011

Pontzen, H. und Romeike, F. (2015), Reputationsrisiko: Die vernachlässigte Risikokategorie, in: Gleißner, W. und Romeike, F. (Hrsg., 2015), S. 403-414

Ponzi, L. J., Fombrun, C. J. und Gardberg, N. A. (2011), RepTrak™ Pulse: Conceptualizing and Validating a Short-Form Measure of Corporate Reputation, in: Corporate Reputation Review, 14, 2011, 1, S. 15-35

Preis, A. (1995), Strategisches Controlling, Mit System Chancen und Risiken frühzeitig erkennen, Wiesbaden 1995

Preißner, A. (2003), Praxiswissen Controlling, Grundlagen – Werkzeuge – Anwendungen, Neu: mit „Risikocontrolling", 3. Auflage, München und Wien 2003

PricewaterhouseCoopers (PwC) (Hrsg., 2012), Risk-Management-Benchmarking 2011/12, Auf den Seiten der PricewaterhouseCoopers Aktiengesellschaft Wirtschaftsprüfungsgesellschaft, http://www.pwc.de/de_DE/de/risiko-management/assets/PwC_Risk_Management_Benchmarking_2011_2012.pdf, Stand: 28.02.2012

Prokein, O. (2008), IT-Risikomanagement, Identifikation, Quantifizierung und wirtschaftliche Steuerung, Diss. an der Universität Freiburg im Breisgau, Wiesbaden 2008

Rapoport, A. (1998), Decision Theory and Decision Behavior, 2. Auflage, Houndmills, Basingstoke u.a. 1998

Rauber, S. (2014), Unternehmensreputation und Medien: Eine neo-institutionalistische Analyse am Beispiel von M&A, Diss. an der Katholischen Universität Eichstätt-Ingolstadt, Wiesbaden 2014

Regierungskommission Deutscher Corporate Governance Kodex (DCGK) (Hrsg., 2014), Deutscher Corporate Governance Kodex, Frankfurt am Main 2014

Reichling, P. (Hrsg., 2003), Risikomanagement und Rating, Grundlagen, Konzepte, Fallstudie, Wiesbaden 2003

Reichling, P., Bietke, D. und Henne, A. (2007), Praxishandbuch Risikomanagement und Rating, 2. Auflage, Wiesbaden 2007

Reichmann, T. (2001), Die Balanced Chance- and Risk-Card. Eine Erweiterung der Balanced Scorecard, in: Lange, K. W. und Wall, F. (Hrsg., 2001), S. 282-303

Renn, O. (2002), Die subjektive Wahrnehmung technischer Risiken, in: Hölscher, R. und Elfgen, R. (Hrsg., 2002), S. 73-89

Renn, O., Schweizer, P.-J., Dreyer, M. und Klinke, A. (2007), Risiko, Über den gesellschaftlichen Umgang mit Unsicherheit, München 2007

Reputation Institute (Hrsg., 2014), RepTrak®, Auf den Seiten des Reputation Institute, http://www.reputationinstitute.com/about-reputation-institute/the-reptrak-framework, Zugriff am 19.03.2014

Ressel, C. (2008), Reputation als Unternehmenswert, Arbeitspapier, Auf den Seiten des Prof. Dr. Karsten Kilian, http://www.markenlexikon.com/texte/ap_ressel_reputation_als_unternehmenswert_maerz2008.pdf, Stand: 31.03.2008

Riege, C., Saat, J. und Bucher, T. (2009), Systematisierung von Evaluationsmethoden in der gestaltungsorientierten Wirtschaftsinformatik, in: Becker, J., Krcmar, H. und Niehaves, B. (Hrsg., 2009), S. 69-86

Risk Management Association (RMA) e.V. (Hrsg., 2006), RMA Standard „Risiko- und Chancenmanagement, Bonn 2006

RiskNET® (Hrsg., 2015), Wir über uns, Auf den Seiten der RiskNET® GmbH, https://www.risknet.de/ueber-risknet/redaktion/uebersicht-redaktion/, Zugriff am 25.05.2015

Rogler, S. (2002), Risikomanagement im Industriebetrieb, Analyse von Beschaffungs-, Produktions- und Absatzrisiken, Habil.-Schr. an der Universität Göttingen, Wiesbaden 2002

Romeike, F. (2003a), Der Prozess des strategischen und operativen Risikomanagements, in: Romeike, F. und Finke, R. B. (Hrsg., 2003), S. 146-161

Romeike, F. (2003b), Risikoidentifikation und Risikokategorien, in: Romeike, F. und Finke, R. B. (Hrsg., 2003), S. 165-180

Romeike, F. (2006), Integriertes Risk Controlling und Risikomanagement im global operierenden Konzern, in: Schierenbeck, H. (Hrsg., 2006), S. 429-463

Romeike, F. (Hrsg., 2009), Rechtliche Grundlagen des Risikomanagements, Haftungs- und Strafvermeidung für Corporate Compliance, Berlin 2009

Romeike, F., Bauer, U. und Weißensteiner, C. (2012), Der gute Ruf als nachhaltiger Erfolgsfaktor, Management und Controlling von Reputationsrisiken, Studienergebnisse der Technischen Universität Graz und RiskNET® GmbH, Auf den Seiten der RiskNET® GmbH, http://www.risknet.de/fileadmin/eLibrary/Studie_RepRisk_RiskNET .pdf, Stand: 12.12.2012

Romeike, F. und Finke, R. B. (Hrsg., 2003), Erfolgsfaktor Risiko-Management, Chance für Industrie und Handel, Methoden, Beispiele, Checklisten, Wiesbaden 2003

Romeike, F. und Hager, P. (2013), Erfolgsfaktor Risiko-Management 3.0, Methoden, Beispiele, Checklisten Praxishandbuch für Industrie und Handel, 3. Auflage, Wiesbaden 2013

Rommelfanger, H. (2008), Stand der Wissenschaft bei der Aggregation von Risiken, in: Deutsche Gesellschaft für Risikomanagement e.V. (Hrsg., 2008), S. 15-47

Ruhwedel, F. und Kellermann, B. (2014), Abbildung des Risikomanagements im Risikobericht, Regulatorische Anforderungen und praktische Umsetzung bei den DAX-Unternehmen, in: Knoll, T. und Degen, B. (Hrsg., 2014), S. 143-171

Saitz, B. (1999), Risikomanagement als umfassende Aufgabe der Unternehmensleitung, in: Saitz, B. und Braun, F. (Hrsg., 1999), S. 69-98

Saitz, B. und Braun, F. (Hrsg., 1999), Das Kontroll- und Transparenzgesetz, Herausforderungen und Chancen für das Risikomanagement, Wiesbaden 1999

Saitz, R., Lasi, H. und Kemper, H. (2015), IT-Unterstützung im Chancenmanagement – eine empirische Untersuchung, in: Thomas, O. und Teuteberg, F. (Hrsg., 2015), S. 767-781

SAP SE (Hrsg., 2014), Lead and Opportunity Management, Auf den Seiten der SAP SE, http://help.sap.com/SCENARIOS_BUS2005/helpdata/EN/F4/736B41AFA8FA6 DE10000000A155106/content.htm, Zugriff am 16.06.2014

Sauerwein, E. (1994), Strategisches Risiko-Management in der bundesdeutschen Industrie, Frankfurt am Main 1994

Scheer, A.-W. (1995), Wirtschaftsinformatik, Referenzmodelle für industrielle Geschäftsprozesse, 6. Auflage, Berlin und Heidelberg 1995

Scheffler, E. (2005), Konzernmanagement, Betriebswirtschaftliche und rechtliche Grundlagen der Konzernführungspraxis, 2. Auflage, München 2005

Schierenbeck, H. (Hrsg., 2006), Risk Controlling in der Praxis, Rechtliche Rahmenbedingungen und geschäftspolitische Konzeptionen in Banken, Versicherungen und Industrie, 2. Auflage, Stuttgart 2006

Schierenbeck, H. und Lister, M. (2002), Risikomanagement im Rahmen der wertorientierten Unternehmenssteuerung, in: Hölscher, R. und Elfgen, R. (Hrsg., 2002), S. 181-203

Schierenbeck, H., Grüter, M. D. und Kunz, M. J. (2004), Management von Reputationsrisiken in Banken, Forschungsbericht 03/04 des Wirtschaftswissenschaftlichen Zentrums (WWZ) der Universität Basel, Basel 2004

Schirmer, D. (2009), Empirische Methoden der Sozialforschung, Grundlagen und Techniken, in: Degele, N., Dries, C. und Schirmer, D. (Hrsg., 2009)

Schmalenbach-Gesellschaft für Betriebswirtschaft e.V. (Hrsg., 2004), Schmalenbach Business Review, Köln 2004

Schmidt, W. und Friedag, H. R. (2008), Chancen- und Risikomanagement unter Nutzung der Balanced Scorecard, in: Kalwait, R., Meyer, R., Romeike, F., Schellenberger, O. und Erben, R. F. (Hrsg., 2008), S. 61-92

Schmidtke, H. und Jastrzebska-Fraczek, I. (2013), Ergonomie, Daten zur Systemgestaltung und Begriffsbestimmungen, München 2013

Schmitz, T. und Wehrheim, M. (2006), Risikomanagement, Grundlagen, Theorie, Praxis, Stuttgart 2006

Schnell, R., Hill, P. B. und Esser, E. (2011), Methoden der empirischen Sozialforschung, 9. Auflage, München 2011

Scholl, A. (2009), Die Befragung, 2. Auflage, Konstanz 2009

Schütz, T. (2005), Die Relevanz von Unternehmensreputation für Anlegerentscheidungen: Eine experimentelle Studie, in: Peter Lang Publishing Group (Hrsg., 2005), Frankfurt am Main 2005

Schulze, K.-D. und Dittmar, C. (2007), Business Intelligence Reifegradmodelle, Reifegradmodelle als methodische Grundlage für moderne Business Intelligence Architekturen, in: Chamoni, P. und Gluchowski, P. (Hrsg., 2007), S. 71-87

Schwaiger, M. (2004), Components and Parameters of Corporate Reputation – an Empirical Study, in: Schmalenbach Business Review, 5, 2004, 1, S. 46-71

Schwaninger, M. (1994), Managementsysteme, Frankfurt am Main und New York 1994

Secricon GmbH (Hrsg., 2011), Chancenmanagement versus Risikomanagement, http://www.secricon.com/pdf/Chancenmanagement.pdf, Stand: 11.04.2011

Seemann, R. (2008), Corporate Reputation Management durch Corporate Communications, Diss. an Universität St. Gallen, Göttingen 2008

Seibt, C. H. (2015), Corporate Reputation Management: Rechtsrahmen für Geschäftsleiterhandeln, in: Der Betrieb, 68, 2015, 4, S. 171-178

Seidel, U. M. (2005), Risikomanagement, wie Sie alle potenziellen Gefahren für Ihr Unternehmen aufspüren und entsprechend vorsorgen, Augsburg 2005

Seidel, U. M. (2011a), Grundlagen und Aufbau eines Risikomanagementsystems, in: Klein, A. (Hrsg., 2011), S. 21-50

Seidel, U. M. (2011b), Organisation des Risikomanagements im Unternehmen, in: Klein, A. (Hrsg., 2011), S. 267-273

Servatius, H.-G. (2007), IT-Unterstützung des Risikomanagements aus Anwendersicht, Auf den Seiten der avantum consult GmbH & Co. KG, http://www.avantum.de/fileadmin/user_upload/Fachartikel/IT-Unterstuetzung_des_Risikomanagements.PDF, Stand: März 2007

Sieler, C. (2009), Reputationsmanagement: Reputationsrisiken als Handlungsfeld im Enterprise Risk Management, in: Hilz-Ward, R. M. und Everling, O. (Hrsg., 2009), S. 63-74

SIGS DATACOM GmbH (2006), BI-Spektrum, Troisdorf 2006

Smiechewicz, W. (2001), Case study: Implementing enterprise risk management, in: Bank Accounting & Finance, 14, 2001, 4, S. 21-28

Spörrer, S. (2014), Business Continuity Management: ISO 22301 und weitere Normen im Rahmen der Informationstechnologie, Köln 2014

Sprengel, R. (2012), Einbettung des RepRisk in die Bankprozesse, in Risiko Manager, 2012, 9, Auf den Seiten der GBI-Genios Deutsche Wirtschaftsdatenbank GmbH, http://gos.cir-mcs.e.corpintra.net/document/RISK__20120426bankv_rm_1209001, Stand: 26.04.2012

Springer Gabler Verlag und Springer Fachmedien Wiesbaden GmbH (Hrsg., 2005), Zeitschrift für Controlling & Management, Wiesbaden 2005

Staatssekretariat für Wirtschaft SECO und Eidgenössisches Departement für Wirtschaft, Bildung und Forschung WBF (Hrsg., 2003), Die Volkswirtschaft, Bern 2003

Standke, F. (2010), Unternehmensweiter Ansatz einer Governance-, Risk- und Compliance-Lösung, in: Keuper, F. und Neumann, F. (Hrsg., 2010), S. 267-291

Statistisches Bundesamt (Hrsg., 2008), Gliederung der Klassifikation der Wirtschaftszweige, Ausgabe 2008 (WZ 2008), Auf den Seiten des Statistischen Bundesamts, https://www.destatis.de/DE/Methoden/Klassifikationen/GueterWirtschaftklassifikationen/klassifikationenwz2008.pdf?__blob=publicationFile, Zugriff am 25.05.2015

Stiftung zur Förderung der systemorientierten Managementlehre (Hrsg., 2001), Hans Ulrich Gesammelte Schriften, Bern, Stuttgart und Wien 2001

Strategic Risk Global (Hrsg., 2015), Reputational damage top risk for firms in 2015 – Aon, Auf den Seiten der Strategic Risk, Risk and corporate governance intelligence, http://www.strategic-risk-global.com/reputational-damage-top-risk-for-firms-in-2015-aon/1413682.article, Zugriff am 28.04.2015

Strauß, M. (2008), Wertorientiertes Risikomanagement in Banken, Analyse der Wertrelevanz und Implikationen für Theorie und Praxis, Diss. an der Universität zu Marburg, Wiesbaden 2008

Suchanek, A. und Lin-Hi, N. (2014), Reputation, Auf den Seiten des Gabler Wirtschaftslexikons der Springer Fachmedien Wiesbaden GmbH, http://wirtschafts lexikon.gabler.de/Archiv/9313/reputation-v6.html, Zugriff am 17.03.2014

Suhrkamp Verlag AG (Hrsg., 1980), suhrkamp taschenbuch wissenschaft, Studien zur Wissenssoziologie der modernen Gesellschaft, Frankfurt am Main 1980

Technopedia (Hrsg., 2014), Opportunity Management System (OMS), Auf den Seiten der Janalta Interactive Inc., http://www.techopedia.com/definition/21153/oppor tunity-management-system-oms, Zugriff am 16.06.2014

Tectumverlag (Hrsg., 2013), Wissenschaftliche Beiträge aus dem Tectumverlag, Marburg 2013

The American Heritage (Hrsg., 2014), Reputation, Auf den Seiten des American Heritage dictionary of the English Language, https://ahdictionary.com/word/search. html?q=reputation, Zugriff am 14.03.2014

Thomas, O. und Teuteberg, F. (Hrsg., 2015), Smart Enterprise Engineering, 12. Internationale Tagung Wirtschaftsinformatik (WI 2015), Tagungsband, Osnabrück 2015

Thommen, J.-P. und Siepermann, M. (2015), Heuristik, Auf den Seiten des Gabler Wirtschaftslexikons der Springer Fachmedien Wiesbaden GmbH, http://wirtschafts lexikon.gabler.de/Archiv/4969/heuristik-v8.html, Zugriff am 25.05.2015

Troßmann, E. und Baumeister, A. (2004), Risikocontrolling in kleinen und mittleren Unternehmungen mit Auftragsfertigung, in: Zeitschrift für Controlling & Management, 48, 2004, Sonderheft 3, S. 74-85

Tversky, A. und Fox, C. R. (2000), Weighing Risk and Uncertainty, in: Kahnemann, D. und Tversky A. (Hrsg., 2000), S. 93-117

Ulrich, H. (1984), Management, in: Institut der Betriebswirtschaft an der Hochschule St. Gallen (Hrsg., 1984), Band 13, Bern und Stuttgart 1984

Ulrich, H. (2001), Die Unternehmung als produktives soziales System, Grundlagen der allgemeinen Unternehmungslehre, 2. Auflage, in: Stiftung zur Förderung der systemorientierten Managementlehre (Hrsg., 2001), Band 1, Bern, Stuttgart und Wien 2001

Universität Würzburg (Hrsg., 2014), Research and Consulting Project for integrated RM and RMIS, Auf den Seiten des Forschungszentrums Risikomanagement der Universität Würzburg, http://www.fzrm.uni-wuerzburg.de/projekte/recormis/, Zugriff am 25.08.2014

Verlag Franz Vahlen GmbH (Hrsg., o.J.), Vahlens Handbücher der Wirtschafts- und Sozialwissenschaften, München o.J.

Vetter, E. (2009), Compliance in der Unternehmenspraxis, in: Wecker, G. und van Laak, H. (Hrsg., 2009), S. 33-48

von Werder, A. (2014), Corporate Governance, Auf den Seiten des Gabler Wirtschaftslexikons der Springer Fachmedien Wiesbaden GmbH, http://wirtschaftslexi kon.gabler.de/Archiv/55268/corporate-governance-v7.html, Zugriff am 19.08.2014

Wall, F. (2001), Betriebswirtschaftliches Risikomanagement im Lichte des KonTraG, in: Lange, K. W. und Wall, F. (Hrsg., 2001), S. 207-235

Weber, J. und Liekweg, A. (2005), Statutory Regulation of the Risk Management Function in Germany: Implementation Issues for the Non-Financial Sector, in: Frenkel, M., Hommel, U. und Rudolf, M. (Hrsg., 2005), S. 495-511

Weber, J., Weißenberger, B. E. und Liekweg, A. (1999), Risk Tracking and Reporting, Unternehmerisches Chancen- und Risikomanagement nach dem KonTraG, in: Wiley-VCH Verlag (Hrsg., 1999), Band 11, Düsseldorf und Vallendar 1999

Weber, J., Weißenberger, B. E. und Liekweg, A. (2001), Risk Tracking & Reporting – Ein umfassender Ansatz unternehmerischen Chancen- und Risikomanagements, in: Götze, U., Henselmann, K. und Mikus, B. (Hrsg., 2001), S. 47-65

Wecker, G. und van Laak, H. (Hrsg., 2009), Compliance in der Unternehmerpraxis, 2. Auflage, Wiesbaden 2009

Weißensteiner, C. (2014), Reputation als Risikofaktor in technologieorientierten Unternehmen, Status Quo – Reputationstreiber – Bewertungsmodell, Diss. an der Technischen Universität Graz, Wiesbaden 2014

Welge, M. K. und Eulerich, M. (2014), Corporate-Governance-Management, Theorie und Praxis der guten Unternehmensführung, 2. Auflage, Wiesbaden 2014

Wengert, H. und Schittenhelm, F. A. (2013), Corporate Risk Management, Berlin und Heidelberg 2013

White, B. E. (2006), Enterprise Opportunity and Risk, Auf den Seiten der The MITRE Corporation, http://www.mitre.org/sites/default/files/pdf/05_1262.pdf, Bedford 2006, Stand: 04.03.2008

Wiegand, J. (2004), Handbuch Planungserfolg, Methoden, Zusammenarbeit und Management als integraler Prozess, Zürich 2004

Wiley-VCH Verlag (Hrsg., 1999), Advanced Controlling, Reihe: Neue Aufgabenfelder und Instrumente, Düsseldorf und Vallendar 1999

Winter, P. (2009), Standards im Risikomanagement, in: Romeike, F. (Hrsg., 2009), S. 71-99

Wissenschaftliche Kommission Wirtschaftsinformatik im Verband der Hochschullehrer für Betriebswirtschaft e.V. und Fachbereich Wirtschaftsinformatik in der Gesellschaft für Informatik e.V. (Hrsg., 2011), Profil der Wirtschaftsinformatik, Auf den Seiten der Enzyklopädie der Wirtschaftsinformatik Online-Lexikon, http://www.enzyklopaedie-der-wirtschaftsinformatik.de/wi-enzyklopaedie/lexikon/ue bergreifendes/Kern-disziplinen/Wirtschaftsinformatik/profil-der-wirtschaftsinformatik, Stand: 29.03.2011

Wolf, K. (2003), Risikomanagement im Kontext der wertorientierten Unternehmensführung, Diss. an der Universität Bayreuth, Wiesbaden 2003

Wolke, T. (2007), Risikomanagement, München 2007

Wollnik, M. (1977), Die explorative Verwendung systematischen Erfahrungswissens, Plädoyer für einen aufgeklärten Empirismus in der Betriebswirtschaftslehre, in: Köhler, R. (Hrsg., 1977), S. 37-64

Wu, D. und Olsen, D. L. (2008), Enterprise Risk Management: Financial and Accounting Perspectives, in: Olsen, D. L. und Wu, D. (Hrsg., 2008), S. 25-38

Wüst, C. (2012), Corporate Reputation Management – die kraftvolle Währung für den Unternehmenserfolg, in: Wüst, C. und Kreutzer, R. T. (Hrsg., 2012), S. 3-56

Wüst, C. und Kreutzer, R. T. (Hrsg., 2012), Corporate Reputation Management, Wirksame Strategien für den Unternehmenserfolg, Wiesbaden 2012

Yin, R. K. (2009), Case Study Research, Design and Methods, 5. Auflage, Thousand Oaks 2009

Zeitverlag Gerd Bucerius GmbH & Co. KG (Hrsg., 2005), Die Zeit – Das Lexikon mit dem Besten aus der Zeit in 20 Bänden, Hamburg 2005

Zeitverlag Gerd Bucerius GmbH & Co. KG (Hrsg., 2005a), Stichwort: Heuristik, in: Zeitverlag Gerd Bucerius GmbH & Co. KG (Hrsg., 2005), Band 06, S. 391

Zeitverlag Gerd Bucerius GmbH & Co. KG (Hrsg., 2005b), Stichwort: Chance, in: Zeitverlag Gerd Bucerius GmbH & Co. KG (Hrsg., 2005), Band 02, S. 601

Zeitverlag Gerd Bucerius GmbH & Co. KG (Hrsg., 2005c), Stichwort: Management, in: Zeitverlag Gerd Bucerius GmbH & Co. KG (Hrsg., 2005), Band 09, S. 298